Vorträge
der Erlanger Physiologentagung
1970

Herausgegeben von
W. D. Keidel und K. -H. Plattig

Mit 145 Abbildungen

Springer-Verlag Berlin Heidelberg New York 1971

Keidel, Wolf. D., o. Prof., Dr. med., Direktor des I. Physiologischen Instituts der Universität Erlangen-Nürnberg, 852 Erlangen, Universitätsstr. 17

Plattig, Karl-Heinz, Priv.-Doz. Dr. med., Ober-Ass. im I. Physiologischen Institut der Universität Erlangen-Nürnberg, 852 Erlangen, Universitätsstr. 17

Hauptvorträge der Herbsttagung 1970 der Deutschen Physiologischen Gesellschaft

ISBN-13:978-3-540-05530-3   e-ISBN-13:978-3-642-65259-2
DOI: 10.1007/978-3-642-65259-2

Vorwort

Der vorliegende Band enthält die neun Hauptreferate der 38. Tagung der Deutschen Physiologischen Gesellschaft, die vom 29. 9. bis zum 2. 10. 1970 in Erlangen stattgefunden hat. Nachdem die Auswahl der Referate unter dem Gesichtspunkt getroffen worden ist, damit einen Überblick über den derzeitigen Kenntnisstand möglichst vieler Sachgebiete der Physiologie für den jeweils auf anderen Spezialgebieten arbeitenden Kollegen zu geben, wurde in der Mitgliederversammlung vom 2. 9. 1970 beschlossen, die Hauptreferate zu veröffentlichen und damit einem breiten Leserkreis in gedruckter Form zugänglich zu machen. Die Reihenfolge entspricht der in der gesamten Physiologie üblichen Anordnung der Stoffgebiete.

Die Drucklegung war uns möglich durch eine Reihe von Spenden und Beihilfen, für die wir auch an dieser Stelle herzlich danken dürfen. Dabei gilt unser besonderer Dank dem Bayerischen Staatsministerium für Unterricht und Kultus, das diesen Kongreß besonders gefördert hat. Dem Springer-Verlag danken wir für die Bereitschaft zur Übernahme der Drucklegung und das großzügige Eingehen auf alle Wünsche der Herausgeber. Allen Referenten sei für ihre konstruktive Mitarbeit und für ihr Verständnis auch unter der damit verbundenen zeitlichen Belastung aufs herzlichste gedankt. Möge der vorliegende Band wohlwollende Aufnahme finden und den Anfang entsprechender Veröffentlichungen anläßlich der folgenden Tagungen der Deutschen Physiologischen Gesellschaft darstellen.

Erlangen, den 1. Oktober 1971

Prof. Dr. W. D. KEIDEL
Tagungspräsident
Vorsitzender der Deutschen
Physiologischen Gesellschaft 1969/70

Priv.-Doz. Dr. K.-H. PLATTIG
Tagungssekretär

Inhalt

Die Dynamik des Herzens im natürlichen Kreislauf. E. BAUEREISEN. Mit 7 Abbildungen 1

Neuere Ergebnisse zur Physiologie, Pharmakologie und Pathologie der elektromechanischen Koppelungsprozesse im Warmblütermyokard. A. FLECKENSTEIN. Mit 34 Abbildungen 13

Der Gasaustausch in der Lunge unter Berücksichtigung der Inhomogenitäten von Ventilation, Perfusion und Diffusion. G. THEWS. Mit 23 Abbildungen 53

Die Rolle des gastrointestinalen Kanals im Stoffwechsel fremder Substanzen. K. HARTIALA. Mit 4 Abbildungen 79

Neurophysiological Aspects of Mental Phenomena and Some New Trends in Therapy of Brain Disorders. N. P. BECHTEREVA. With 10 Figures 89

Die Bedeutung der Synapsenlokalisation für die Interaktion von post-synaptischen Potentialen an Nervenzellen. M. R. KLEE. Mit 13 Abbildungen . . . 109

Die zentralen neurohumoralen Regulationen der vegetativen Funktionen und der Aktivitätsbereitschaft. M. MONNIER. Mit 23 Abbildungen 135

Reafferenzprinzip — Apologie und Klinik. H. MITTELSTAEDT. Mit 2 Abbildungen 161

Das vestibuläre System, mit Exkursen über die motorischen Funktionen der Formatio reticularis, des Kleinhirns, der Stammganglien und des motorischen Cortex sowie über die Raumkonstanz der Sehdinge. H. H. KORNHUBER. Mit 29 Abbildungen 173

Namenverzeichnis 205

Sachverzeichnis 214

Mitarbeiterverzeichnis

BAUEREISEN, E., Prof. Dr. med., Direktor des Physiologischen Instituts der Universität Würzburg, D 8700 Würzburg, Röntgenring 9

BECHTEREVA, N. P., Frau Prof. Dr., Director of the Institute of Experimental Medicine, Academy of Medical Sciences, Kirovsky 69/71, Leningrad, USSR

FLECKENSTEIN, A., Prof. Dr. med., Direktor des Physiologischen Instituts der Universität Freiburg, D 7800 Freiburg, Hermann-Herder-Straße 7

HARTIALA, K., Prof. Dr., Rektor der Universität Turku, Direktor des Physiologischen Instituts, Turku 3, Finnland

KLEE, M. R., Dr. med., ass. prof., Neurosensory Laboratory and Department of Physiology, State University of New York at Buffalo (SUNYAB), 2211 Main Street, Buffalo, N. Y. 14 214, U.S.A., und Max-Planck-Institut für Hirnforschung, Neuro-Anatomische Abteilung, D 6000 Frankfurt-Niederrad, Deutschordenstraße 46

KORNHUBER, H. H., Prof. Dr., Leiter der Abteilung für Neurologie und Sektion Neurophysiologie, Universität Ulm, D 7900 Ulm

MITTELSTAEDT, H., Dr. phil. nat., Direktor am Max-Planck-Institut für Verhaltensphysiologie, D 8131 Seewiesen/Obb., Post Erling-Andechs über Starnberg

MONNIER, M., Prof. Dr., Direktor des Physiologischen Instituts der Universität Basel, CH 4000 Basel, Vesalgasse

THEWS, G., Prof. Dr. med., Dr. rer. nat., Direktor des Physiologischen Instituts der Universität Mainz, D 6500 Mainz, Saarstraße 22

Die Dynamik des Herzens im natürlichen Kreislauf

E. Bauereisen

Mit 7 Abbildungen

Die organphysiologische Erforschung des Herzens im uneröffneten Thorax ist möglich geworden durch methodische Entwicklungen, die aussagekräftige Messungen am intakten Tier erlauben. Auf dieser methodischen Grundlage hat sich eine Forschungsrichtung entwickelt, die man in ihrer Zielsetzung durchaus unterscheiden kann von den Untersuchungen am isolierten Organ und von der Erforschung der Elementarprozesse an contractilen Einzelstrukturen. Wenn sich die verschiedenen Arbeitsrichtungen naturgemäß auch ergänzen und häufig überdecken, so scheint es doch zweckmäßig, die Herzphysiologie unter den zwei Aspekten der Organphysiologie und der Elementarprozesse getrennt zu behandeln, wie es etwa der unterschiedlichen Thematik der beiden kardiologischen Referate dieses Kongresses entspricht.

Die gesonderte Betrachtung der Dynamik des Herzens im natürlichen Kreislauf, betont unterschieden auch von der des isolierten Organes, ist aus mehreren offensichtlichen Gründen notwendig. Am wesentlichsten erscheint mir folgender: Am isolierten Herzen oder an Herzteilpräparaten können im Experiment Funktionsbesonderheiten mit so großer Dominanz und Reproduzierbarkeit auftreten, daß sie unbedenklich auf das im natürlichen Organverband schlagende Herz übertragen werden. In Wirklichkeit sind diese Funktionsbesonderheiten aber unter echten physiologischen Bedingungen in ihrer Wirkung auf das Herz entweder eingeschränkt oder sogar völlig irrelevant, weil im Organismus durch Vorgänge, die man generell als „Störgrößenaufschaltung" bezeichnen könnte, die Arbeitsbereiche auf den Funktionskennlinien stark eingeschränkt sind und die unter experimentellen Bedingungen auftretenden Extreme niemals erreicht werden.

Meßergebnisse an intakten Tieren stehen in so großer Zahl zur Verfügung, daß die Dynamik des Herzens im natürlichen Kreislauf, insbesondere auch die Mechanismen der Kontraktionsanpassung sich ziemlich vollständig beschreiben lassen. Auch können über die zugrunde liegenden Fundamentalprozesse durch Heranziehung elektronenoptischer, elektrophysiologischer und biochemischer Befunde begründete Aussagen gemacht werden. Die größten Schwierigkeiten bestehen gegenwärtig zweifellos in Begriffsbestimmung und Bewertung der Kontraktilität oder des inotropen Zustandes des Herzen im natürlichen Kreislauf.

Ich möchte im folgenden kurz die wichtigsten *Meßverfahren*, mit denen unsere Kenntnisse der Dynamik des Herzens in situ gewonnen sind, beschreiben. Dann will ich die zwei am besten bekannten *Mechanismen der Kontraktionsanpassung* in ihrer

physiologischen Wirkung abgrenzen und ihre gegenwärtige Deutung behandeln.
Schließlich sollen die Möglichkeiten der *Kontraktionsbewertung* zur Diskussion gestellt werden.

I. Meßverfahren am Herzen in situ

Wie am isolierten Organ sind auch am Herzen in situ die notwendigen Meß-
größen zur Beschreibung und Bewertung der Kontraktion der *Druck,* das *Volumen*
und die *Zeit,* die die Geschwindigkeit der Druck- und Volumenänderung erkennen
läßt.

Für die *Druckmessung* hat den entscheidenden methodischen Fortschritt das von
E. Wetterer (1943) entwickelte Katheterspitzenmanometer gebracht. Es besitzt den Vor-

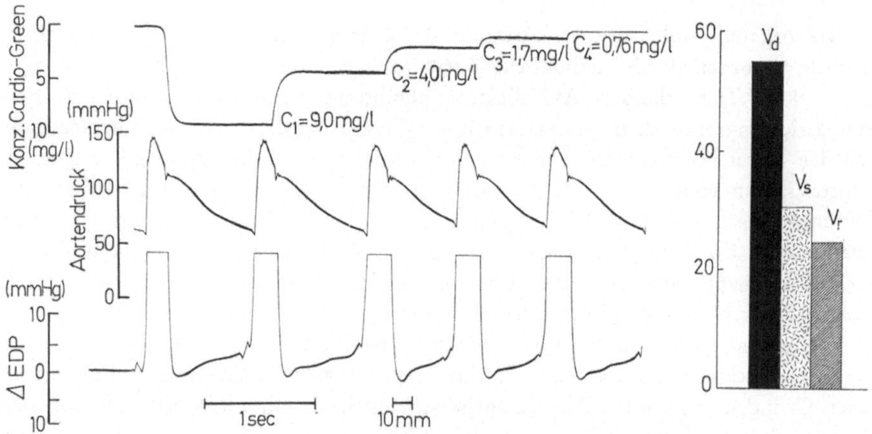

Abb. 1. Druck- und Innenvolumenbestimmung beim Herzen in situ (Hund). Von oben nach unten: Farbstoffauswaschkurve, Aortendruck, gespreizter diastolischer Druck des linken Ventrikels.
V_d = enddiastolisches Volumen, V_s = Schlagvolumen, V_r = Restvolumen in ml. (Nach
Jacob: Ärztliche Forschung **22**, 329—348, 1968)

teil eines beliebig großen zeitlichen Auflösungsvermögens. Ferner erlaubt es, neben der
vollen Ventrikeldruckamplitude mit etwa zehnfacher Empfindlichkeit den „gespreiz-
ten" diastolischen Druck (Lutz, 1964) sowie endlich die Druckänderungsgeschwindig-
keit für jeden einzelnen Herzzyklus richtig zu messen.

Von prinzipiell gleicher Wichtigkeit, zwar methodisch ausreichend, aber bisher
weniger vollkommen gelöst, ist die exakte *Messung der Innenvolumina* einzelner
Ventrikel. Fortlaufende Messungen der Volumenänderungen sind am Herzen im
natürlichen Kreislauf nur schwierig durchzuführen. Dagegen lassen sich mit dem richtig angewendeten Indicatorauswaschverfahren (vollständige Indicatormischung und
hohe Absaugstromstärke) die Innenvolumina in den hämodynamisch wichtigsten
Zeitpunkten während des Herzzyklus mit hinreichender Genauigkeit messen (Abb. 1).
(Jacob et al., 1962). Und zwar zu Beginn der Anspannungszeit und am Ende der
Austreibungszeit. Da Anspannungs- und Austreibungszeit isovolumetrisch verlaufen,
lassen sich die Druck-Volumen-Wertpaare für jeweils den Beginn der Anspannungs-

zeit, der Austreibungszeit, der Entspannungszeit und der Füllungszeit festlegen. Für die Geschwindigkeiten der Volumenänderungen können nur die Mittelwerte über die einzelne Phase des Herzzyklus bestimmt werden. Unter Berücksichtigung der Zeit ist es somit möglich, das vollständige Druck-Volumen-Zeitdiagramm eines Aktionszyklus des Herzens im natürlichen Kreislauf darzustellen (Abb. 2). Die dreidimensionale Darstellung hat den Vorteil, die Geschwindigkeiten, mit denen sich Druck, Volumen und Zeit ändern, unmittelbar zu veranschaulichen.

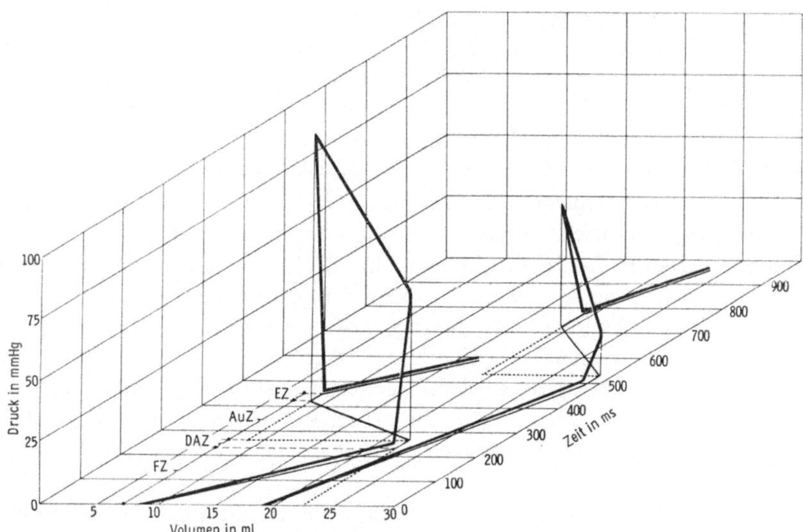

Abb. 2. Druck-Volumen-Zeit-Diagramm unter Kontrollbedingungen (linke Schleife) und unter Nethalide (rechte Schleife). FZ = Füllungszeit. DAZ = Druckanstiegszeit. AuZ = Austreibungszeit, EZ = Entspannungszeit. Die kontraktilitätsmindernde Wirkung des β-Rezeptorenblockers wird nicht nur durch die Abnahme der Druck-Volumen-Arbeit, sondern auch durch die deutliche Verlangsamung der Druck- und Volumenänderungen erkennbar. (Nach Jacob und Weigand, 1966)

II. Mechanismen der Kontraktionsanpassung

Das Herz verfügt — infolge seiner Automatie und der besonderen Erregungsleitung — über andere Mechanismen der Kontraktionsanpassung als der Skeletmuskel. Dieser verändert die Kraft der Kontraktion durch Variation der Zahl der motorischen Einheiten sowie durch tetanische Superposition, beides ausgelöst durch die zentralnervöse Impulsfolge. Das Herz modifiziert dagegen seine Kontraktionen durch zwei Mechanismen, von denen der eine intrakardial, der andere extrakardial ausgelöst wird.

Der erste äußert sich als positive Korrelation zwischen Sarkomerenlänge und Spannungsentwicklung (Frank-Starling-Mechanismus).

Der zweite Modus der Kontraktionsanpassung stellt eine Änderung des inotropen Zustandes dar.

1. Frank-Starling-Mechanismus

Es ist bekanntlich sehr ernsthaft bezweifelt worden, ob dem Frank-Starling-Mechanismus am Herzen im natürlichen Kreislauf nennenswerte Bedeutung zukommt. Das positive Ergebnis der sich darüber entwickelnden Kontroverse lag vor allem darin, daß die zeitweilig überschätzte Rolle des Frank-Starling-Mechanismus als alleiniger physiologischer Regulationsmechanismus der Herztätigkeit eingeschränkt und seine tatsächliche Bedeutung für das Herz in situ klar festgelegt werden konnte. Auch läßt sich jetzt seine physiologische Wirkung schärfer gegen Änderungen des inotropen Zustandes abgrenzen. Zweifellos erfolgt die schnelle Schlag-zu-Schlag-Anpassung der Kontraktion an die Ventrikelfüllung auch beim Herzen im natürlichen Kreislauf ausschließlich über den Frank-Starling-Mechanismus. Es gibt für diese lebensnotwendige Adaptation keine andere experimentell gleich gut unterbaute Deutung. Dadurch sichert der Frank-Starling-Mechanismus die Strömungskontinuität im Lungen- und Körperkreislauf. Weiterhin ist der Frank-Starling-Mechanismus an der — *primär* sicher durch inotrope Mechanismen ausgelösten — Arbeitssteigerung des HMV infolge des vermehrten venösen Rückstromes beteiligt.

Die am isolierten Herzen konstatierte direkte Rolle des Frank-Starling-Mechanismus bei der Bewältigung von Aortendruckerhöhungen ist beim Herzen im natürlichen Kreislauf im physiologischen Bereich wegen des sehr steilen Verlaufes der endsystolischen Druck-Volumen-Beziehungen (U-Kurven) (Jacob u. Weigand, 1966) ohne Bedeutung. Möglicherweise wird der Mechanismus über den von Arnold et al. (1968) beschriebenen coronaren „Gartenschlaucheffekt" wirksam. Über diesen Effekt ließe sich auch die sogenannte homeometrische Anpassung auf den Frank-Starling-Mechanismus zurückführen.

Ganz wesentlich für das Herz im natürlichen Kreislauf sind die quantitativen Grenzen, innerhalb derer der Frank-Starling-Mechanismus die Herzkontraktionen modifiziert. Bezieht man den Frank-Starling-Mechanismus auf seine ultrastrukturellen Grundlagen, nämlich die Sarkomerenlänge (Spotnitz et al., 1966; Sonnenblick et al., 1967), so ergibt sich, daß bei einem enddiastolischen Z-Z-Abstand von 2,2—2,3 μ die kritische Sarkomerenlänge erreicht ist, bei der der absteigende Ast der Frank-Starling-Funktion beginnt (Abb. 3). Die bei normalen diastolischen Füllungsdrucken gemessenen Sarkomerenlängen liegen bei 1,9—2,0 μ.

Es ist nun wesentlich, daß sich am *normalen* Herzen im natürlichen Kreislauf — unterschiedlich zum isolierten Organ oder zum Muskelstreifen — ein absteigender Ast der Frank-Starling-Funktion niemals nachweisen läßt. Offenbar kann die Sarkomerenlänge beim Herzen in situ 2,2 μ nicht wesentlich überschreiten. Tatsächlich sind dazu Drucke notwendig, die im natürlichen Kreislauf nicht vorkommen (Abb. 4). Die Dehnungen der Ventrikel, die zum absteigenden Funktionsast führen, werden vor allem aber durch den Frank-Starling-Mechanismus selbst verhindert, der einer vermehrten Füllung durch vergrößerte Schlagvolumina entgegenwirkt. Dadurch wird für die Herztätigkeit eine sinnvolle Rückkoppelung erreicht. Eine synergistische Wirkung positiv inotroper Einflüsse auf das Herz in situ im Sinne stärkerer Ventrikelentleerung, ausgelöst durch dehnungsbedingte Herzafferenzen, ist denkbar (Bauereisen, 1963).

Man kann auch das *insuffiziente* Herz nicht einfach auf einem absteigenden Ast der Frank-Starling-Funktion arbeiten lassen. Denn ein Herz, das vermehrte Füllung

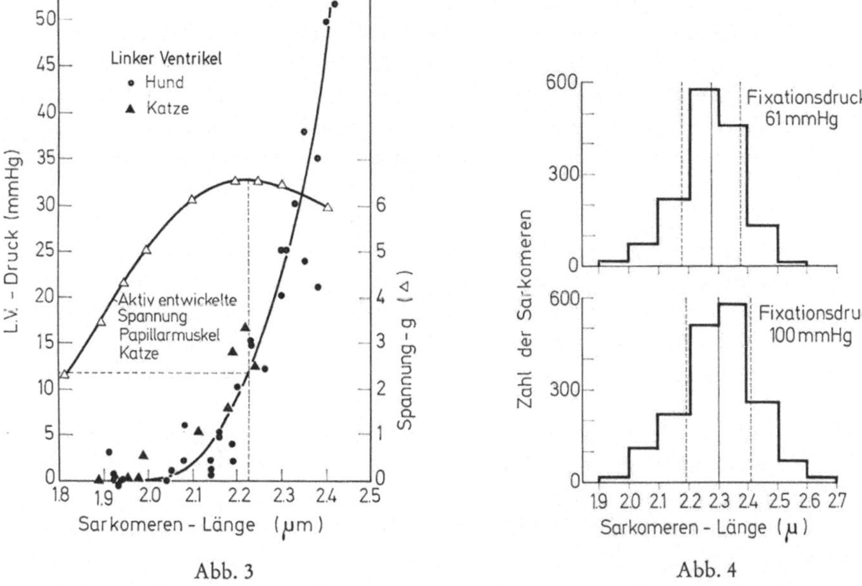

Abb. 3. Aktiv entwickelte Spannung in Abhängigkeit von der Sarkomerenlänge. Positive Korrelation zwischen beiden Größen bis 2,2 μ. (Nach Spotnitz et al., 1966)

Abb. 4. Häufigkeitsverteilung der Sarkomerenlänge (Z-Z-Abstand) bei unphysiologisch hohen Füllungsdrucken. Die ausgezogenen senkrechten Linien geben den Mittelwert der Sarkomerenlänge an. (Nach Monroe et al., 1970)

mit vermindertem Auswurf beantwortet, erreicht keinen stationären Zustand, sondern befindet sich in einem irreversiblen circulus vitiosus (Keidel), der zum Funktionsverlust führen muß. Für das Herz im natürlichen Kreislauf ist der absteigende Ast der Frank-Starling-Funktion höchstens als Bedingung des akuten Herzversagens denkbar. Hier wird eine wesentliche Eingrenzung des Frank-Starling-Mechanismus beim Herzen im natürlichen Kreislauf erkennbar.

Für die Deutung des Frank-Starling-Mechanismus ist wichtig, daß ihm analog zum Kontraktionsprozeß ein Gleitmechanismus der contractilen Proteine zugrunde liegt. Bei zunehmender Dehnung bleibt die Länge der A-Streifen konstant, während sich die I-Streifen linear mit der Sarkomerenlänge verlängern. Offensichtlich beruht der Frank-Starling-Mechanismus auf dem Überlappungsgrad der contractilen Proteine und der davon abhängigen Zahl der Aktin-Myosin-Interaktionsorte. Jedenfalls ist er im Unterschied zur Änderung des inotropen Zustandes durch physikalisch-geometrische Bedingungen am Ende der Diastole determiniert und begrenzt.

2. Inotropie

Der zweite Mechanismus der Kontraktionsanpassung besteht in einer Änderung des inotropen Zustandes. Auch hierbei zeigt das Herz im natürlichen Kreislauf Unterschiede zum isolierten Organ oder zum Streifenpräparat.

Hinsichtlich der *negativen Inotropie* ist festzustellen, daß — entgegen der vorherrschenden Meinung — auch am Hundeventrikel durch Vagusreizung eine negativ inotrope Wirkung hervorgerufen werden kann (Kissling et al., 1969). Sie tritt jedoch nur nach langdauernder und starker Reizung auf und ist in ihrem Ausmaß relativ gering. Für das Herz in situ kommt ihr daher kaum echte physiologische Bedeutung zu. Wir vermuten, daß es sich bei höheren Säugern um den Rest einer evolutionär zurückgebildeten Funktion handelt, die bei niedrigeren Wirbeltierklassen noch voll ausgeprägt ist.

Was die *positive Inotropie* durch Acceleransreizung oder adrenerge Substanzen betrifft, so ist sie am Herzen im natürlichen Kreislauf ebenfalls bemerkenswert gering. Am ehesten ist eine frequenzunabhängige Versteilerung der U-Kurven, d. h. eine echte adrenerge Inotropie bei Herzen möglich, die mit sehr niedriger Spontanfrequenz und großer Ausgangsfüllung, also weit rechts auf der Ruhe-Dehnungs-Kurve arbeiten (Sportherz). Ebenso auf adrenerge Inotropie ist das wesentlich höhere maximale HMV bei einer durch Acceleransreizung bewirkten Optimalfrequenz im Vergleich mit der nur wenig niedrigeren Optimalfrequenz eines künstlichen Schrittmachers zurückzuführen (Wende et al., 1971).

Im übrigen gibt es eine nicht adrenerge (Kilz et al., 1969) sogenannte Frequenzinotropie und eine durch Doppelreizung bewirkte Inotropie, deren Bedeutung insbesondere für das Herz im natürlichen Kreislauf von Jacob et al. (1968) untersucht wurde. Die durch Doppelstimulation auslösbare postextrasystolische Potenzierung wurde folgerichtig als Modell einer rein kardialen nicht adrenergen positiv inotropen Wirkung benutzt, um Steigerungen des Schlagvolumens und der Kontraktionsgeschwindigkeit, d. h. positive Inotropie im natürlichen Kreislauf nachzuweisen. Wie weit adrenerge und Frequenzinotropie im natürlichen Kreislauf getrennt vorkommen, ist ungeklärt.

Deutung: Das entscheidende Kriterium für eine Änderung des inotropen Zustandes ist die unterschiedliche Kraftentfaltung bei gleicher enddiastolischer Ausgangslage, d. h. bei gleicher Sarkomerenlänge bzw. gleicher geometrischer Anordnung der contractilen Proteine. Daraus ergibt sich, daß im Unterschied zum Frank-Starling-Mechanismus die Inotropie nicht durch den physikalischen Zustand am Ende der Diastole determiniert ist. Man kann daher die Ursache der Inotropie nicht *in* den contractilen Proteinen selbst, sondern muß sie in chemischen Wirkungen *an* den contractilen Proteinen suchen (Hasselbach, 1961).

III. Bewertung der Kontraktion

Die der Kontraktion zugrunde liegenden Elementarprozesse führen zu Regelverhalten, die sich als Längenspannungsbeziehung (A. Fick) und als Kraft-Geschwindigkeits-Relation (A. V. Hill) quantifizieren lassen.

Die erwähnten unterschiedlichen Vorgänge im Bereich der contractilen Proteine bei der Frank-Starling-Anpassung und bei der Inotropie legen es nahe, diese beiden Anpassungsmodalitäten verschieden zu bewerten.

Es herrscht Einmütigkeit darüber, daß alle nur durch Änderungen der Ausgangslage bewirkten Modifikationen der Herzkontraktion bei *gleicher* Kontraktilität erfolgen. Ebenso wird jede inotrope Einwirkung als *Änderung* der Kontraktilität aufgefaßt.

Indessen wird der ursprünglich rein qualitative Begriff „Kontraktilität" nicht einheitlich gebraucht. Manche Autoren beschränkten ihn bei quantitativer Verwendung ausschließlich auf die Kraft-Geschwindigkeits-Relation. Dies ist dann berechtigt, wenn mit dem Geschwindigkeitsparameter ein anderer Elementar-Vorgang gemessen wird als mit den mechanischen Größen Druck und Volumen. Solange diese Frage jedoch noch nicht eindeutig geklärt ist, erscheint es zulässig, jeden wie auch immer quantifizierten Kontraktionszustand als Kontraktilität und jede Inotropie als Kontraktilitätsänderung zu bezeichnen. Weniger kontrovers ist der Begriff Inotroper Zustand.

Zur speziellen Bewertung der Kontraktionen des Herzens im natürlichen Kreislauf werden die oben erwähnten Grundbeziehungen von A. Fick und A. V. Hill in modifizierter Form benutzt: Einmal als Druck-Volumen-Beziehung (O. Frank) und zum anderen als isovolumetrische Druckanstiegsgeschwindigkeit (E. H. Sonnenblick).

1. Druck-Volumenbeziehung

Durch Messung der enddiastolischen und endsystolischen Druck-Volumen-Wertpaare kann am Herzen im natürlichen Kreislauf ein Druck-Volumendiagramm gewonnen werden, in dessen Rahmen sich die natürlichen Arbeitsdiagramme einpassen (Bauereisen, 1964; Jacob u. Weigand, 1966). Die echte enddiastolische Dehnungskurve läßt sich, da Kontraktionsrückstände beim Herzen in situ kaum eine Rolle spielen, aus den enddiastolischen Druck-Volumen-Werten bestimmen (Minima-Kurve). Damit sind die möglichen Ausgangslagen des Herzens in situ festgelegt. Eine Kennlinie, die der „Kurve der Unterstützungsmaxima" entspricht, wird durch die end-

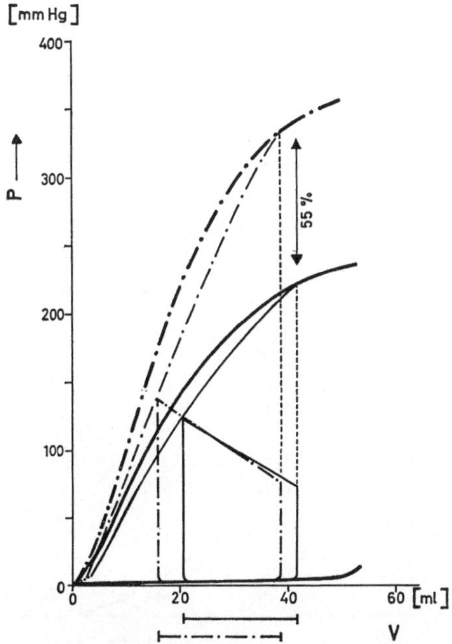

Abb. 5. Halbschematische Darstellung der Druck-Volumenänderungen bei Kontraktilitätssteigerung (postextrasystolische Potenzierung). Isovolumetrische Maxima: starke Konturen; Unterstützungsmaxima: schwache Konturen. ——Einzelstimulation; —.—.— paarweise Stimulation. (Nach Jacob et al., 1968)

systolische Druck-Volumen-Beziehung erhalten (Maxima-Kurve). Im akuten Tier-
versuch lassen sich auch die isovolumetrischen Maximaldrucke direkt messen und die
(endsystolische) Kurve der Druckmaxima ermitteln (Jacob et al., 1968). Beide Maxima-
Kurven verlaufen mit bemerkenswert geringem Abstand annähernd parallel (Abb. 5).
Die Steilheit der endsystolischen Druck-Volumenrelation wird ausschließlich durch
inotrope Einflüsse geändert (Jacob u. Weigand, 1966). Wenn somit eine gegebene endsystolische Druck-Volumenkurve als Kennlinie gleicher Kontraktilität gelten kann, so
bedeutet Steilheitszunahme Steigerung der Kontraktilität (Abb. 5). Voraussetzung für
die Kontraktilitätsmessung aufgrund der Druck-Volumen-Konzeption ist die Kon-
stanz der enddiastolischen Dehnungskurve. Für das normal durchblutete Warm-
blüterherz im natürlichen Kreislauf läßt sich die Kurve der enddiastolischen Ausgangslagen weder durch hämodynamische, noch durch Frequenzänderungen, noch
durch adrenerge oder cholinerge Einflüsse verändern (Bauereisen et al., 1964; 1965).

2. Kraft-Geschwindigkeits-Relation

Die Überlegungen von O. Frank und A. V. Hill unterscheiden sich wesentlich.
Durch die Druck-Volumen-Beziehung wurden von O. Frank die mechanischen Bedingungen der Arbeit des isolierten Herzens systematisiert und die beiden entscheidenden Parameter Druck und Volumen in eine gesetzmäßige quantitative Beziehung
gebracht. Daraus resultierte eine korrekte Berechnungsmöglichkeit der mechanischen
Arbeiten des Herzens bei verschiedenen hämodynamischen Bedingungen. A. V. Hill
ging dagegen primär vom elementaren Kontraktionsprozeß aus. Als Fundamental-
verhalten des Muskels erkannte und formulierte er eine reziproke Beziehung zwischen
Kraftentfaltung und Verkürzungsgeschwindigkeit. Diese Beziehung heißt Kraft-
Geschwindigkeitsrelation.

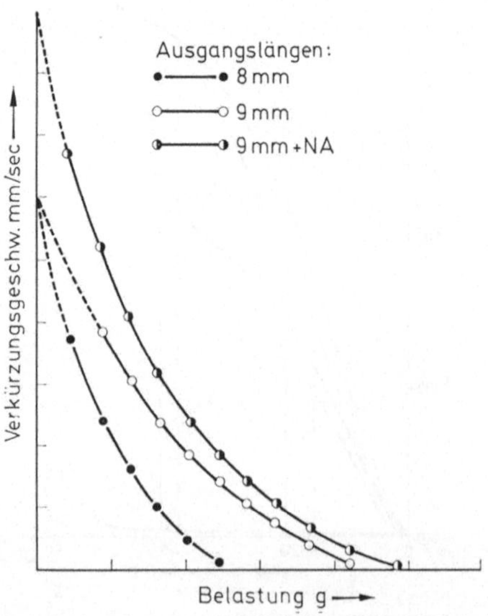

Abb. 6. Verkürzungsgeschwindigkeit als Funktion der Belastung (Kraft-Geschwindigkeits-
relation). V_{max} = (extrapolierte) Schnittpunkte mit der Ordinate. P_0 = Schnittpunkte mit
der Abszisse. Adrenerge Inotropie steigert sowohl P_0 und V_{max}. (Vgl. Abb. 7 für Frequenzinotropie). NA = Noradrenalin. (Aus Keidel, 1970)

Grenzwerte dieser Relation sind die maximale Kraftentfaltung (P_0) bei der Verkürzungsgeschwindigkeit 0 und die maximale Verkürzungsgeschwindigkeit (V_{max}) bei der Belastung 0. Da P_0 sowohl von der Faserlänge (Frank-Starling-Mechanismus) als auch vom inotropen Zustand abhängt, gilt als Maß der Kontraktilität die von der Faserlänge unabhängige maximale Verkürzungsgeschwindigkeit V_{max} bei der Belastung 0. Zwar ist V_{max} direkt nicht meßbar, kann aber durch Extrapolation der Belastungs-Geschwindigkeitskurve bis zum Schnittpunkt mit der Geschwindigkeitsordinate ermittelt werden. Da die am Schnittpunkt mit der Belastungsabszisse gelegene maximale (isometrische) Spannungsentwicklung P_0 mit der Faserlänge größer wird, decken sich die Kraft-Geschwindigkeitskurven unterschiedlicher Ausgangslängen nicht. Sie bilden eine Kurvenschar, die auf *einen* Schnittpunkt mit der Geschwindigkeitsordinate konvergieren. Hiermit ist ein von der Faserlänge unabhängiger Kennwert für eine bestimmte Kontraktilität gewonnen, wenn auch die aktuellen Verkürzungsgeschwindigkeiten einzelner Zuckungen bei von 0 verschiedener Belastung mit der Faserlänge variieren (Abb. 6). Durch die Extrapolation auf die maximale Verkürzungsgeschwindigkeit bei der Belastung 0 wird der Einfluß des Frank-Starling-Mechanismus eliminiert. Jede Änderung der Kontraktilität manifestiert sich in einer gleichgerichteten Änderung der maximalen Verkürzungsgeschwindigkeit bei der Belastung 0 oder in Änderung der aktuellen Verkürzungsgeschwindigkeit einer Zuckung bei gleicher Vorbelastung (Abb. 6).

Die Unabhängigkeit von V_{max} von der Faserlänge und seine Beeinflussung durch inotrope Effekte kann auch auf andere Weise abgeleitet werden: Bei isometrischen Kontraktionen steigt mit zunehmender Faserlänge die Geschwindigkeit der Spannungsentwicklung *proportional* der über die Zeit integrierten Spannung an, da die Zeit zwischen Kontraktionsbeginn und Spannungsgipfel für alle Ausgangslängen gleich bleibt. Bei positiver Inotropie dagegen wächst die Geschwindigkeit der Spannungsentwicklung überproportional zum Zeit-Spannungs-Integral, da die Zeit zwischen Kontraktionsbeginn und Spannungsgipfel verkürzt ist (Siegel u. Sonnenblick, 1963).

Hinsichtlich der Kontraktionsbewertung läßt sich feststellen: Die Kraft-Geschwindigkeits-Relation erlaubt

1. den Frank-Starling-Mechanismus von inotropen Wirkungen zu trennen und

2. mit dem Geschwindigkeitsparameter Änderungen der Kontraktilität zu quantifizieren.

Beim Herzen im natürlichen Kreislauf wird üblicherweise die auf eine bekannte Ausgangslage bezogene Druckanstiegsgeschwindigkeit in der isovolumetrischen Anspannungsphase gemessen. Um aus dieser Meßgröße die Kontraktilität bestimmen zu können, müssen zwei Voraussetzungen erfüllt sein:

1. Die Meßgröße muß von der Nachbelastung (Aortendruck) möglichst unabhängig sein. Diese Bedingung ist nach vorherrschender Meinung beim Herzen in situ, wenn man von extremen Aortendruckänderungen absieht, erfüllt (Siegel u. Sonnenblick, 1964; Schaper et al., 1965).

2. Die enddiastolische Dehnbarkeitskurve muß konstant sein. Auch diese Bedingung ist, wie oben hervorgehoben, beim Herzen im natürlichen Kreislauf erfüllt (Bauereisen et al., 1964; 1965). Da es sich bei Geschwindigkeitsmessungen am Herzen im natürlichen Kreislauf stets um Zuckungen mit Vorbelastungen (enddiastolische Ausgangslage) handelt, können aus momentanen Geschwindigkeitswerten nur dann Schlüsse auf die Kontraktilität gezogen werden, wenn die Meßwerte auf die *gleiche* Ausgangslage bezogen werden.

Eine Beeinträchtigung kann die Kontraktilitätsbewertung mittels der Druckanstiegsgeschwindigkeit durch folgende Einflüsse erfahren:

a) Beendigung der isovolumetrischen Phase vor Erreichen des Geschwindigkeits-Maximums infolge extrem niedrigen Aortendruckes.

b) Extrem hoher Aortendruck, der durch Vermehrung des Restvolumens die Ausgangslage ändert.

c) Einfluß des diastolischen Aortendruckes über den coronaren Perfusionsdruck (Arnold et al., 1968).

Von großem Interesse ist die Beobachtung, daß die Kraftentfaltung und die Verkürzungsgeschwindigkeit bei unterschiedlichen inotropen Einflüssen nicht im gleichen Ausmaß verändert werden. So bewirkt nach Siegel, Sonnenblick et al. (1964)

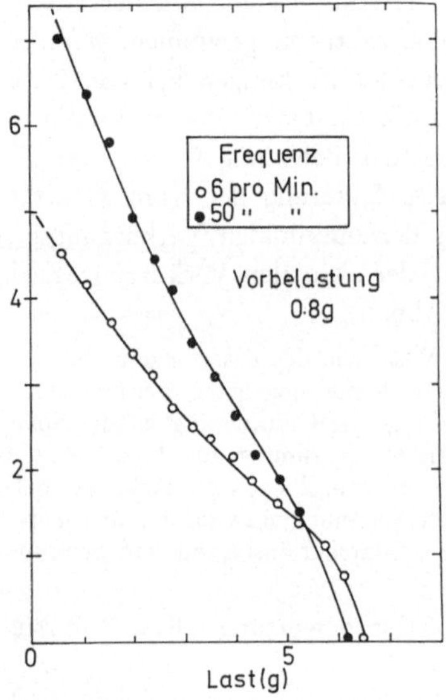

Abb. 7. Kraft-Geschwindigkeitskurven des menschlichen Papillarmuskels bei Frequenzsteigerung (Frequenzinotropie). Ordinate: V_{max} (mm/sec). Alleinige Zunahme von V_{max}. (Vgl. Abb. 6 adrenerge Inotropie.) (Nach Braunwald et al., 1967)

eine Frequenzinotropie beträchtliche Zunahme der Druckanstiegsgeschwindigkeit bei relativ geringer Steigerung der Kraftentfaltung. Adrenerge oder durch Calciumgaben verursachte Inotropien steigern zusätzlich zur Verkürzungsgeschwindigkeit auch die Kraftentfaltung, wobei V_{max} aber auch unter diesen Bedingungen empfindlicher reagiert. Auf die fehlende Proportionalität zwischen Spannungsentwicklung und Schlagvolumenzunahme sowie Druckanstiegsgeschwindigkeit haben ferner Jacob et al. (1968) hingewiesen. Eine Steigerung von V_{max} ohne Beeinflussung von P_0 fanden Braunwald et al. (1967) bei Frequenzinotropie (Abb. 7).

Damit ergibt sich das Problem, die beiden die Kontraktilität quantifizierenden Parameter isometrische Spannungsmaxima (O. Frank) und V_{max} (Hill, Sonnenblick) unterschiedlichen Prozessen im Bereich der contractilen Proteine zuzuordnen.

Es gibt begründete Hinweise dafür, daß der Geschwindigkeitsparameter mit der ATPase-Aktivierung und letzthin mit der Geschwindigkeit der Energiefreisetzung korreliert ist. Die maximale Spannungsentwicklung P_0 hängt dagegen wohl sicher von der Zahl der festen Aktin-Myosin-Interaktionen und letzthin vom absoluten Aktin-Myosin-Gehalt ab (A. M. Katz, 1970). Hinsichtlich der Kontraktionsbewertung würde das bedeuten, daß mit dem Geschwindigkeitsparameter nicht der eigentliche mechanische Elementarprozeß der Kontraktion gemessen wird, wohl aber der unerläßliche vorgeschaltete Prozeß der Energiefreisetzung.

Von der Zuordnung der mechanischen Größen einerseits und den Zeitwerten andererseits zu unterschiedlichen Elementarprozessen ausgehend, läßt sich auch aus den Eigenschaften der contractilen Proteine eine — allerdings nicht gesicherte — Deutung für die reziproke Beziehung von Kraftentfaltung und Verkürzungsgeschwindigkeit geben: Man muß dazu bei gegebener Ausgangslage (Sarkomerenlänge) eine konstante Zahl von distinkten Aktin-Myosin-Interaktionsorten annehmen. Diese sind entweder als enzymatisch inaktive, feste Interaktionen nur für die Spannungsentwicklung maßgeblich, oder sie aktivieren als offene, enzymatisch wirksame Interaktionsorte die ATPase und determinieren damit über die Energiefreisetzung die Verkürzungsgeschwindigkeit. Je mehr feste Interaktionen vorhanden sind, um so geringer ist die Zahl der enzymatisch aktiven offenen Interaktionsorte und umgekehrt. Kontraktilitätsänderungen sind damit nicht erklärt. Sie beruhen auf stofflichen Vorgängen an den contractilen Proteinen, wobei den Calciumionen sicher entscheidende Bedeutung zukommt.

Literatur

Arnold, G., Kosche, F., Miessner, E., Neitzert, A., Lochner, W.: The importance of the perfusion pressure in the coronary arteries for the contractility and the oxygen consumption of the heart. Pflügers Arch. **299**, 339 (1968).

Bauereisen, E.: Normale Physiologie. In: Bargmann-Doerr, Das Herz des Menschen. Bd. I, Stuttgart: Thieme 1963.

— Kontraktilität und Dehnbarkeit des normalen und hypodynamen Herzens. In: E. Wollheim und K. W. Schneider: Herzinsuffizienz. Stuttgart: Thieme 1964.

— Hauck, G., Jacob, R., Peiper, U.: Enddiastolische Druck-Volumen-Relationen und Arbeitsdiagramme des intakten Herzens im natürlichen Kreislauf in Abhängigkeit von Herzfrequenz, Adrenalinwirkung und Vagusreiz. Pflügers Arch. **281**, 216 (1964).

— Jacob, R., Kleinheisterkamp, U., Peiper, U., Weigand, K. H.: Enddiastolische Dehnbarkeit des linken Ventrikels in situ bei akuten Änderungen des arteriellen Systemdrucks. Pflügers Arch. **285**, 335 (1965).

Braunwald, E., Sonnenblick, E. H., Ross, J., Glick, G., Epstein, St. E.: An analysis of the cardiac response to exercise. Circulat. Res. **21**, Suppl. I, 44 (1967).

Frank, O.: Die Wirkung von Digitalis auf das Herz. Ges. Morphologie und Physiologie, München. 14. Heft. 1898.

Hasselbach, W.: Kontraktile Strukturen des Herzmuskels und Kontraktionszyklus. Verh. dtsch. Ges. Kreisl.-Forsch. **27**, 114 (1961).

Jacob, R., Bauereisen, E., Hauck, G., Peiper, U.: Die Bestimmung des Ventrikelinnenvolumens mittels Farbstoffverdünnungskurven. Arch. Kreisl.-Forsch. **39**, 182 (1962).

— Kissling, G., Segarra-Domenech, J.: Steigerungsfähigkeit von Kontraktionsgeschwindigkeit und Schlagvolumen durch inotrope Mechanismen beim intakten Herzen in situ. Arch. Kreisl.-Forsch. **57**, 291 (1968).

— Weigand, K. H.: Die endsystolischen Druck-Volumenbeziehungen als Grundlage einer Beurteilung der Kontraktilität des linken Ventrikels in situ. Pflügers Arch. **289**, 37 (1966).

Katz, A. M.: Contractile Proteins of the Heart. Physiol. Rev. **50**, 63 (1970).

Keidel, W. D.: Kurzgefaßtes Lehrbuch der Physiologie. 2. Aufl., Stuttgart: Thieme 1970.

Kilz, U., Schaefer, J., van Zwieten, P.: The contribution of adrenergic mechanisms to frequency potentiation and to paired stimulation in guinea pig isolated atrial tissue. Pflügers Arch. **308**, 203 (1969).

Kissling, G., Jacob, R., Peiper, U., Bauereisen, E.: Inotrope Wirkungen des Nervus vagus am Hundeventrikel in situ. Pflügers Arch. **310**, 64 (1969).

Lutz, J.: Messung und Registrierung des diastolischen Druckes im linken Ventrikel. Z. Kreisl.-Forsch. **53**, 351 (1964).

Monroe, R. G., Gamble, W. J., La Farge, C. D., Edalji Kumar, A., Manasek, F. J.: Left ventricular performance at high enddiastolic pressures in isolated perfused dog hearts. Circulat. Res. **26**, 85 (1970).

Schaper, W. K. A., Lewi, P., Jagenau, A. H. M.: The determinants of the rate of change of the left ventricular pressure (dp/dt). Arch. Kreisl.-Forsch. **46**, 27 (1965).

Siegel, J. H., Sonnenblick, E. H.: Isometric time-tension-relationship as an index of Myocardial contractility. Circulat. Res. **12**, 597 (1963).

— — Judge, R. D., Wilson, W. S.: The Quantification of myocardial contractility in dog and man. Cardiologia **45**, 189 (1964).

Sonnenblick, E. H.: Force-Velocity-Relations in Mammalian Heart-Muscle. Am. J. Physiol. **202**, 931 (1962).

— Ross, J., Covell, J. W., Spotnitz, H. M., Spiro, D.: The ultrastructure of the heart in systole and diastole: Changes in sarcomere length. Circulat. Res. **21**, 423 (1967).

Spotnitz, H. M., Sonnenblick, E. H., Spiro, D.: Relation of ultrastructure to function in the intact heart: Sarcomere structure relative to pressure-volume-curves of intact left ventricle of dog and cat. Circulat. Res. **18**, 49 (1966).

Wende, W., Henrich, H., Limbourg, P., Bauereisen, E.: Vergleichende Untersuchungen über die Wirkung adrenerger, cholinerger und durch künstlichen Antrieb verursachter Frequenzänderungen auf die Dynamik des Herzens in situ. Arch. Kreisl.-Forsch. **64**, 82 (1971).

Neuere Ergebnisse zur Physiologie, Pharmakologie und Pathologie der elektromechanischen Koppelungsprozesse im Warmblütermyokard *

A. FLECKENSTEIN

Mit 34 Abbildungen

I. Die Funktion der Ca^{++}-Ionen als Mittlersubstanz zwischen Membranerregung und Kontraktion

Der Erregungsprozeß läuft bekanntlich an den äußeren Grenzmembranen ab, die den extracellulären Raum vom Faserinnern trennen. Die Kontraktion ist dagegen ein intracellulärer Vorgang. Die zeitliche Koppelung der bioelektrischen und mechanischen Phänomene setzt daher die Existenz eines Systems der Informationsvermittlung von der Zelloberfläche ins Innere der contractilen Fasern voraus. Die Natur hat dieses schwierige Problem bekanntlich dadurch gelöst, daß sie sich der Ca^{++}-Ionen als Mittlersubstanz zwischen Membran-Erregung und intracellulärer Myofibrillen-Verkürzung bedient.

Der erste Schritt dürfte — wie zahlreiche Versuche mit radioaktivem Ca^{++} ergeben haben — in einer Steigerung der Ca^{++}-Permeabilität der Membranen im Augenblick der Erregung bestehen. Ca^{++}-Ionen dringen dementsprechend während der Dauer des Aktionspotentials (im einfachsten Fall aus dem Extracellulärraum) ins Innere der Fasern ein und setzen dort die zur Kontraktion führenden Mechanismen in Gang. Entscheidend ist dabei offenbar eine Ca^{++}-bedingte Aktivierung der Myofibrillen-ATPase, welche wohl letztlich die Überführung der Phosphat-gebundenen Energie in mechanische Arbeit zu vollziehen hat. Hinter dem etwas vagen Begriff der elektromechanischen Koppelung verbergen sich jedenfalls wohldefinierte biochemische Reaktionen, mit deren Hilfe ATP — unter Vermittlung der Ca^{++}-Ionen — zum Zweck der Kontraktion von den Myofibrillen utilisiert wird.

Dünne contractile Gebilde wie die glatten Muskelzellen oder die Fasern des Frosch-Myokards sind durch die eindiffundierenden Ca^{++}-Ionen ohne Schwierigkeit von der äußeren Zelloberfläche her aktivierbar. Bei den dickeren Fasern des Warmblüter-Myokards oder der Skeletmuskulatur ist dagegen auf diese einfache Art wegen der viel weiteren Diffusionsstrecken kein rascher Anstoß des contractilen Systems von der äußeren Grenzmembran her möglich. Die Evolution hat bekanntlich auch diese Schwierigkeiten — unter voller Wahrung des Grundprinzips — überwunden; denn bei allen dicken Muskelfasern sind die äußeren Zellmembranen im Bereich der

* Die Untersuchungen des Physiologischen Instituts Freiburg über den Ca^{++}-Stoffwechsel des Myokards sind Teil eines vom Bundesministerium für Bildung und Wissenschaft geförderten, überregionalen Forschungsprogramms in Zusammenarbeit mit der Gesellschaft für Strahlen- und Umweltforschung, München-Neuherberg

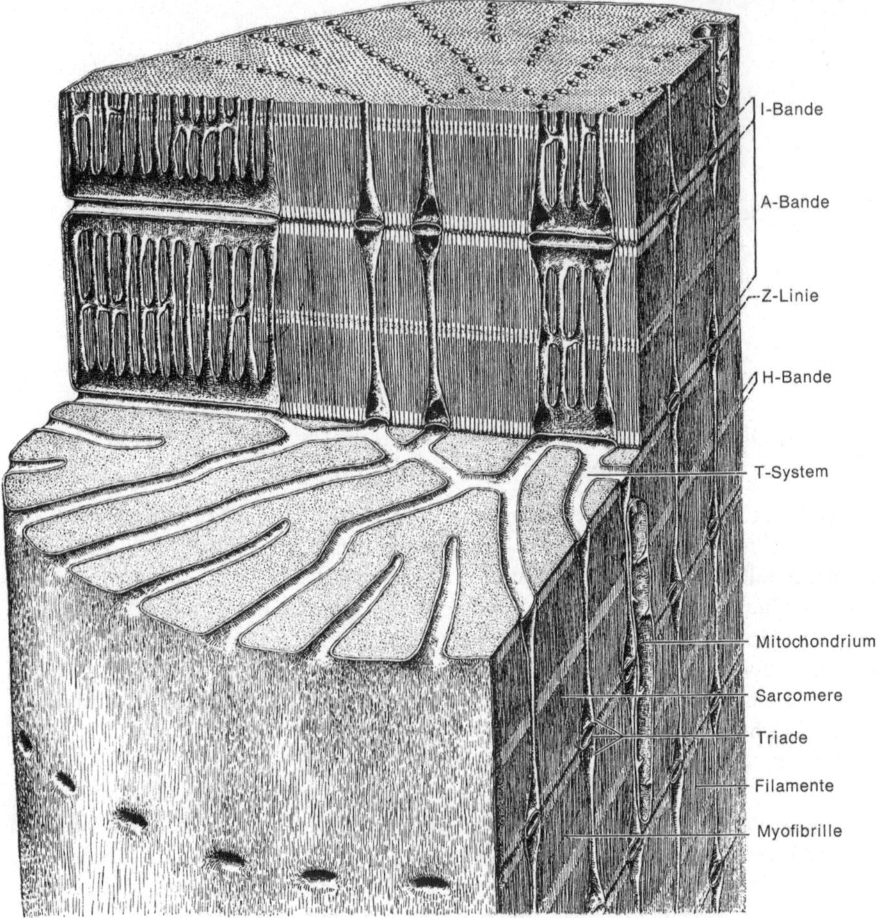

Abb. 1. Schema des transversalen und longitudinalen tubulären Systems in einer Skelet-
muskelfaser (nach Porter u. Franzini-Armstrong, 1965)

Z-Streifen in Form transversaler Tubuli weit ins Faserinnere eingestülpt. Im Warmblüter-Myokard sind darüber hinaus auch Längsverbindungen zwischen den transversalen Tubuli nachgewiesen worden, die eng parallel zu den Myofibrillen verlaufen. Die extracellulären Ca^{++}-Ionen kommen so unter Benutzung dieses Gangsystems, das mit dem Extracellulärraum frei kommuniziert, schon im Ruhezustand
bis in die nächste Nähe der Myofibrillen-Bündel heran. Abbildung 1 zeigt ein Schema
dieses Systems nach Porter u. Franzini-Armstrong, wie es für Skeletmuskelfasern zutrifft. Gut dargestellt sind hier die radiären transversalen Gänge, die in der Gegend
der Z-Streifen von der Faseroberfläche in die Tiefe ziehen. Aus Untersuchungen von
Huxley u. Taylor (1958) an Skeletmuskelfasern ist bekannt, daß die Aktivierung
des contractilen Apparats bei Erregung überhaupt nur von den transversalen Tubuli
aus gelingt. Diese Autoren setzten an isolierten Fasern mit kleinsten Reizelektroden
scharf lokalisierte Depolarisationen und tasteten dabei die ganze Faseroberfläche ab.
Zur Kontraktion kam es immer nur dann, wenn die Reizelektroden an die Mündung

eines transversalen Tubulus im Bereich der Z-Streifen herangeführt wurden. Offensichtlich breitet sich die Erregung über die Membranen der transversalen Tubuli bis in die Tiefe dieser Gänge aus. Bei Warmblüter-Myokardfasern, die über longitudinale Verbindungsstücke zwischen den transversalen Tubuli verfügen, scheint sich die Erregung sogar längs dieser Verbindungsstücke innerhalb der Fasern fortzupflanzen; denn bei punktförmiger Depolarisation der Mündung eines transversalen Tubulus wird bei Herzmuskelfasern — anders als bei Skeletmuskulatur — stets eine Kontraktion beobachtet, die sich über mehrere benachbarte Z-Streifen hinweg erstreckt (Müller, 1966).

Streng zu unterscheiden von diesen longitudinalen Verbindungsstücken zwischen den transversalen Tubuli sind die longitudinalen Strukturen des endoplasmatischen Reticulums. Seiner Funktion nach ist dieses endoplasmatische Longitudinal-System offenbar als intracellulärer Ca^{++}-Speicher anzusehen (ausführliche Darstellung s. Ebashi u. Endo, 1968). Steigt die Erregung über die transversalen Tubuli in die Tiefe der Fasern hinab, so werden nach heutiger Auffassung diese longitudinalen endoplasmatischen Ca^{++}-Speicher über synapsenartige Kontaktstellen zur Freisetzung von Ca^{++}-Ionen veranlaßt. Hierdurch wird der contractile Apparat aktiviert. Auffälligerweise ist die Ausbildung dieser endoplasmatischen Ca^{++}-Speicher um so größer, je dicker die Fasern sind und je rascher die Kontraktion verläuft. Dicke Skeletmuskelfasern verfügen aus diesem Grunde über sehr große intracelluläre Ca^{++}-Depots, die auch nach Überführung in eine Ca^{++}-freie Lösung innerhalb vernünftiger Versuchszeiten nicht zur Erschöpfung zu bringen sind. Die elektromechanischen Koppelungsreaktionen erweisen sich daher bei Skeletmuskulatur gegenüber extracellulärem Ca^{++}-Entzug als weitgehend refraktär.

Ganz anders ist dagegen die Situation bei Myokardfasern. Auch hier entspricht zwar, wie Abb. 2 zeigt, das transversale System weitgehend dem Bild der Skeletmuskulatur. Die longitudinalen endoplasmatischen Ca^{++}-Speicher sind jedoch in den Myokardfasern des Warmblüters nur recht schwach ausgebildet. Im Schema von Abb. 2 sind sie nur als dünnes, netzartig verzweigtes Geflecht auf den Myofibrillen-Bündeln sichtbar. Die elektromechanischen Koppelungsprozesse in den Myokardfasern sind daher stark vom extracellulären Ca^{++}-Angebot abhängig und infolgedessen auch sehr leicht von außen her im positiven oder negativen Sinne beeinflußbar. Dieser Umstand prädisponiert das Herz zum bevorzugten Versuchsobjekt für elektromechanische Koppelungs-Studien. Es ist daher nicht verwunderlich, daß die fundamentale Rolle der Ca^{++}-Ionen für die Koppelung von Erregung und Kontraktion schon 1913 in den Untersuchungen von Mines an Myokard-Gewebe entdeckt worden ist. Seitdem ist bekannt, daß die mechanische Systole des Herzens in Ca^{++}-freier Lösung erlischt, während der elektrische Erregungsprozeß persistiert. Abb. 3 gibt ein derartiges Experiment an einem isolierten Papillarmuskel eines Kaninchens als Beispiel wieder. Nach Überführung in eine Ca^{++}-freie Tyrodelösung nimmt hier die Kontraktilität rasch ab, um schon nach 14 Minuten vollständig zu verschwinden. Die — mit einer intracellulär eingeführten Mikroelektrode gemessenen — Aktionspotentiale zeigen dabei als Ausdruck des elektrischen Erregungsvorgangs noch keine wesentliche Veränderung. Bei der Rückkehr in normale, Ca^{++}-haltige Tyrodelösung wird dann die Fähigkeit zur Verkürzung schon nach einigen Minuten restituiert. Bietet man Ca^{++} im Überschuß an, so steigt die mechanische Spannungsentwicklung sogar weit über die Ausgangswerte.

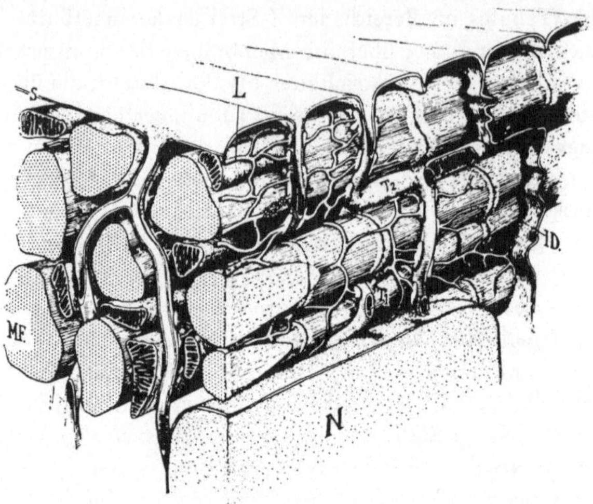

Abb. 2. Schema des transversalen und longitudinalen tubulären Systems in einer Myokardfaser nach Nelson u. Benson (J. Cell Biol. **16**, 297, 1963) entsprechend den Verhältnissen
bei Kaninchen und Mensch. S = Sarcolemm, T = transversale Tubuli im Bereich der Z-Streifen, T 2 = longitudinales Verbindungsstück zwischen benachbarten transversalen Tubuli, das
nicht dem eigentlichen longitudinalen System zuzurechnen ist. L = Teil des eigentlichen
longitudinalen Gangsystems, das in Myokardfasern bedeutend schwächer als bei Skeletmuskelfasern ausgebildet ist. MF = Myofibrillen, N = Zellkern, ID = Glanzstreifen

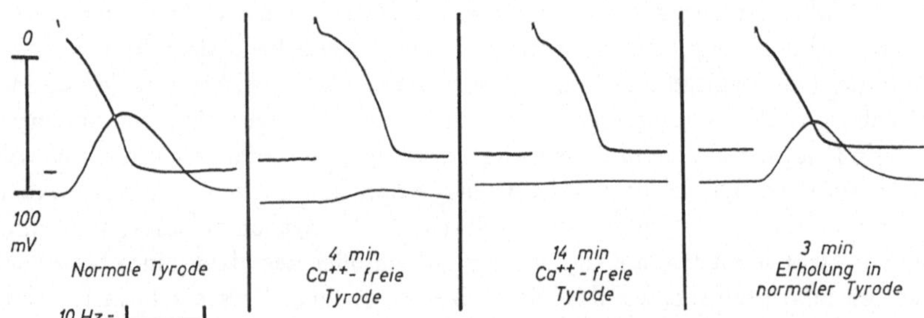

Abb. 3. Selektive Aufhebung der Kontraktilität eines isolierten Kaninchen-Papillarmuskels in
einer Ca⁺⁺-freien Tyrodelösung ohne wesentliche Beeinflussung des elektrischen Erregungs-
prozesses („elektro-mechanische Entkoppelung"). Gleichzeitige Registrierung des Aktionspotentials (oben) mittels einer intracellulären Mikroelektrode und des Mechanogramms
(unten) unter Verwendung einer mechano-elektronischen Transducer-Röhre

II. Die quantitative Steuerung von ATP-Spaltung, Kontraktionskraft und oxydativem Tätigkeits-Stoffwechsel durch Ca⁺⁺-Ionen

In eigenen Untersuchungen haben wir seit 1959 gleichzeitig die mechanische Spannungsentwicklung und die Änderungen der energiereichen Phosphat-Konzentrationen
sowohl im Ca⁺⁺-Mangel als auch unter den Bedingungen eines übernormalen Ca⁺⁺-
Angebots gemessen (vgl. Fleckenstein, Schwoerer u. Janke, 1961; Fleckenstein u.

Schwoerer, 1961; Fleckenstein, 1963, 1964; Schildberg u. Fleckenstein, 1965; Fleckenstein, Kammermeier, Döring u. Freund, 1967). Das prinzipielle Ergebnis dieser Studien war, daß die Myokardfasern bei Ca^{++}-Mangel nicht nur außerstande sind, mechanische Spannung zu entwickeln, sondern tatsächlich auch die Fähigkeit verlieren, energiereiches Phosphat im Augenblick der Erregung in der erforderlichen Menge zu spalten. Die contractile Insuffizienz bei Ca^{++}-Mangel stellt somit den Prototyp einer „Utilisations-Insuffizienz" dar, bei der die Vorräte an energiereichem Phosphat nicht mehr für die contractilen Zwecke des Myokards genutzt werden können. Infolgedessen findet man bei der Ca^{++}-Mangelinsuffizienz im Myokard regelmäßig Höchstwerte an ATP und Kreatinphosphat. Eine Umkehr dieser Situation tritt ein, wenn man die extracelluläre Ca^{++}-Konzentration auf abnormal hohe Werte steigert. Die Folge ist dann eine immer stärkere Aktivierung des Abbaus von energiereichem Phosphat mit entsprechender Potenzierung der Kontraktionskraft. Abb. 4

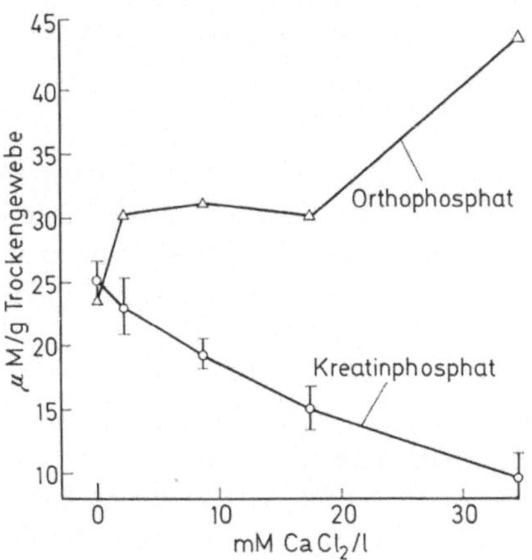

Abb. 4. Abnahme der Kreatinphosphat-Konzentration und Zunahme der Orthophosphat-Werte in elektrisch gereizten Kaninchen-Vorhöfen (Frequenz 200/min) bei Steigerung des extracellulären Ca^{++}-Gehaltes (Versuche an 32 isolierten Kaninchen-Vorhöfen in Tyrodelösung von 30° C; vgl. Schildberg u. Fleckenstein, 1965)

zeigt als Beispiel die Intensivierung des Abbaus von energiereichem Phosphat in elektrisch gereizten Kaninchen-Vorhöfen bei steigender extracellulärer Ca^{++}-Konzentration unter Konstanthaltung der Reizfrequenz. Je höher die extracelluläre Ca^{++}-Konzentration gewählt wird, desto mehr Kreatinphosphat wird pro Kontraktion konsumiert, d. h. desto tiefer sinkt der Kreatinphosphat-Spiegel ab. Gleichzeitig steigt die Kontraktionskraft bis zu einem Maximum, das bei etwa 10 mM Ca^{++}/l erreicht wird.

Die am lebenden Myokard erhobenen Befunde stehen in guter Übereinstimmung mit Ergebnissen, die an subcellulären Muskelpräparaten gewonnen worden sind. So wurde z. B. von Mommaerts (1950), Weber u. Winicur (1961), Weber u. Herz (1963), Seidel u. Gergely (1963), Fanburg, Finkel u. Martonosi (1964) sowie anderen gefunden, daß auch isolierte Myofibrillen oder Actomyosin-Präparate zur Kontraktion bzw. Superpräzipitation sowie zur maximalen ATPase-Aktivierung einen Zusatz von Ca^{++}-Ionen benötigen. Es braucht hier nicht in extenso auf die neueren Ergebnisse an gereinigten Fraktionen der am Kontraktionsakt beteiligten Proteine eingegangen zu werden, da hierüber bereits ausgezeichnete Übersichtsartikel vorliegen (vgl. Hasselbach u. Weber, 1965; Ebashi u. Endo, 1968; A. M. Katz, 1970).

Wesentlich ist, daß nach dem folgenden Schema wahrscheinlich 4 Proteine im Zusammenspiel mit Ca^{++}-Ionen den Kontraktionscyclus steuern: (a) Myosin, (b) Actin, (c) Troponin und (d) Tropomyosin.

Erschlaffter Zustand:
Der Troponin-Tropomyosin-Komplex blockiert die Interaktion zwischen Actin und Myosin durch Angriff am Actin-Molekül.

Kontraktionsakt:
Steigerung der Ca^{++}-Konzentration im Cytoplasma führt zu Ca^{++}-Bindung an Troponin. Dadurch wird der Hemm-Effekt des Troponin-Tropomyosin-Komplexes am Actin aufgehoben, so daß Actin mit Myosin unter ATP-Spaltung reagieren kann (Ebashi u. Kodama, 1965; Katz, 1966).

Erschlaffungsakt:
Senkung der Ca^{++}-Konzentration infolge Ca^{++}-Rückresorption in die endoplasmatischen Speicher des longitudinalen Systems mittels einer ATP-getriebenen Ca^{++}-Transport-ATPase (Hasselbach u. Makinose, 1961; Ebashi u. Lipmann, 1962). Dadurch wird der Hemm-Effekt des Troponin-Tropomyosin-Komplexes wieder wirksam, so daß Actin und Myosin desaggregieren.

Die von Hasselbach u. Makinose bzw. Ebashi u. Lipmann aus Skeletmuskulatur isolierten vesiculären „Erschlaffungsgrana" sind offenbar nichts anderes als frakturierte Bestandteile des Ca^{++}-speichernden longitudinalen Systems. Dieses System setzt offenbar bei Erregung Ca^{++}-Ionen frei, um sie anschließend zur Einleitung der Erschlaffung wieder zurückzubinden.

Da die oxydativen Umsetzungen in der Myokardfaser die Aufgabe haben, das verbrauchte ATP jeweils wieder zu resynthetisieren, ist auch die Höhe des Sauerstoffverbrauchs ebenso wie die Intensität der ATP-Spaltung quantitativ Ca^{++}-abhängig (vgl. Fleckenstein, 1963; Byon u. Fleckenstein, 1965, 1969). Bei diesen Untersuchungen wurden kleinste Papillarmuskeln von Kaninchen (Feuchtgewicht etwa 1 mg) verwendet. Gemessen wurde ausgehend vom Ruhe-Niveau (a) die Summe der bei isometrischer Tätigkeit entwickelten Gesamtspannung sowie (b) der gleichzeitige Anstieg des O_2-Verbrauchs. Abb. 5 läßt erkennen, daß bei völligem Ca^{++}-Entzug nicht nur die Kontraktilität der elektrisch gereizten Papillarmuskeln erlischt, sondern auch der Sauerstoffverbrauch — trotz persistierender Aktionspotentiale — nicht mehr signifikant über das Ruheniveau ansteigt. Erst nach Zusatz wachsender Ca^{++}-Mengen (1, 2, 4, 8 mM Ca^{++}/l) nehmen Kontraktionskraft und Sauerstoffverbrauch schrittweise zu. In Abb. 6 sind die Meßwerte des vorangegangenen Versuchs graphisch dargestellt. Das wesentliche Ergebnis ist, daß offenbar in einem weiten Konzentrationsbereich zwischen 0 und 8 mM Ca^{++}/l eine einfache lineare Beziehung zwischen isometrischer Spannungsentwicklung und Extra-Sauerstoffverbrauch besteht: Ca^{++}-freie Papillarmuskeln kontrahieren sich nicht mehr und atmen daher bei elektrischer Rei-

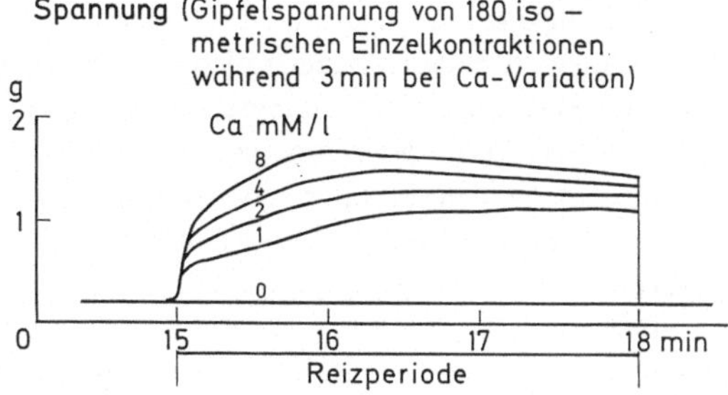

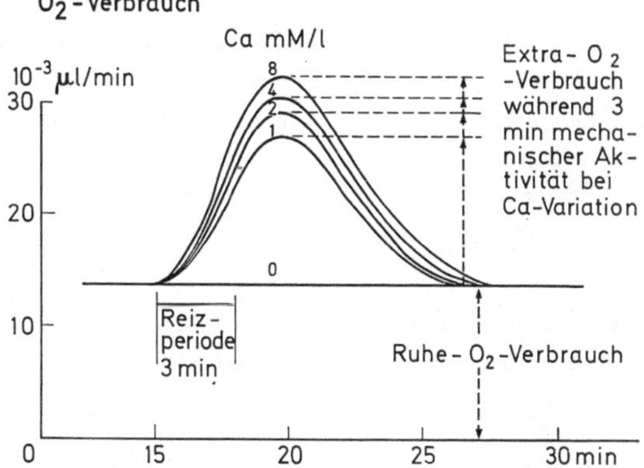

Abb. 5. Schrittweise Steigerung der isometrischen Spannungsentwicklung (oben) und des O_2-Verbrauchs (unten) eines Kaninchen-Papillarmuskels (1,6 mg Feuchtgewicht) bei Zusatz wachsender Ca^{++}-Mengen (1, 2, 4, 8 mM/l) zu einer Ca^{++}-freien Tyrodelösung. Die Spannungsmessung erfolgte mit einem induktiven Wegaufnehmer jeweils während 3 min bei einer Reizfrequenz von 60/min. Hierbei wurden die Gipfelpunkte der isometrischen Kontraktionen aufgezeichnet. Die Bestimmung des O_2-Verbrauchs wurde mit einer Platinelektrode vorgenommen. Versuchstemperatur 30° C (nach Byon u. Fleckenstein, 1969)

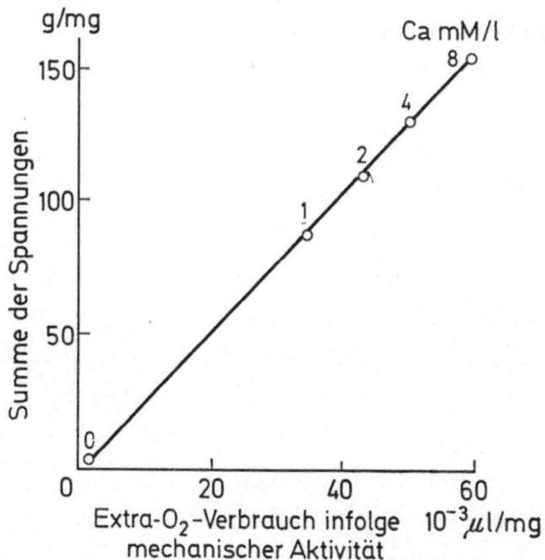

Abb. 6. Lineare Abhängigkeit des Extra-O_2-Verbrauchs infolge mechanischer Aktivität von der Summe der isometrischen Gipfelspannungnen von 180 Einzelkontraktionen bei Variation des extracellulären Ca^{++}-Gehalts. Isolierter Papillarmuskel eines Kaninchens, Auswertung des Versuchs von Abb. 5 (nach Byon u. Fleckenstein, 1969)

zung kaum stärker als im Ruhezustand; denn die elektrische Aktivität trägt offenbar nur unbedeutend zum Gesamtverbrauch an Sauerstoff bei. Umgekehrt treibt ein übernormales Ca^{++}-Angebot die mechanische Spannungsentwicklung und den Sauerstoffverbrauch wegen des gesteigerten ATP-Konsums immer mehr in die Höhe. Die Atmungsintensität des nicht schlagenden Myokards wird hingegen bei Variation der extracellulären Ca^{++}-Konzentration zwischen 0 und 8 mM Ca^{++}/l kaum verändert.

Alle diese — an lebenden Myokardfasern gewonnenen — Ergebnisse zeigen, daß die Ca^{++}-Ionen nicht etwa nur als „Trigger" für die Kontraktion fungieren, d. h. nicht nur als „Zündfunken" für eine „explosionsartige" Freisetzung der Kontraktionsenergie dienen. Die Ca^{++}-Ionen steuern vielmehr den Kontraktionsvorgang auch in quantitativer Hinsicht, indem sie die Menge an ATP regulieren, die im contractilen System umgesetzt wird. Ebenso hängt der ATP-Konsum während der Ca^{++}-Rückbindung in die endoplasmatischen Speicher qualitativ von der zu transportierenden Ca^{++}-Menge ab. Dementsprechend sind offenbar auch alle nachfolgenden — durch die ATP-Spaltung bei Muskeltätigkeit in Gang gesetzten — Restitutionsprozesse in ihrer Intensität „Ca^{++}-gesteuert", was sich am deutlichsten in der auffälligen Ca^{++}-Abhängigkeit des oxydativen Tätigkeitsstoffwechsels manifestiert.

III. Elektro-mechanische Entkoppelung durch Ca^{++}-antagonistische Inhibitoren der Myokard-Kontraktilität

Die Schlüsselstellung der Ca^{++}-Ionen bei der quantitativen Steuerung der ATP-Spaltung wird dadurch besonders unterstrichen, daß zahlreiche Stoffe, die die systolische Kraft verstärken oder senken können, in den Prozessen der elektromechanischen Koppelung als Synergisten oder Antagonisten der Ca^{++}-Ionen wirksam sind. Unsere Studien über Hemmstoffe der elektro-mechanischen Koppelung begannen 1963 mit der Beobachtung, daß die starken negativ-inotropen Effekte einiger β-Rezeptorenblocker (Dichlorisoproterenol, Pronethalol), Barbiturat-Verbindungen und gewisser den Herzstoffwechsel zügelnder Coronartherapeutica (Verapamil, Prenylamin) auf eindeutigen Ca^{++}-antagonistischen Wirkungen beruhen. Diese Stoffe reduzieren an isolierten Myokardpräparaten — ebenso wie ein einfacher Ca^{++}-Entzug — die Spaltung von energiereichem Phosphat sowie die mechanische Spannungsentwicklung, ohne die elektrischen Erregungsprozesse stärker zu beeinträchtigen. Hohe Dosen führen am Herzen in situ zu einer akuten Insuffizienz. Durch Gaben von $CaCl_2$ läßt sich die Kontraktilität rasch in vollem Umfang restituieren (vgl. Fleckenstein, 1964). Eine weitere Stütze für dieses Konzept ergab sich 1965 in Untersuchungen von Kaufmann u. Fleckenstein. Hierbei wurde gefunden, daß auch 2wertige Kobalt- und Nickelionen imstande sind, die elektro-mechanische Koppelung in Warmblüter-Myokardfasern auf Grund Ca^{++}-antagonistischer Effekte selektiv zu blockieren. Dementsprechend kann ein Zusatz von 2 mM $CoCl_2$ oder $NiCl_2$/l zu einer Tyrodelösung mit 1,8 mM $CaCl_2$/l jede mechanische Reaktion eines Papillarmuskels unterdrücken, während der Erregungsablauf in den Myokardfasern, wie die Ableitung mit intracellulär eingestochenen Mikroelektroden zeigt, nicht gestört wird (vgl. Abb. 7). Setzt man anschließend 2 mM $CaCl_2$ im Überschuß zu, so kehrt die Kontraktilität trotz weiterer Anwesenheit von Co^{++}- oder Ni^{++}-Ionen vollständig zurück.

Diese Ergebnisse haben nicht nur physiologisches Interesse; denn 1 Jahr später wurden in Kanada und in den Nordstaaten der USA zahlreiche Todesfälle infolge Herzinsuffizienz (bei

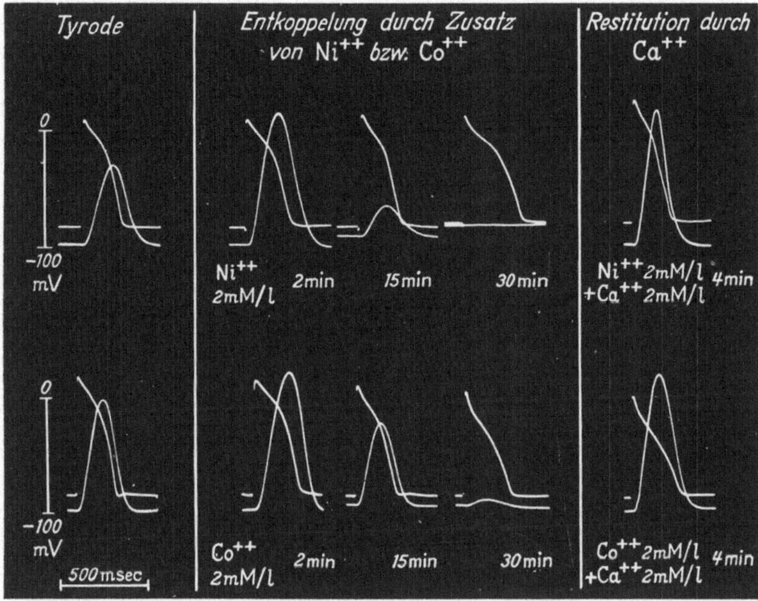

Abb. 7. Elektro-mechanische Entkoppelung durch Ca^{++}-antagonistische Ni^{++}- und Co^{++}-Ionen am Warmblüter-Myokard. Meerschweinchen-Papillarmuskeln, Reizfrequenz 30/min, Temperatur 33° C. Durch Zusatz von 2 mM/l $NiCl_2$ bzw. $CoCl_2$ zur Tyrodelösung (Ca^{++}-Gehalt 1,8 mM/l) wird innerhalb von 30 min eine nahezu vollständige elektromechanische Entkoppelung bewirkt. Anschließend wurde bei weiterer Anwesenheit von Ni^{++} bzw. Co^{++} in die Tyrodelösung zusätzlich 2 mM Ca^{++}/l gegeben, was zu einer raschen und überschießenden Restitution der Kontraktilität führte (vgl. Kaufmann u. Fleckenstein, Pflügers Arch. ges. Physiol. **282**, 290, 1965)

nur geringgradigen EKG-Veränderungen) nach Genuß größerer Mengen von kobalthaltigem Bier beobachtet (Sullivan et al., 1966; Herrell, 1967). Der Kobaltchlorid-Zusatz war in den Brauereien erfolgt, um das Schäumen des Bieres zu verbessern. Therapeutische Ca^{++}-Gaben wären hier wahrscheinlich nützlich gewesen.

Inzwischen hat sich die Anzahl der Substanzen, die nach unseren Studien am Warmblüter-Myokard als Ca^{++}-antagonistische Hemm-Stoffe der elektro-mechanischen Koppelung fungieren können, auf über 30 erhöht. Dabei ist zwischen „nicht-spezifischen" und „spezifischen" Ca^{++}-Antagonisten zu unterscheiden: Unter „nicht-spezifischen" Inhibitoren der elektro-mechanischen Koppelung möchten wir solche Substanzen verstanden wissen, bei denen die Ca^{++}-antagonistischen Effekte lediglich als „Nebenwirkung" zutage treten.

Dies trifft z. B. für eine Reihe von β-Receptorenblockern (Dichlorisoproterenol, Propanolol, Pronethalol, Kö 592, H 13/57 [Fa. Hässle] u. a.) zu, die alle in höherer Dosis auch die elektromechanischen Koppelungsprozesse im Myokard beeinträchtigen (vgl. Fleckenstein, Kammermeier, Döring u. Freund, 1967; Fleckenstein, Döring u. Kammermeier, 1968). (Reine β-Sympatholytica wie z. B. Substanz LB 46 oder MJ 1999 besitzen dagegen praktisch keine Ca^{++}-antagonistische Wirkungskomponente.) Auch zahlreiche Lokalanästhetica, Barbiturat-Verbindungen und Antiarrhythmica mit negativ-inotropen Einflüssen auf das Säugetiermyokard sind in die Gruppe „nicht-spezifischer" Ca^{++}-Antagonisten einzureihen.

Weit größeres Interesse können natürlich die „spezifischen" Ca^{++}-Antagonisten beanspruchen, bei denen die Blockierung der elektro-mechanischen Koppelungsprozesse — als Haupteffekt — im Vordergrund steht (vgl. Tabelle 1). Die ersten Berichte über die starken cardio-depressiven Einflüsse von Prenylamin (Lindner, 1960) sowie von Verapamil und Verbindung D 600 (Haas et al. 1962, 1967) ließen den Wirkungsmechanismus dieser Stoffe noch offen. Erst seit 1964 wurde immer klarer,

Tabelle 1. *Spezifisch Ca^{++}-antagonistische Inhibitoren der elektromechanischen Koppelung am Warmblütermyokard*

Segontin (Prenylamin)	$CH-CH_2-CH_2-NH-\overset{CH_3}{CH}-CH_2-$
Isoptin (Verapamil) (Iproveratril)	$CH_3O-\underset{C\equiv N}{\overset{CH(CH_3)_2}{C}}-CH_2-CH_2-CH_2-\overset{CH_3}{N}-CH_2-CH_2-\,OCH_3,\,OCH_3$
Substanz D 600	$CH_3O-,\,CH_3O-,\,CH_3O-\underset{C\equiv N}{\overset{CH(CH_3)_2}{C}}-CH_2-CH_2-CH_2-\overset{CH_3}{N}-CH_2-CH_2-\,OCH_3,\,OCH_3$
Substanz Bay a 10 40	$H_3COOC-,\,COOCH_3,\,H_3C-,\,CH_3,\,NO_2$ (Dihydropyridin)

daß diese Substanzen die ersten Vertreter einer neuen Gruppe hochaktiver Pharmaca sind, die offenbar in spezifischer Weise die „Ca^{++}-Kanäle" in der Membran der Säugetier-Myokardfasern dosisabhängig blockieren und so die Kontraktilität reduzieren. Verapamil, D 600 und eine neue Substanz der Bayer-Werke Elberfeld (Bay a 1040), die uns von Herrn Professor Kroneberg zur Prüfung überlassen wurde, sind dabei hinsichtlich Stärke und Selektivität der Wirkung als Spitzenstoffe anzusehen. Abb. 8 zeigt zunächst als Beispiel die selektive Ausschaltung der Kontraktilität eines isolierten Meerschweinchen-Papillarmuskels durch 1 mg bzw. 5 mg Verapamil/l Tyrodelösung. Während hier die isometrischen Mechanogramme immer flacher werden, bleiben die intracellulär registrierten Einzelfaser-Aktionspotentiale praktisch unverändert. Extra-Calcium oder — wie in dem vorliegenden Versuch — Isoproterenol stellt die Kontraktilität innerhalb kürzester Frist wieder her. Nach Versuchen an Kaninchen-Papillarmuskeln kann 1 Molekül Verapamil den elektro-mechanischen Koppelungseffekt von etwa 1000 Ca^{++}-Ionen reversibel blockieren. Im Falle von

Substanz D 600 oder Verbindung Bay a 1040 steigt diese Relation unter bestimmten Bedingungen beinahe bis auf 1 : 10 000. Ähnlich empfindlich reagieren kultivierte Einzelzellen aus embryonalen Hühner-Herzen (Kaufmann, Tritthart, Rost u. Fleckenstein, 1970). Diese Zellen behalten ihre elektrische Automatie unter Verapamil unverändert bei, während die mechanische Aktivität vollständig erlischt. Extra-Calcium wirkt auch hier prompt restituierend.

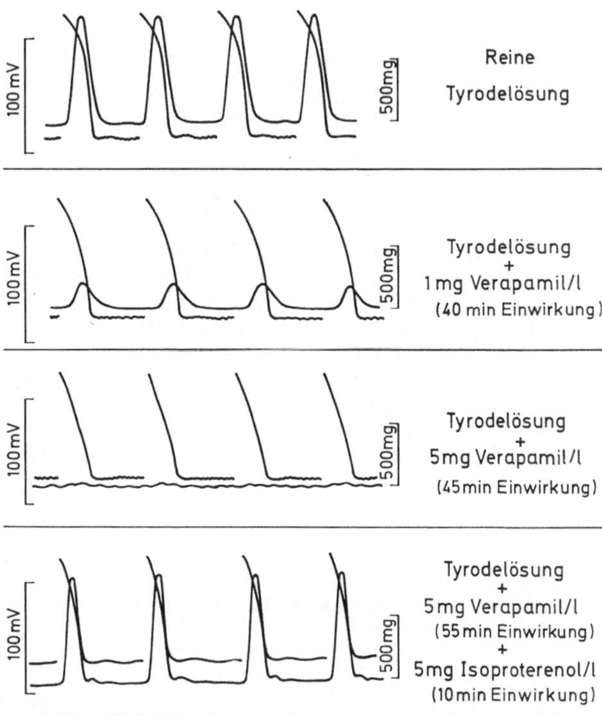

Abb. 8. Selektive Hemmung der Kontraktilität eines elektrisch gereizten isolierten Papillarmuskels vom Meerschweinchen bei Anwendung exzessiv hoher Konzentrationen von Verapamil. Ähnlich wie nach Ca^{++}-Entzug kommt es hierbei zu einer kompletten elektro-mechanischen Entkoppelung mit maximaler Einschränkung der Spaltung von energiereichem Phosphat und des Sauerstoffverbrauchs. Isoproterenol (Aludrin) restituiert die metabolischen und mechanischen Myokardfunktionen vollkommen (nach Versuchen von Fleckenstein, A., Tritthart, Fleckenstein, B. jun., Herbst u. Grün, 1969; vgl. Fleckenstein: Verh. dtsch. Ges. Kreisl.-Forsch. **34,** 15—34, 1968 a)

IV. Die Blockierung der elektro-mechanischen Koppelung durch Hemmung der transmembranären Ca^{++}-Ströme

Der spezielle Wirkungsmechanismus „spezifisch" Ca^{++}-antagonistischer Hemm-Stoffe der elektro-mechanischen Koppelung ist heute auf Grund von Tracer-Experimenten mit radioaktivem Ca^{++} sowie durch direkte Messungen der transmembranären Ca^{++}-Ströme in Voltage-Clamp-Versuchen weitgehend geklärt. Diese Stoffe hemmen den transmembranären Ca^{++}-Influx in die erregten Myokardfasern, ohne den gleichzeitigen Na^+-Einstrom bzw. K^+-Ausstrom während des Aktionspotentials merk-

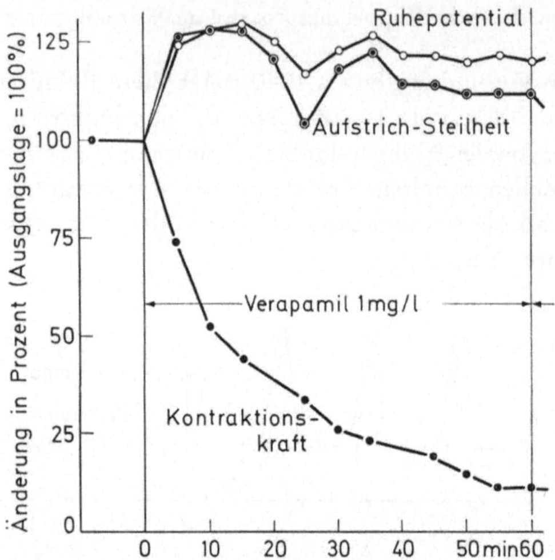

Abb. 9. Gleichzeitige Messung von Ruhepotential, Aufstrichgeschwindigkeit des Aktionspotentials und isometrischer Kontraktionskraft eines isolierten Meerschweinchen-Papillarmuskels bei 60 min dauernder Einwirkung von 1 mg Verapamil/l, Microelektroden-Ableitung von ein und derseben Faser bei persistierendem Einstich während 90 min. Angabe der Veränderungen in Prozent des Ausgangswertes (= 100%) in gewöhnlicher Tyrodelösung vor dem Verapamil-Zusatz. Offensichtlich wird durch 1 mg Verapamil/l das contractile System selektiv zu etwa 90% blockiert, ohne daß dabei die Aufstrichgeschwindigkeit des Aktionspotentials — als empfindlichster Indikator für eine eventuelle Erregbarkeitshemmung — abnimmt. Tatsächlich zeigen die Höhe des Ruhepotentials und die Aufstrichgeschwindigkeit des Aktionspotentials den — für normale Myokardfasern typischen — parallelen Verlauf. Erst nach Steigerung der Verapamil-Konzentration auf 5 mg/l sinkt die Aufstrichgeschwindigkeit des Aktionspotentials stärker als der geringfügigen Abnahme des Ruhepotentials entspricht. Die Absolutwerte vor Verapamil-Zusatz (= 100%) waren für das Ruhepotential —75 mV, für die Anstiegssteilheit des Aktionspotentials 130 V/sec und für die Kontraktionskraft 700 mg. Temperatur 36° C, Reizfrequenz 2/sec (nach B. Fleckenstein, Inaug. Diss. Freiburg, 1970)

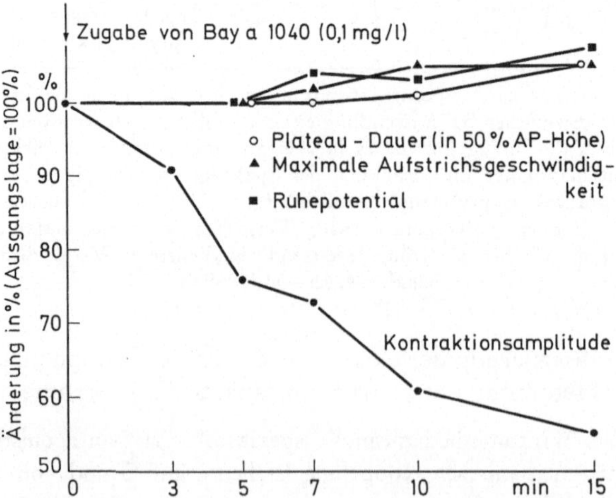

Abb. 10. Gleichzeitige Messung von Ruhepotential, maximaler Aufstrichgeschwindigkeit und Plateau-Dauer des Aktionspotentials sowie der isometrischen Kontraktionskraft eines Meerschweinchen-Papillarmuskels während 15 min Einwirkung von Bay a 1040 (0,1 mg/l) in Tyrodelösung. Versuchsanordnung wie in Abb. 9. Ähnlich wie unter Verapamil wird auch durch Bay a 1040 selektiv die Kontraktionskraft gesenkt (nach Tritthart, unveröffentlicht, 1970)

lich zu stören. Abb. 9 zeigt z. B., daß Verapamil die isometrische Kontraktionskraft bis auf etwa 10% des Ausgangswerts herabdrücken kann, ohne daß dabei das
Ruhepotential sinkt und ohne daß die maximale Aufstrich-Geschwindigkeit des Aktionspotentials — als Ausdruck des Na^+-Influx — reduziert wird. Die gleiche Situation ergibt sich auch unter dem Einfluß von Substanz D 600 oder bei Einwirkung
von Substanz Bay a 1040 (vgl. Abb. 10). Auch die Dauer des Aktionspotential-Pla-
teaus ändert sich bei der angewandten Dosierung der Ca^{++}-Antagonisten praktisch
nicht.

Ebenso eindeutig ist das Ergebnis der Voltage-Clamp-Versuche, die in unserem
Institut von Dr. Kohlhardt an Trabekeln aus dem rechten Ventrikel von Katzen
durchgeführt wurden (vgl. Abb. 11): Nach Befunden von Reuter u. Beeler (1969)

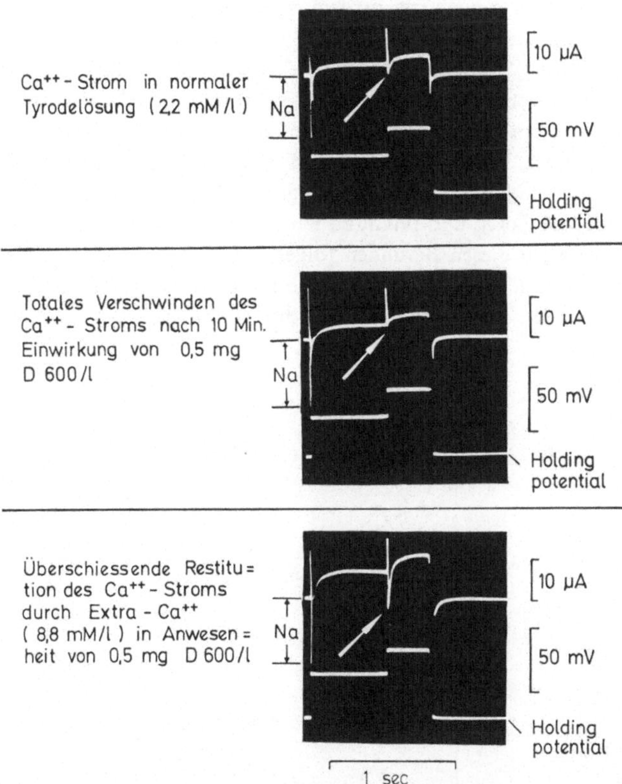

Abb. 11. Messung des transmembranären Ca^{++}-Einwärtsstroms (durch Pfeil bezeichnete Auslenkung der Membranstrom-Kurve nach unten) und des raschen transitorischen Na^+-Ein-
wärtsstroms (jeweils an der linken Kante der Bilder markiert) mittels der Voltage-Clamp-
Technik. Die Experimente wurden bei 30° C an Trabekeln aus dem rechten Ventrikel von
Katzen unter Benutzung des doppelten Saccharose-Trennwand-Verfahrens, modifiziert nach
Haas, Kern u. Einwächter (J. Membrane Biol. 3, 180, 1970), durchgeführt. Unter dem Einfluß von D 600 (0,5 mg/l) verschwindet der Ca^{++}-Einwärtsstrom im mittleren Bildabschnitt
vollkommen. Zusatz von Extra-Calcium restituiert den Ca^{++}-Strom im unteren Bildabschnitt
sogar überschießend. Der transitorische Na^+-Einwärtsstrom wird während des ganzen Experiments praktisch nicht verändert (unveröffentlichte Ergebnisse von M. Kohlhardt, Physiologisches Institut Freiburg, 1970)

verläuft die Depolarisation der Fasern des Ventrikel-Myokards in einer Ca^{++}-haltigen Tyrodelösung in 2 Stufen. Durch einen ersten Klemmschritt, der das Ausgangspotential der Membran um etwa 30 mV senkt, wird zunächst in bekannter Weise ein rascher Einwärtsstrom von Na^+-Ionen erzeugt. Dieser Na^+-Strom imponiert auf dem Oscillographen als rascher Ausschlag nach unten. Senkt man anschließend in einem zweiten Klemmschritt das Potential um weitere 20—30 mV, so kommt ein zweiter Einwärtsstrom zur Beobachtung, der auf Grund seiner quantitativen Abhängigkeit von der extracellulären Ca^{++}-Konzentration von Reuter als transmembranärer Ca^{++}-Strom gedeutet werden konnte. In einer Ca^{++}-freien Lösung verschwindet dieser zweite Einwärtsstrom vollkommen. Abb. 11 zeigt nun, daß auch Substanz D 600 (0,5 mg/l) in der Lage ist, den transmembranären Ca^{++}-Einwärtsstrom völlig aufzuheben, während der Na^+-Einwärtsstrom beim ersten Klemmschritt nicht reduziert wird. Durch Extra-Calcium wurde in dem vorliegenden Experiment der Ca^{++}-Einwärtsstrom — trotz weiterer Anwesenheit von Substanz D 600 — sogar überschießend restituiert. Auch Verapamil, Bay a 1040, $CoCl_2$ und $NiCl_2$ brachten jeweils in der gleichen Konzentration, die elektro-mechanisch entkoppelt, den transmembranären Ca^{++}-Einwärtsstrom selektiv und in reversibler Weise zum Verschwinden (Kohlhardt, 1970). Lediglich Prenylamin ließ auch einen mäßigen Hemm-Effekt auf den Na^+-Strom erkennen. Nach Sanborn u. Langer (1970) scheinen auch Lanthan-Salze im gleichen Sinne wie $CoCl_2$ und $NiCl_2$ zu wirken.

Man muß aus allen diesen Befunden folgern, daß die Membranen der Myokardfasern bei Warmblütern über separate Kanäle für den Na^+-Influx und für den Ca^{++}-Influx verfügen; diese Kanäle können offensichtlich unabhängig voneinander blockiert

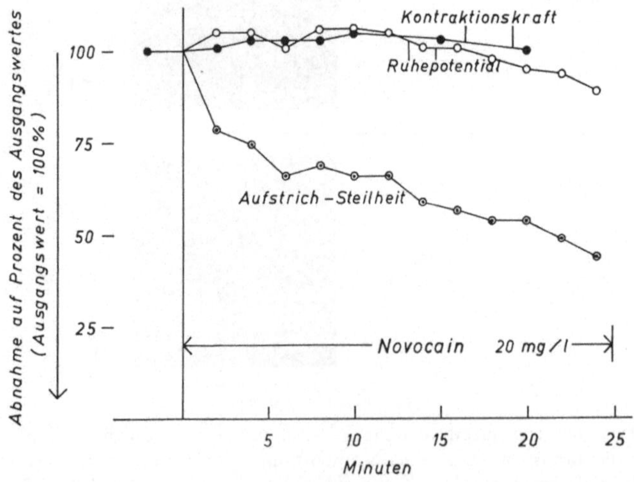

Abb. 12. Reduktion der maximalen Aufstrichgeschwindigkeit des Aktionspotentials vom Meerschweinchen-Papillarmuskel durch 20 mg Novocain/l auf 43% des Ausgangswertes innerhalb 25 min ohne gleichzeitige Senkung von Ruhepotential und Kontraktionskraft. Die Messung der elektrischen Parameter erfolgte bei persistierendem Einstich der Mikroelektrode während 30 min an ein und derselben Myokardfaser. Die Absolutwerte (= 100%) vor Novocain-Zusatz waren: Ruhepotential —75 mV, maximale Aufstrichgeschwindigkeit 128 V/sec, isometrische Gipfelspannung 364 mg. Reizfrequenz 2/sec (nach B. Fleckenstein, Inaug. Diss. Freiburg, 1970)

werden. Verapamil, D 600 und Substanz Bay a 1040 unterbinden den Ca^{++}-Einstrom durch die erregte Membran noch in höchsten Verdünnungen und blockieren damit die elektro-mechanische Koppelung so spezifisch wie etwa Curare die Endplatten-Funktion. Ihnen steht eine große Zahl „nichtspezifischer" Ca^{++}-Antagonisten gegenüber, die zwischen den transmembranären Na^+- und Ca^{++}-Fluxen weniger gut diskriminieren können. Diese Stoffe setzen sowohl die Erregbarkeit als auch die Kontraktionskraft herab. Gewöhnliche Lokalanästhetica wie z. B. Novocain bremsen in der Regel die transmembranären Na^+-Bewegungen stärker als den Ca^{++}-Strom. In diesen Fällen wird dann die Na^+-abhängige Geschwindigkeit des Aktionspotential-Aufstrichs intensiver gehemmt als die isometrische Spannungsentwicklung (vgl. Abb. 12).

V. Einschränkung des Verbrauchs von energiereichem Phosphat sowie des myokardialen O_2-Bedarfs durch Ca^{++}-Antagonisten

Alle Ca^{++}-antagonistischen Inhibitoren der elektro-mechanischen Koppelung setzen den Verbrauch des Myokards an energiereichem Phosphat parallel zur Reduktion der Kontraktionskraft herab. Unter dem Einfluß wachsender Dosen dieser Stoffe steigt daher nicht nur an isolierten Myokardpräparaten, sondern auch am Herzen in situ der Gehalt an ATP und Kreatinphosphat wegen des Minderverbrauchs immer mehr an, während die systolische Kraftentwicklung zunehmend sinkt. Ein Maximum an energiereichem Phosphat wird bei solchen Dosen erreicht, die die mechanische Herzfunktion gerade bis zum Auftreten einer contractilen Insuffizienz herunterdrosseln. Hierüber ist bereits früher eingehend berichtet worden (vgl. Fleckenstein, 1964; Fleckenstein, Döring u. Kammermeier, 1966, 1967, 1968; Fleckenstein, Kammermeier, Döring u. Freund, 1967).

Mit der Abnahme des Umsatzes an energiereichem Phosphat wird natürlich unter dem Einfluß der Ca^{++}-Antagonisten auch der O_2-Verbrauch pro Systole zusammen mit der Kontraktionskraft gesenkt. In Abb. 13 ist die Herabsetzung der isometrischen Spannungsentwicklung und des Extra-O_2-Verbrauchs bei einem elektrisch gereizten Kaninchen-Papillarmuskel (1,7 mg Frischgewicht) nach Gabe von Verapamil dargestellt. In diesem Versuch wurden dem Bad im Abstand von je 20 min wachsende Dosen von Verapamil zugesetzt. Am Ende der Einwirkungszeit wurden dann während einer Reizperiode von jeweils $3^1/_2$ min bei einer Reizfrequenz von 60/min die Summe der isometrischen Gipfelspannungen und der Extra-Sauerstoffverbrauch ermittelt. Offensichtlich geht auch hier — ebenso wie in Abb. 6 bei einfachem Ca^{++}-Mangel — der Extra-Sauerstoffverbrauch wieder linear mit der Spannungsentwicklung zurück. Mit 0,1 mg Verapamil/l wurde eine etwa 50%ige Einschränkung von Spannung und Extra-Sauerstoffverbrauch erzielt. Mit 1 mg Verapamil/l sank die Spannungsentwicklung und die Atmungsintensität beinahe auf das Niveau des nichtgereizten Papillarmuskels herab. In Abb. 14 ist ein identisches Experiment mit Substanz D 600 dargestellt. Hier wurde eine etwa 50%ige Senkung der mechanischen Spannungsentwicklung und des Extra-Sauerstoffverbrauchs schon mit Hilfe von 0,005 mg D 600/l Tyrodelösung erreicht. Diese Konzentration entspricht einer Verdünnung von 1 : 200 Millionen. Substanz Bay a 1040 ist in der gleichen Versuchsanordnung sogar noch etwas stärker. Setzt man Extra-Calcium zu, so wird in allen Fällen Kontraktilität und Sauerstoff-Verbrauch normalisiert. Prenylamin wirkt, wie Abb. 15 zeigt, im Prinzip ganz ähnlich.

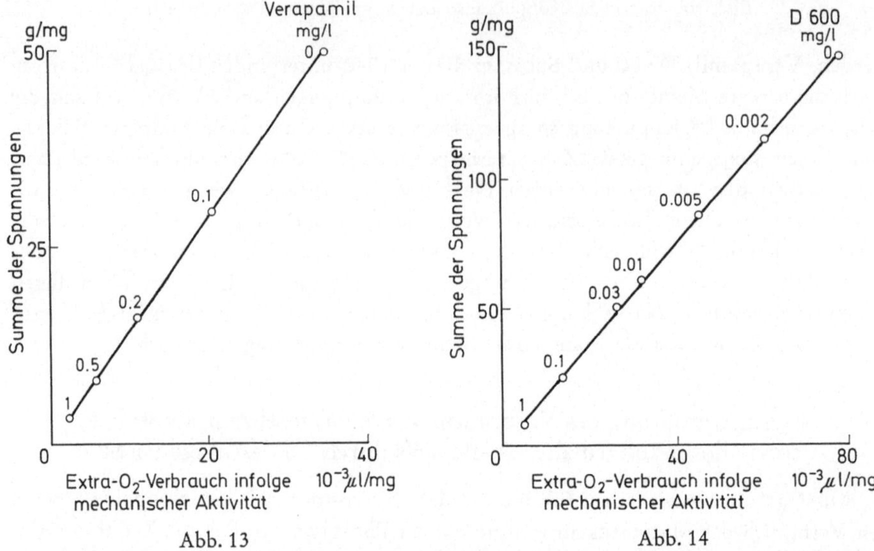

Abb. 13. Lineare Senkung der Summe der isometrischen Gipfelspannungen und des Extra-O$_2$-Verbrauchs infolge mechanischer Aktivität bei einem Kaninchen-Papillarmuskel (1,7 mg Feuchtgewicht) unter dem Einfluß steigender Konzentrationen von Verapamil (0 mg, 0,1 mg, 0,2 mg, 0,5 mg und 1,0 mg/l Tyrodelösung). Ca^{++}-Gehalt 2 mM/l, Temp. 30° C, Reizfrequenz 60/min (nach Byon u. Fleckenstein, 1969)

Abb. 14. Lineare Herabsetzung des Extra-O$_2$-Verbrauchs und der Summe der isometrischen Gipfelspannungen durch Substanz D 600 bei einem Kaninchen-Papillarmuskel (1,1 mg Feuchtgewicht). Versuchsanordnung wie in Abb. 13. Angewandte Dosen von D 600: 0 mg, 0,002 mg, 0,005 mg, 0,01 mg, 0,03 mg, 0,1 mg und 1,0 mg/l Tyrodelösung (nach Byon u. Fleckenstein, 1969)

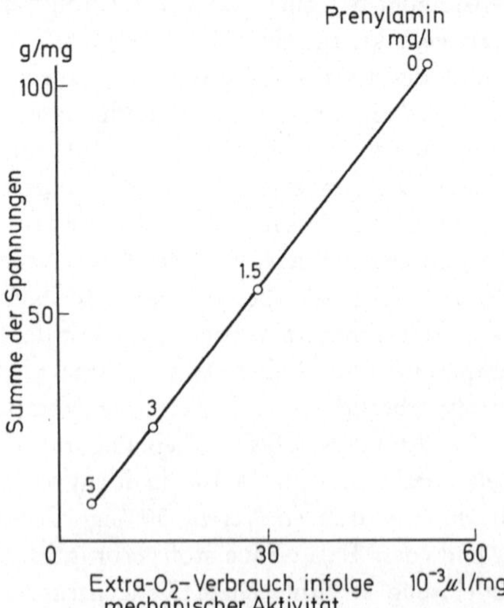

Abb. 15. Lineare Herabsetzung des Extra-O$_2$-Verbrauchs und der Summe der isometrischen Gipfelspannungen durch Prenylamin bei einem Kaninchen-Papillarmuskel (0,6 mg Feuchtgewicht). Versuchsanordnung wie in Abb. 13 und 14. Angewandte Dosen von Prenylamin: 0 mg, 1,5 mg, 3 mg, 5 mg/l Tyrodelösung (nach Byon u. Fleckenstein, 1969)

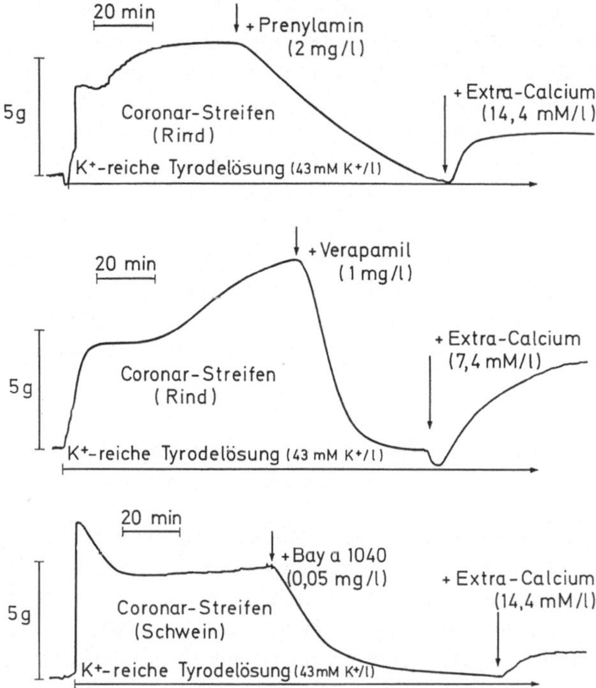

Abb. 16. Aufhebung der Kalium-Kontraktur isolierter Coronar-Streifen von Rind und Schwein durch elektro-mechanische Entkoppelung mittels Prenylamin, Verapamil bzw. Bay a 1040. Kontraktur-Erzeugung in isotonischer, K⁺-reicher Tyrodelösung enthaltend 43 mM K⁺/l (unter Reduktion von Na⁺) und 1 mM Ca⁺⁺/l. Temp. 35° C. Durch Extra-Calcium wird die Kontraktilität der K⁺-depolarisierten glatten Muskelzellen — trotz weiterer Anwesenheit der Ca⁺⁺-Antagonisten — restituiert (nach Grün u. Fleckenstein, 1970/71)

Durch die vorgelegten Ergebnisse werden die hohen pharmakodynamischen Potenzen der genannten Ca⁺⁺-Antagonisten hinreichend demonstriert. Tatsächlich sind diese Stoffe die ersten hochwirksamen Vertreter einer neuen Klasse von Pharmaka, die die Größe der Herzarbeit und des Sauerstoff-Bedarfs in reversibler Weise durch einen spezifisch Ca⁺⁺-antagonistischen Hemm-Effekt auf ein erniedrigtes Niveau senken können, ohne daß es im Ventrikelmyokard zu einer stärkeren Beeinträchtigung der Erregungsprozesse kommt. Für die Physiologie war die Auffindung spezifischer Inhibitoren schon immer ein Fortschritt. Darüber hinaus besitzen diese Substanzen aber auch beträchtliches therapeutisches Interesse; denn als Zügler des Ventrikelmyokards können sie auch beim Menschen in allen Fällen von übersteigerter mechanischer Herz-Aktivität („hyperkinetisches Syndrom") regularisierend wirken. Auch bei Angina pectoris und anderen Coronar-Erkrankungen werden diese Substanzen heute bekanntlich in großem Umfang eingesetzt, wenn eine Entlastung des Herzstoffwechsels und eine Senkung des myokardialen Sauerstoff-Bedarfs erwünscht erscheint. Von besonderem Interesse ist in diesem Zusammenhang, daß sich das Wirkungsspektrum der Ca⁺⁺-Antagonisten Verapamil, D 600, Bay a 1040 und Prenylamin auch auf die glatte Muskulatur erstreckt (Fleckenstein, Grün, Tritthart u. Byon, 1970), wobei insbesondere der Tonus und die autoregulatorische Vasokonstriktion der Coronargefäße durch elektro-mechanische Entkoppelung ausgeschaltet werden können (Grün u. Fleckenstein, 1970/71). Die Zügelung der mechanischen Myokardaktivität ist daher stets auch von einer gleichzeitigen Coronardilatation begleitet. Abb. 16 zeigt als Beispiel den elektromechanischen Entkoppelungseffekt von Prenylamin, Verapamil und Bay a 1040 an isolierten Coronargefäße-Streifen von Rind und Schwein. Hier wurde die glatte Gefäßmuskulatur zunächst durch Depolarisation in einer K^+-reichen Tyrodelösung (43 mM K^+/l) in eine Dauerkontraktur versetzt und anschließend durch die genannten Ca^{++}-Antagonisten — trotz Fortbestand der Membrandepolarisation — wieder zur Erschlaffung gebracht. Durch Zusatz von Extra-Calcium kann auch in diesem Fall die Blockade des contractilen Systems — trotz weiterer Anwesenheit von Prenylamin, Verapamil oder Bay a 1040 — wieder durchbrochen werden.

VI. Die Potenzierung der elektromechanischen Koppelungsprozesse durch positiv-inotrope Substanzen (Herzglykoside, β-sympathicomimetische Amine)

Zahlreiche Befunde haben gezeigt, daß die negativ-inotropen Effekte Ca^{++}-antagonistischer Hemmstoffe der elektromechanischen Koppelung nicht nur durch Erhöhung der extracellulären Ca^{++}-Konzentration sondern auch mit Hilfe von β-sympathicomimetischen Aminen oder Herzglykosiden wieder neutralisiert werden können (Fleckenstein, 1964; Fleckenstein, Döring u. Kammermeier, 1966, 1968; Fleckenstein, Kammermeier, Döring u. Freund, 1967). Tatsächlich beeinflussen diese Stoffe den Tätigkeitsstoffwechsel des Herzens in der entgegengesetzten Richtung wie die Ca^{++}-antagonistischen Substanzen; denn sie intensivieren oder restituieren die Utilisation von ATP im contractilen System, so daß die mechanische Spannungsentwicklung pro Kontraktion zusammen mit dem O_2-Verbrauch wieder ansteigt. Dabei wirken jedoch auch die sympathicomimetischen Amine und die Herzglykoside unter Zwischenschaltung von Ca^{++}-Ionen.

Otto Loewi war bekanntlich der erste, der bereits im Jahre 1917 die positiv-inotropen Herzeffekte der Digitalisglykoside auf ein synergistisches Zusammenspiel mit Ca^{++}-Ionen zurückführte. Anschließend vergingen jedoch mehr als 40 Jahre, bevor Loewi's Hypothese weiter an Boden gewann (vgl. Thomas et al., 1958; Holland u. Sekul, 1959; Sekul u. Holland, 1960; Lüllmann u. Holland, 1962; Gersmeyer u. Holland, 1963; Grossman u. Furchtgott, 1965). Neuere Ergebnisse sprechen dafür, daß die Herzglykoside die Ca^{++}-Freisetzung aus den sarkoplasmatischen oder mitochondrialen Speicherorten während der Erregung begünstigen, so daß mehr freie Ca^{++}-Ionen für die Aktivierung des contractilen Systems zur Verfügung stehen (Klaus u. Lee, 1969; Lee, Hong u. Kang, 1970). In ähnlicher Weise beruht der positiv-inotrope Effekt sympathicomimetischer Amine auf einer Potenzierung der Ca^{++}-abhängigen elektromechanischen Koppelungsprozesse (Antoni, Engstfeld u. Fleckenstein, 1960). Diese Wirkung ist auf eine Zunahme des Ca^{++}-Influx durch die erregte Membran der Myokardfaser unter dem Einfluß β-sympathicomimetischer Amine wie Adrenalin (Reuter, 1965) oder Isoproterenol (eigene Befunde (vgl. Kap. VII)) zurückzuführen. Dabei war Isoproterenol unter allen geprüften Sympathicomimeticis bei weitem der stärkste Ca^{++}-Synergist. Dementsprechend konnte Isoproterenol die contractile Insuffizienz infolge einfachen Ca^{++}-Entzugs oder Ein-

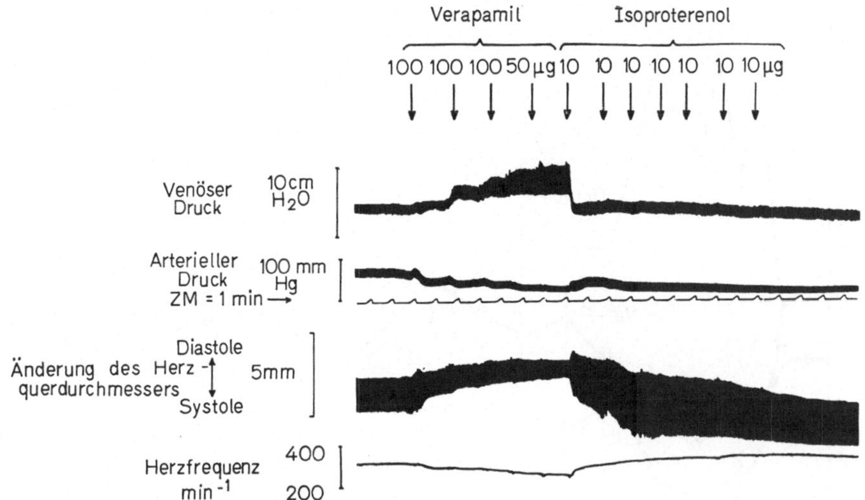

Abb. 17. Herzinsuffizienz eines Meerschweinchens nach i.v.-Injektion von 0,35 mg Verapamil/ Tier (1,2 mg/kg). Die Ventrikel zeigen bei dieser absichtlichen Überdosierung eine rasch einsetzende Dilatation, die an der Auslenkung der Kurve des Herz-Querdurchmessers nach oben erkennbar ist. Die obere Begrenzung dieser Kurve gibt dabei jeweils die Größe des Herz-Querdurchmessers am Ende der Diastole, die untere Begrenzung am Ende der Systole wieder. Die Breite dieser Kurve entspricht der Kontraktionsamplitude. Verapamil reduziert offensichtlich die Kontraktionsamplitude, die Herzfrequenz und infolge der Abnahme des Herzzeitvolumens und der Kontraktionskraft auch den arteriellen Blutdruck. Hinzu kommt eine periphere Vasodilatation. Als Ausdruck der Insuffizienz steigt der venöse Druck infolge Einfluß-Stauung vor dem rechten Herzen an. Schon eine einzige Gabe von 10 µg Isoproterenol/Tier hebt hier den schweren Insuffizienz-Zustand im Laufe von 60 sec fast wieder auf. Die folgenden Isoproterenol-Dosen steigern die Kontraktionsamplitude über das Ausgangsniveau (nach Experimenten von Fleckenstein, Döring u. Kammermeier, vgl. Fleckenstein, 1964)

wirkung Ca⁺⁺-antagonistischer Inhibitoren stets mit einem minimalen Bedarf an Ca⁺⁺-Ionen wieder beseitigen. Gleichzeitig wurde die Utilisation von energiereichem Phosphat wieder in Gang gebracht (vgl. hierzu Abb. 8 und Abb. 17).

VII. Verhütung experimenteller Myokardnekrosen durch Ca⁺⁺-Antagonisten

Die Katecholamin-induzierte Steigerung des Ca⁺⁺-Influx und des Verbrauchs an energiereichem Phosphat im Herzmuskel hat auch einige wichtige pathologische Konsequenzen: So konnte wir zeigen, daß hohe Dosen von sympathicomimetischen Aminen, insbesondere Isoproterenol, nicht nur eine excessive Ca⁺⁺-Aufnahme, sondern auch eine gefährliche Verarmung des Myokards an energiereichem Phosphat verursachen können (Fleckenstein, 1968 b; Fleckenstein, Döring u. Leder, 1969). Abb. 18 demonstriert z. B. die Veränderungen des Gehalts an ATP, Kreatinphosphat und Orthophosphat im Myokard des linken Ventrikels von 90 Ratten nach einer einmaligen s. c. Injektion von 30 mg Isoproterenol/kg während einer Beobachtungszeit von 24 Stunden. Diese Dosis erzeugt eine ATP-Abnahme von 50⁰/₀ und einen Kreatinphosphatverlust von 85⁰/₀ innerhalb von 2 Std nach der Injektion. Im Anschluß

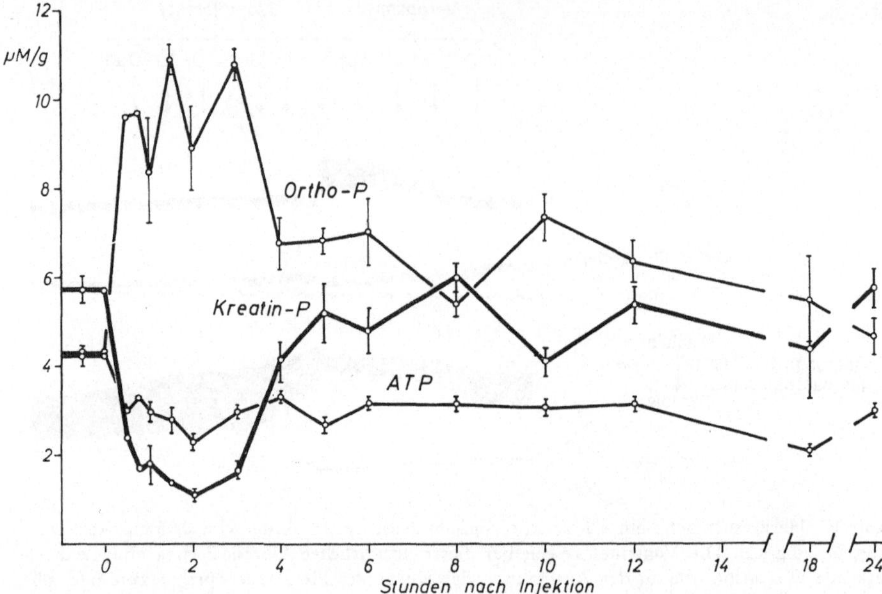

Abb. 18. Beeinflussung der stationären Konzentrationen an ATP, Kreatinphosphat und Orthophosphat im Myokard des linken Ventrikels von 90 Ratten nach subcutaner Injektion von 30 mg Isoproterenol/kg. Der Kreatinphosphat-Gehalt des Myokards wird offensichtlich für die Dauer von 1 bis 3 Std auf so niedrige Werte gesenkt, wie man sie sonst nur im hypoxischen oder ischämischen Herzen findet. Der ATP-Gehalt fällt im Laufe von 2 Std auf die Hälfte der Norm ab und regeneriert sich auch während 24 Std nur partiell. Spiegelbildlich zum Verhalten der energiereichen Phosphate sind die Veränderungen der Orthophosphat-Fraktion (nach Döring, Leder, Jaedicke, Reindell jun. u. Fleckenstein, vgl. Fleckenstein, 1969)

an diese Erschöpfung der ATP- und Kreatinphosphat-Reserven kommt es in allen Fällen zum Auftreten von disseminierten oder konfluierenden Myokardnekrosen. Derartige Läsionen des Herzmuskels nach hohen Dosen von Isoproterenol wurden zuerst von Rona et al. (1959; 1963) beschrieben; ihre Ätiologie blieb dabei unklar.

Nach Stanton u. Schwartz (1967) ist an folgende Erklärungsmöglichkeiten zu denken:

1. Durch die Kombination einer Isoproterenol-induzierten Blutdrucksenkung mit einer gleichzeitigen Steigerung der Herzarbeit könnte es zu einer ungenügenden O_2-Versorgung des Herzmuskels kommen (Rona et al., 1959).

2. Durch Eröffnung präcapillärer Shunts könnte das Blut dem Capillarnetz entzogen werden; hieraus würde eine myokardiale Ischämie resultieren (Hanforth, 1962).

3. Auch direkte metabolische Wirkungen der Katecholamine auf den Herzstoffwechsel im Sinne einer nutzlosen Steigerung des O_2-Verbrauchs („oxygen wasting effect") könnten zu einer Hypoxie Veranlassung geben (Raab, 1963).

4. Eine Hyperlipidämie könnte — in einer noch nicht näher identifizierten Weise — zu Änderungen der Membranpermeabilität der Myokardfasern und schließlich zu morphologischen Läsionen führen (Rosenblum et al., 1965).

5. Lokale Kalium-Verluste aus den Herzmuskelzellen könnten möglicherweise ebenfalls mit der Ausbildung disseminierter Myokardnekrosen in ursächlichem Zusammenhang stehen (Rosenmann et al., 1964).

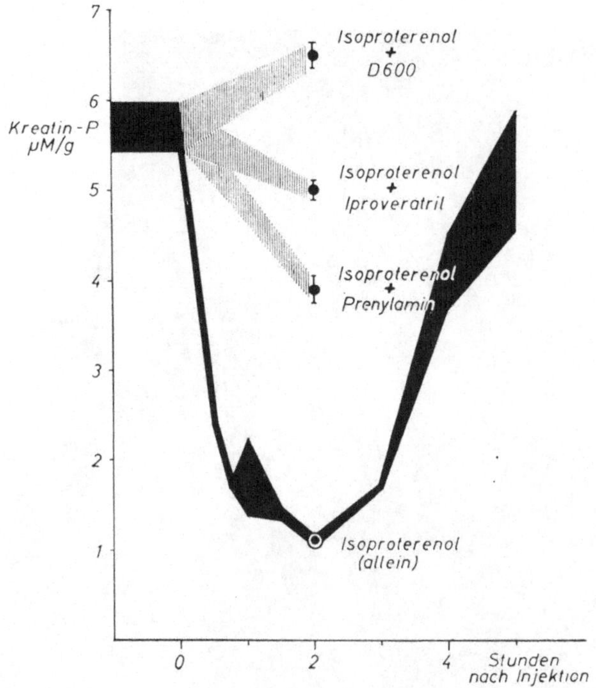

Abb. 19. Hemmung des Isoproterenol-induzierten Abfalls der Kreatinphosphat-Vorräte im Myokard des linken Ventrikels von Ratten mit Hilfe von Substanz D 600, Verapamil und Prenylamin. Verwendete Dosen: Isoproterenol (30 mg/kg); D 600 (20 mg/kg); Verapamil (50 mg/kg) und Prenylamin (250 mg/kg). Injektion von Isoproterenol und der Ca^{++}-antagonistischen Schutzstoffe jeweils subcutan und gleichzeitig, jedoch in verschiedene Körperregionen (nach Döring, Leder, Jaedicke, Reindell, jun., u. Fleckenstein, vgl. Fleckenstein, 1969)

Alle diese Hypothesen sind jedoch nicht in der Lage, die von uns gefundene Tatsache zu erklären, daß Ca^{++}-antagonistische Substanzen wie Verapamil, D 600 oder Prenylamin in der Lage sind, das Rattenherz vor Strukturschäden zu schützen, wenn sie gleichzeitig mit Isoproterenol verabreicht werden (Fleckenstein, 1968 b; Fleckenstein, Döring u. Leder, 1969). Diese Befunde sind vielmehr so zu deuten, daß die entscheidende Wirkung von Isoproterenol bei der Produktion von Herznekrosen in einer intracellulären Ca^{++}-Überladung mit anschließendem Zusammenbruch der energiereichen Phosphatfraktionen besteht — ein Effekt, der durch Ca^{++}-antagonistische Pharmaka verhütet werden kann. Offensichtlich setzt die Erhaltung und fortwährende Restitution der Zellsubstanz ausreichende Mengen von ATP und Kreatinphosphat zur Durchführung vielfältiger Energie-verbrauchender Syntheseprozesse voraus, die mit der Regeneration der lebenden Strukturen verknüpft sind. Die Isoproterenol-induzierte Verarmung des Myokards an energiereichem Phosphat kann diese Reaktionen offenbar in fataler Weise stören und so die Myokardfasern zum Absterben bringen. Die energetische Situation des Myokards Isoproterenol-behandelter Tiere ähnelt in dieser Hinsicht sehr stark dem Zustand des Herzmuskels bei Anoxie,

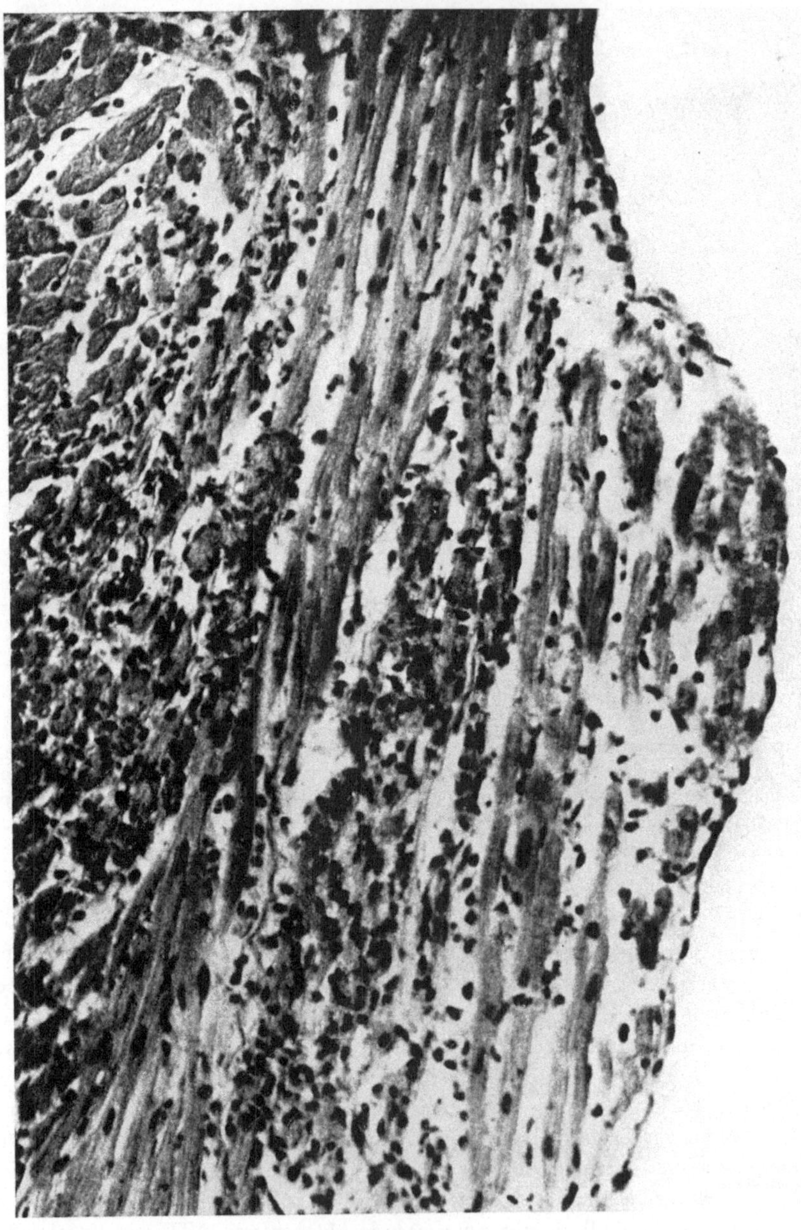

Abb. 20. A: Ausgedehnte Nekrosen des rechten Rattenherzens mit leukocytärer Infiltration 24 Std nach subcutaner Injektion von Isoproterenol (Aludrin) in einer Dosis von 30 mg/kg Tiergewicht

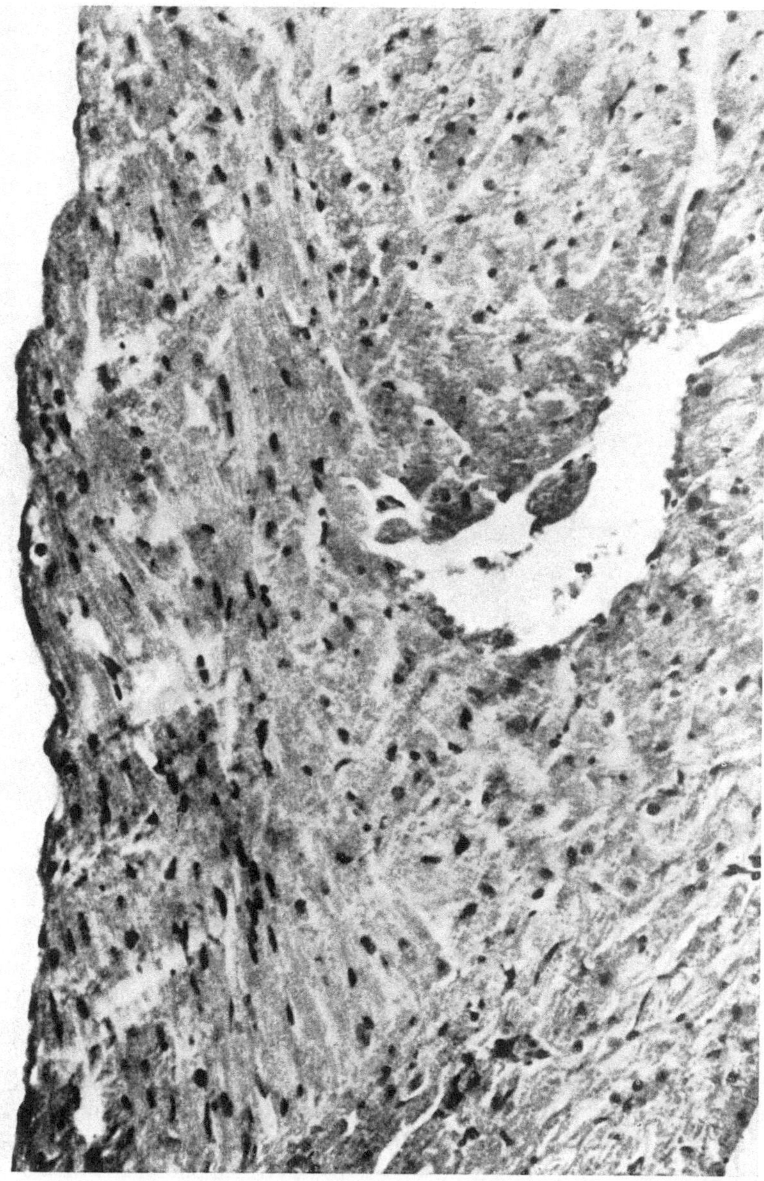

Abb. 20. B: Schutzeffekt von Verapamil gegen Isoproterenol-bedingte Nekrosen. Rechter Ventrikel eines Rattenherzens 24 Std nach subcutaner Injektion von 30 mg Isoproterenol/kg Tiergewicht + 50 mg Verapamil/kg Tiergewicht an getrennten Körperstellen, d. h. in der Nacken- bzw. Bauchregion (nach Leder, Fleckenstein u. Döring, vgl. Fleckenstein, 1968 b; Vergrößerung 300fach)

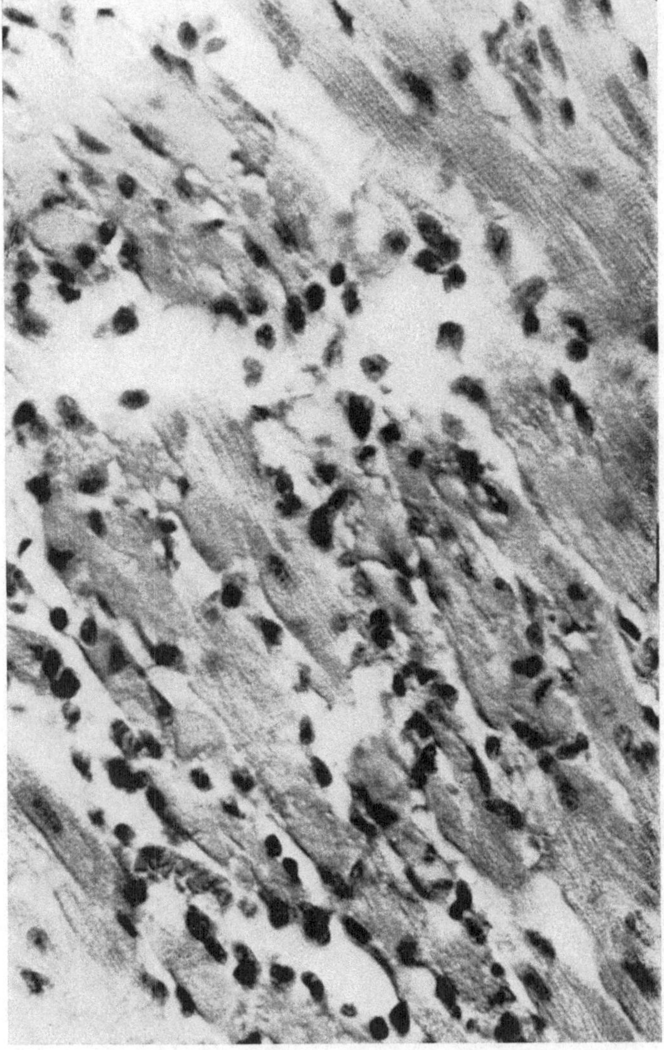

Abb. 21. A: Ausgedehnte Nekrose-Bildung im linken Ventrikel-Myokard einer Ratte 24 Std
nach subcutaner Injektion von 30 mg Isoproterenol/kg

Ischämie oder Vergiftung mit Stoffwechsel-Inhibitoren wie Cyanid oder 2,4-Dinitro-
phenol; denn in all diesen Fällen ist weder die contractile Funktion noch die struktu-
relle Integrität aufrecht zu erhalten, wenn sich die Kreatinphosphat-Vorräte erschöp-
fen. Nach Beobachtungen unseres Laboratoriums ist auch bei einem ATP-Abfall
auf unter 40% der Norm kein Überleben und keine Wiederbelebung des Herzens
möglich (Kammermeier u. Karitzky, s. Kammermeier, 1964). Ca++-antagonistische
Substanzen können offenbar die schweren Strukturschäden nach einer Überdosierung
von Katecholaminen dadurch verhindern, daß sie die ATP- und Kreatinphosphat-
Konzentrationen auf einem ausreichend hohen Niveau stabilisieren. Abb. 19 zeigt

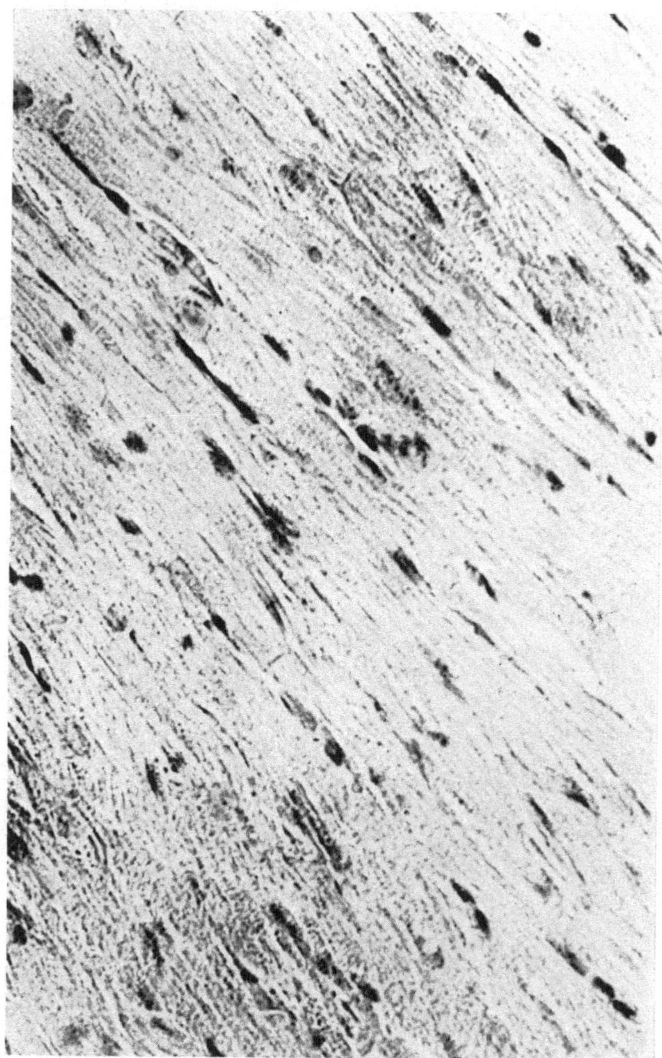

Abb. 21. B: Verhinderung der Isoproterenol-induzierten Myokard-Nekrosen durch Substanz D 600 24 Std nach subcutaner Injektion von 30 mg Isoproterenol + 20 mg D 600/kg Körpergewicht (Hämatoxylin-Eosin-Färbung; Experimente von Leder, Fleckenstein u. Döring)

z. B., daß Verapamil (50 mg/kg) und D 600 (20 mg/kg) den Isoproterenol-induzierten Zusammenbruch der Kreatinphosphatfraktion im linken Ventrikel von Ratten ganz oder zum größten Teil verhindern können. Ähnliche Effekte ließen sich mit einer einmaligen s. c. Gabe von Prenylamin (250 mg/kg) erreichen. Wegen der langsamen Resorption von Prenylamin ist diese Applikationsart wahrscheinlich nicht besonders zweckmäßig. Trotzdem war der Schutzeffekt von Prenylamin gegenüber der Verarmung an energiereichem Phosphat und der Entstehung von Myokardläsionen auch

Abb. 22. A: Nekrose-Bildung mit kleinzelliger Infiltration im linken Ventrikel-Myokard einer
Ratte 24 Std nach subcutaner Injektion von 30 mg Isoproterenol/kg

in dieser Versuchsanordnung eindeutig. In den Abb. 20—22 sind einige histologische
Schnitte wiedergegeben, die die Verhütung von Isoproterenol-bedingten Nekrosen
in Rattenherzen mittels Verapamil, D 600 und Prenylamin demonstrieren.

VIII. Tracer-Studien mit Ca^{45} zur Quantifizierung der Nekrose-Bildung und Nekrose-Verhütung

Noch klarere Hinweise für die Bedeutung der intracellulären Ca^{++}-Überladung
bei der Erzeugung von Herznekrosen wurden in Experimenten mit Radiocalcium

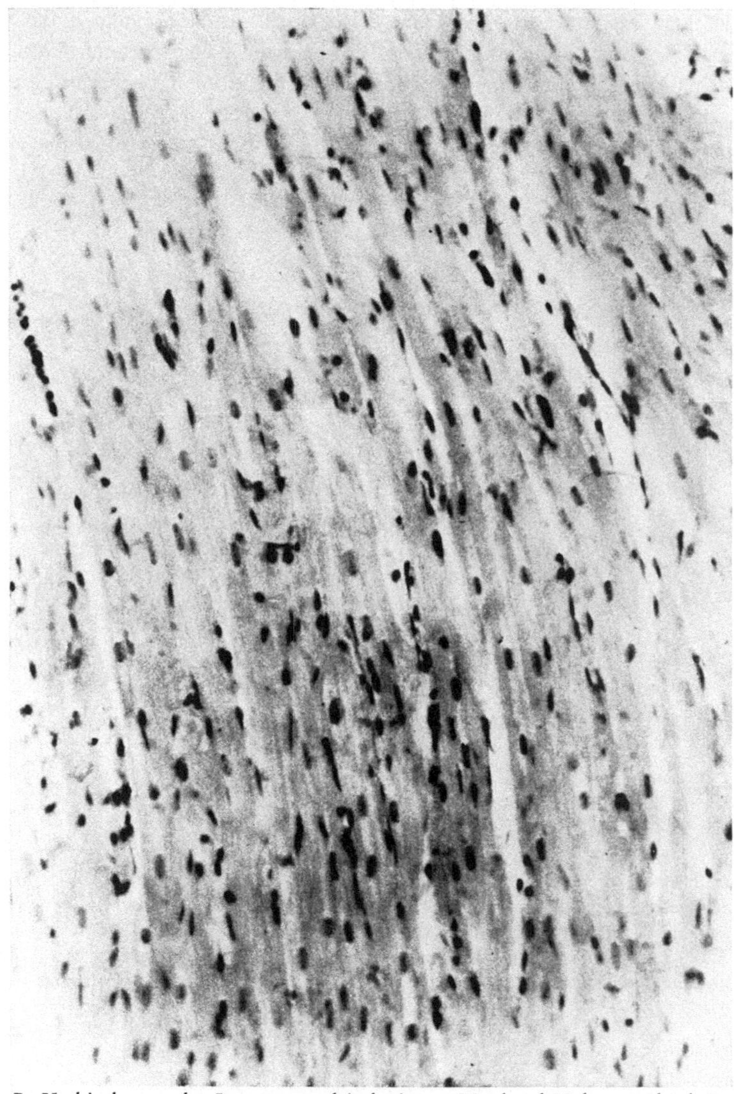

Abb. 22. B: Verhinderung der Isoproterenol-induzierten Myokard-Nekrosen durch Prenylamin 24 Std nach subcutaner Injektion von 30 mg Isoproterenol + 250 mg Prenylamin/kg Körpergewicht (Hämatoxylin-Eosin-Färbung; Experimente von Leder, Fleckenstein u. Döring)

erhalten, die in den letzten Jahren zusammen mit Janke u. Jaedicke an Ratten durchgeführt worden sind [1]. Alle Tiere erhielten eine intraperitoneale Injektion von

1 Über unsere Resultate mit Radiocalcium ist bereits in folgenden vorläufigen Mitteilungen berichtet worden: Fleckenstein, A.: Pathophysiologische Kausalfaktoren bei Myokardnekrose und Infarkt. 14. Kardio-angiologische Diskussion der Österr. Kardiologischen Gesellschaft, Wien, 22. Nov. 1969, Wien. Z. Inn. Med. **52**, 133—143 (1971); Janke, J., Fleckenstein, A., Jaedicke, W.: Pflügers Arch. **316**, R 10 (1970); Janke, J., Jaedicke, W., Fleckenstein, A.: Pflügers Arch. **319**, R 8 (1970); Jaedicke, W., Janke, J., Fleckenstein, A.: Pflügers Arch. **319**, R 9 (1970).

10 µC Ca⁴⁵/kg. Das markierte Calcium wird rasch in das Myokard des rechten und linken Ventrikels aufgenommen. Die Radioaktivität der Herzmuskulatur steigt aber bei den Kontrollratten ohne Isoproterenol während einer Beobachtungszeit von 24 Std nicht höher als auf etwa 25⁰/₀ der Radioaktivität des Plasmas, mit der sich offenbar ein Gleichgewicht einstellt (vgl. Abb. 23). Nach s. c. Injektion von Iso-

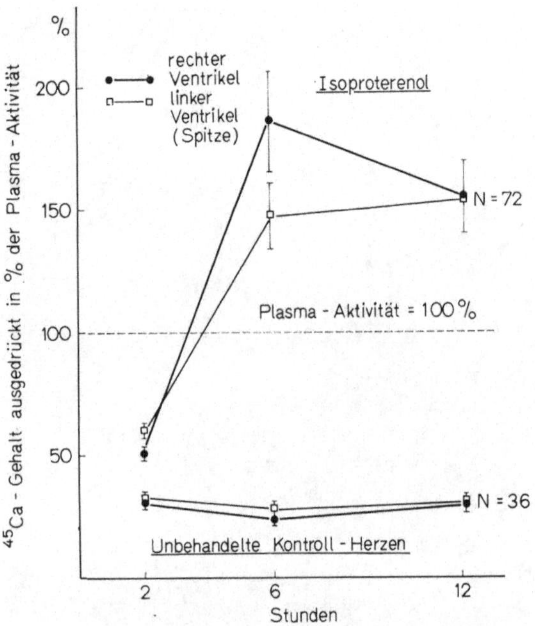

Abb. 23. Steigerung der Ca⁴⁵-Netto-Aufnahme ins Myokard des rechten und linken Ventrikels von Ratten nach subcutaner Injektion von 30 mg/kg Isoproterenol. Die Ca⁴⁵-Inkorporation in 1 g Myokard-Gewebe (Frischgewicht) ist jeweils in Prozenten bezogen auf die jeweilige Ca⁴⁵-Aktivität von 1 ml Plasma während einer Beobachtungszeit von 12 Std nach intraperitonealer Verabreichung von 10 µC Ca⁴⁵/kg Körpergewicht angegeben (nach Janke, Fleckenstein u. Jaedicke, 1970)

proterenol in der Nekrose-erzeugenden Dosis von 30 mg/kg ändert sich dieses Bild jedoch von Grund auf; denn jetzt wird die Ca⁴⁵-Aufnahme in die Myokardfasern um ein Vielfaches gesteigert, so daß der Radiocalcium-Gehalt nach 6 Std das 6- bis 10fache der Norm erreicht. Verapamil, D 600 oder Prenylamin können erwartungsgemäß die exzessive Überladung des Myokards mit Radiocalcium verhüten, wenn man sie gleichzeitig mit Isoproterenol, jedoch an einer anderen Körperstelle, s. c. injiziert (vgl. Abb. 24 u. 25). Die gegen die Ca⁴⁵-Überladung des Myokards wirksamen Dosen sind die gleichen, die auch den Zusammenbruch der energiereichen Phosphatfraktionen und die Nekrose-Bildung verhüten. In Abb. 26 sind die Ergebnisse eines anderen Typs von Experimenten graphisch dargestellt. Hier wurde die Radiocalcium-Nettoaufnahme in das Myokard des rechten Ventrikels von Ratten unter dem Einfluß wachsender Dosen von Isoproterenol in Form logarithmischer

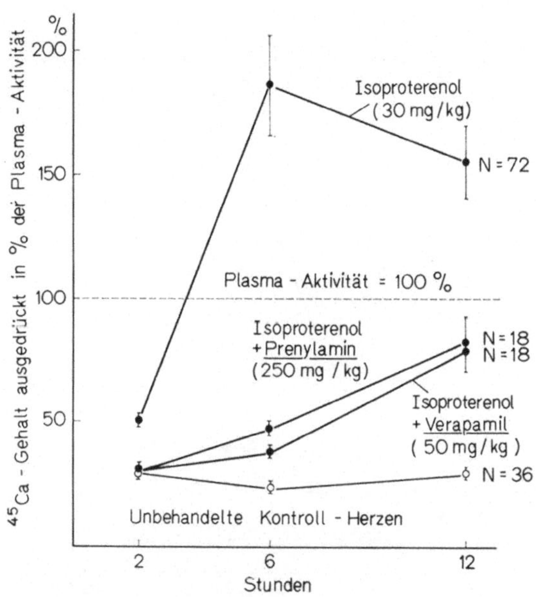

Abb. 24. Ca⁴⁵-Netto-Aufnahme in das Myokard des rechten Ventrikels von Ratten nach i.p.-Injektion von 10 μC Ca⁴⁵/kg. Unter dem Einfluß einer Nekrose-erzeugenden Dosis von 30 mg Isoproterenol s.c./kg tritt eine Überladung des Myokards mit Radiocalcium ein. Durch gleichzeitige subcutane Verabreichung von 30 mg Isoproterenol/kg + 50 mg Verapamil/kg wird die Radiocalcium-Inkorporation beinahe auf das Normal-Niveau reduziert. Prenylamin wirkt in der angewandten Dosis von 250 mg/kg s.c. so wie Verapamil (nach Janke, Fleckenstein u. Jaedicke, 1970)

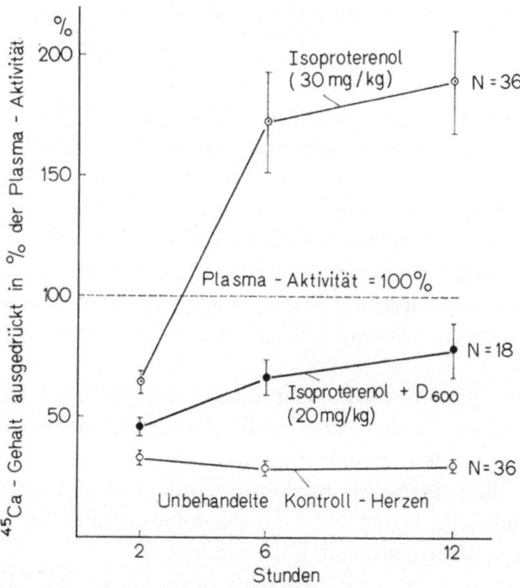

Abb. 25. Weitgehende Unterdrückung der Isoproterenol-induzierten Steigerung der Ca⁴⁵-Aufnahme ins Myokard des linken Ventrikels (Herzspitze) mittels 20 mg D 600/kg s.c. Sonstige Versuchsanordnung wie in Abb. 23 und 24 (nach Janke, Fleckenstein u. Jaedicke, 1970)

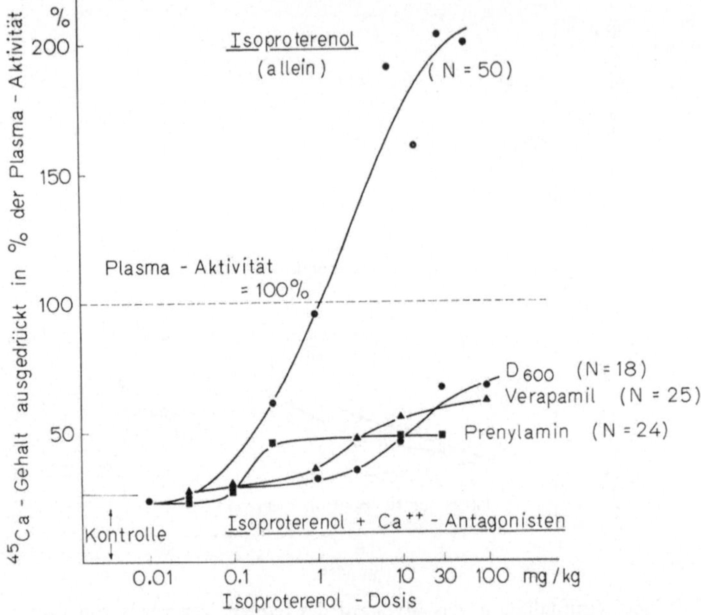

Abb. 26. Schutz des Myokards vor der — durch wachsende Dosen von Isoproterenol verursachten — Überladung mit Radiocalcium durch prophylaktische Verabreichung von Verapamil, D 600 oder Prenylamin. Ca^{45}-Netto-Aufnahme in das Myokard des rechten Ventrikels innerhalb von 6 Std nach der Applikation von Radiocalcium (10 µC Ca^{45}/kg intraperitoneal) unter dem Einfluß von 0,01—100 mg Isoproterenol allein bzw. von 0,01—100 mg Isoproterenol + Ca^{++}-Antagonisten (Verapamil, 17 mg/kg s.c.; D 600, 10 mg/kg s.c. oder Prenylamin, 250 mg/kg s.c.)

Dosis-Wirkungs-Kurven aufgetragen. Die Messungen wurden jeweils 6 Std nach s. c. Injektion der verschiedenen Isoproterenol-Dosen vorgenommen. Der Anstieg der Ca^{45}-Aufnahme über die Kontrollwerte beginnt bereits bei 0,1 mg Isoproterenol pro kg und strebt dann steil einem Maximum zu, das jenseits der hohen Dosis von 30 mg/kg liegt. Die Ca^{++}-antagonistischen Verbindungen Verapamil (17 mg/kg), D 600 (10 mg/kg) oder Prenylamin (250 mg/kg) reduzieren die Isoproterenol-Effekte wiederum in imponierender Weise: Kleine Dosen von Isoproterenol wurden vollkommen neutralisiert, während höhere Dosen bis 100 mg/kg nur noch schwache Wirkung zeigten.

Es ist in diesem Zusammenhang sehr interessant, daß auch KCl und $MgCl_2$ bei peroraler Verabreichung in der Lage sind, die exzessive Isoproterenol-induzierte Radiocalcium-Inkorporation in das Myokard zu verhindern. K^+- und Mg^{++}-Ionen sind offensichtlich ihrer Natur nach physiologische Ca^{++}-Antagonisten. In Abb. 27 u. 28 sind experimentelle Daten über die Beeinflussung der Ca^{45}-Aufnahme in das Myokard des linken Ventrikels von Ratten durch KCl und $MgCl_2$ dargestellt. Die Kurven zeigen klar, daß schon eine einzelne orale Dosis von KCl oder $MgCl_2$ die Isoproterenol-Effekte auf die Radiocalcium-Aufnahme mehr oder weniger vollständig blockieren kann. Selye (1960), Bajusz (1963) u. a. haben schon frühzeitig über

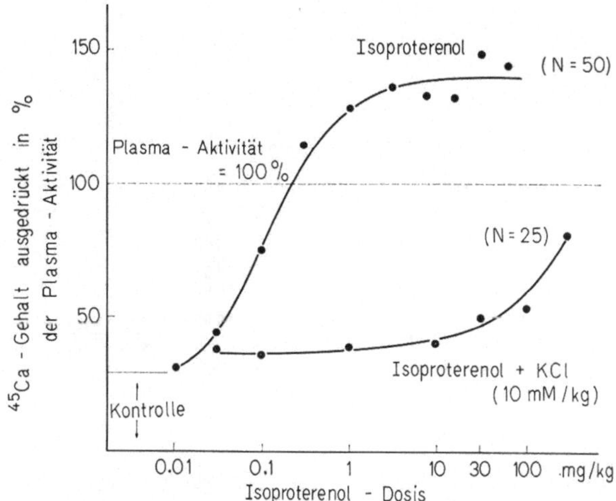

Abb. 27. Schutz des Myokards durch einmalige orale Verabreichung von KCl (10 mM/kg) vor der Isoproterenol-induzierten Überladung mit Radiocalcium. KCl wurde jeweils gleichzeitig mit Isoproterenol (0,01—100 mg/kg s.c.) mit der Schlundsonde gegeben. Die Kurven geben den Radiocalcium-Gehalt der Innenschicht des linken Ventrikels von Ratten 6 Std nach i.p.-Injektion von 10 μC Ca^{45}/kg wieder

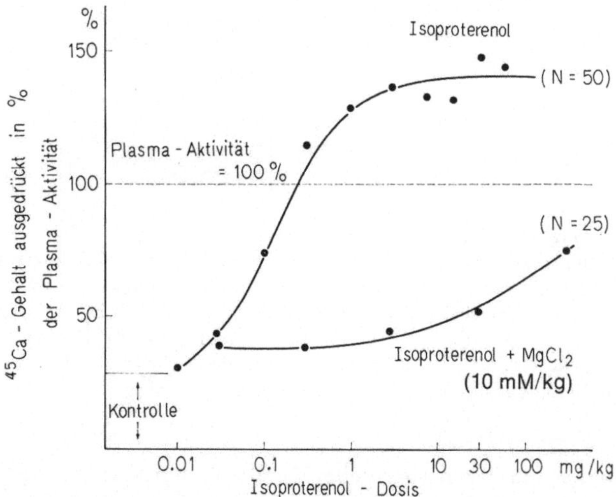

Abb. 28. Schutz des Myokards von Ratten (Innenschicht des linken Ventrikels im Bereich der Herzspitze) vor der Isoproterenol-induzierten Überladung mit Radiocalcium durch einmalige orale Verabreichung von MgCl₂ mit der Schlundsonde (Versuchsanordnung wie in Abb. 27)

die Möglichkeit berichtet, experimentelle Herznekrosen durch prophylaktische Gaben von K$^+$- und Mg^{++}-Salzen zu verhüten. Rona, Chappel u. Kahn (1963) konnten zeigen, daß dies auch für Isoproterenol-induzierte Myokardläsionen zutrifft. Unsere eigenen histologischen Ergebnisse stimmen mit diesen früheren Beobachtungen voll überein und liefern außerdem eine plausible Erklärung.

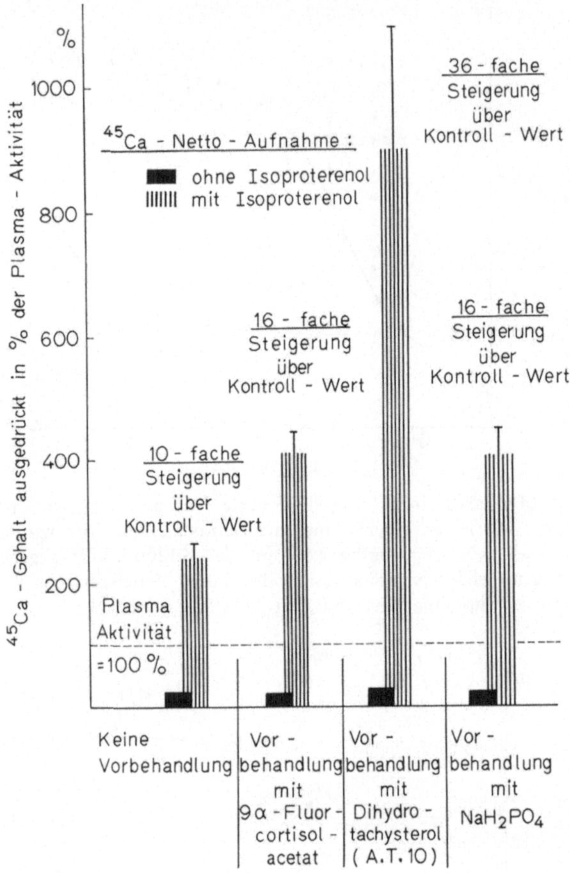

Abb. 29. Potenzierung der Isoproterenol-induzierten Ca^{45}-Inkorporation in das Myokard des rechten Ventrikels von Ratten durch Vorbehandlung mit 9 α-Fluorcortisolacetat, Dihydrotachysterol (AT 10) oder NaH_2PO_4. Bei der Vorbehandlung wurden folgende Dosen verabfolgt: 9 α-Fluorcortisolacetat 10 mg/kg subcutan pro die während 7 Tagen; Dihydrotachysterol 3 mg/kg oral pro die während 3 Tagen; NaH_2PO_4 2×10 mM/kg oral pro die während 7 Tagen. Die Radioaktivitäts-Messungen wurden jeweils 6 Std nach der i.p.-Injektion von 10 μC Ca^{45}/kg bzw. von Isoproterenol (30 mg/kg s.c.) durchgeführt

In ihren Studien über experimentelle Myokardläsionen ist von Selye u. Bajusz auch gefunden worden, daß Ratten durch Vorbehandlung mit bestimmten Corticosteroiden, Dihydrotachysterol (AT 10) oder NaH_2PO_4 zur Nekrosebildung prädisponiert werden können. Die gleichen Substanzen steigern auch die cardiotoxischen Wirkungen von Isoproterenol (Rona, Chappel u. Kahn, 1963). Wir haben daher geprüft, ob diese Stoffe das Herz auch für die Radiocalcium-Aufnahme sensibilisieren. Abb. 29 zeigt, daß 9α-Fluorcortisolacetat, Dihydrotachysterol (AT 10) oder NaH_2PO_4 offensichtlich nach mehrtägiger Verabreichung keine erheblichen Eigeneffekte in Sinne einer Steigerung der Ca^{45}-Inkorporation besitzen. Wird jedoch nach dieser Vorbehandlung mit den genannten Nekrose-sensibilisierenden Stoffen eine einzige Isoproterenol-Injektion (30 mg/kg s. c.) verabfolgt, so tritt eine gewaltige

Steigerung der Radiocalcium-Aufnahme ein. Das Maximum wurde in den Herzen Dihydrotachysterol-vorbehandelter Ratten 6 Std nach Isoproterenol-Injektion beobachtet: In diesen Herzen betrug der Radiocalcium-Gehalt das 36fache des Kontrollwerts. Nach Sensibilisierung mit 9α-Fluorcortisolacetat oder NaH_2PO_4 steigerte Isoproterenol die Ca^{45}-Aufnahme auf das 16fache der Norm. Gleichzeitig damit geht auch der Absolutgehalt an Calcium steil in die Höhe. Nach den Ergebnissen unseres Laboratoriums (Döring u. Eschenbruch, 1970/71) stieg z. B. der Ca^{++}-Gehalt in den Herzen AT 10-vorbehandelter Ratten im Laufe von 24 Std nach der Isoproterenol-Injektion von 2,5 auf 52 mÄqu/kg Myokard (Frischgewicht) an. Vorbehandlung mit 9α-Fluorcortisolacetat führte zu einer Ca^{++}-Akkumulation auf etwa

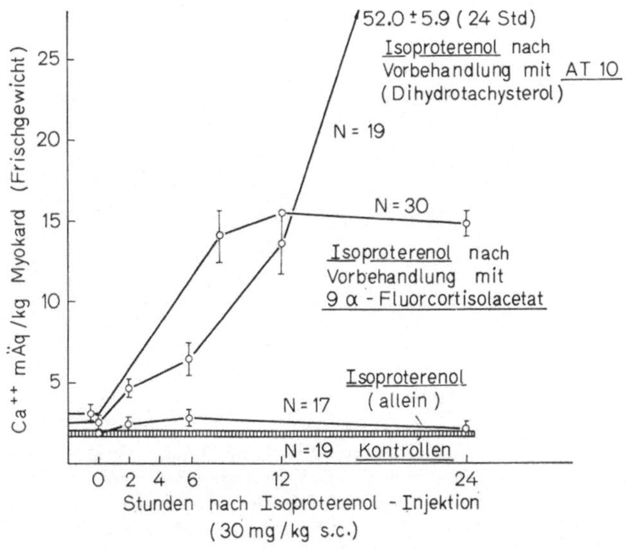

Abb. 30. Exzessive myokardiale Ca^{++}-Anreicherung nach einmaliger Isoproterenol-Injektion (30 mg/kg s.c.) bei AT 10- und 9 α-Fluorcortisolacetat-vorbehandelten Ratten. Bei der Vorbehandlung mit Dihydrotachysterol (AT 10) wurden 3 Tage lang 3 mg/kg pro die peroral verabreicht, die Vorbehandlung mit 9 α-Fluorcortisolacetat erstreckte sich auf 7 Tage (10 mg/ kg s.c. pro die). Der Ca^{++}-Gehalt wurde jeweils im Myokard des ganzen linken Ventrikels bestimmt (nach Döring u. Eschenbruch, 1970/71)

15 mÄqu Ca^{++}/kg Myokard (vgl. Abb. 30). Die strukturellen Schäden solcher Herzen sind außerordentlich schwer. Aber selbst in dieser Situation kann die Ca^{++}-Überladung des Myokards — ebenso wie Zahl und Ausdehnung der Nekrosen — mit Hilfe Ca^{++}-antagonistischer Pharmaka oder durch orale Gaben von KCl bzw. $MgCl_2$ stark vermindert werden (vgl. Abb. 31 u. 32). Die vorliegenden Ergebnisse zeigen, daß die Verstärkung der cardiotoxischen Effekte von Isoproterenol durch Vorbehandlung der Tiere mit 9α-Fluorcortisolacetat, AT 10 oder NaH_2PO_4 eng mit einer Potenzierung der Isoproterenol-induzierten Ca^{++}-Akkumulation verknüpft ist. Die exzessive Ca^{++}-Überladung des Myokards führt erwartungsgemäß zu einem massiven ATP- und Kreatinphosphat-Defizit. Abb. 33 u. 34 demonstrieren, wie sehr dabei der Isoproterenol-induzierte Abfall der myokardialen ATP- und Kreatin-

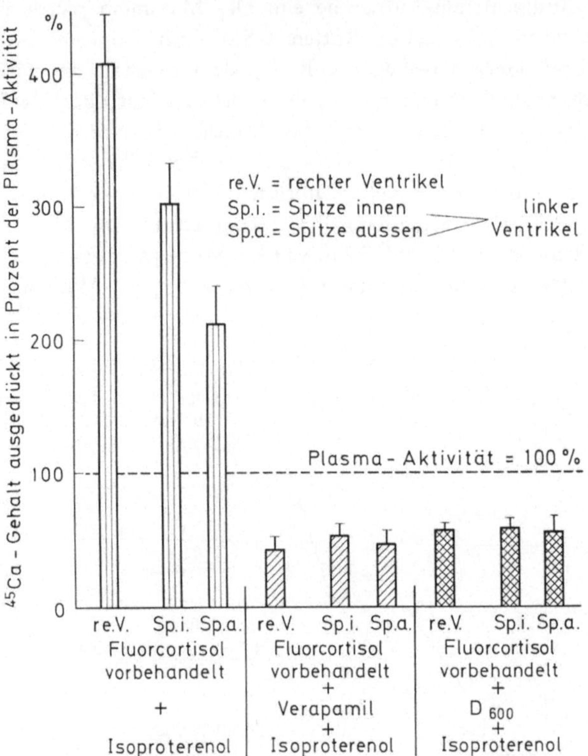

Abb. 31. Hemmung der Isoproterenol-induzierten Radiocalcium-Anreicherung im Herzen 9 α-Fluorcortisolacetat-vorbehandelter Ratten durch zusätzliche Verabreichung von Verapamil bzw. D 600. Auch die Potenzierung der Ca^{45}-Inkorporation infolge der 9 α-Fluorcortisolacetat-Vorbehandlung (7 Tage 10 mg/kg s.c. pro die) wird durch eine einmalige Gabe von Verapamil (50 mg/kg s.c.) oder von D 600 (20 mg/kg s.c.) zusammen mit Isoproterenol vollkommen verhindert. Messung der Radiocalcium-Inkorporation in das Myokard 6 Std nach Verabreichung von 30 mg Isoproterenol/kg s.c. (nach Janke, Fleckenstein u. Jaedicke, 1970)

phosphat-Konzentrationen noch weiter akzentuiert und prolongiert wird. Nicht wenige der durch die Vorbehandlung sensibilisierten Tiere gingen nach der Isoproterenol-Injektion während der Beobachtungsperiode von 24 Std zugrunde; ihre Herzen zeigten infarktähnliche konfluierende Nekrosen.

Die intracellulären Reaktionsorte, an denen die Spaltung von ATP durch excessive Ca^{++}-Anreicherung aktiviert wird, sind wahrscheinlich in verschiedenen Strukturen lokalisiert. Neben den Myofibrillen und dem sarkoplasmatischen Retikulum sind mit Sicherheit auch die Mitochondrien an dem Ca^{++}-induzierten Abbau von energiereichem Phosphat beteiligt. So ist von Slater u. Cleland (1953) gefunden worden, daß isolierte Herzmitochondrien — ebenso wie Mitochondrien aus Leber, Niere oder Nebenniere — zu einer raschen Ca^{++}-Stapelung mittels eines ATP-getriebenen aktiven Transportsystems befähigt sind. Mit steigender Ca^{++}-Beladung werden jedoch die Mitochondrien sowohl in ihrer Struktur als auch in ihrer biochemischen Funktion schwer geschädigt: Sie schwellen an und verlieren die Fähigkeit zur Atmungskontrolle und zur oxydativen Phosphorylierung. Auf diesem Wege

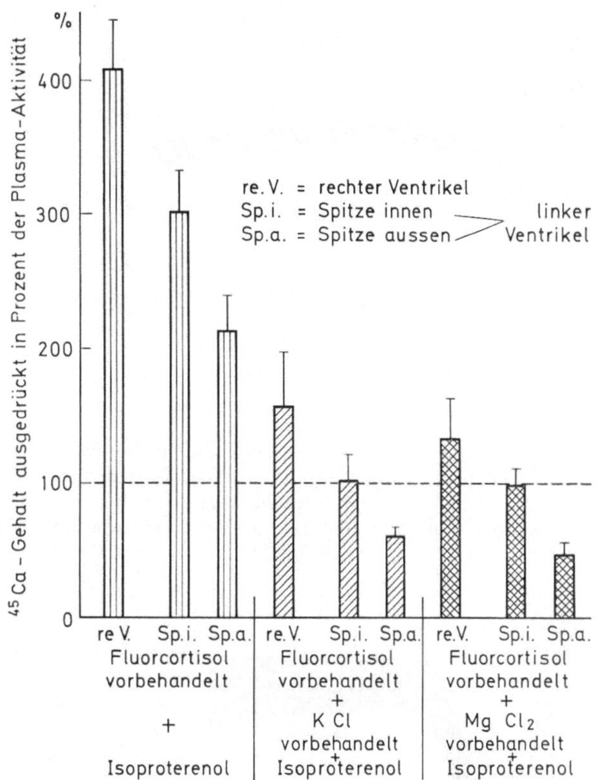

Abb. 32. Hemmung der Isoproterenol-induzierten Radiocalcium-Anreicherung im Herzen von 9 α-Fluorcortisolacetat-vorbehandelten Ratten durch zusätzliche perorale Gaben von KCl bzw. $MgCl_2$.Die Potenzierung der Ca^{45}-Inkorporation infolge der 9 α-Fluorcortisolacetat-Vorbehandlung (7 Tage 10 mg/kg s.c. pro die) wird durch zusätzliche tägliche Verabfolgung von KCl oder $MgCl_2$ (7 Tage 2mal täglich 5 mM/kg peroral mit der Schlundsonde) sehr stark reduziert. Messung der Radiocalcium-Inkorporation 6 Std nach Verabreichung von 30 mg Isoproterenol/kg s.c. (nach Janke, Fleckenstein u. Jaedicke, 1970)

kann eine intracelluläre Ca^{++}-Überladung des Myokards — zusätzlich zu der Steigerung des ATP-Verbrauchs — auch noch eine Hemmung der ATP-Synthese verursachen. Der fatale Ca^{++}-induzierte Zusammenbruch der energiereichen Phosphatfraktionen, der zur Nekrotisierung der Myokardfasern führt, ist wahrscheinlich auf eine Kombination dieser beiden Effekte zurückzuführen. Es ist daher nicht überraschend, daß Mitochondrien nach Isolierung aus Isoproterenol-behandelten Rattenherzen ganz ähnliche Defekte zeigen, wie Mitochondrien aus normalem Gewebe nach Überführung in ein Ca^{++}-reiches Medium (Stanton u. Schwartz, 1967).

Alle diese Beobachtungen rechtfertigen den Schluß, daß der entscheidende Schritt bei der Katecholamin-induzierten Zerstörung des Herzmuskels in einer Überschwemmung mit Ca^{++}-Ionen besteht. Dieser Zustand einer „elektro-mechanischen Überkoppelung" ist für die Myokardfaser tödlich, wenn sie sich dieser Ca^{++}-Überladung nicht mehr erwehren kann. Mit anderen Worten: Die intracelluläre Ca^{++}-Fixation ist nicht als Begleitsymptom oder Folge, sondern als Ursache der Katecholamin-induzierten Nekrotisierung von Myokardfasern anzusehen.

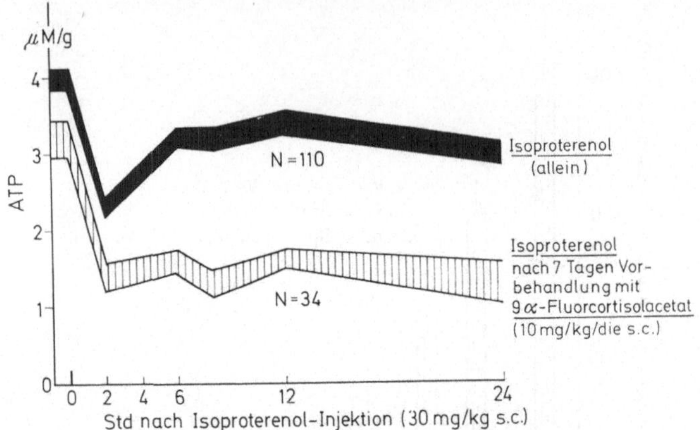

Abb. 33. Potenzierung des Isoproterenol-induzierten Zusammenbruchs der ATP-Fraktion im Ratten-Herzen (linker Ventrikel) nach 7 Tagen Vorbehandlung mit 9 α-Fluorcortisolacetat (10 mg/kg pro die s.c.). Beobachtung der Veränderungen der ATP-Fraktion über 24 Std nach Injektion von Isoproterenol (30 mg/kg s.c.) in Versuchen von Döring u. Eschenbruch (1970/71)

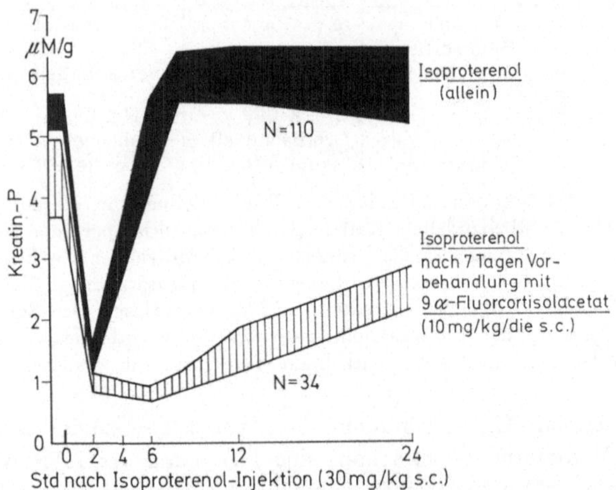

Abb. 34. Potenzierung des Isoproterenol-induzierten Kreatinphosphat-Defizits (in den gleichen Ratten-Herzen wie in Abb. 33) nach Vorbehandlung mit 9 α-Fluorcortisolacetat

Literatur

Antoni, H., Engstfeld, G., Fleckenstein, A.: Inotrope Effekte von ATP und Adrenalin am hypodynamen Froschmyokard nach elektro-mechanischer Entkoppelung durch Ca^{++}-Entzug. Pflügers Arch. ges. Physiol. **272**, 91 (1960).

Bajusz, E.: Conditioning Factors for Cardiac Necroses. Basel/New York: S. Karger 1963.

Byon, Y. K., Fleckenstein, A.: Ca^{++}-Effekte auf O_2-Verbrauch und mechanische Spannungsentwicklung isolierter Papillarmuskeln und Froschherz-Streifen bei Ruhe und elektrischer Reizung. 30. Tagung (Frühjahrstg.) d. Dtsch. Physiol. Gesellsch. in Bad Nauheim vom 28.—30. April 1965. Pflügers Arch. ges. Physiol. **283**, R 15/16 (1965).

Byon, Y. K., Fleckenstein, A.: Parallelism between isometric tension and oxygen consumption of isolated papillary muscles under the influence of Ca ions, adrenaline, isoproterenol and organic Ca antagonists (Iproveratril, D 600, Prenylamine). Pflügers Arch. **312**, R 8 (1969).

Döring, H. J,. Eschenbruch, E.: Die Bedeutung des Ca^{++}-induzierten Zusammenbruchs der energiereichen Phosphatfraktionen in der Genese von nicht-coronarogenen Myokard-Läsionen. 12. Frühjahrstagung der Dtsch. Pharmakol. Gesellsch. (21. 3. 1971 in Mainz). Naunyn-Schmiedebergs Arch. exper. Path. u. Pharmakol. (in Druck).

— Leder, O., Jaedicke, W., Reindell, A., Fleckenstein, A.: Einschränkung des Schwundes energiereicher Phosphatverbindungen im hyperaktiven Vorhofs- und Ventrikelmyokard durch Ca^{++}-antagonistische Hemmstoffe der elektro-mechanischen Koppelung (Iproveratril, D 600, Prenylamin). 36. Tagung (Herbsttagung) d. Dtsch. Physiol. Gesellschaft in Mainz, 23.—27. Sept. 1969. Pflügers Arch. **312**, R 7/8 (1969).

Ebashi, S, Endo, M.: Calcium Ion and Muscle Contraction. Progress in Biophysics and Molecular Biology (1968) 123—183.

— Kodama, A.: A new protein factor promoting aggregation of tropomyosin. J. Biochem. (Tokyo) **58**, 107—108 (1965).

— Lipmann, F.: Adenosine triphosphate-linked concentration of calcium ions in a particulate fraction of rabbit muscle. J. Cell Biol. **14**, 389 (1962).

Fanburg, B., Finkel, R. M., Martonosi, A.: The role of calcium in the mechanism of relaxation of cardiac muscle. J. biol. Chem. **239**, 2298 (1964).

Fleckenstein, A.: Metabolic aspects of the excitation-contraction coupling. Symposium on the Cellular Function of Membrane Transport, 16th Annual Meeting of the Society of General Physiologists, Woods Hole, Mass. Sept. 1963, Ed.: J. F. Hoffman, Prentice-Hall Inc., Englewood Cliffs, New Jersey, USA, S. 71—93 (1963).

— Die Bedeutung der energiereichen Phosphate für Kontraktilität und Tonus des Myokards. Verh. Dtsch. Ges. inn. Med. **70**, 81 (1964).

— Experimentelle Pathologie der akuten und chronischen Herzinsuffizienz. Verh. Dtsch. Ges. Kreisl.-Forsch. **34**, 15—34 (1968 a).

— Myokardstoffwechsel und Nekrose. In: VI. Symposium der Dtsch. Ges. für Fortschritte auf dem Gebiet der Inneren Medizin über „Herzinfarkt und Schock", 8. Nov. 1968 in Freiburg, hrsg.: L. Heilmeyer u. H.-J. Holtmeier, Stuttgart: Georg Thieme Verlag, 1968 b, S. 94—109.

— Pathophysiologische Kausalfaktoren bei Myokard-Nekrose und Infarkt: 14. Kardio-angiologische Diskussion der Österreichischen Kardiologoischen Gesellschaft, 22. Nov. 1969 in Wien. Vgl. Wien. Z. inn. Med. **52**, 133—143 (1971).

— Döring, H. J., Kammermeier, H.: Experimental heart failure due to inhibition of utilisation of high-energy phosphates. Int. Symp. on the Coronary Circulation and Energetics of the Myocardium, Milan 1966, pp. 220—236 (Karger, Basel/New York 1967).

— — — Einfluß von Beta-Receptorenblockern und verwandten Substanzen auf Erregung, Kontraktion und Energiestoffwechsel der Myokardfaser. Klin. Wschr. **46**, 343—351 (1968).

— — Leder, O.: The significance of high-energy phosphate exhaustion in the etiology of isoproterenol-induced cardiac necroses and its prevention by iproveratril, compound D 600 or prenylamine. In: International Symposium on Drugs and Metabolism of Myocardium and Striated Muscle. M. Lamarche and R. Royer, Nancy (1969).

— Grün, G., Tritthart, H., Byon, K. unter Mitarbeit von Harding, P.: Uterus-Relaxation durch hochaktive Ca^{++}-antagonistische Hemmstoffe der elektro-mechanischen Koppelung wie Isoptin (Verapamil, Iproveratril), Substanz D 600 und Segontin (Prenylamin). Klin. Wschr. **49**, 32—41 (1971).

— Kammermeier, H., Döring, H. J., Freund, H. J.: Zum Wirkungsmechanismus neuartiger Koronardilatatoren mit gleichzeitig Sauerstoff-einsparenden Myokard-Effekten, Prenylamin und Iproveratril. Z. Kreisl.-Forsch. **56**, 716—744, 839—858 (1967).

— Schwoerer, W.: Die Bedeutung der Ca^{++}-Ionen für die Spaltung von energiereichem Phosphat während verschiedener reversibler Kontrakturen und irreversibler Starrever-kürzungen des Froschrectus. Pflügers Ach. ges. Physiol. **274**, 8 (1961).

Fleckenstein, A., Schwoerer, W., Janke, J.: Parallele Beeinflussung der mechanischen Spannungs-
    entwicklung und der Spaltung von energiereichem Phosphat bei der Kaliumkontraktur des
    Froschrectus in Lösungen mit variiertem K^+- und Ca^{++}-Gehalt. Pflügers Arch. ges. Physiol.
    273, 483 (1961).
— Tritthart, H., Fleckenstein, B., Herbst, A., Grün, G.: Eine neue Gruppe kompetitiver
    Ca^{++}-Antagonisten (Iproveratril, D 600, Prenylamin) mit starken Hemmeffekten auf die
    elektromechanische Koppelung im Warmblüter-Myokard. Pflügers Arch. **307**, R 25 (1969).
Fleckenstein, B.: Selektive Zügelung der Myokard-Kontraktilität durch Ca^{++}-antagonistische
    Hemmstoffe der elektro-mechanischen Koppelung. Inaug. Diss. Freiburg 1970.
Gersmeyer, G., Holland, W. C.: Influence of ouabain on contractile force, resting tension,
    Ca^{45} entry and tissue Ca content in rat atria. Circulat. Res. **12**, 620 (1963).
Grossman, A., Furchtgott, R. F.: The effects of various drugs on calcium exchange in the
    isolated guinea-pig left auricle. J. Pharmacol. exp. Ther. **145**, 162—172 (1965).
Grün, G., Fleckenstein, A.: Ca^{++}-Antagonismus — ein neu erkanntes Prinzip der Vaso-
    dilatation. 12. Frühjahrstagung der Dtsch. Pharmakol. Gesellsch. (21. 3. 1971 in Mainz).
    Naunyn-Schmiedebergs Arch. Pharmak. (in Druck).
Haas, H., Busch, E.: Vergleichende Untersuchungen der Wirkung von α-Isopropyl-α-((N-
    methyl-N-homoveratryl)-γ-aminopropyl)-3,4-dimethoxyphenylacetonitril, seiner Derivate
    sowie einiger anderer Coronardilatatoren und β-Receptor-affiner Substanzen. Arznei-
    mittel-Forsch. **17**, 257—272 (1967).
— Härtfelder, G.: α-Isopropyl-α-((N-methyl-N-homoveratryl)-γ-aminopropyl)-3,4-dime-
    thoxyphenylacetonitril, eine Substanz mit coronargefäßerweiternden Eigenschaften. Arz-
    neimittel-Forsch. **12**, 549—558 (1962).
Hanforth, C. P.: Isoproterenol-induced myocardial infarction in animals. Arch. Path. **73**,
    161—165 (1962).
Hasselbach, W., Makinose, M.: Die Ca^{++}-Pumpe der Erschlaffungsgrana des Muskels und
    ihre Abhängigkeit von der ATP-Spaltung. Biochem. Z. **333**, 518 (1961).
— Weber, H. H.: Die intrazelluläre Regulation der Muskelaktivität. Naturwissenschaften
    52, 121—128 (1965).
Herrell, W. E.: Beer and cobalt and cardiohepatic failure. Clin. Med. **74**, 15 (1967).
Holland, W. C., Sekul, A.: Effect of ouabain on Ca^{45} and Cl^{36} exchange in isolated rabbit
    atria. Amer. J. Physiol. **197**, 757 (1959).
Huxley, A. F., Taylor, R. E.: Local activation of striated muscle fibres. J. Physiol. (Lond.)
    144, 426 (1958).
Jaedicke, W., Janke, J., Fleckenstein, A.: Potentiation of isoproterenol-induced cardiac necrosis
    by augmentation of transmembrane Ca influx with the use of 9-α-fluorocortisol acetate-
    neutralization of this effect by K or Mg salts. Pflügers Arch. **319**, R 9 (1970).
Janke, J., Fleckenstein, A., Jaedicke, W.: Inhibition of the isoproterenol-induced radio-
    calcium uptake into the ventricular myocardium by Ca-antagonistic inhibitors of
    excitation-contraction coupling (Isoptin = verapamil, iproveratril or compound D 600).
    Pflügers Arch. **316**, R 10 (1970).
— Jaedicke, W., Fleckenstein, A.: Prevention of isoproterenol-induced cardiac necrosis by
    reduction of transmembrane Ca influx with the use of K and Mg salts or of Ca-
    antagonistic inhibitors of excitation-contraction coupling. Pflügers Arch. **319**, R 8 (1970).
Kammermeier, H.: Verhalten von Adenin-Nucleotiden und Kreatinphosphat im Herzmuskel
    bei funktioneller Erholung nach länger dauernder Asphyxie. Verh. Dtsch. Ges. Kreisl.-
    Forsch. **30**, 206—211 (1964).
— Döring, H. J.: Eine neue Methode zur fortlaufenden, direktschreibenden Registrierung
    des Mechanogramms sowie der Dilatation am freigelegten Herzen im Tierexperiment. Weg-
    messung mit tastlosen induktiven Aufnehmern. Pflügers Arch. ges. Physiol. **273**, 311 (1961).
Katz, A. M.: Purification and properties of a tropomyosin-containing protein fraction that
    sensitizes reconstituted actomyosin to calcium-binding agents. J. Biol. Chem. **241**, 1522
    bis 1529 (1966).
— Contractile proteins of the heart. Physiol. Rev. **50**, 63—158 (1970).
Kaufmann, R., Fleckenstein, A.: Ca^{++}-competitive elektro-mechanische Entkoppelung durch
    Ni^{++}- und Co^{++}-Ionen am Warmblütermyokard. Pflügers Arch. ges. Physiol. **282**, 290
    (1965).

Kaufmann, R., Tritthart, H., Rost, B., Fleckenstein, A.: Totale Entkoppelung der elektrischen und mechanischen Aktivität kultivierter embryonaler Herzmuskelzellen vom Hühnchen durch Isoptin (Verapamil, Iproveratril). 37. Tagung (Frühjahrstagung) d. Dtsch. Physiol. Gesellschaft in Erlangen, 10./11. April 1970. Pflügers Arch. **316**, R 12 (1970).

Klaus, W., Lee, K. S.: Influence of cardiac glycosides on calcium binding in muscle subcellular components. J. Pharmacol. exp. Ther. **166**, 68—76 (1969).

Kohlhardt, M.: (1970) unveröffentlicht.

Lee, K. S., Hong, Sa. A., Kang, D. H.: Effect of cardiac glycosides on interaction of Ca with mitochondria. J. Pharmacol. exp. Ther. **172**, 180—187 (1970).

Lindner, E.: Phenyl-propyl-diphenyl-propyl-amin, eine neue Substanz mit coronargefäßerweiternder Wirkung. Arzneimittel-Forsch. **10**, 569 (1960).

— Wirkung von N-(3-Phenyl-propyl-(2))-1,1-diphenylpropyl-(3)-amin Glukonat auf den Herzmuskelstoffwechsel. Verh. dtsch. Ges. Kreisl.-Forsch. **27**, 256 (1961).

Loewi, O.: Über den Zusammenhang zwischen Digitalis- und Calciumwirkung. Naunyn-Schmiedebergs Arch. Pharmak. **82**, 131—158 (1917).

Lüllmann, H., Holland, W. C.: Influence of ouabain on an exchangeable calcium fraction, contractile force, and resting tension of guinea-pig atria. J. Pharmacol. exp. Ther. **137**, 186 (1962).

Mines, G. R.: On functional analysis by the action of electrolytes. J. Physiol. **46**, 188 (1913).

Mommaerts, W. F. H. M.: Muscular contraction, a topic in molecular physiology. (Interscience Publishers, New York 1950.)

Müller, P.: Lokale Kontraktionsauslösung am Herzmuskel. Helv. physiol. pharmacol. Acta **24**, C 106—108 (1966).

Porter, K. R., Franzini-Armstrong, C.: The sarcoplasmic reticulum. Scient. Amer. **212**, No 3, 73 (1965).

Raab, W.: Neurogenic multifocal destruction of myocardial tissue. Rev. Can. Biol. **22**, 217—239 (1963).

Reuter, H.: Über die Wirkung von Adrenalin auf den cellulären Ca-Umsatz des Meerschweinchenvorhofs. Naunyn-Schmiedebergs Arch. Pharmak. **251**, 401 (1965).

— Beeler, G. W.: Calcium current and activation of contraction in ventricular myocardial fibres. Science **163**, 399 (1969).

Rona, G., Chappel, C. I., Balazs, T., Gaudry, R.: An infarct-like myocardial lesion and other toxic manifestations produced by isoproterenol in the rat. A. M. A. Archives of Pathology **67**, 443—455 (1959).

— — Kahn, D. S.: The significance of factors modifying the development of isoproterenol-induced myocardial necrosis. Amer. Heart J. **66**, 389—395 (1963).

— Kahn, D. S., Chappel, C. I.: Studies on infarct-like myocardial necrosis produced by isoproterenol: a review. Rev. Canad. Biol. **22**, 241—255 (1963).

Rosenblum, I., Wohl, A., Stein, A.: Studies in cardiac necrosis. III. Metabolic effects of sympathomimetic amines producing cardiac lesions. Toxicol. appl. Pharmacol. **7**, 344—351 (1965).

Rosenmann, E., Gazenfield, E., Laufer, A., Davies, A. M.: Isoproterenol-induced myocardial lesions in the immunized and nonimmunized rat. J. Path. Microbiol. **27**, 303—309 (1964).

Sanborn, W. G., Langer, G. A.: Specific uncoupling of excitation and contraction in mammalian cardiac tissue by lanthanum. J. gen. Physiol. **56**, 191 (1970).

Schildberg, F. W., Fleckenstein, A.: Die Bedeutung der extracellulären Calciumkonzentration für die Spaltung von energiereichem Phosphat in ruhendem und tätigem Myokardgewebe. Pflügers Arch. ges. Physiol. **283**, 137 (1965).

Seidel, J. C., Gergely, J.: Studies on myofibrillar adenosine triphosphatase with calcium-free adenosine triphosphate. J. biol. Chem. **238**, 3648 (1963).

Sekul, A., Holland, W. C.: Effects of ouabain on Ca^{45} entry in quiescent and electrically driven rabbit atria. Amer. J. Physiol. **199**, 457 (1960).

Selye, H.: Elektrolyse, Stress und Herznekrose. Basel: Benno Schwabe 1960.

Slater, E. C., Cleland, K. W.: The effect of calcium on the respiratory and phosphorylative activities of heart-muscle sarcosomes. Biochem. J. **55**, 566—580 (1953).

Stanton, H. C., Schwartz, A.: Effects of a hydrazine monoamine oxidase inhibitor (phenelzine) on isoproterenol-induced myocardiopathies in the rat. J. Pharmacol. exp. Ther. **157**, 649—658 (1967).

Sullivan, J. F., Egan, J. D., George, R. P., McDermott, P. M.: Cardiohepatic failure in beer drinkers. Proc. Central Soc. Clinic. Research **39**, No. 138 (1966).

Thomas, L. J., Jolley, W. B., Grechman, R.: Effect of potassium lack and ouabain on calcium^{45} uptake in frog's heart. Fed. Proc. **17**, 162 (1958) — see Thomas, L. J.: Ouabain contracture of frog heart: Ca^{45} movements and effects of EDTA. Am. J. Physiol. **199**, 146—150 (1960).

Weber, A., Herz, R.: The binding of calcium to actomyosin systems in relation to their biological activity. J. biol. Chem. **238**, 599 (1963).

— Winicur, S.: The role of calcium in the superprecipitation of actomyosin. J. biol. Chem. **236**, 3198 (1961).

Der Gasaustausch in der Lunge unter Berücksichtigung der Inhomogenitäten von Ventilation, Perfusion und Diffusion

G. THEWS

Mit 23 Abbildungen

Wenn man für ein Teilgebiet der Physiologie ein Resümé zu ziehen versucht, ist es oft zweckmäßig, sich über den Kenntnisstand zu orientieren, wie er etwa zu Beginn dieses Jahrhunderts erreicht war. Zu dieser Zeit wurden für viele der heute gesicherten Vorstellungen die Grundlagen gelegt und die Wege für weitere theoretische und experimentelle Untersuchungen vorgezeichnet. Zum Gasaustausch in der Lunge ist diese Ausgangssituation in einem Abschnitt des Compendiums der Physiologie von Adolf Fick in der Auflage von 1891 besonders klar dargestellt. Dort heißt es:

„Die Veränderung, welche das Blut in der Lunge erleidet, ist eine ähnliche, als wenn man venöses Blut mit Luft schüttelt. Thut man nämlich dies, so oxydirt sich sein Hämoglobin vollständig, das Blut wird hellroth und andererseits geht Kohlensäure aus dem Blut fort. Diese Ähnlichkeit kann nicht auffallen, da ja das Blut beim Durchgange durch die Lungencapillaren in fast unmittelbare Berührung mit der in den Lungenbläschen enthaltenen Luft kommt. Dies ergiebt sich unmittelbar aus den bekannten anatomischen Anordnungen der Gefäße in der Lunge. Die Capillarverzweigungen der Lungenarterien liegen nämlich in den Wänden der mit Luft gefüllten Lungenbläschen, und es scheint sogar das Epithel, welches diese Bläschen innen auskleidet, an den von Capillaren eingenommenen Stellen besonders dünn zu sein. Das Blut ist also hier fast nur durch die außerordentlich zarte und wohl durchfeuchtete Capillargefäßwandung von der Luft geschieden, so daß ein Diffusionsstrom von Gasen fast keinen Widerstand findet.

Wahrscheinlich spielen die Gewebstheile der Lunge selbst beim Athmungsprocesse keinerlei active Rolle. Ihre Anordnung hat eben nur den Zweck, in der soeben angedeuteten Weise das Blut in sehr ausgedehnte Berührung mit der Luft zu bringen."

Aus dieser klassischen Darstellung müssen zwei Feststellungen besonders hervorgehoben werden, weil sie den Ausgangspunkt für die weiteren Untersuchungen bildeten:

1. Der Gasaustausch in der Lunge erfolgt allein durch Diffusion, und

2. Das Alveolarepithel ist so dünn, daß sein Diffusionswiderstand gegenüber den Atemgasen gering sein muß.

Beide Aussagen sind in den folgenden Jahrzehnten heftig umstritten gewesen. Ich möchte hier nicht auf die sogenannte Sekretionstheorie eingehen, nach der die Alveolarepithelien einen aktiv fördernden Einfluß auf den O_2- und CO_2-Transport haben sollten. Diese Vorstellung hat nur noch historisches Interesse, und niemand zweifelt mehr daran, daß die Atemgase per diffusionem ausgetauscht werden. Schwieriger ist schon die Frage nach der Lokalisation und der Größe der Diffusionswiderstände zu beantworten. Dieser Frage kommt insofern eine wesentliche Bedeutung zu, als ihre Klärung die Voraussetzung für das Verständnis des Arterialisierungsprozesses bildet. Ferner spielt sie bei der Definition und Bestimmung der Diffusionskapazität, einer Größe, auf die noch näher einzugehen sein wird, eine Rolle.

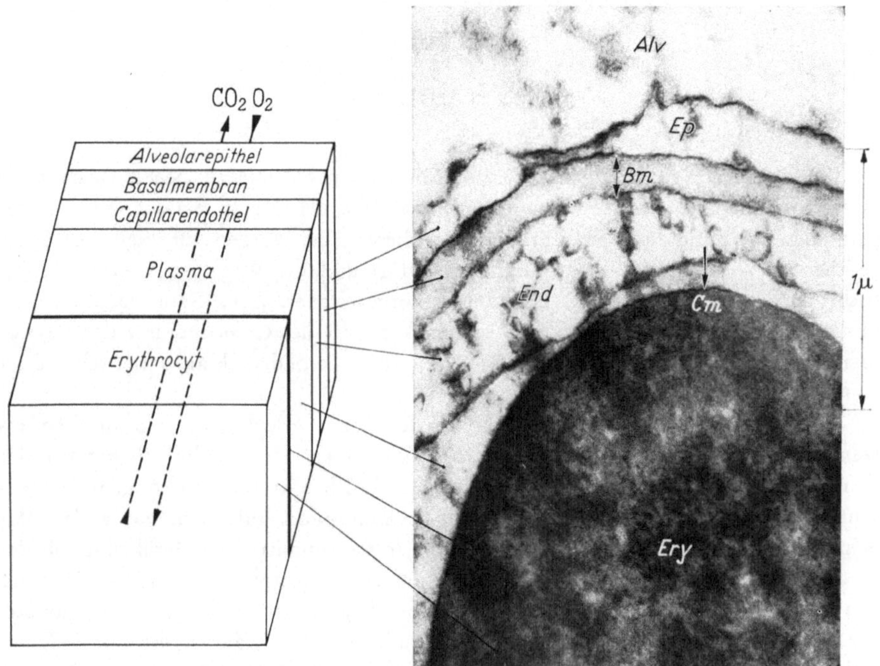

Abb. 1. Diffusionsmedien, die die Atemgase beim Austausch in der Lunge zu passieren haben, nach Thews (1961) (Elektronenoptische Aufnahme von H. Schulz)

Einen wichtigen Hinweis auf die Lokalisation der Diffusionswiderstände in der Lunge liefert bereits die Morphologie. Im elektronenoptischen Bild stellen sich uns die Medien, die beim Gasaustausch in der Lunge durch Diffusion zu überwinden sind, folgendermaßen dar (Abb. 1). In der Transportrichtung des Sauerstoffes sind nacheinander zu passieren: das Alveolarepithel, die Basalmembran, das Capillarendothel, das Blutplasma, die Erythrocytenmembran und der Erythrocyteninnenraum. Die Strukturen, die die Gasphase von der Blutphase trennen und abgekürzt oft als alveolo-capilläre Membran bezeichnet werden, sind nicht dicker als 0,5—1 μ. Abb. 2 zeigt noch deutlicher, wie eng der Diffusionskontakt zwischen Alveolarluft und Lungencapillarblut ist. Damit wird ganz klar, daß vor allem die Diffusions- und Reaktionswiderstände im Inneren des Erythrocyten den zeitlichen Ablauf der O_2- bzw. CO_2-Austauschprozesse bestimmen.

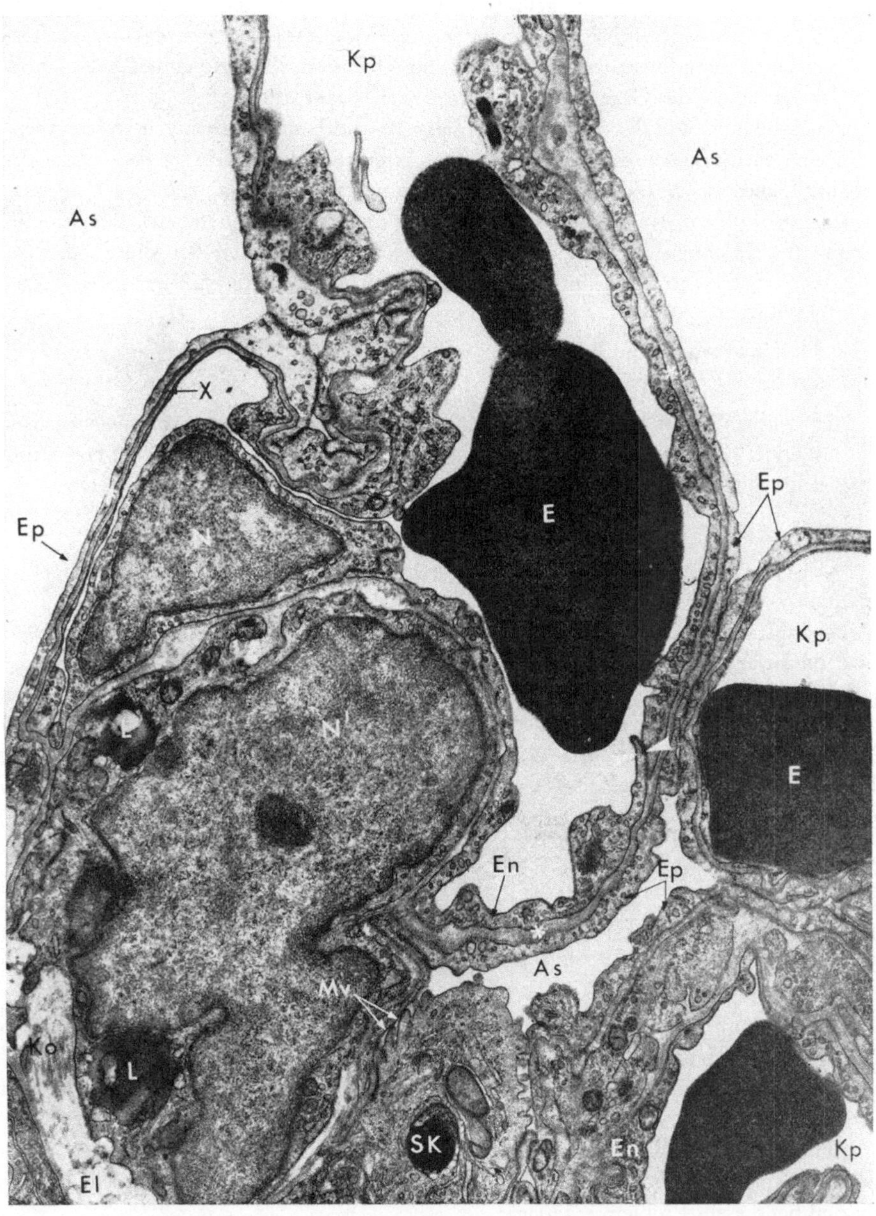

Abb. 2. Alveolarseptum der Lunge, nach Porter und Bonneville (1965). As = Alveolarraum, Ep = Alveolarepithel, Kp = Capillaren, En = Capillarendothel, E = Erythrocyten, N = Zellkerne, Ko = kollagene Fasern, El = elastische Fasern, Mv = Mikrovilli, SK = Staub-material

Um nun nicht die Meinung aufkommen zu lassen, daß dies eine fundamentale Erkenntnis der neuesten Zeit sei, soll hier noch einmal ein Zitat herangezogen werden, und zwar aus einer Arbeit von Bohr aus dem Jahre 1909. Dort heißt es: „Dem ungeachtet ist bei unserer mangelhaften Kenntnis der für die Substanz der Blutkörperchen geltenden Diffusionsbedingungen die Möglichkeit keineswegs ausgeschlossen, daß ein nicht unbedeutender Teil der zur Diffusion verstreichenden Zeit gerade von der Aufnahme der Gase in den Blutkörperchen beansprucht wird."

Heute können wir davon ausgehen, daß tatsächlich den Vorgängen im Erythrocyten eine entscheidende Bedeutung für den Arterialisierungseffekt in der Lunge zukommt. Daher ist es für die weitere Betrachtung zweckmäßig, zunächst den Gasaustauschprozeß am isolierten Erythrocyten zu analysieren und danach den Einfluß der übrigen Faktoren in Rechnung zu stellen. Zunächst wollen wir die Sauerstoffaufnahme des Erythrocyten untersuchen, deren zeitlicher Ablauf sich auf zwei Wegen ermitteln läßt:

1. durch mathematische Analyse,
2. durch in vitro-Experimente.

Auf beiden Wegen konnten eine Reihe von Einzelergebnissen gewonnen werden, die zusammen ein zwar nicht vollständiges, in den Grundzügen jedoch schon deutliches Bild vom Modus der Sauerstoffaufnahme durch den Erythrocyten bieten.

1. Mathematische Analyse der O_2-Aufnahme durch den Erythrocyten

Bekanntlich wird der einfache Diffusionsvorgang durch die beiden Fickschen Gesetze beschrieben. Das erste Diffusionsgesetz gilt für den stationären Zustand und besagt, daß der Diffusionsstrom dem Konzentrationsgefälle proportional ist. Das zweite Gesetz dagegen gibt die Zusammenhänge wieder, wenn zeitliche Veränderungen der Konzentrationen im Diffusionsraum auftreten. Für den Erythrocyten, der die Lungencapillare passiert, ist also diese zweite Fassung maßgebend. Die allgemeinste Form des 2. Diffusionsgesetzes stellt die partielle Differentialgleichung

$$\frac{\partial [O_2]}{\partial t} = D \cdot \nabla^2 [O_2]$$

dar. Hierin bedeuten $[O_2]$ die O_2-Konzentration, ∇^2 den Laplace-Operator und D den Diffusionskoeffizienten. Für manche Zwecke, insbesondere für die Beschreibung des stationären Zustandes, ist es zweckmäßiger, anstelle von D den sogenannten Kroghschen Diffusionskoeffizienten K zu verwenden. K ist über den Bunsenschen Löslichkeitskoeffizienten α mit D gekoppelt ($K = \alpha \cdot D$). Wegen seiner physiko-chemischen Bedeutung ist er von uns auch als Diffusionsleitfähigkeit bezeichnet worden (s. Thews, 1963).

Ohne daß die Integrationsverfahren für die Gleichung hier im einzelnen behandelt werden können, sollen nur kurz die Schwierigkeiten angedeutet werden, die sich speziell bei diesem Problem ergaben:

1. waren zunächst nicht einmal die O_2-Diffusionskoeffizienten für das Innere des Erythrocyten bekannt. Dieser Mangel konnte in der Zwischenzeit behoben werden, wie aus Tabelle 1 zu ersehen ist, in die auch die Werte für die übrigen Diffusionsmedien in der Lunge eingetragen sind.

Tabelle 1. *O_2-Leitfähigkeit (Kroghscher Diffusionskoeffizient) K und O_2-Diffusionskoeffizient D für die Diffusionsmedien in der Lunge (37° C)*

	$K \left[\dfrac{ml}{cm \cdot min \cdot Atm} \right]$	$D \left[\dfrac{cm^2}{sec} \right]$	Literatur
Alveolo-kapilläre			
Membran	$2,5 \cdot 10^{-5}$	$2,3 \cdot 10^{-5}$	Grote (1967)
Plasma	$3,6 \cdot 10^{-5}$	$2,5 \cdot 10^{-5}$	Gertz u. Loeschcke (1954)
Erythrocyt	$1,7 \cdot 10^{-5}$	$1,2 \cdot 10^{-5}$	Grote u. Thews (1962) korr.

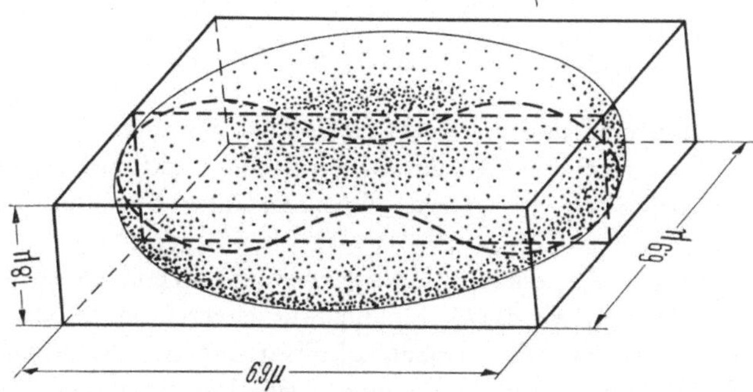

Abb. 3. Erythrocyt mit eingezeichnetem Ersatzquader, für den die Integration der Diffusionsgleichung in geschlossener Form möglich ist, nach Thews und Niesel (1959)

2. bereitet die Einführung der Randbedingungen bei der biologisch sehr nützlichen, jedoch mathematisch höchst unzweckmäßigen Form des Erythrocyten die allergrößten Schwierigkeiten. Daher haben wir versucht, die komplexen Randbedingungen dadurch zu vereinfachen, daß wir den Erythrocyten näherungsweise durch einen Quader ersetzten, dessen Oberfläche und dessen Volumen mit denen des Erythrocyten übereinstimmen (Abb. 3). Unter Zugrundelegung eine solchen Ersatzquaders, an dessen Oberfläche konstante Randbedingungen vorliegen, gelingt es, die Differentialgleichung geschlossen zu integrieren (Thews u. Niesel, 1959).

3. wird die Berechnung der Sauerstoffaufnahme dadurch erschwert, daß im Inneren des Erythrocyten die Diffusion mit der chemischen Reaktion der O_2-Anlagerung an das Hämoglobin gekoppelt ist. Die Beschreibung des kombinierten Diffusions-Reaktions-Prozesses erfordert einen erheblichen mathematischen Aufwand. Es würde zu weit führen, die verschiedenen Ansätze hierfür von A. V. Hill (1928/29), Roughton (1932), Nicolson u. Roughton (1951), Mochizuki u. Fukuoka (1958), Thews (1963) und Moll (1968/69) näher zu erläutern. Hinzu kommt, daß man die Kinetik der Sauerstoff-Hämoglobin-Reaktion nur dann in der Transportgleichung richtig berücksichtigen kann, wenn man eine gesicherte Vorstellung vom Ablauf dieser Reaktion hat. Gerade dies scheint aber heute nicht mehr der Fall zu sein.

Die Frage hängt eng mit der Deutung des O_2-Bindungskurvenverlaufes zusammen. Die charakteristische S-Form läßt sich in keiner Weise durch eine einfache Reaktion zweiter Ordnung zwischen Hämoglobin und O_2 deuten. Abgesehen von einigen

Ansätzen, die heute nur noch historisch interessant sind, ist vor allem die Zwischenbindungshypothese von Adair (1925) zur Deutung des O_2-Bindungskurvenverlaufes herangezogen worden. Der tetramere Aufbau legt den Gedanken nahe, daß die Sauerstoffanlagerung an das Hämoglobin in 4 Stufen erfolgt:

$$Hb_4 \; + O_2 \underset{k_1}{\overset{k'_1}{\rightleftharpoons}} Hb_4O_2 \qquad \frac{k'_1}{k_1} = K_1$$

$$Hb_4O_2 + O_2 \underset{k_2}{\overset{k'_2}{\rightleftharpoons}} Hb_4O_4 \qquad \frac{k'_2}{k_2} = K_2$$

$$Hb_4O_4 + O_2 \underset{k_3}{\overset{k'_3}{\rightleftharpoons}} Hb_4O_6 \qquad \frac{k'_3}{k_3} = K_3$$

$$Hb_4O_6 + O_2 \underset{k_4}{\overset{k'_4}{\rightleftharpoons}} Hb_4O_8 \qquad \frac{k'_4}{k_4} = K_4$$

Dabei wird vorausgesetzt, daß die Reaktion in jeder einzelnen Stufe durch die vorausgegangenen O_2-Anlagerungen beeinflußt wird. Die Reaktionskonstanten k'_n bzw. k_n müßten also ebenso wie die Gleichgewichtskonstanten K_n unterschiedliche Werte haben.

Die heute weitgehend anerkannte Zwischenbindungshypothese ist allerdings nicht in der Lage, die Abhängigkeit des O_2-Bindungskurvenverlaufes von der Hämoglobinkonzentration zu erklären. Diese Unzulänglichkeit und eine Reihe weiterer Fakten führten schließlich zu der Entwicklung einer neuen Vorstellung über den Modus der Hämoglobin-Sauerstoff-Reaktion (Barnikol u. Thews, 1969). Nach dieser Hypothese (s. Abb. 4) zerfällt das tetramere Hämoglobin in seine dimeren und monomeren Untereinheiten. Jeder dieser Untereinheiten kommt eine spezifische, für alle Oxygenierungsstufen gleiche O_2-Affinität zu. Ein wesentlicher Bestandteil der Hypothese ist ferner die Wirkung einer niedermolekularen, das tetramere Hämoglobin stabilisierenden Zwischensubstanz Z. Die aus den numerischen Rechnungen erhaltenen Werte der Parameter geben Anlaß, die Z-Substanz mit Ca^{++} und/oder Mg^{++} evtl. auch mit 2,3-Diphosphoglycerinphosphat (DPG) zu identifizieren. Unter Berücksichtigung der

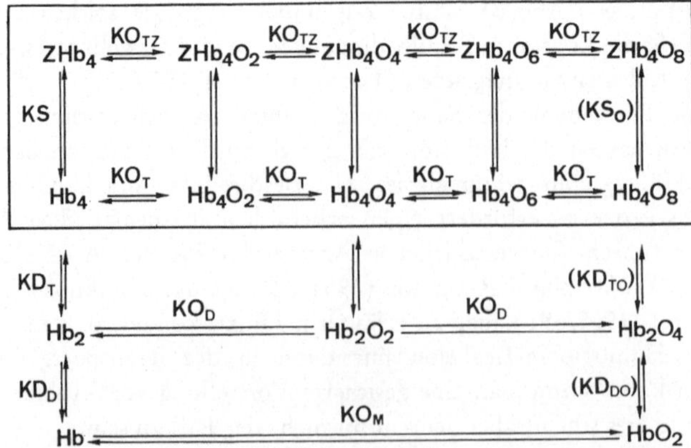

Abb. 4. Vereinfachtes Molekülschema des Hämoglobins in Wechselwirkung mit O_2 nach der Koordinationshypothese (Barnikol u. Thews, 1969; dort auch Definition der Gleichgewichtskonstanten KO_{TZ}, KO_T, KO_D, KO_M, KD_T, KD_{TO} und KD_D)

Tatsache, daß die zweiwertigen Ionen Komplexe bilden, lassen sich die weiteren bekannten Eigenschaften der O_2-Bindungskurve zwanglos qualitativ deuten. Wegen der großen Bedeutung, die der Komplexbildung hierbei zukommt, haben wir diese Modellvorstellung als Koordinationshypothese bezeichnet.

Wenn wir nun wieder zum Problem des Gasaustausches im Erythrocyten zurückkehren, dann ergibt sich die Notwendigkeit, die Diffusionsgleichung mit den Reaktionsgleichungen zu kombinieren, die aus der Zwischenbindungshypothese oder aus der Koordinationshypothese folgen. Die Lösung eines solchen Gleichungssystems verlangt einen unverhältnismäßig großen mathematischen Aufwand. So hat man versucht, durch Vereinfachung der Differentialgleichungen den Rechenaufwand zu reduzieren, und ist dabei auch zu recht brauchbaren Näherungslösungen gelangt.

4. Ein letzter Punkt, der die Möglichkeit der theoretischen Analyse erschwert, betrifft die transportbeschleunigende Funktion des Hämoglobins. Klug, Kreuzer u. Roughton (1956) sowie Scholander (1960) haben darauf hingewiesen, daß der O_2-Transport in Hämoglobinlösungen schneller erfolgt, als dies nach den Gesetzmäßigkeiten für die O_2-Diffusion zu erwarten wäre. Nachdem man zunächst an eine noch unbekannte Transportwirkung der Hb-Moleküle gedacht hatte, darf man nach den Untersuchungen von Moll (1962) annehmen, daß dieser Effekt durch die Diffusion der HbO_2-Moleküle selbst zustande kommt. Hämoglobin nimmt an den Orten des höheren O_2-Druckes den Sauerstoff auf und transportiert ihn per diffusionem zu den Orten des niedrigen Partialdruckes. Trotz sehr langsamer HbO_2-Diffusion können wegen der großen O_2-Bindungskapazität des Hämoglobins auf diese Weise erhebliche O_2-Mengen in der Zeiteinheit zusätzlich transportiert werden. Mit einem solchen Effekt ist auch unter bestimmten Bedingungen bei der O_2-Aufnahme in der Lunge im Inneren des Erythrocyten zu rechnen.

Aus allen genannten Schwierigkeiten wird deutlich, warum es bis heute nicht möglich war, trotz erweiterter Möglichkeiten durch Computer-Einsatz, den zunächst so einfach erscheinenden Vorgang der O_2-Aufnahme durch den Erythrocyten in voller Strenge zu berechnen. Um so mehr Bedeutung erlangten die Versuche, eine Klärung auf experimentellem Wege herbeizuführen.

2. Experimentelle Untersuchung der O_2-Aufnahme durch den Erythrocyten

Den Zugang zu dem gesamten Gebiet der schnellen Reaktionen und Diffusionsprozesse eröffneten Hartridge u. Roughton (1923) mit der Entwicklung der rapid flow-Methode. Bei diesem Verfahren werden zwei Reaktionsteilnehmer, z. B. Erythrocytensuspensionen und O_2-haltige Pufferlösungen, in einer Mischkammer vereinigt und dann mit hoher Geschwindigkeit durch ein Beobachtungsrohr geleitet. Jedem Ort des Beobachtungsrohres ist eine bestimmte Zeit nach der Mischung zugeordnet. Der zeitliche Ablauf der O_2-Sättigungsänderung des Hämoglobins, die mit einer Extinktionsänderung einhergeht, läßt sich also photometrisch an verschiedenen Stellen des Beobachtungsrohres verfolgen.

Eine weitere Möglichkeit zum Studium der Austauschprozesse ist durch die stopped flow-Methode gegeben (s. Chance, 1951, 1954; Gibson, 1954). Auch hierbei werden die Lösungen mit hoher Geschwindigkeit gemischt, die photometrische Beobachtung beginnt aber erst nach dem Abstoppen der Flüssigkeitsbewegung. Als eine

Weiterentwicklung der stopped flow-Methode darf man ein von Niesel, Thews u. Lübbers (1959) eingeführtes Verfahren ansehen. Eine äquilibrierte Erythrocytensuspension wird dabei in eine Reaktionslösung eingeschlossen, die mit einem anderen O_2-Partialdruck äquilibriert ist. Die danach auftretende diffusions- und reaktionsabhängige O_2-Sättigungsänderung des intraerythrocytären Hämoglobins verfolgt ein schneller Spektralanalysator, der 100 vollständige Absorptionsspektren pro Sekunde aufnehmen kann.

Schließlich ist noch unser Lamellenverfahren zu erwähnen (Thews, 1959). Unter Ausnutzung der Oberflächenspannung des Blutes lassen sich in einem Metallring Blutlamellen ausspannen, die so dünn sind, daß die Erythrocyten in einfacher Schicht nebeneinander liegen. Die monoerythrocytären Blutlamellen werden in den Lichtstrahl eines Photometers gebracht und einem plötzlichen Wechsel der O_2- und CO_2-Partialdrucke ausgesetzt (Abb. 5). Diese Änderung der O_2-Sättigung wird auf einem

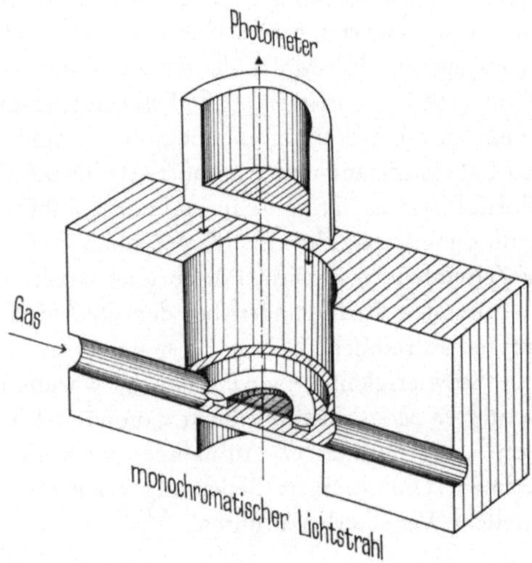

Abb. 5. Querschnitt durch die Meßkammer zur Untersuchung des O_2-Austausches an Blutlamellen, nach Schultehinrichs, Vogel u. Thews (1968)

Oscillographenschirm registriert. Dieses Verfahren eignet sich besonders für die Erfassung der Austauschprozesse unter physiologischen Bedingungen, da die Erythrocyten wie in der Capillare mit einer Plasmaschicht umgeben sind.

Bei der Fülle der experimentellen Untersuchungen zum O_2-Austausch des Erythrocyten, die mit Hilfe dieser Methoden durchgeführt wurden, ist es ganz unmöglich, an dieser Stelle auch nur einen Überblick über die Ergebnisse zu geben. Es erscheint daher zweckmäßiger, ein Untersuchungsergebnis als pars pro toto herauszugreifen, das 1. einen Hinweis auf den Zeitbedarf der physiologischen Austauschprozesse gibt und 2. die verhältnismäßig gute Übereinstimmung zwischen experimentell gewonnenen und berechneten Daten erkennen läßt. Es handelt sich um die O_2-Sättigungszunahme des Hämoglobins in monoerythrocytären Blutlamellen bei plötzlicher Änderung der äußeren O_2- und CO_2-Partialdrucke (Abb. 6). Die Punkte mit zu-

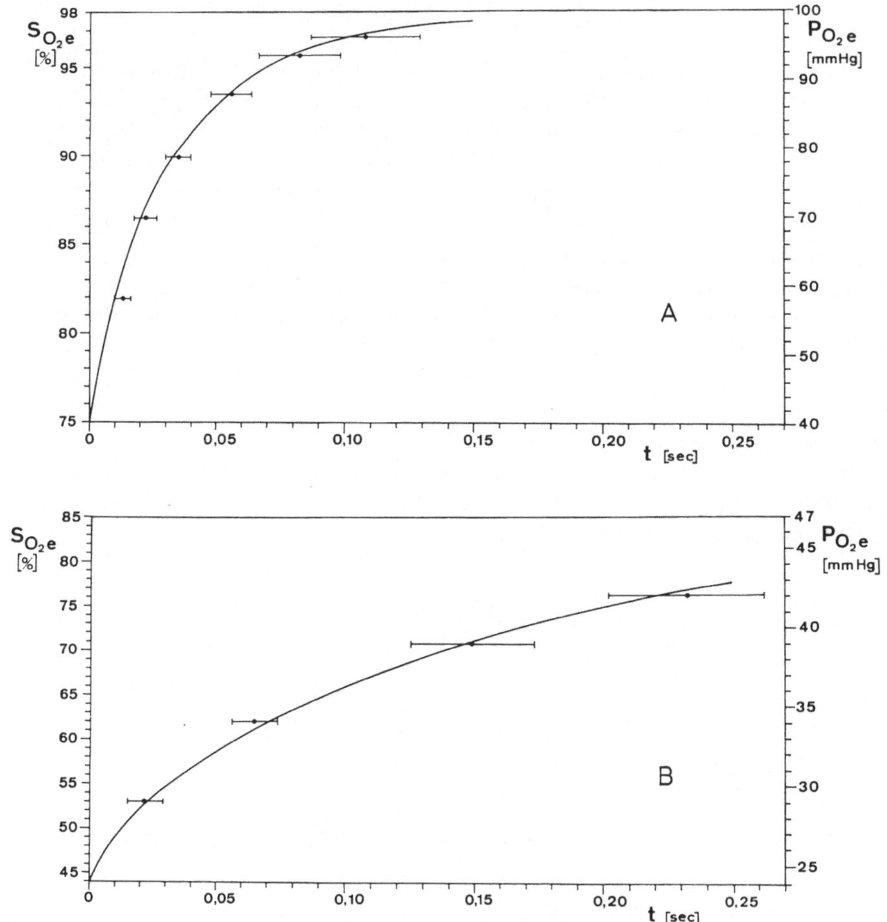

Abb. 6. Zeitlicher Verlauf der O_2-Sättigungszunahme des Hämoglobins in monoerythrocytären Blutlamellen nach plötzlicher Änderung der O_2- und CO_2-Partialdrucke, nach Frech, Schultehinrichs, Vogel u. Thews (1968). Punkte mit waagerechten Strecken = Meßwerte mit Standardabweichungen, ausgezogene Kurven = berechnete O_2-Sättigung

gehörigen Standardabweichungen stellen die Mittelwerte aus einer Reihe von Messungen dar (Frech, Schultehinrichs, Vogel u. Thews, 1968). Die Kurven sind berechnet. In A wurde ein Wechsel von einem „venösen" auf ein „arterielles" Gasgemisch durchgeführt (P_{O_2} = 40 mm Hg, P_{CO_2} = 47 mm Hg → P_{O_2} = 100 mm Hg, P_{CO_2} = 40 mm Hg), in B erfolgt ein entsprechender Wechsel im Hypoxiebereich (P_{O_2} = 24 mm Hg, P_{CO_2} = 40 mm Hg → P_{O_2} = 47 mm Hg, P_{CO_2} = 35 mm Hg). Derartige Untersuchungen geben einen Hinweis auf die physiologischen Aufsättigungsvorgänge bei der Passage der Erythrocyten durch die Lungencapillare. Allerdings muß in diesem Fall noch der verzögernde Einfluß der alveolo-capillären Membran berücksichtigt werden, der die Zeiten etwa um den Faktor 1,3 verlängert. Nach unseren Ergebnissen ist damit zu rechnen, daß die alveoläre Kontaktzeit des Erythrocyten mit der Gasphase in der menschlichen Lunge etwa 0,2—0,3 sec beträgt.

3. Die CO_2-Abgabe des Erythrocyten

Noch wesentlich lückenhafter als in bezug auf die O_2-Aufnahme ist unsere Kenntnis über die Kinetik der CO_2-Abgabe in der Lunge. Im allgemeinen begnügt man sich in diesem Zusammenhang mit der Feststellung, daß CO_2 20—25mal schneller diffundiere als O_2 und daß daher der Diffusionsausgleich zwischen Lungencapillarblut und Alveolen auch unter ungünstigen Bedingungen sichergestellt sei. Hierbei ist jedoch bereits die erste Aussage nur bedingt richtig. Wenn auch die CO_2-Diffusionskonstanten in den Austauschmedien der Lunge noch nicht bestimmt werden konnten, so lassen sie sich doch auf Grund von Werten, die an anderen Geweben gewonnen wurden, abschätzen. Wie aus der Tabelle 2 hervorgeht, ist tatsächlich die Diffusionsleitfähigkeit im Erythrocyten für CO_2 23mal größer als für O_2. Die effektiven Diffusionskoeffizienten dagegen verhalten sich nur noch wie 6 : 1. Das bedeutet in bezug auf die Diffusionsleitfähigkeit K: Bei gleichen Partialdruckgradienten kann 23mal mehr CO_2 als O_2 per diffusionem ausgetauscht werden. Im Hinblick auf den Diffusionskoeffizienten D muß man jedoch feststellen: Der Vorgang des Diffusionsangleichs an einen vorgegebenen Partialdruck, etwa an den alveolären Wert, läuft für CO_2 nur noch 6mal schneller ab als für O_2.

Tabelle 2. *Diffusionsleitfähigkeit (Kroghscher Diffusionskoeffizient) K und effektiver Diffusionskoeffizient $D' = K/\alpha'$ für O_2 und CO_2 im Erythrocyten*

	O_2-Diffusion	CO_2-Diffusion	
$K\,[ml/cm \cdot min \cdot Atm]$	$1{,}7 \cdot 10^{-5}$	$4{,}0 \cdot 10^{-4}$	$\dfrac{K_{CO_2}}{K_{O_2}} = 23$
$D'\,[cm^2/sec]$	$2{,}1 \cdot 10^{-7}$	$1{,}3 \cdot 10^{-6}$	$\dfrac{D'_{CO_2}}{D'_{O_2}} = 6$

Besonders kompliziert wird die Beurteilung der CO_2-Abgabe durch die Kopplung des Diffusionsvorganges mit einer Reihe von chemischen Reaktionen, durch die CO_2 aus seinen Bindungen freigesetzt wird (s. Abb. 7). Einen Einfluß auf den zeitlichen Ablauf der CO_2-Abgabe könnten danach ausüben. 1. die H^+-Ionenfreisetzung aus der Hämoglobinbindung durch die gleichzeitig stattfindende Oxygenierung (Haldane-Effekt), 2. der Bicarbonat-Chlorionen-Austausch (Hamburger-shift), 3. die Assoziation der Kohlensäure, 4. die Dehydratation zu CO_2 und H_2O, die jedoch im Erythrocyteninneren wegen der Mitwirkung der Carboanhydrase stark beschleunigt ist, 5. die CO_2-Freisetzung aus der Carbaminobindung des Hämoglobins, die ebenfalls durch den Haldane-Effekt beeinflußt wird, und schließlich 6. die Abdiffusion des CO_2. Über die Kinetik dieser verschiedenen Teilprozesse ist sehr wenig bekannt, so daß der zeitliche Ablauf der CO_2-Abgabe im Gegensatz zur O_2-Aufnahme noch nicht berechnet werden konnte. Aussagen sind bisher nur möglich über die prozentualen Anteile, mit denen die einzelnen Bindungsformen am CO_2-Austausch beteiligt sind. Abb. 8 gibt einen Überblick über die CO_2-Austauschraten für den Lungengesunden unter Ruhebedingungen. Alle Werte sind auf 55 Vol% Plasma und 45 Vol% Erythrocyten in 1 Liter Blut bezogen. Hieraus geht nun deutlich hervor,

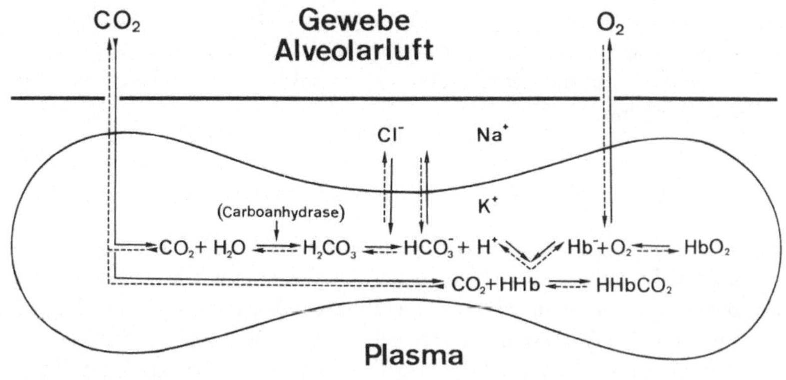

Abb. 7. Schematische Darstellung des CO_2- und O_2-Austausches in Lunge und Geweben, nach Thews (1968). Bei der CO_2-Abgabe in der Lunge können alle durch punktierte Linien gekennzeichneten Prozesse den zeitlichen Ablauf mehr oder weniger stark beeinflussen

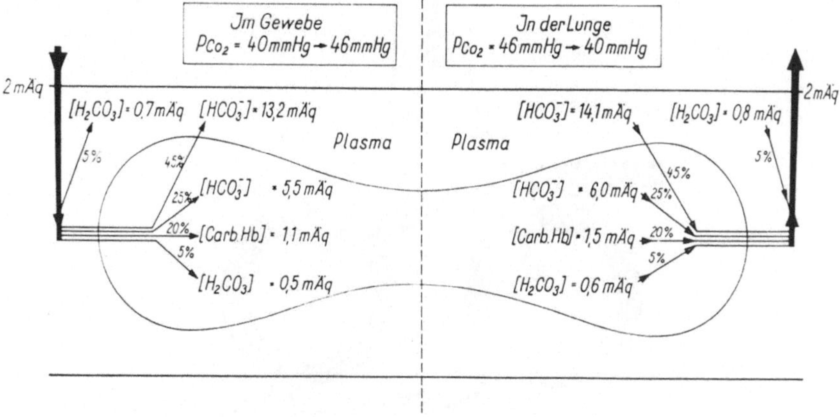

Abb. 8. Anteile der CO_2-Bindungsformen am CO_2-Austausch in Lunge und Geweben, nach Thews u. Vogel (1969). Alle mÄq-Werte beziehen sich auf 55 Vol% Plasma und 45 Vol% Erythrocyten in 1 Liter Blut

daß sehr viel mehr Bicarbonat im Inneren des Erythrocyten zur Verfügung steht, als für die CO_2-Abgabe an die Alveolarluft benötigt wird. Die vorgeschalteten Prozesse dürften daher keinen nennenswerten Einfluß auf die Austauschzeiten ausüben. Wenn jedoch bei größeren CO_2-Druckänderungen mehr CO_2 abgegeben werden muß, wächst der Zeitbedarf stark an, wie experimentell mit Hilfe der Lamellen-Methode gezeigt werden konnte (Schultehinrichs, Vogel u. Thews, 1968). In diesem Fall dürfte die Verlängerung der Austauschzeiten vor allem auf den Bicarbonat-Chlorionen-Austausch zurückzuführen sein.

Wenn wir nun eine Zwischenbilanz über die Austauschprozesse in der einzelnen Lungencapillare zu ziehen versuchen, dann können wir folgendes feststellen: Während der Zeit des Diffusionskontaktes steigt der mittlere O_2-Druck im Erythrocyten nach exponentiellem Modus an. Nach 0,2 bis 0,3 sec hat er sich dem alveolären O_2-Druck bis auf weniger als 1 mm Hg genähert. Die CO_2-Abgabe erfolgt wahrscheinlich etwas schneller, jedoch keineswegs in einer solchen Geschwindigkeit, wie man bisher angenommen hat.

4. Parameter des Arterialisierungsprozesses in der Lunge

Wir müssen nun, nachdem wir den Gasaustausch im Bereich der einzelnen Lungencapillare untersucht haben, den Arterialisierungsprozeß für die gesamte Lunge betrachten. Bekanntlich wird der Effekt der äußeren Atmung von vier Teilprozessen bestimmt, die, auf den kürzesten Nenner gebracht, als Ventilation, Perfusion, Diffusion und Distribution gekennzeichnet werden können (s. Abb. 9). Im Hinblick auf

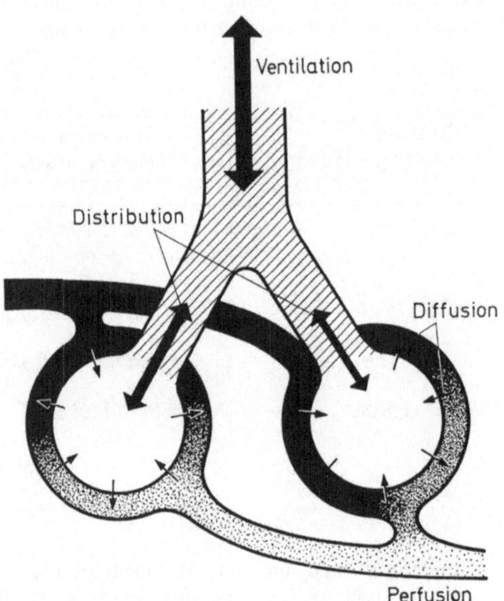

Abb. 9. Schematische Darstellung der für den Arterialisierungseffekt in der Lunge maßgebenden Faktoren, nach Comroe et al. (1964)

die Arterialisierung des Blutes sind jedoch diese Größen nicht als unabhängig voneinander anzusehen. Vielmehr bestimmt ihr Verhältnis zueinander die Höhe der arteriellen O_2- und CO_2-Drucke.

Eines dieser maßgebenden Verhältnisse ist der Quotient aus alveolärer Ventilation $\dot{V}_A$ und Perfusion $\dot{Q}$. Qualitativ soll dies an Hand einer schematischen Darstellung (Abb. 10) erläutert werden. Der Normalwert des Lungengesunden für $\dot{V}_A/\dot{Q}$ liegt im Bereich 0,8—1,0 (Mitte der Abbildung). In diesem Fall stellen sich im Alveolarraum (in der Abbildung durch eine einzige Alveole repräsentiert) ein O_2-Druck von 100 mm Hg und ein CO_2-Druck von 40 mm Hg ein, nach dem Gasaustausch hat auch das Lungencapillarblut diese Partialdrucke angenommen. Nimmt die Ventilationsgröße bei gleicher Durchblutung ab ($\dot{V}_A/\dot{Q} < 0,8$), dann führt die relative Minderbelüftung zu einem Absinken des O_2- und zu einem Anstieg des CO_2-Druckes. Dieser Zustand ist (links von der Mitte) als alveoläre Hypoventilation charakterisiert. Den gleichen Effekt hat eine Perfusionszunahme bei normaler Ventilation. Als Extremfall einer alveolären Hypoventilation kann man den Zustand auffassen, bei dem durchblutete Alveolen überhaupt nicht mehr belüftet werden ($\dot{V}_A/\dot{Q} = 0$). In einem solchen Lungengebiet findet keine Arterialisierung statt, das venöse Blut gelangt unverändert in die arterielle Strombahn, so daß man von einer funktionellen Kurzschlußdurchblutung sprechen kann. Nimmt das Ventilations-Perfusions-Verhältnis über den Normalwert hinaus zu ($\dot{V}_A/\dot{Q} > 1$), dann steigt zwar der O_2-Druck entsprechend an, dies hat aber kaum einen Einfluß auf die Sauerstoffbeladung des Capillarblutes, da schon normalerweise 96% des Hämoglobins mit Sauerstoff gesättigt sind. Ein solcher Zustand der relativen Hyperventilation bzw. der relativen Minderdurchblutung (in der Abbildung rechts von der Mitte dargestellt) wirkt sich also weniger auf die Sauerstoffaufnahme als vielmehr auf die Kohlendioxydabgabe aus. Der Extremfall in dieser Richtung ($\dot{V}_A/\dot{Q} = \infty$) ist gegeben, wenn belüftete Alveolen überhaupt nicht mehr durchblutet werden, wenn also eine alveoläre Totraumventilation vorliegt.

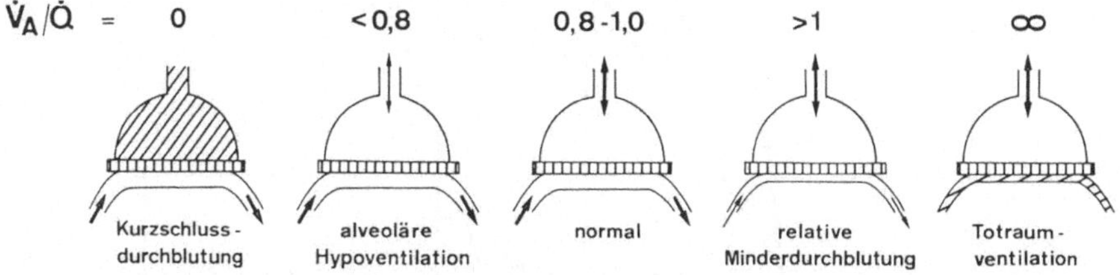

Abb. 10. Schematische Darstellung zur Erläuterung des Einflusses, den das Ventilations-Perfusions-Verhältnis $\dot{V}_A/\dot{Q}$ auf den Arterialisierungseffekt ausübt, nach Thews (1968)

Die hier qualitativ erläuterte Abhängigkeit des Arterialisierungseffektes vom Ventilations-Perfusions-Verhältnis zeigt Abb. 11 in einer quantitativen Fassung. In diesem Nomogramm nach Rahn u. Fenn (1955) sind jedem auf der Kurve eingetragenen $\dot{V}_A/\dot{Q}$-Wert ein bestimmter O_2-Druck auf der Abszisse und ein CO_2-Druck auf der Ordinate zugeordnet. Die Partialdruckangaben gelten primär für den Alveolarraum, dann aber auch, sofern keine Diffusionsstörungen vorliegen, für das endcapilläre Blut. Hierauf beziehen sich auch die zusätzlich eingetragenen O_2-Sättigungswerte des Hämoglobins.

Das zweite für die Arterialisierung in der Lunge maßgebende Verhältnis ist das von Diffusion zur Perfusion. Als Maß für die Diffusionsfähigkeit dient die sogenannte O_2-Diffusionskapazität D_L. Das ist nach der Definition von Bohr diejenige Sauerstoffmenge, die pro min und je mm Hg mittlerer O_2-Druckdifferenz zwischen Alveole und Capillarinnerem vom Blut aufgenommen wird. Ihrer Bedeutung nach wäre diese Größe zweckmäßiger als O_2-Leitfähigkeit für die gesamte Lunge zu charakterisieren. Für die Berechnung dieser Größe aus den Meßwerten darf nach unseren heutigen Kenntnissen das ursprüngliche von Bohr (1909) angegebene Inte-

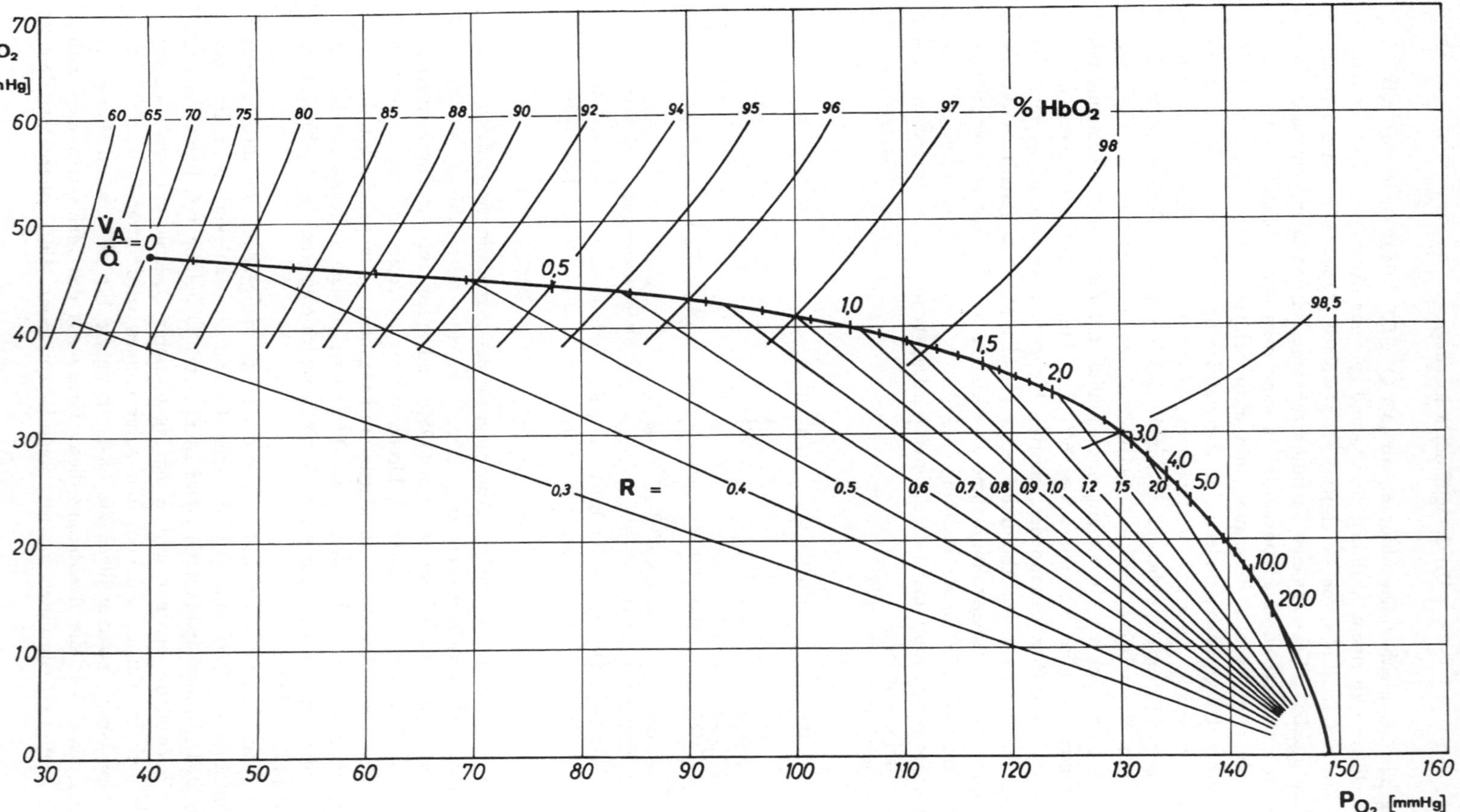

Abb. 11. Modifiziertes Rahn-Fenn-Diagramm, das die quantitative Abhängigkeit der alveolären bzw. endcapillären O_2- und CO_2-Drucke (P_{O_2}, P_{CO_2}) vom Ventilations-Perfusions-Verhältnis $\dot{V}_A/\dot{Q}$ darstellt. Die Kurvenscharen geben zusätzlich die Sättigungswerte des Blutes (% HbO_2) und die Respiratorischen Quotienten (R) an

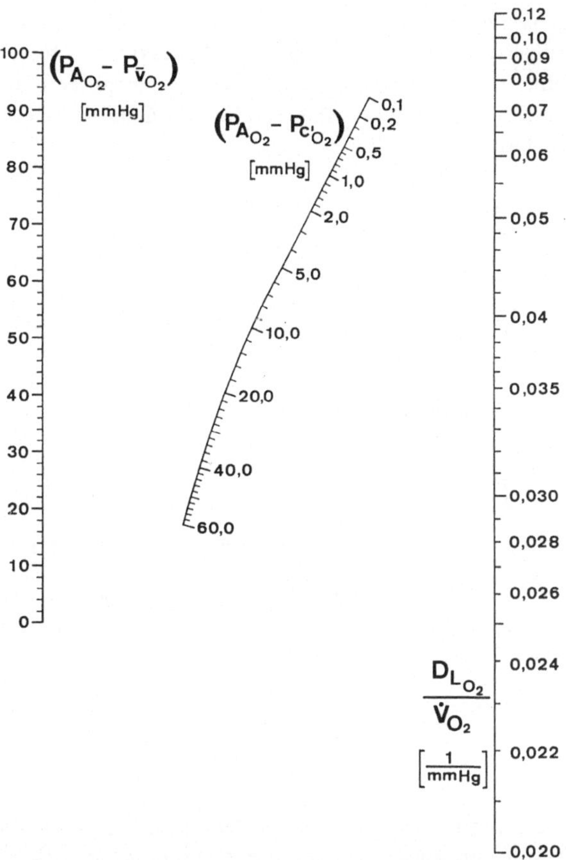

Abb. 12. Nomogramm für die Ermittlung der O_2-Diffusionskapazität D_L aus den Meßdaten, nach Thews (1968) $P_{A_{O_2}}$ = alveolärer O_2-Druck, $P_{\bar{v}_{O_2}}$ = O_2-Druck des venösen Mischblutes, $P_{c'_{O_2}}$ = endcapillärer O_2-Druck, $\dot{V}_{O_2}$ = O_2-Aufnahme (in ml/min)

grationsverfahren nicht mehr verwandt werden. Der experimentell ermittelte exponentielle Aufsättigungsmodus des Blutes in der Lungencapillare liefert vielmehr eine andere Berechnungsgrundlage. Auf dieser neuen Basis lassen sich die Beziehungen zwischen den benötigten Meßwerten, dem alveolären O_2-Druck, dem arteriellen O_2-Druck sowie dem O_2-Druck des venösen Mischblutes, und der gesuchten O_2-Diffusionskapazität in Form eines Leiternomogramms darstellen (Abb. 12). Bei praktischen Fragen der Lungenfunktionsdiagnostik kann D_L ohne besondere Rechnung aus diesem Nomogramm abgelesen werden.

Ähnlich wie die Wirksamkeit der Ventilation nur in Abhängigkeit von der zugeordneten Durchblutung beurteilt werden kann, muß auch die O_2-Diffusionskapazität jeweils auf die Perfusionsgröße bezogen werden. Entscheidend für den Austauscheffekt ist also das O_2-Diffusionskapazitäts-Perfusions-Verhältnis $D_L/\dot{Q}$. Eine Abnahme dieses Verhältnisses wird als Diffusionsstörung gekennzeichnet. Es kann sich dabei, wie in Abb. 13 schematisch dargestellt, um eine Einschränkung der Austauschfläche oder um eine Zunahme des Diffusionswiderstandes in der alveolo-capillären Membran oder schließlich um eine Verkürzung der Kontaktzeit infolge Durchblutungssteigerung handeln. In allen Fällen ist ein Angleich des capillären an den alveolären O_2-Druck nicht mehr möglich. Das Blut verläßt die Capillaren mit einem deutlich herabgesetzten O_2-Druck.

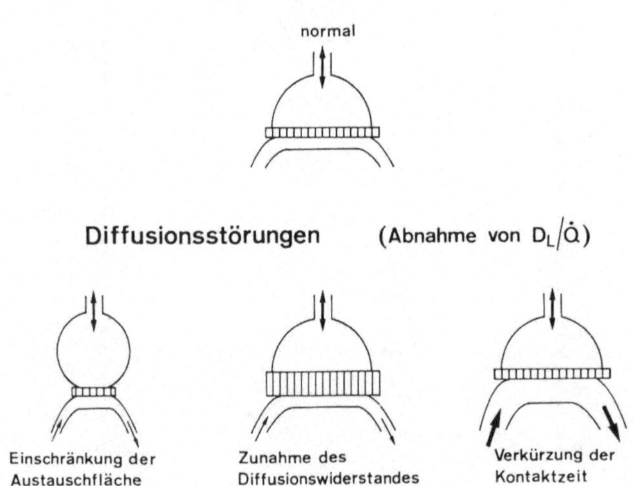

Abb. 13. Schematische Darstellung zur Erläuterung der prinzipiellen Ursachen für Diffusionsstörungen, nach Thews (1968)

Der Einfluß des diffusionsbedingt unvollständigen Gasaustausches auf die Arterialisierung läßt sich nun aufgrund der vorher geschilderten Diffusionsgesetzmäßigkeit in der Lungencapillare quantitativ bestimmen. Nachdem bereits Vogel (1967) eine solche Rechnung durchgeführt hatte, lieferte eine genauere Analyse das in Abb. 14 dargestellte Cartesianische Nomogramm (Schmidt, Schnabel u. Thews, 1971). Wie man sieht, handelt es sich um eine Erweiterung des Rahn-Fenn-Nomogramms. Bei Kenntnis des Ventilations-Perfusions-Verhältnisses $\dot{V}_A/\dot{Q}$ und des Diffusionskapazitäts-Perfusions-Verhältnisses $D_L/\dot{Q}$ kann man hieraus die resultierenden endcapillären O_2- und CO_2-Drucke auf der Abszisse bzw. Ordinate direkt ablesen. Damit ist die Abhängigkeit der Blutgaswerte von den beiden für die Lungenfunktion relevanten Parametern quantitativ festgelegt. Dieselben Zusammenhänge lassen sich auch in Form eines Leiternomogramms darstellen, das im praktischen Gebrauch leichter zu handhaben ist (Abb. 15).

5. Inhomogenitäten der austauschbestimmenden Parameter

Eine wesentliche Bedeutung für den Arterialisierungseffekt kommt schließlich den funktionellen Inhomogenitäten in der Lunge zu. Schon beim Gesunden, in besonderem Maße aber beim Lungenkranken, findet man eine ungleichmäßige Verteilung von Ventilation, Perfusion und Diffusion auf die verschiedenen Lungenabschnitte. Diese Inhomogenitäten führen stets zu einer Herabsetzung des arteriellen O_2-Druckes

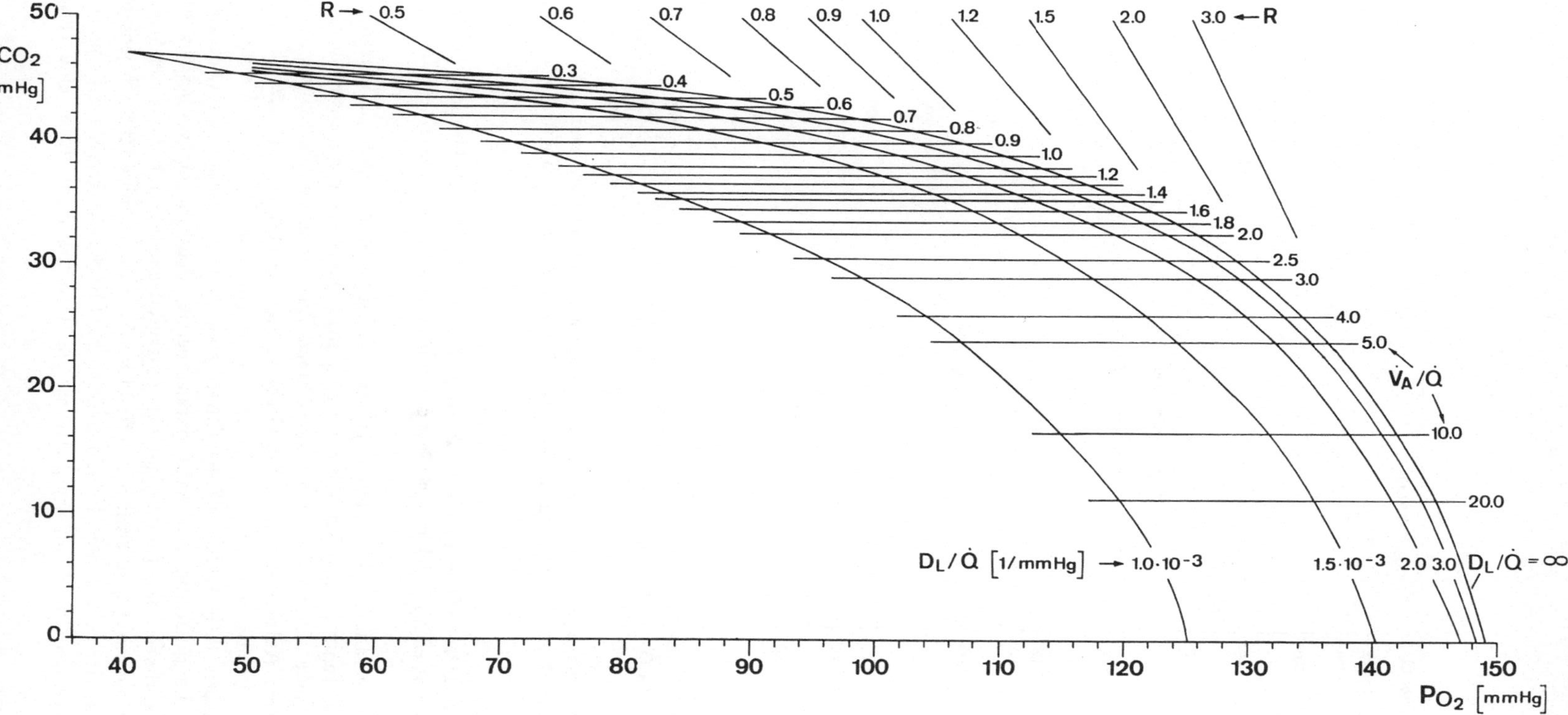

Abb. 14. Cartesianisches Nomogramm für die Abhängigkeit der endcapillären O_2- und CO_2-Drucke (P_{O_2}, P_{CO_2}) vom Ventilations-Perfusions-Verhältnis ($\dot{V}_A/\dot{Q}$) und vom Diffusionskapazitäts-Perfusions-Verhältnis ($D_L/\dot{Q}$), nach Schmidt, Schnabel u. Thews (1971)

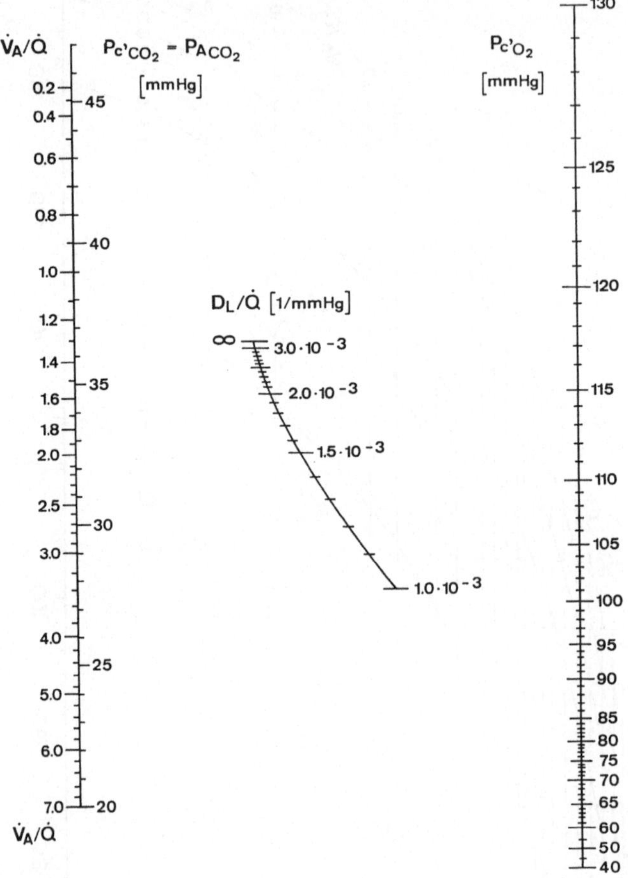

Abb. 15. Leiternomogramm für die Ermittlung der endcapillären O_2- und CO_2-Drucke aus den Werten für $\dot{V}_A/\dot{Q}$ und $D_L/\dot{Q}$, nach Schmidt, Schnabel u. Thews (1971)

und in geringerem Maße zu einem Anstieg des arteriellen CO_2-Druckes. Sofern der Inhomogenitätseffekt stärker ins Gewicht fällt, spricht man von einer Verteilungsstörung.

Es sind gerade in den letzten Jahren erhebliche Anstrengungen unternommen worden, die funktionellen Verteilungsungleichmäßigkeiten in der menschlichen Lunge qualitativ und quantitativ zu erfassen. Einen Zugang bietet die Szintigraphie. In Abb. 16 einer Aufnahme von Nolte, Grebe u. Schraub (1969) sind untereinander ein Inhalations-Szintigramm und ein Perfusions-Szintigramm derselben Versuchsperson wiedergegeben. Die ungleichmäßige Zuordnung von Ventilation zur Perfusion in einzelnen Lungenabschnitten wird daraus bereits deutlich. Leider besteht hierbei keine Möglichkeit, den Einfluß des Inhomogenitätseffektes auf die Arterialisierung des Blutes quantitativ zu ermitteln. Mit Hilfe der Szintigraphie läßt sich jedoch sehr gut demonstrieren, wie die alveolären Gaspartialdrucke die regionale Lungendurchblutung beeinflussen. Wenn beispielsweise im Tierexperiment durch eine einseitige

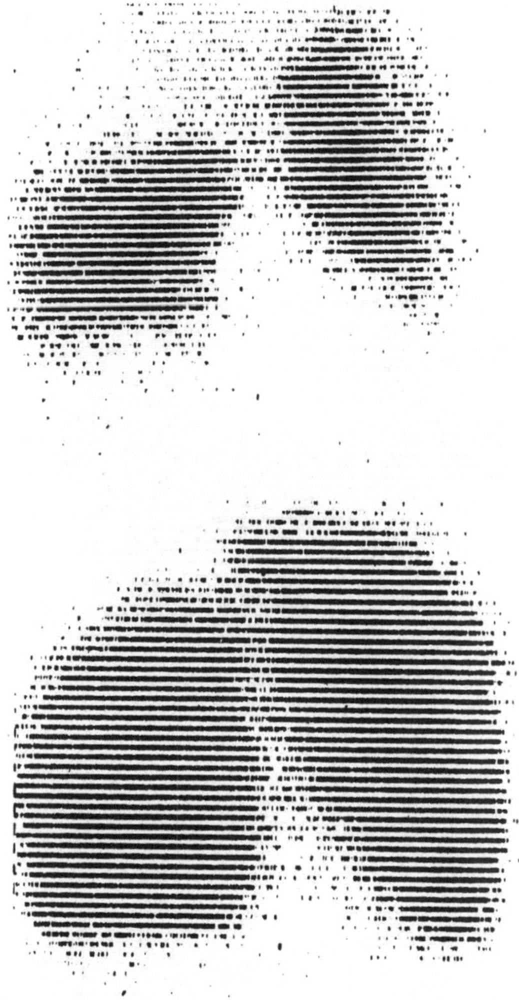

Abb. 16. Inhalations-Szintigramm (oben) und Perfusions-Szintigramm (unten) von einem Patienten mit chronischer obstruktiver Emphysembronchitis nach Nolte, Grebe u. Schraub (1969)

Rückatmungsanordnung der regionale alveoläre O_2-Druck gesenkt und der alveoläre CO_2-Druck erhöht wird, vermindert sich die Durchblutung des funktionell ausgeschalteten Lungenflügels um mehr als 30%. Von Flohr et al. (1968) stammt die Aufnahme (Abb. 17), die diesen Tatbestand szintigraphisch belegt.

Eine weitere Methode zur Erfassung der regionalen Inhomogenitäten von Ventilation und Perfusion wurde von West (1962, 1965) entwickelt. Das Prinzip der Messung erläutert Abb. 18. Die Versuchsperson inspiriert mit einem Atemzug ein Gasgemisch, das radioaktiv markiertes CO_2 enthält, und hält danach die Atmung für etwa 15 sec an. Die über verschiedenen Thoraxabschnitten registrierte Aktivitätsrate am Ende der Inspiration liefert ein Maß für die relative Ventilation. Die Nei-

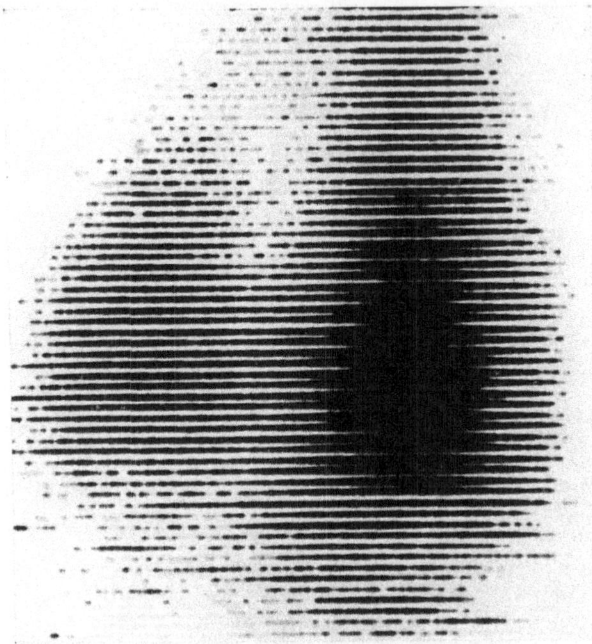

Abb. 17. Lungenszintigramm vom Hund, während funktioneller Ausschaltung des linken Lungenflügels aufgenommen, nach Flohr et al. (1968)

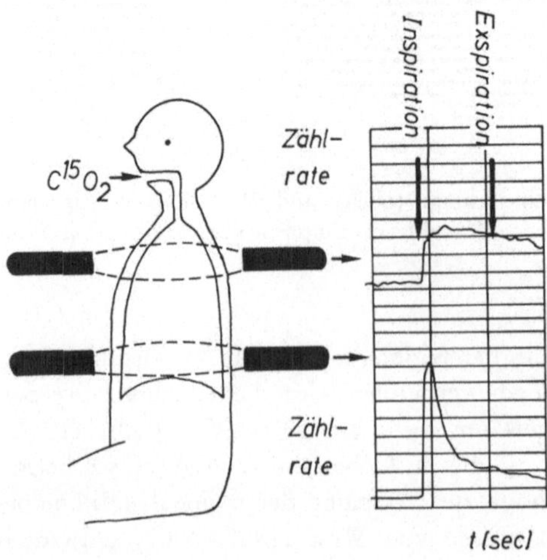

Abb. 18. Methode zur Messung der regionalen Ventilation und Lungendurchblutung mit Hilfe von radioaktiv markiertem CO_2, nach West (1965). Die Zählrate am Ende der Inspiration ist ein Maß für die Ventilation, der Abfall der Aktivitätskurve in der anschließenden Atemanhaltephase ein Maß für die Perfusion

gung der Aktivitätskurve in der anschließenden Phase des Atemanhaltens dagegen ist vom Clearance-Effekt der regionalen Durchblutung abhängig. Mit dem Verfahren von West läßt sich also quantitativ das Ventilations-Perfusions-Verhältnis in den verschiedenen Lungenabschnitten erfassen. Unter Verwendung der Rahn-Fenn-Kurve (s. Abb. 19) erhält man dann die regionalen O_2- und CO_2-Drucke und schließlich auch die alveolär-arteriellen Partialdruckdifferenzen, die auf die Inhomogenitäten von Ventilation und Perfusion zurückzuführen sind.

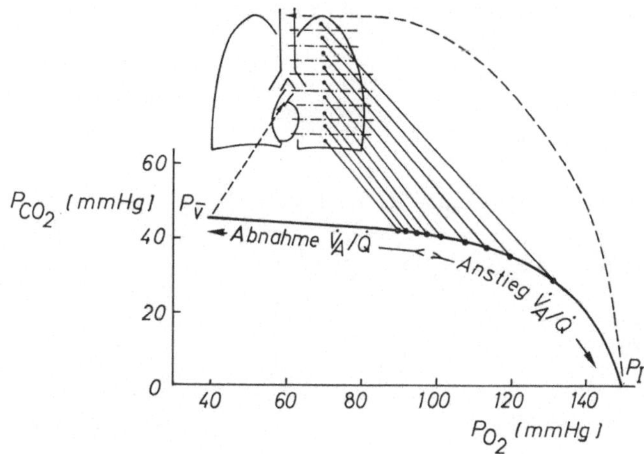

Abb. 19. Auswertung der regionalen Meßwerte für die Ventilation $\dot{V}_A$ und Perfusion $\dot{Q}$ mit Hilfe des Rahn-Fenn-Diagramms, nach West (1965). $\dot{V}_A/\dot{Q}$ nimmt normalerweise in Richtung von apikal nach basal ab. Über die Kurve sind den $\dot{V}_A/\dot{Q}$-Werten die alveolären O_2- und CO_2-Drucke zugeordnet

Seit einigen Jahren wissen wir nun, daß nicht nur das Ventilations-Perfusions-Verhältnis, sondern auch das Diffusionskapazitäts-Perfusions-Verhältnis ungleichmäßig über die Lunge verteilt sein kann und in diesem Fall zu einer weiteren Minderung der Arterialisierung führt. Wie Visser u. Maas (1959) sowie Piiper (1961) zunächst theoretisch begründeten und wir dann auch experimentell nachweisen konnten, ist schon in der Lunge des Gesunden, vor allem jedoch unter pathologischen Bedingungen mit Inhomogenitäten beider austauschbestimmenden Verhältnisse zu rechnen. Das Hauptproblem war jedoch ihre meßtechnische Erfassung. In neuerer Zeit ist es gelungen, hierfür ein Verfahren zu entwickeln (Thews u. Vogel, 1968; Vogel u. Thews, 1968), das inzwischen noch weiter verbessert werden konnte (Schmidt u. Schnabel, 1970; Thews, Schmidt u. Schnabel, 1971). Ihm liegt folgendes Prinzip zugrunde:

Nach einem plötzlichen Wechsel der inspiratorischen Konzentration eines Gases, das, wie z. B. Helium oder Argon, kaum die alveolo-capilläre Membran passieren kann, hängt die anschließende Einmischung in den Alveolarraum allein von der Ventilation und ihren regionalen Inhomogenitäten ab. Führt man gleichzeitig einen inspiratorischen Konzentrationswechsel eines gut diffusiblen Gases, wie etwa Kohlendioxyd, durch, dann ändert sich dessen alveoläre Konzentration nach Maßgabe der

Ventilations-Perfusions-Verteilung. Wechselt man schließlich die Inspirationskonzentration eines diffusionsbeschränkten Gases, wie Sauerstoff oder Kohlenmonoxyd, so folgt die Änderung der alveolären Konzentration dem Verteilungseinfluß von Ventilation, Perfusion und Diffusionskapazität. Alle drei Gase zusammen ermöglichen also bei Verfolgung ihres zeitlichen alveolären Übergangsverhaltens die Differenzierung der entscheidenden Inhomogenitäten.

Die fortlaufende Registrierung der alveolären Konzentration kann hierbei entweder mit Hilfe eines Massenspektrographen (Abb. 20) oder auch mit Hilfe eines Katapherometers für die He-Bestimmung, eines Ultrarotabsorptionsschreibers für die

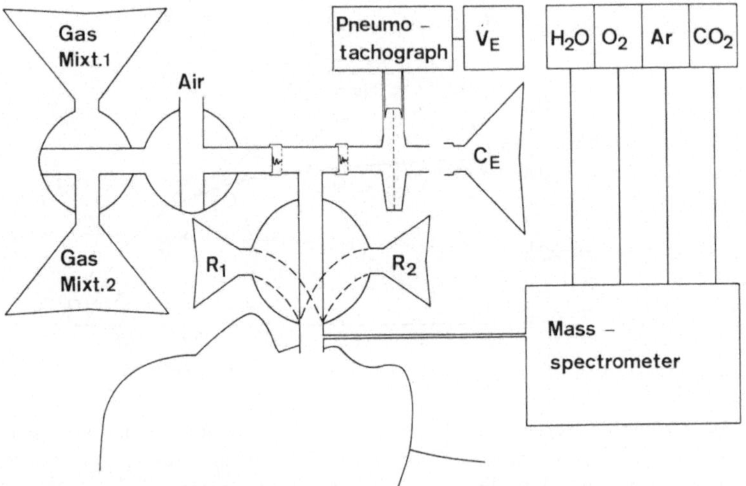

Abb. 20. Fortlaufende Registrierung der Atemgas- und Fremdgaskonzentration nach plötzlichem inspiratorischen Konzentrationswechsel mit Hilfe des Massenspektrometers zur Analyse der Verteilungsinhomogenitäten in der Lunge, nach Schmidt, Schnabel u. Thews (1971)

CO_2-Bestimmung und einer schnellanzeigenden Platinelektrode für die O_2-Messung erfolgen (Abb. 21). Den Verlauf der alveolären Einmischkurven nach einem plötzlichen inspiratorischen Konzentrationswechsel für CO_2, O_2 und He zeigt Abb. 22. Man erkennt die deutlichen Unterschiede in den Einmischzeiten, die auf das unterschiedliche Diffusionsverhalten der drei Gase zurückzuführen sind. Eine etwas komplizierte Auswertung erlaubt es nun, hieraus die Inhomogenitäten von Ventilation, Perfusion und Diffusion zu ermitteln und die resultierenden alveolär-arteriellen O_2- bzw. CO_2-Druckdifferenzen direkt anzugeben. Der Zeitaufwand für die Auswertung konnte durch die Aufstellung eines Computer-Programms erheblich gesenkt werden, so daß nun auch die Möglichkeit zur klinischen Anwendung des Verfahrens in der Lungenfunktionsdiagnostik gegeben ist.

Auf die Ergebnisse, die mit Hilfe des neuen Verfahrens gewonnen wurden, kann hier nicht näher eingegangen werden. Zwei Punkte müssen jedoch herausgestellt werden:

1. liefert die Analyse des Übergangsverhaltens weit mehr Informationen und genauere Daten zum Arterialisierungsprozeß, als dies bei stationären Messungen von Atemgasgrößen der Fall sein kann,

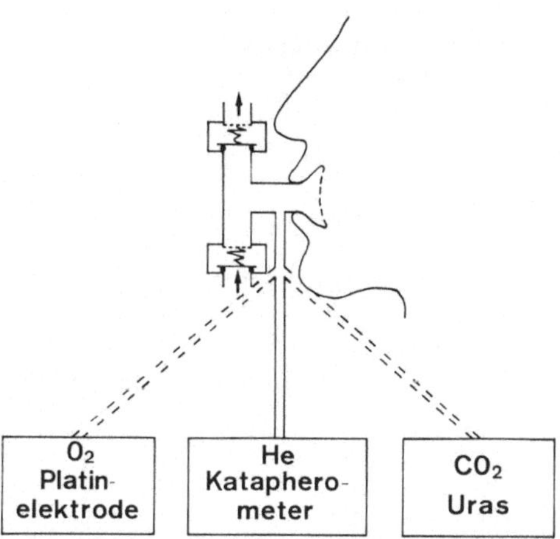

Abb. 21. Fortlaufende Registrierung von Atemgas- und Fremdgaskonzentrationen mit Hilfe von Spezialmeßeinrichtungen, nach Thews u. Vogel (1968)

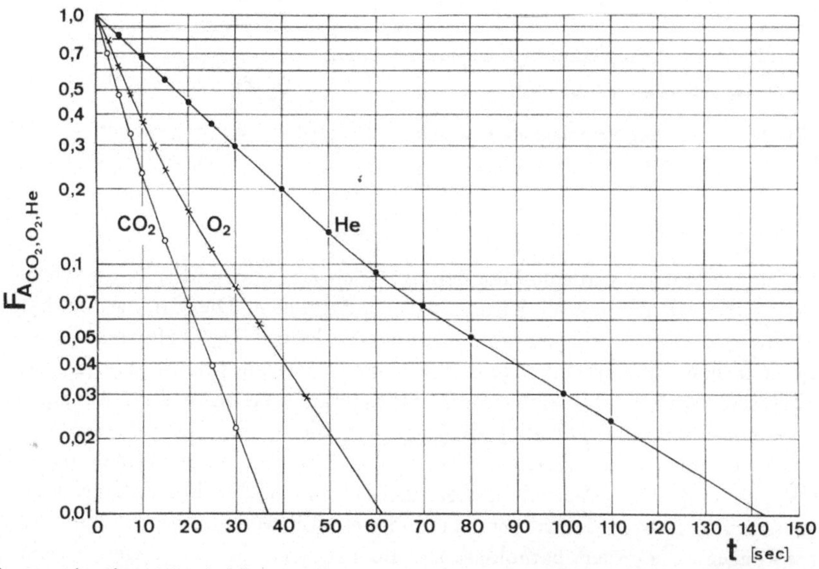

Abb. 22. Alveoläre Einmischkurven für CO_2, O_2 und He in logarithmischem Maßstab, nach plötzlichem inspiratorischen Konzentrationswechsel der drei Gase an einem lungengesunden Jugendlichen aufgenommen, nach Thews (1968). Die Kurven bilden die Grundlage zur quantitativen Ermittlung der Inhomogenitäten von Ventilation, Perfusion und Diffusion

2. findet man beim Lungengesunden ein Übergewicht der Inhomogenitäten des Ventilations-Perfusions-Verhältnisses, während unter pathologischen Bedingungen die Inhomogenitäten des Diffusionskapazitäts-Perfusions-Verhältnisses in stärkerem Maße hervortreten.

Anstelle einer Zusammenfassung sollen abschließend die Faktoren, die den Arterialisierungseffekt der Lunge bestimmen, noch einmal anhand einer schematischen

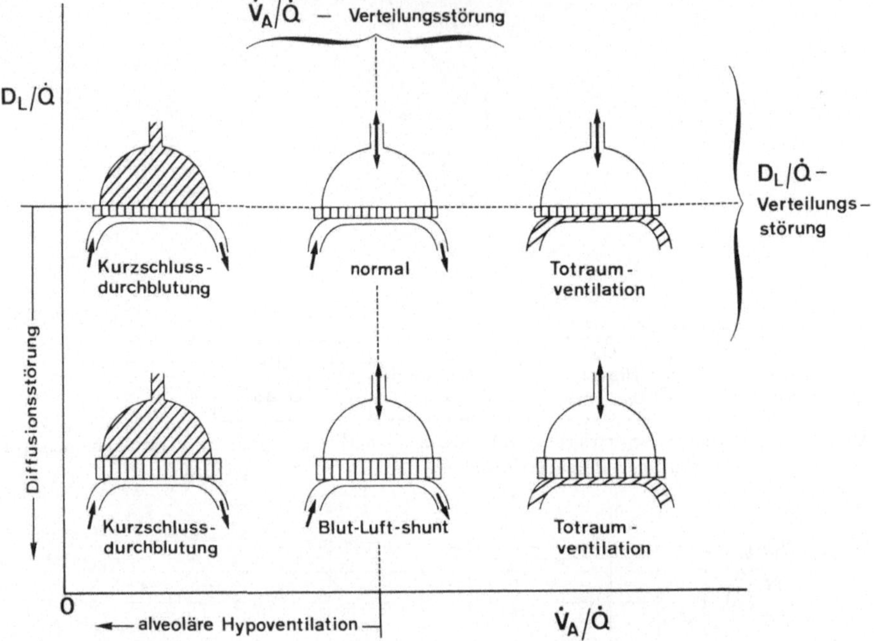

Abb. 23. Arterialisierungsbestimmende Faktoren und Einteilung der Lungenfunktionsstörungen $\dot{V}_A/\dot{Q}$ = Ventilations-Perfusions-Verhältnis, $D_L/\dot{Q}$ = O_2-Diffusionskapazitäts-Perfusions-Verhältnis

Darstellung erläutert werden (Abb. 23). Auf der Abszisse sind hier die Werte für das Ventilations-Perfusions-Verhältnis $\dot{V}_A/\dot{Q}$ aufgetragen. Die Ordinate enthält die Werte für das Diffusionskapazitäts-Perfusions-Verhältnis $D_L/\dot{Q}$. Eine Senkung von $\dot{V}_A/\dot{Q}$ stellt eine alveoläre Hypoventilation dar, wobei die funktionelle Kurzschluß-durchblutung als Extremfall einer solchen Störung aufzufassen ist. Eine Abnahme von $D_L/\dot{Q}$ kennzeichnet eine Diffusionsstörung. Sind die beiden maßgebenden Verhält-nisse bei normalen Mittelwerten ungleichmäßig über die Lunge verteilt, dann liegt eine $\dot{V}_A/\dot{Q}$- bzw. $D_L/\dot{Q}$-Verteilungsstörung oder in anderer Bezeichnung eine Ver-teilungsstörung 1. bzw. 2. Art vor. Im Endeffekt führen die vier genannten Funk-tionsstörungen, die unter pathologischen Bedingungen in der Regel miteinander kombiniert vorkommen, alle zu demselben Ergebnis: Es tritt eine Minderung des Arterialisierungsvorganges in der Lunge ein.

Literatur

Adair, G. S.: The hemoglobin system. VI. The oxygen dissociation curve of hemoglobin. J. biol. Chem. **63**, 529 (1925).

Barnikol, W. K. R., Thews, G.: Zur Interpretation der O_2-Bindungskurve des Human-Hämoglobins. Pflügers Arch. **309**, 232 (1969).

Bohr, C.: Über die spezifische Tätigkeit der Lungen bei der respiratorischen Gasaufnahme. Scand. Arch. Physiol. **22**, 221 (1909).

Chance, B.: Spectrophotometry of intracellular pigments. Science **120**, 767 (1954).

Chance, B.: Rapid and sensitive spectrophotometry. The accelerated and stopped flow methods for the measurement of reaction kinetics and spectra of unstable compounds in the visible region of the spectrum. Rev. scient. Instr. **22**, 619 (1951).

Comroe, J. H., Forster, R. E., Dubois, A. B., Briscoe, W. A., Carlsen, E.: Die Lunge. Klinische Physiologie und Lungenfunktionsprüfungen. Stuttgart: Schattauer 1964.

Fick, A.: Compendium der Physiologie des Menschen. W. Braunmüller, Wien 1891.

Flohr, H., Felix, R., Würdinger, H., Düx, A.: Untersuchungen über die gasspannungsabhängige Durchblutungsregulation im Pulmonalkreislauf. Z. Kreisl.-Forsch. **57**, 379 (1968).

Frech, W.-E., Schultehinrichs, D., Vogel, H. R., Thews, G.: Modelluntersuchungen zum Austausch der Atemgase. I. Die O_2-Aufnahmezeit des Erythrocyten unter den Bedingungen des Lungencapillarblutes. Pflügers Arch. ges. Physiol. **301**, 292 (1968).

Gertz, K. H., Loeschcke, H. H.: Bestimmung der Diffusionskoeffizienten von H_2, O_2, N_2 und He in Wasser und Blutserum bei konstant gehaltener Konvektion. Z. Naturforsch. **9 b**, 1 (1954).

Gibson, Q. H.: Stopped flow apparatus for the study of rapid reactions. Disc. Faraday Soc. **17**, 137 (1954).

Grote, J.: Die Sauerstoffdiffusionskonstanten im Lungengewebe und Wasser und ihre Temperaturabhängigkeit. Pflügers Arch. ges. Physiol. **295**, 245 (1967).

— Thews, G.: Die Bedingungen für die Sauerstoffversorgung des Herzmuskelgewebes. Pflügers Arch. ges. Physiol. **276**, 142 (1962).

Hartridge, H., Roughton, F. J. W.: A method for measuring the velocity of very rapid chemical reactions. Proc. roy. Soc. A **107**, 654 (1923).

Hill, A. V.: The diffusion of oxygen and lactic acid through tissue. Proc, roy. Soc. B. **104**, 39 (1928/29).

Klug, A., Kreuzer, F., Roughton, F. J. W.: Simultaneous diffusion and reaction in thin layers of haemoglobin solutions. Proc. roy. Soc. B **145**, 452 (1956).

Mochizuki, M., Fukuoka, I.: The diffusion of oxygen inside the red cell. Jap. J. Physiol. **2**, 206 (1958).

Moll, W.: Die Carrier-Funktion des Hämoglobins bei Sauerstofftransport im Erythrocyten. Pflügers Arch. ges. Physiol. **275**, 412 (1962).

— The influence of hemoglobin diffusion on oxygen uptake and release by red cells. Resp. Physiol. **6**, 1 (1968/69).

Nicolson, P., Roughton, F. J. W.: A theoretical study of the influence of diffusion and chemical reaction velocity on the rate of exchange of carbon monoxide and oxygen between the red blood corpuscle and the surrounding fluid. Proc. roy. Soc. B **138**, 241 (1951).

Niesel, W., Thews, G., Lübbers, D. W.: Die Messung des zeitlichen Verlaufs der O_2-Aufsättigung und -Entsättigung menschlicher Erythrocyten mit dem Kurzzeit-Spektralanalysator. Pflügers Arch. ges. Physiol. **268**, 296 (1959).

Nolte, D., Grebe, S., Schraub, H.: Nachweis von Verteilungsstörungen durch Doppel-Szintigraphie der Lungen. Verh. Ges. f. Lungen- und Atmungsforsch. (1969).

Piiper, J.: Variations of ventilatory and diffusing capacity to perfusion determining the alveolar-arterial O_2-difference: theory. J. appl. Physiol. **16**, 507 (1961).

— Unequal distribution of pulmonary diffusing capacity and the alveolar-arterial P_{O_2} differences: theory. J. appl. Physiol. **16**, 493 (1961).

Porter, K. R., Bonnevielle, M. A.: Einführung in die Feinstruktur von Zellen und Geweben. Berlin-Heidelberg-New York: Springer 1965.

Rahn, H., Fenn, O. W.: A graphic analysis of the respiratory gas exchange. The Amer. Physiol. Soc. Washington, D. C. 1955.

Roughton, F. J. W.: Diffusion and chemical reaction velocity as joint factors in determining the rate of uptake for oxygen and carbon monoxide by the red blood corpuscle. Proc. roy. Soc. B **111**, 1 (1932).

Schmidt, W., Schnabel, K. H.: Methodische Verbesserungen des Verfahrens zur Verteilungsanalyse von Ventilation, Perfusion und O_2-Diffusionskapazität der Lunge. Respiration **27**, 15 (1970).

— — Thews, G.: Nomogramme für Funktionsgrößen des pulmonalen Gasaustausches. In: Thews, G.: Nomogramme zum Säure-Basen-Status des Blutes und zum Atemgastransport. Anaesthesiologie und Wiederbelebung. Berlin-Heidelberg-New York: Springer 1971.

Schmidt, W., Thews, G., Schnabel, K. H.: Results of distribution analysis of ventilation, perfusion and O_2-diffusing capacity in the human lung. Investigations in healthy men and an patients with obstructive lung disease. Respiration 1971 (im Druck).

Scholander, P. F.: Oxygen transport in hemoglobin solutions. How does the presence of hemoglobin in a wet mebran mediate an eightfold increase in oxygen passage. Science 131, 585 (1960).

Schultehinrichs, D., Vogel, H. R., Thews, G.: Modelluntersuchungen zum Austausch der Atemgase. II. Der zeitliche Ablauf des Bohr-Effektes. Pflügers Arch. 301, 302 (1968).

Thews, G.: Untersuchung der Sauerstoffaufnahme und -abgabe sehr dünner Blutlamellen. Pflügers Arch. ges. Physiol. 268, 308 (1959).

— Die Sauerstoffdiffusion in den Lungenkapillaren. IV. Bad Oeynhausener Gespräche. Berlin-Göttingen-Heidelberg: Springer 1961.

— Die theoretischen Grundlagen der Sauerstoffaufnahme in der Lunge. Ergebn. Physiol. 53, 42 (1963).

— Der respiratorische Gaswechsel und seine Teilfunktionen. In: Chronische Bronchitis. Hrsg.: K. Ph. Bopp und F. H. Hertle. Stuttgart-New York: Schattauer 1968.

— Niesel, W.: Zur Theorie der Sauerstoffdiffusion im Erythrocyten. Pflügers Arch. ges. Physiol. 268, 318 (1959).

— Schmidt, W., Schnabel K. H.: Analysis of distribution inhomogeneities of ventilation, perfusion and O_2-diffusing capacity in the human lung. Respiration, 1971 (im Druck).

— Vogel, H. R.: Die Verteilungsanalyse von Ventilation, Perfusion und O_2-Diffusionskapazität in der Lunge durch Konzentrationswechsel dreier Inspirationsgase. I. Theorie. Pflügers Arch. 303, 195 (1968).

Visser, B. F., Maas, A. H. J.: Pulmonary diffusion of oxygen. Phys. med. Biol. 3, 264 (1959).

Vogel, H. R.: A nomogram for O_2 and CO_2 partial pressures in lung capillaries in relation to $\dot{V}_A/\dot{Q}$ and $D_L/\dot{Q}$. Germ. med. mthl. 12, 335 (1967).

— Thews, G.: Die Verteilungsanalyse von Ventilation, Perfusion und O_2-Diffusionskapazität in der Lunge durch Konzentrationswechsel dreier Inspirationsgase. II. Durchführung des Verfahrens. Pflügers Arch. 303, 206 (1968).

West, I. B.: Regional differences in gas exchange in the lung of erect man. J. appl. Physiol. 17, 893 (1962).

— Ventilation blood flow and gas exchange. Oxford: Blackwell 1965.

Die Rolle des gastrointestinalen Kanals im Stoffwechsel fremder Substanzen

K. Hartiala

Mit 4 Abbildungen

Wir wissen, daß bei den Grundelementen des menschlichen Organismus, den Zellen, die Forderungen auch in diesen Tagen dieselben sind wie früher. Alle Stoffe, die nicht benutzt werden können, sind für die Zellen Vertreter von Abfallstoffen, die beiseite geschafft werden müssen. Viele von diesen Stoffen sind nichtpolarisiert und fettlöslich; deswegen könnte ihre Funktion unendlich lange dauern, wenn nicht der Körper fähig wäre, ihrer Existenz Grenzen zu stellen. Die Prinzipien des Stoffwechsels und die Anwendung von biologisch aktiven Verbindungen sind sowohl physiologisch als pharmakologisch von Interesse.

Darunter befinden sich jene Stoffe, die der Stoffwechsel dem Energiehaushalt des Organismus nicht zuzuführen vermag. Wir nehmen zusammen mit unseren zahlreichen Genußmitteln eine Menge fremder Verbindungen zu uns, die vom Organismus verarbeitet werden müssen: beim Rauchen z. B. atmen wir eine ansehnliche Menge verschiedenartiger fremder Verbindungen ein, von denen meine Liste nur einen Bruchteil enthält; beim Genuß von Alkohol muß der Organismus nicht nur mit dem eigentlichen Äthanol, sondern bei z. B. unserem Whisky und Kognak noch mit einer großen Anzahl sonstiger sowohl aromatischer als anderer Verbindungen fertig werden. An erster Stelle stehen in diesen Zusammenhängen jedoch die Arzneimittel, deren Anzahl ja keineswegs unbeträchtlich ist.

Zu praktischen Zwecken kann die Biotransformation fremder Verbindungen in vivo in zwei Phasen eingeteilt werden. Die erste Phase enthält Oxydationen, Reduktionen oder Hydrolysen, und aus Bequemlichkeitsgründen können sie „Reaktionen erster Phase" genannt werden. Die Reaktionen zweiter Phase entstehen aus Synthesen. Diese Reaktionen können einander folgen, oder die Synthesen können direkt geschehen.

Als Beispiel von einer einfachen Oxydation möchte ich hier die Verbrennung des Alkohols zum entsprechenden Aldehyd, zu Fettsäure und schließlich zu Kohlendioxyd und Wasser anführen. Es gibt jedoch eine große Anzahl anderer Reaktionen, beispielsweise die Oxydation der Seitenkette, Desalkylation, Desamination, aromatische Hydroxylation und Oxydation der im Ring befindlichen Schwefelvalenz usw. Entsprechend sind auch die reduzierenden Reaktionen mannigfaltig, z. B. Reduktion der Aldehyde zu entsprechenden Alkoholen, Reduktion der Ketone zu sekundären Alkoholen, Sättigung der Doppelverbindungen usw. Es gibt offensichtlich bei der Wahl der Reaktionen eine Unzahl verschiedener Möglichkeiten, und die jeweils in Frage kommende Reaktion wird einerseits von den verschiedenen Substraten und andererseits auch von der jeweiligen Tiergattung bestimmt, wobei bezüglich letzterer große Abweichungen beobachtet werden können.

Die sogenannten synthetischen Reaktionen der 2. Phase umfassen u. a. die Glucuronsäurekonjugation bzw. diejenige der Aminosäure — wie z. B. bei der Hippursäuresynthese —, weiterhin die Sulfatkonjugation, die Sulfatbildung, Methylierung und Acetylierung. Jede einzelne dieser Reaktionen besitzt einen besonderen sowohl Energie- als auch Katalysatormechanismus, die wie im Fall der Glucuronsäuresynthese ziemlich kompliziert sein können.

Die als Produkt des Kohlenhydratstoffwechsels entstandene Glucose erscheint vorerst in Gestalt einer Uridindiphosphatglucoseverbindung; die daraufhin stattfindende Oxydation in der Anwesenheit eines spezifischen Dehydrogenase-Enzyms als Katalysator bewirkt die Umsetzung der soeben genannten Verbindung in Uridindiphosphoglucuronsäure. In der Gegenwart geeigneter Substrate und unter der Voraussetzung, daß im Gewebe das Transferase-Enzym enthalten ist (die Uridindiphosphoglucuronyltransferase), entstehen die verschiedenen Äther-, Ester, oder N-Glucuronidprodukte. Jetzt wissen wir, daß verschiedene substratspezifische Transferasen vorkommen.

Betreffend den Schauplatz dieser Funktionen stellte Wakeman schon i. J. 1899 fest, daß der Darmkanal möglicherweise Phenol konjugieren kann. Es war ohne Frage eine Sulfatbildung. Trotzdem haben die Lehrbücher und die allgemeine Auffassung bis zu diesen Tagen behauptet, die Reaktionen fremder Verbindungen fänden in der Leber und in geringerem Maße in den Nierentubuli statt. Jetzt wissen wir, daß die Lungen, Nebennieren, Epiphyse, Haut und Nervengewebe imstande sind, einige spezifische, obwohl begrenzte Arten metabolischen Stoffwechsels durchzuführen.

Nach diesem Rückblick auf den Hintergrund fahre ich fort mit der Problematik der Bedeutung des spezifischen Teiles vom gastrointestinalen Kanal für den Stoffwechsel fremder Verbindungen. Im Zusammenhang anderer Studien fing ich seit exakt 20 Jahren an, die Berechtigung bestehender Auffassungen zu erforschen. In unseren ersten Forschungen konzentrierten wir uns auf die Glucuronidkonjugation. Im Menschen haben wir als Substrate für Glucuronidkonjugationen auch wichtige endogen produzierte Steroide und das Bilirubin kennengelernt.

Unsere Forschungen wurden in Gewebeschnitten mit Orthoaminophenol als Substrat durchgeführt, wobei der entstandene Glucuronidgehalt gemessen wurde. Zu Beginn dieser Untersuchung i. J. 1950 war der Reaktionscyclus noch nicht geklärt, auch nicht die Isolation des Transferaseenzyms. Von den zuerst untersuchten Organen gaben Milz, Lunge, Bauchspeicheldrüsen, Muskelgewebe, Geschlechtsorgane und Nebennieren negative Resultate.

Glucuronidsäure ist Grundkomponente der Makromoleküle in verschiedenen Bindegeweben, z. B. der Hyaluronsäure und des Chondroitinsulfats. Zur Klärung der Möglichkeit, ob der Entstehungsort solcher saurer Polysaccharide zum Konjugieren fähig wäre, wurden viele solcher Gewebe etwa aus dem Glaskörper des Auges, aus Synovialmembranen und aus der Nabelschnur untersucht. Die Resultate waren auch negativ. Danach wurden die Schleimhäute verschiedener Teile des gastrointestinalen Kanals untersucht. Hier erwiesen sich die Ergebnisse in größtem Maße als positiv. Zu meiner Überraschung waren die Werte im Duodenum auf die Gewichtseinheit des Gewebes sogar höher als die in der Leber. Eine Ausnahme war die Katze: Weder die Leber noch ein anderes Organ gab mit diesem Substrat positive Resultate. Gleichzeitig mit unseren Forschungen i. J. 1954, obwohl wir es erst nach einigen Jahren erfahren haben, erzielten zwei Gruppen in Japan, Zini, Shiray und Ohkubo gleiche Resultate. Nach ihrem Bericht findet die signifikante Glucuronidsynthese im Magen oder im Intestinum erwachsener Tiere statt.

Wie schon erwähnt, hat diese Arbeit in vielem nur präliminären Wert, weil sie durchgeführt wurde, ehe der funktionelle Mechanismus der Glucuronidkonjugation geklärt war. Dies wurde zum größten Teil dank der Arbeit von Dutton, Storey und Isselbacher gegen Ende der 50er Jahre erreicht. Dutton konnte nun auch in der Schleimhaut des gastrointestinalen Kanals alle notwendigen Ko-Faktoren und Enzyme nachweisen. Die Beteiligung der Schleimhaut in der Glucuronidkonjugation ist damit völlig sicher. Diese Eigenschaft folgt denselben Speziesunterschieden wie die Leber; wird in der Leber Glucuronidkonjugation festgestellt, wird sie auch in dem gastrointestinalen Kanal auftreten.

Die nun folgende Tabelle 1 gibt einen Überblick über einige der wichtigsten bisher erforschten Substrate. Es geht aus der Tabelle hervor, daß in mehreren Untersuchungen die gleichen Reaktionen auch beim Menschen aufgezeigt werden konnten.

Mit Dr. Hänninen haben wir Untersuchungen über die quantitative Verteilung verschiedener Faktoren gemacht, die mit diesen Reaktionen in dem gastrointestinalen Kanal der Ratte zu tun haben. Der UDP-Glucose-Gehalt erwies sich als fast konstant im Dünndarm, ausgenommen das letzte Segment, in dem höhere Werte gemessen wurden. Die Einteilung der UDPG-Dehydrogenaseaktivität der Schleimhaut ist etwas verschieden. Für die mikrosomale UDPG-Transferaseaktivität stellt Abb. 1 die Verteilung im Magen und Intestinum dar. Wie wir sehen, ist sie sehr deutlich in dem

Tabelle 1. *Biosynthese von Glucuroniden im Verdauungskanal*

Substrat	Species
O-Aminobenzoat	Meerschweinchen, Ratte
O-Aminophenol	Meerschweinchen, *Mensch*, Ratte, Kaninchen, Maus
5-Androstan-3,17-Diol	Ratte
Benzidin	Ratte
Bilirubin	Katze, Meerschweinchen, *Mensch*, Ratte
Oestradiol	Meerschweinchen, Ratte
Oestriol	Meerschweinchen, Ratte, *Mensch*
Oestron	Meerschweinchen, Ratte, *Mensch*
Equilin	Ratte
5-Hydroxytryptamin	Ratte
(—) Menthol	Ratte
4-Methylumbelliferon	Meerschweinchen
2-Monoiodotyrose	Ratte
Phenolphthalein	Ratte, Hund, Meerschweinchen
Retininsäure	Ratte
Salicylat	Katze, Hund, Huhn, Hamster, Meerschweinchen, *Mensch*, Kaninchen
Salicylamid	Kaninchen, Ratte
Stilboestrol	Ratte
Testosteron	Hund, Ratte
Thyroxin	Ratte

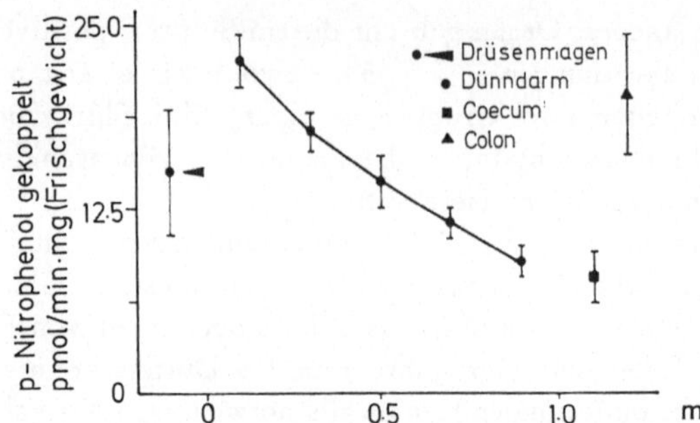

Abb. 1. Die Aktivität von UDP-Glucuronyltransferase (p-Nitrophenol) in Digitoninextrakten der Schleimhaut von verschiedenen Teilen des Verdauungskanals. Mittelwerte von sechs Tieren, die Standardabweichungen der Mittelwerte sind angegeben. Die Signifikanz des Unterschieds zwischen den Duodenalwerten einerseits und den Werten des Drüsenmagens (p < 0,1), des mittleren (p < 0,01) und aboralen (p < 0,001) Teiles des Dünndarms, des Kolons (p < 0,001) und des Zökums (p < 0,5) andererseits ist variabel

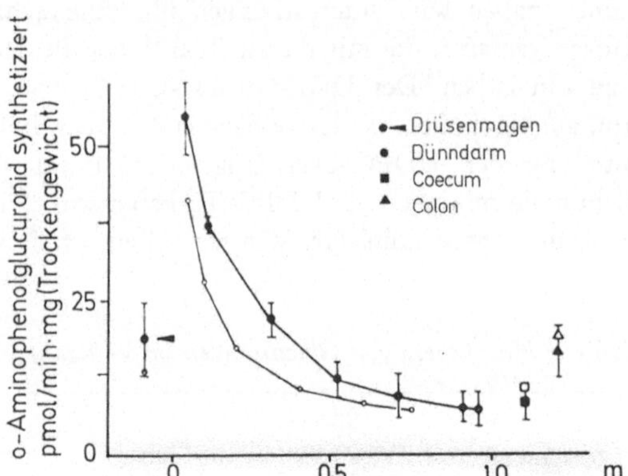

Abb. 2. Die Synthese von O-Aminophenolglucuronid durch Gewebequerabschnitte von verschiedenen Teilen des Magendarmkanals der Ratte. Die schwarzen Zeichen repräsentieren die Durchschnittswerte von acht Tieren (die Standardabweichungen der Mittelwerte sind angegeben) ohne D-Glucaro-1,4-lacton, und die Ringe (Mittelwerte von drei Tieren) mit Zufuhr des Lactons (2 mM). Die Signifikanz des Unterschiedes zwischen dem Duodenum einerseits und dem Drüsenmagen, des mittleren und aboralen Teiles des Dünndarms, des Kolons und des Zökums andererseits ist in der Testserie ohne Zufuhr von D-Glucuro-1,4-lacton (p < 0,001)

ersten Teil des Dünndarmes und wird schrittweise geringer. Diese Resultate stimmen mit der in dem gesamten Gewebeschnitt beobachteten Aktivität überein (Abb. 2).

In der Tabelle 2 erhalten wir als Zusammenfassung die anderen Arten der metabolischen Prozesse, die erwiesenermaßen in der Wand des gastrointestinalen Kanals stattfinden. Viele Forschungen stellen Substrate für die intestinale Sulfatkonjugation dar: darunter auch zahlreiche Steroide. Die Acetylation wurde in unserem Labor i. J. 1965 demonstriert. Als Substrate für diese Reaktionen gelten gewöhnlich Sulfonamide.

Tabelle 2. *Metabolische Funktionen der Wand des Verdauungskanals*

Reaktionen der Phase II	Substrat	Reference
Glucuronidkonjugation	O-Aminophenol	Hartiala 1954, Shiray u. Ohkubo 1954, Dutton 1962
	Steroide	Hartiala u. Lehtinen 1958, Diczfalusy 1960, Tapley 1966
Sulfatkonjugation	Phenole	Wakeman 1899, Marenzi 1931
	Steroide	Arnoldt u. DeMeio 1941, Kent 1958
Acetylation	Sulfanilamid	Hartiala u. Terho 1965
Methylation	Adrenalin	Axelrod 1958

Reaktionen der Phase I		
Oxydation	Äthanol	Larsen 1959, Spencer, Brody u. Lutters 1964
Hydroxylation	Benzpyren	Wattenberg 1962
	Cinchophen	Terho u. Hartiala 1966
	Progesteron	
	Androstendion	Nienstedt u. Hartiala 1966
	Testosteron	
Reduktion (5-α)	Progesteron	
	Androstendion	Nienstedt u. Hartiala 1966
	Testosteron	
	Methyltestosteron	
Hydrolyse	Arylsulfat	Rosenfeld 1925
	3β-Sulfate von 5α- und $\varDelta^5$-	
	Steroiden	Henry u. Thevenet 1952
	β-Glucuroniden	rev. Fishman 1966

Um zurückzukommen zu der Reaktion erster Phase, muß gesagt werden, daß die frühere Annahme, die Leber sei der einzige Schauplatz für die erste Phase in der Oxydation von Äthanol, nicht berechtigt ist. Besonders tritt im Rattenmagen eine starke Aktivität hervor. Im Menschen findet sich die notwendige Alkoholdehydrogenase in geringerer Menge vor.

Wattenberg und andere demonstrierten i. J. 1962 ein von DPNH abhängiges mikrosomales System, daß das carcinogene Benzpyren in sein Hydroxymetabolit oxydiert. Für das Benzpyren ist nachgewiesen worden, daß seine Hydroxyderivate erheblich weniger carcinogen sind als es selbst. Es gibt eine große Anzahl Substrate für Hydroxylationsreaktionen, und ich werde die Vielfalt jener Reaktionen im Zusammenhang mit dem gastrointestinalen Kanal noch näher betrachten.

Darum möchte ich nun einige gegenwärtige Untersuchungen über den Steroidstoffwechsel im gastrointestinalen Kanal referieren, die wir zusammen mit Dr. Nienstedt und Harri durchgeführt haben. Wir haben den lokalen Stoffwechsel zahlreicher Steroide untersucht, Progesteron, Testosteron, Methyltestosteron usw., die radioaktiv markiert waren. Als Versuchstiere dienten Hunde. Nach Freilegung des Magens und des oberen Darmabschnitts wurde das radioaktive Steroid direkt in das Lumen injiziert und das ausfließende venöse Blut gesammelt, ehe es in die Leber gelangte.

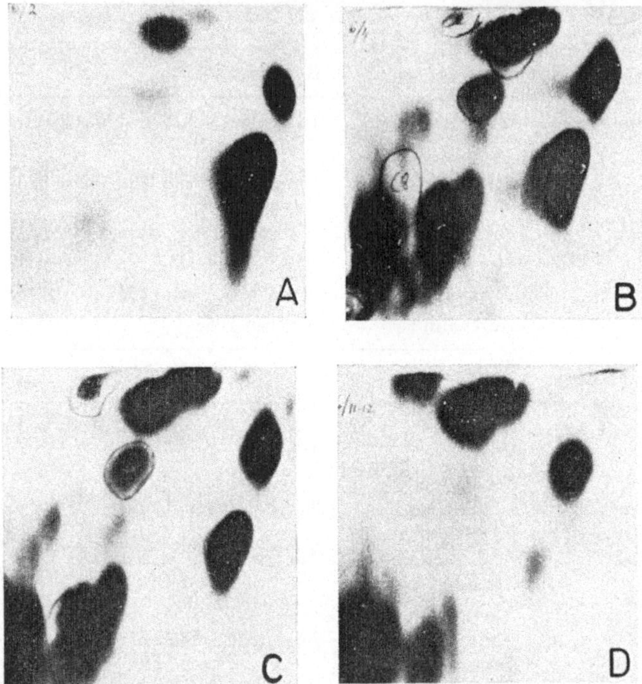

Abb. 3. Fraktion der freien Steroide von effluentem Plasma zu verschiedenen Zeiten nach der Zufuhr von approx. 50 µg Progesteron-4-^{14}C in eine 10 cm lange isolierte Dünndarmschleife des Hundes. A. Plasma, angesammelt in 1 bis 4 min nach der Zufuhr. B. In 8 bis 12 min. C. In 16 bis 20 min. D. In 39 bis 43 min. Die Menge des unveränderten Progesterons (der größte Fleck in A) nimmt während des Experimentes ab. Expositionszeit 12 bis 16 Tage

An beiden Seiten des Segments wurden Klemmen befestigt, um den Schwund der Verbindung und die Unterbrechung in dem zufließenden hepatischen Kreislauf zu hemmen. Das entsprechende venöse Blut aus dem Segment wurde gesammelt. Die Blutproben wurden dann chromatographisch und autoradiographisch analysiert. Dr. Nienstedt hat die Methoden ausdrücklich für diese Forschungen entwickelt. Der größte Vorteil dieser Florisil-Methode besteht darin, daß sich die ursprüngliche Probe durch eine sehr kleine (7 cm hohe) und schnelle Säule in vier Hauptfraktionen einteilen läßt.

Weil die Radioaktivität der freien Steroide im portalen Plasma beim Hunde, unserem hauptsächlichen Versuchstier, schon bis auf etwa 98% in den meisten Proben mit neutralen Steroiden anstieg, haben wir uns seither auf diese Fraktion konzentriert. Nachdem wir uns zuerst in der metabolischen Fraktion „freier Steroide" orientiert haben, haben wir dann die bidimensionale Silicagel-Dünnschicht-Chromatographie benutzt. Nach dieser Chromatographie sind die Steroide in gewissen Gebieten zu finden, die sich nach der Zahl und dem Charakter der funktionellen Gruppe richten.

Die Abb. 3 und 4 zeigen, wie sich die Progesteron-Metaboliten im portalen Blut mit der Zeit verändern. Die erste Probe (Abb. 3) wurde 1—4 min, die letzte (Abb. 4)

24—32 min nach der Progesteron-Zufuhr in das Intestinum entnommen. Zuerst bestand die Fraktion fast ausschließlich (aber nicht völlig) aus Progesteron. Mit der Zeit aber wird der Progesteron-Gehalt kleiner und die Flecken scheinen auf die obere linke und untere linke Ecke zu wandern. Insgesamt haben wir etwa 40 Flecken gefunden. Der Progesteronstoffwechsel scheint zwischen 3 Routen wählen zu können, die alle zu einer größeren Wasserlöslichkeit führen.

1. Ketogruppen oder Delta-4-Doppelverbindungen können reduziert werden: die Flecken wandern auf die obere linke Ecke zu.

8—12 min   9—12 min

nach der Applikation von Progesteron-4-C^{14}

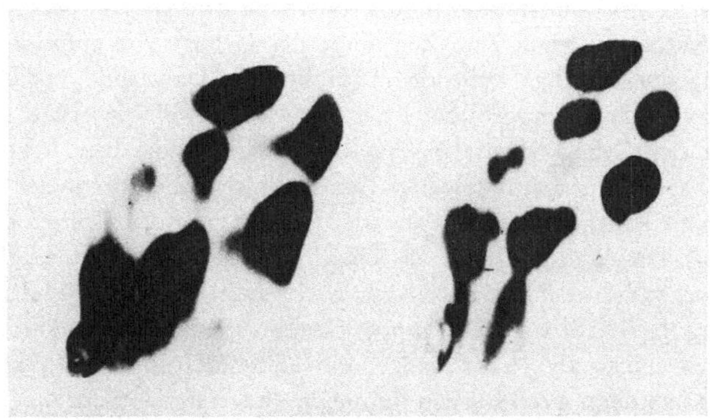

Unsteriler Dünndarm   Sterilisierter Dünndarm

Abb. 4. Sterilisierung des Darmes mit Neomycin und 5,7-Dibrom-8-oxychinolin vor dem Versuche wirkt nicht auf das metabolische Allgemeinbild ein. Links nichtsterilisierter Darm, rechts sterilisierter (Bakterienzucht negativ)

2. Neue funktionelle Gruppen können den Molekülen angehängt werden: Steroide wandern auf die untere linke Ecke zu.

3. Schließlich natürlich die Konjugatbildung, die aber im Darm des Hundes eine geringere Rolle spielt.

Es kann die Frage gestellt werden, wie viele von den eben vorgezeigten Metaboliten auf intestinale Mikroben zurückzuführen sind. In Abb. 4 vertreten beide Seiten Progesteronmetaboliten. In dem einen Fall (links) wurde auf die Darmsterilisation verzichtet. In dem anderen Fall wurde 2 Tage vor dem Experiment ein darmsterilisierendes Mittel oral verabreicht, das 5-7-dibrom-8-oxichinolin und Neomycin enthielt. Die Kulturen wiesen kein Bakterienwachstum auf (Lactose- und Desoxycholat-Schalen). Die Platten sind nicht ganz identisch, aber wenn man sie mit ein bißchen Geduld betrachtet, findet man für die meisten Flecke in einem Bilde Entsprechungen in dem anderen. Dieses Experiment zusammen mit anderen gleichen Zieles zeigt, daß die Beteiligung der Darmmikroben in unseren Experimentverhältnissen keine große Bedeutung hat.

Die soeben angeführten Tatsachen dürften einen hinreichenden Beweis dafür geliefert haben, daß die Schleimhaut des Verdauungskanals auch ein äußerst vielseitiges

Vermögen besitzt, fremde Stoffe bzw. deren Wirkungsformen zu verändern. In ähnlicher Weise, wie die verschiedenen Faktoren (Alter, Ernährung, genetische Defekte, Geschlecht, Gattung, Art, ähnliche Einnahme anderer Substanzen, Krankheit) auf den entsprechenden Stoffwechsel der Leber einwirken, wirken sie auch auf den Verdauungskanal. Interessant ist der Umstand, daß bei einer gewissen Form von kongenitalem Ikterus mit Störungen der Konjugation des Bilirubins in der Leber einer Gattung oder eines Individuums auch in den Wänden des Verdauungskanals das Fehlen des entsprechenden Enzyms festgestellt werden konnte, wie Arias in USA nachgewiesen hat. Was die Artunterschiede und die Einwirkungseinflüsse anbelangt, so haben wir Beweise für die Behutsamkeit, mit der man vorgehen muß, wenn man die an verschiedenen Versuchstieren erhaltenen Ergebnisse miteinander zu vergleichen oder auf Menschen anzuwenden beabsichtigt. Vergleichen wir die Kapazitäten verschiedener Organe, im Fötalstadium Glucuronide zu bilden. Die betr. Fähigkeit in der Leber bei Ratten ist schon zum Zeitpunkt der Geburt voll entwickelt, wogegen die Entwicklung der in Frage stehenden Fähigkeit im Darm und vor allem in den Nieren noch unvollständig ausgebildet ist. Beim Meerschweinchen ist diese Fähigkeit zum Zeitpunkt der Geburt ebenfalls schwach entwickelt, die betr. Aktivität erlebt erst nach der Geburt einen Aufschwung. Das Kaninchen hat bei seiner Geburt eine ziemlich schwache Leber, wogegen aber die Schleimhaut des Darms zum gleichen Zeitpunkt schon dem Stadium eines ausgewachsenen Tieres entspricht. Die gleichen Vorgänge im menschlichen Fötus haben wir auch untersucht. Das Material wurde in zwei Gruppen aufgeteilt: zu einer Gruppe zusammengefaßt und untersucht wurden die Föten von weniger als 16 cm Länge, die andere Gruppe umfaßte Föten von 16 bis 21 cm Länge, deren größte einem in diesem Stadium der Schwangerschaft 500 g schweren Fötus entsprach. Die Nieren scheinen beim menschlichen Fötus die höchste Konjugationskapazität zu besitzen. Mit entsprechenden Ergebnissen an Versuchstieren verglichen besitzen aber sämtliche Gewebe des menschlichen Organismus in dieser Entwicklungsphase eine auffallend niedrige Konjugationskapazität.

Im Verlauf unserer jüngsten Forschungen haben wir jedoch bei den Steroiden im Darm menschlicher Föten zahlreiche Reaktionen der 1. Phase feststellen können.

Wenn wir diesen ziemlich langen Vortrag zusammenfassen, können wir den Absonderungs- und Stoffwechselfunktionen des gastrointestinalen Kanals noch eine weitere physiologische Funktion zufügen. Der gastrointestinale Kanal fungiert neben der Leber und den Nieren als eine biochemische Einheit, die körperfremde Substanzen behandelt, sie in stärker polarisierte und weniger fettlösliche Metaboliten umwandelt und bei der extracellulären Elimination derselben hilft.

An diese Veränderungen schließen sich auch die Veränderungen der sowohl biologischen als auch pharmakologischen Wirkungen verschiedener Substanzen an, ähnlich wie in der Leber und den Nieren. Die Reaktionen der I. und der II. Phase vermögen den übrigen Stoffwechsel der Zelle zu beeinflussen, indem sie die mikrosomalen Enzyme induzieren, deren Wirkungen herabsetzen oder mit dem Energiestoffwechsel der Zelle interferieren. Auf derselben Basis wie die toxischen Wirkungen fremder Substanzen auf Leber und Nieren könnte man zumindest teilweise die Nebenwirkungen fremder Substanzen auf den Verdauungskanal klarlegen.

Neben den Untersuchungen über die Einzelheiten des Arzneimittelstoffwechsels bildet die Erforschung der soeben dargelegten Mechanismen das Hauptprojekt der Forschungstätigkeit an unserem Institut.

Literatur

Arnoldt, R. I., de Meio, R. H.: The conjugation of phenol and the action of phenol on respiration of tissues in vitro. Rev. Soc. argent. Biol. 17, 570—574 (1941).

Axelrod, J., Tomchick, R.: Enzymatic O-methylation of epinephrine and other catechols. J. biol. Chem. 233, 703—705 (1958).

Diczfalusy, E., Frankson, C., Lisboa, B. P., Martinsen, B.: Formation of estrone glucosiduronate by the human intestinal tract. Acta endocr. (Kbh.) 40, 537—551 (1962).

Dutton, G. J., Ko, V.: The synthesis of o-aminophenyl glucuronide in several tissues of the domestic fowl, Gallus gallus, during development. Biochem. J. 99, 550—556 (1966).

Hartiala, K., Lehtinen, A., Nurmikko, V.: Duodenal glucuronide synthesis. I—IV. Acta chem. scand. 1958—1959.

— Terho, T.: Metabolic acetylation by the mucosal membrane of gastro-intestinal tract. Nature 205, 809—810 (1965).

Hartiala, K. J. V.: Studies on detoxication mechanisms with special reference to the glucuronide synthesis by the mucous membrane of the interstine. Acta physiol. scand. Suppl. 114, 20 (1954).

Henry, R., Thevenet, M.: Collecteur semiautomatique de frontions pour l'analyse microchromatographique des stéroides urinaires. Bull. Soc. chim. biol. 34, 839—841 (1952).

— — Action du suc digestif d'Helix pomatia L. sur les différents stéroides conjugués urinaires. Bull. Soc. chim. biol. 34, 886—896 (1952).

Kent, P. W., Pasternak, C. A.: Sulphate activation by intestinal mucosal enzymes. IV Int. Congress Biochem., Wien 1958. Section 4, 47.

Larsen, J. A.: Extrahepatic metabolism of ethanol in man. Nature 184: Suppl. 16, 1236 (1959).

Marenzi, A.-D.: La détermination colorimétrique des phénols de l'urine. C. R. Soc. Biol. (Paris) 107, 737—744 (1931).

Rosenfeld, L.: Über das Vorkommen und Verhalten der Sulfatase in menschlichen Organen. VI. Mitteilung über Sulfatase. Biochem. Z. 157, 434—437 (1925).

Shiray, Y., Ohkubo, T.: Synthesis of glucuronides by tissue slices. I. J. Biochem. (Tokyo) 41, 341—344 (1954).

Spencer, R. P., Brody, K. R., Lutters, B. M.: Some effects of ethanol on the gastrointestinal tract. Amer. J. dig. Dis. 9, 599—604 (1964).

Neurophysiological Aspects of Mental Phenomena and Some New Trends in Therapy of Brain Disorders

N. P. Bechtereva

With 10 Figures

Attempts to discover the essence of the connection of the human brain with its higher functions are known to have begun already in ancient times. The logical conclusions of that period, however, were not even the "prehistory" of the problem. The premise for the idea of the physiological study of the mental processes in man was the consideration of these phenomena by Sechenov and the Pavlovian period of analysis of the pathology of the higher nervous activity in man based on the data obtained from the conditioning experiments with animals. The clinical-physiological studies of the 19th—20th centuries started to gather facts on the connection between various human brain areas and mental phenomena (Korsakov, S. S., 1890; Bechterew, W. M., 1900; Foerster and Gagel, 1933; Alpers, 1937; and many others).

These studies, which at their best gave rise to the localizationism, are known to rather roughly indicate that some brain area does participate in a certain activity.

They gave no evidence of how the given area sustains the mental activity, and often brought about wrong ideas about the sustaining of a complicated mental function by some solitary brain area.

The data obtained from the clinical-anatomical juxtapositions in focal brain pathology were further enriched by the observations made in the neurosurgical operating-room and, first of all, by the diagnostic electric stimulation of the brain in epilepsy (Penfield, 1958; Pribram, 1969). However, localizationism as a school could not even be saved by this reinforcement, though the trend to attach the higher functions to certain brain areas in a more or less stipulated form persists up to the present moment as a neurological "aid" at the clinic.

An attempt to overcome the hindrances to investigation into physiological mechanisms of the mental processes was made in uniting the conditioning and psychological approaches with the electroencephalography (Durup and Fessard, 1935; Loomis et al., 1935, 1936, 1937; Knott, 1939; Jasper and Shagass, 1941, 1943; Gershuni and Korotkin, 1947; Maiortchik and Spirin, 1951; Maiortchik et al., 1954; Jus and Jus, 1954; Bechtereva, 1955; Kratin, 1955; Novikova and Sokolov, 1957; Lansing, 1957; Gastaut et al., 1957). This union seemed to reveal new perspectives for studies of the physiology of mental processes. However, the evidence gathered, including that after mathematical and instrumental processing, showed the possibilities of this kind of studies to be strongly overestimated, though of course one cannot deny that they ascertained the peculiarities of interaction between various brain areas during the conditioned and the complicated mental activity, and that they characterized the functional brain state during these kinds of activity depending on the initial physiological or pathological condition of the examined subject, on the environment, and so on. At the same time, despite the, in principle, seemingly justified optimism of some investigators (John, 1967; Adey, 1967, and others), and some separate, fortunate findings in a special analysis of the EEG (Genkin and Trohatchev, 1963; Genkin, 1964), the study of the structural-functional organization of any — and particularly of mental — activity with the aid of the EEG is, apparently, unprofitable.

Kind of an "intrinsic" cause of the hindrance for using this extremely dynamic phenomenon — the EEG — for studying the structural-functional and neurophysiological aspects of the brain activity is in connection with this bioelectric phenomenon itself, which not only reflects the functional state of the brain, but also actually controls this state (Sokolov, 1962; Livanov, 1962; Bechtereva, 1966). The experience gathered defined the place of the electroencephalogram in a row of neurophysiological parameters as an acceptable and, apparently, as an adequate index of general changes developing in a more or less fractioned spatial mosaic in the brain and of the dynamics of interaction between more or less large brain areas (Livanov et al., 1966).

Some other studies aiding the investigation into the physiology of mental phenomena may, and should, be mentioned. One is the phenomenon discovered and most completely described by Grey Walter (1964) of the negative shift of the cortical steady (DC) potential occurring when the presentation of one signal to a subject announces to him another signal of quite definite subjective significance (CNV = contingent negative variation). Another study deals with the dynamics of the single unit activity in the human brain, of which data were recorded in stereotaxic neuro-surgical operations while the awake subjects underwent tests of the psychological kind (Ajmone Marsan, 1962; Jasper, 1964; Albe-Fessard, 1965; Raeva, 1970).

The premise for the decisive break through in the possibilities for studying the physiology of the human brain as a whole and the physiological mechanisms of the mental activity in particular, turned out to be the diagnostically and therapeutically justified, long-term and direct contact with the brain: introducing into clinical practice the method of chronically implanted electrodes (Heath et al., 1954; Sem-Jacobsen et al., 1953, 1956; Bickford et al., 1953; Walter and Crow, 1961; Bechtereva et al., 1963, 1967). Electrosubcorticographic studies confirmed the EEG data in general and gave ground for the idea of the ability to perform but a single complex mental activity at a time (Bechtereva, 1967). Known already in Julius Caesar's time, the phenomenon of simultaneously carrying out several activities is true, but it does not utilize the principle of simultaneously performing all these activities at once. At any given moment, only one of them is being performed, whereby the simultaneity of these activities is due to rapid and optimal (optimal in the sense of excluding all losses!) switching over from one to another activity. In the light of the higher nervous activity laws demonstrated by Pavlov, such a switching over may happen in subjects with a mobile and strong type of the higher nervous activity. Intermittent activity is subjectively perceived as being continuous, for even when occupied with but a single activity, the brain most probably realizes

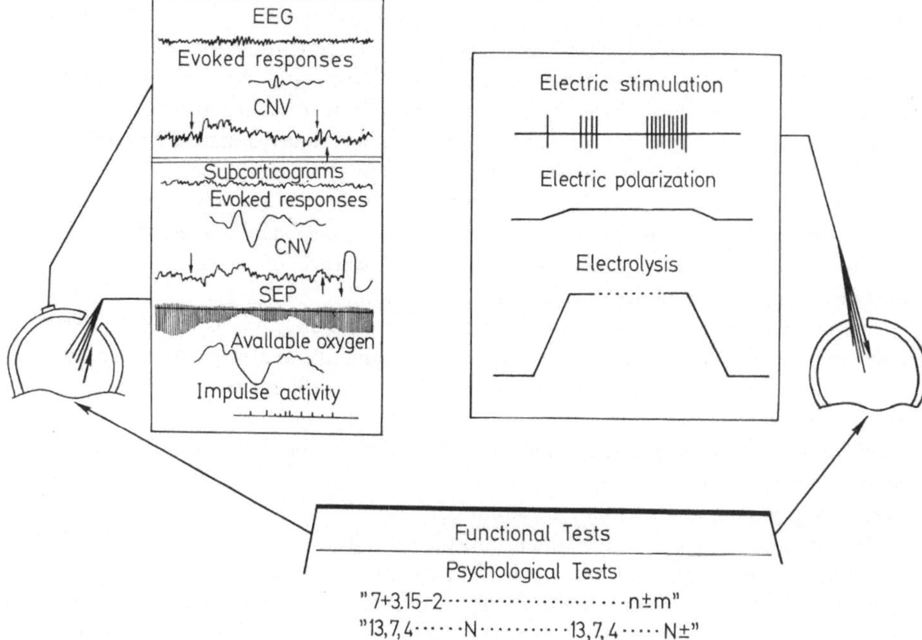

Fig. 1. A scheme illustrating the complex method for studying the brain physiology

it discretely, too (Kolmogorov, 1969). Initially always discrete mental activity subjectively perceived as a continuous process is the main prerequisite for similar subjective estimation of events during alternate realization of two or more activities. It should be noted that the idea of the discrete nature of cerebral processes is indirectly confirmed by Stevens' data (1968) on the discrete manner of mediator secreting.

Direct contact with the human brain during diagnosis and treatment with the aid of implanted electrodes qualitatively provided new possibilities for investigation. At the same time, this same direct contact with the human brain necessitated — because of diagnostic and therapeutic tasks — more exact definition of structural-functional and neuro-physiological aspects of organization of the human brain.

Thereupon the necessity of an adequate approach to the problem was quite comprehensible. This approach was made real by using a complex method consisting essentially of studying the effects of focal electric stimuli upon ongoing and willed emotional-mental activity, and of analysis of focal reproducible dynamics of numerous physiological indices on the brain state, mainly the slow electric processes, available oxygen, and impulse activity during emotiogenic and psychological tests (Fig. 1).

This particular method being applied to the brain studies proved to be extremely useful for resolving practical diagnostic and therapeutic problems (Bechtereva and Bondartchuk, 1968; Bechtereva et al., 1969). With the aid of the above complex method, and by varying certain conditions of observation, by introducing and excluding different factors of environment and internal state, it proved possible to study how, and due to what changes, and in what cerebral structures any task realized by the brain is being resolved. Thus, along with the above-mentioned studies of general cerebral changes, it proved possible to discover areas — cerebral "points" — most closely connected with mental activity, to investigate the importance and the role of various neuronal (or, rather, neurono-glial) assemblies in the system maintaining mental functions, to study mechanisms or, rather, objective signs of uniting the studied neurono-glial assemblies into the system during mental processes, and, in the end, to reveal the neurophysiological essence of changes occurring in these neurono-glial assemblies during mental processes.

Special psychological studies are known, which used to vary psychological tests, with just the character of their performance being mainly analysed. While studying the neurophysiological aspects of mental activity, it is still more expedient now to choose psychological tests of the most standardized and well-known type (e. g. Binet's and Rorschach's type, etc.), and to analyse mainly the dynamics of physiological parameters. (This does not necessarily mean, of course, that no other ethically acceptable psychological tests may be admitted.)

The complex approach used made it possible to study the structural-functional and physiological basis of mentality considerably more completely than had been previously done, and to show involvement in the mental activity of those structures that could have been unjustly considered filent areas after the clinical-anatomical juxtapositions. Results of the studies made in man permitted literally by the second an understanding of the subjective essence of what had been provided by Olds and Milner's data (1954, 1966), and what had remained, indeed, just an interesting set of the findings interpreted, at best, rather hypothetically (Sem-Jacobsen, 1965, 1968; Stevens, 1968). Emotional responses to electric effects on the brain and the dynamics of physiological parameters during emotiogenic tests, were most profoundly and systematically studied in detail by V. M. Smirnov (Smirnov, 1967; Gretchin and Smirnov, 1967). Developing the international experience in this line and as a result of V. M. Smirnov's own findings, it has already proved possible to draw approximate charts of the structural-functional organization of the emotional control in man (Fig. 2). In man, some areas turned out to be emotionally active located within unspecific thalamic nuclei (anterior, medial, center median), some parts of the ventro-lateral nucleus, the subthalamic area, the hippocampus, the amygdala, the globus pallidus, the caudate nucleus, cellular structures of the pedunculi cerebri, and within some cortical areas. Analysis of these studies showed the emotional responses to occur during electric influences upon certain cerebral structures when slow electric processes arise in the affected area and, vice versa, development of emotional response during emotiogenic tests was always accompanied by slow electric processes mostly in the same and some other subcortical areas. And the area of the most obvious slow electric processes coincided, at that, with the area whose stimulation had entailed emotional response.

The unique opportunities of the prolonged studying of the brain physiological dynamics permitted V. M. Smirnov (1970) to advance into the physiology of emotions, to characterize both quantitatively and qualitatively the "brain charge" causing them (Fig. 3), and to study the relations between their "unspecific" and "specific" phases (the terms are used here in regard to the emotional response, and not in the usual sense accepted in physiology).

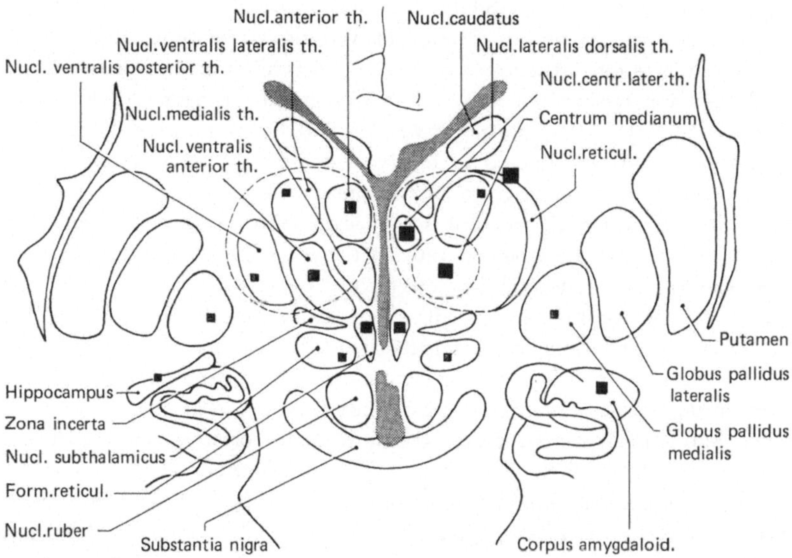

Fig. 2. Scheme of the brain. Black squares indicate the areas whose stimulation was followed by emotional responses. Big squares — the areas whose stimulation was followed by more obvious and permanent emotional responses. Small squares — the areas with less permanent and obvious emotional responses

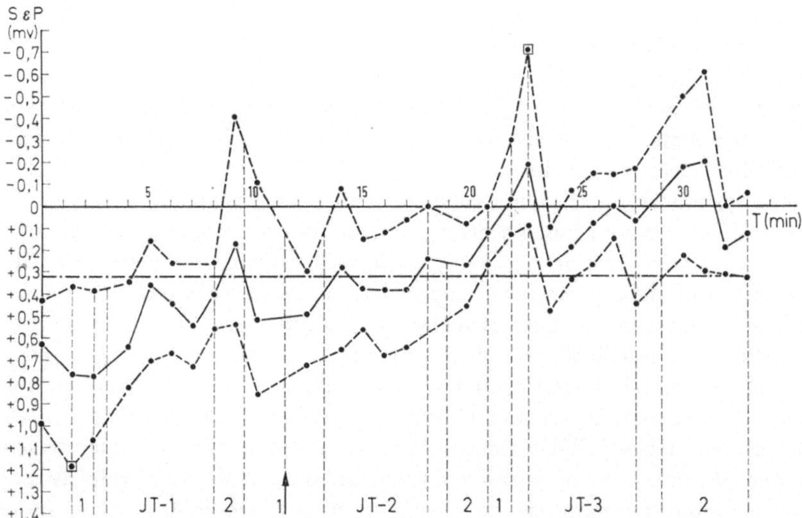

Fig. 3. Patterns of slow electric processes (SEP) of the thalamic center median under condition of mental activity during the „imitational test" (IT). I – verbal instruction on the next IT phase; IT-1, IT-2, IT-3 – presented variants of the IT; 2 – talk with the patient of his test performance; 3 – pause in the talk; I – I-min level of the SEP (MLSEP); II – average level of the SEP for the analysed phase of the trial (ALSEP); III – extreme shifts of the SEP for 1 min (ESSEP). Point within the square – extreme shifts of the SEP for the analysed phase of the trial (ESSEPP). (From the paper by Smirnov and Speransky, 1970)

The facts gathered by V. M. Smirnov on the direction of the slow electric processes depending upon the sign of emotion proved also to be quite interesting.

In many a cerebral structure where slow electric processes occurred during emotional response, the positive emotion was observed during negative steady potential shift and, vice versa, the negative emotion during positive shift. Formally this correlation could be supposed to be based on the physiological essence of the phenomena. Indeed, maybe just the physiological (electrophysiological) nature of changes in the same cerebral structure is connected with the sign of emotion, which is far from being out of the question and, on the contrary, is quite probable. However, the experience of studies of the slow electric processes indicates that the active condition of a structure is connected with the negative steady potential shift. Hence, another variant of physiological interpretation of the phenomena could also be possible. Probably the positive shift of slow electric processes in a series of cerebral structures during negative emotion indicates not the activation of the structure, but rather the "extinction" of a structure "responsible" for positive emotion during the proceeding negative emotion. Thus, the definite elucidation of this question is a matter for the future. The second variant of the answer is, probably, more likely — not only on the grounds of extrapolations alone but also because of the data of electric effects on the brain, too.

During electric effects on the brain, quite various changes of conditions for ongoing mental actvity, as well as diverse psycho-pathological phenomena, could be observed. However, the overwhelming majority of data on the structural-functional organization of mentality were obtained when the dynamics of physiological brain parameters were studied during psychological tests. If in studying the physiological changes in the brain during emotiogenic tests it had been possible to reveal the reproducibility of results in principle, and as a matter of their character and direction, then during psychological tests of Binet's type it proved nearly always possible to superimpose the obtained data, and to study in detail the response reproducibility during repeated tests.

Initially, more or less considerable changes of physiological parameters were noted in different brain areas. Recording of slow electric processes, available oxygen, and impulse activity during repeatedly performed psychological tests revealed that the dynamics of these parameters happened to be nearly identical and well reproducible in many a brain area, provided the conditions of observation were preserved (Fig. 4). The reliable reproducibility during psychological tests was regarded as a confirmation of connection between the studied brain areas and the mental activity. Such reproducibility was observed in separate areas of different thalamic nuclei, of the globus pallidus, caudate nucleus and a number of other structures. However, just in connection with these particular data, it should be emphasized that the reproducibility mentioned above was never observed in the whole structure, and just this kind of studies rather convincingly confirmed the polyfunctional character not only of the morphological structures ("nuclei") studied, but also of the neuronal assemblies, too. The polyfunctional character of cerebral neuronal assemblies noted already by A. R. Luria (1962) and many others, is a premise and a condition for the optimal interaction between the organism and the environment. Fine investigation with the aid of recording many a parameter of the living brain and of various functional tests, shows the principles of cerebral organization to be

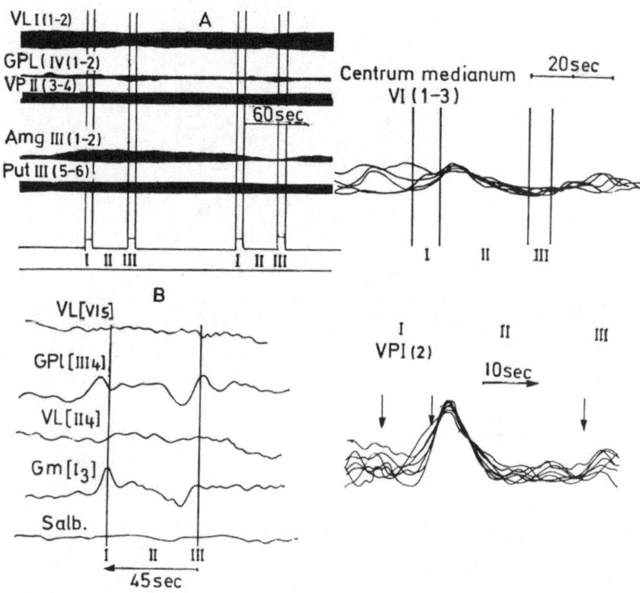

Fig. 4. Changes of slow electric processes (A), available oxygen (B) during operative memory test. Left — a single trial. Right — data superimposed for several trials

equally far from the two extreme assumptions: the center of functions, and the equality of different brain areas. For the realization of complicated mental functions, a great number of "points" in diverse cerebral structures is of much importance as well as, on the other hand, unequal functional characteristics of these "points". Multi-link organization of the system, in which the links are initially polyfunctional, is able to provide both the reliability and the adequacy of its work. Investigation into the role of the various cerebral areas concerned with mentality is expedient for studying the principles and concrete mechanisms providing prerequisition for realization of mental activity under natural conditions of changing environment and internal state of the brain. This investigation is also necessary for properly studying the mechanisms of optimization of the mental activity.

Some "points" (areas) of the brain which had revealed obvious reproducibility of the pattern of studied parameters under initial conditions, i. e at rest, did not show this pattern under conditions of external "noise" or sensory deprivation and, vice versa, under these new conditions the reproducibility could occur in those brain areas where it had been previously absent (Fig. 5). Thus, the constancy of activity of some links, and the inconstancy of many other links of the cerebral structural-functional system maintaining the mental activity in changing environment, were revealed. Hence, naturally, the system can be said to have "rigid links", namely cerebral structures indispensable for a given activity working regardless of the changing environment (at least — within these limits), and other ones, "flexible links", which are indispensable for this activity only under certain environmental conditions. (Certainly, the term "rigid" here does not imply rigid closing of the reaction via a single neuron.) As a result of the investigations mentioned above,

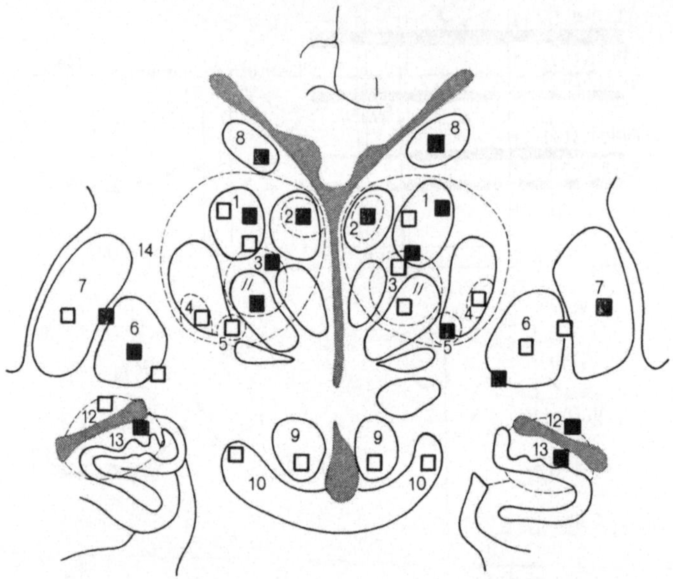

Fig. 5. Scheme of the brain. Black squares indicate the areas where reproducible changes of the available oxygen were revealed during mental activity; white squares — areas with no reproducible changes of O_2 a in the same conditions; left — test presentation under conditions of rest; right — against the "noise" background

maintaining the mental activity was supposed to take place in a cortico-subcortical structural-functional system with links of different degrees of rigidity. Combination of the rigid (or, rather, relatively rigid!) and flexible links renders expediency and extreme lability and adequacy to the brain system maintaining the mental activity.

How could the concrete mechanism responsible for proper switching "on" and "off" of some elements of the structural-functional system maintaining the mental activity be conceived? An understanding of the problem is possible considering the above-mentioned idea of polyfunctional character of the neuronal assemblies related to mentality. An increase in the firing rate following altered environmental conditions may, via corresponding synaptic structures, switch "on" (activate) some elements of the system (cerebral structures) and switch "off" (inhibit) others. On the contrary, the exclusion of some external stimuli proves to be optimal for revealing the activity of other cerebral structures, i. e. elements of the structural-functional system maintaining the mental activity in absence of a certain kind (or amount) of stimuli.

These suggestions proved to be considerably supplemented under conditions of studying the organization of mentality during changes in the internal state of the brain. This kind of observation was accomplished during administration of neurotropic drugs affecting different kinds of synaptic transmission in the brain: adrenergic, cholinergic, and serotoninergic synapses (Anitchkov, 1967, 1968; Kambarova, 1969; Tchernysheva, 1971). The neurotropic drugs altered both the background physiological activity of the brain and its dynamics during activity, particularly pat-

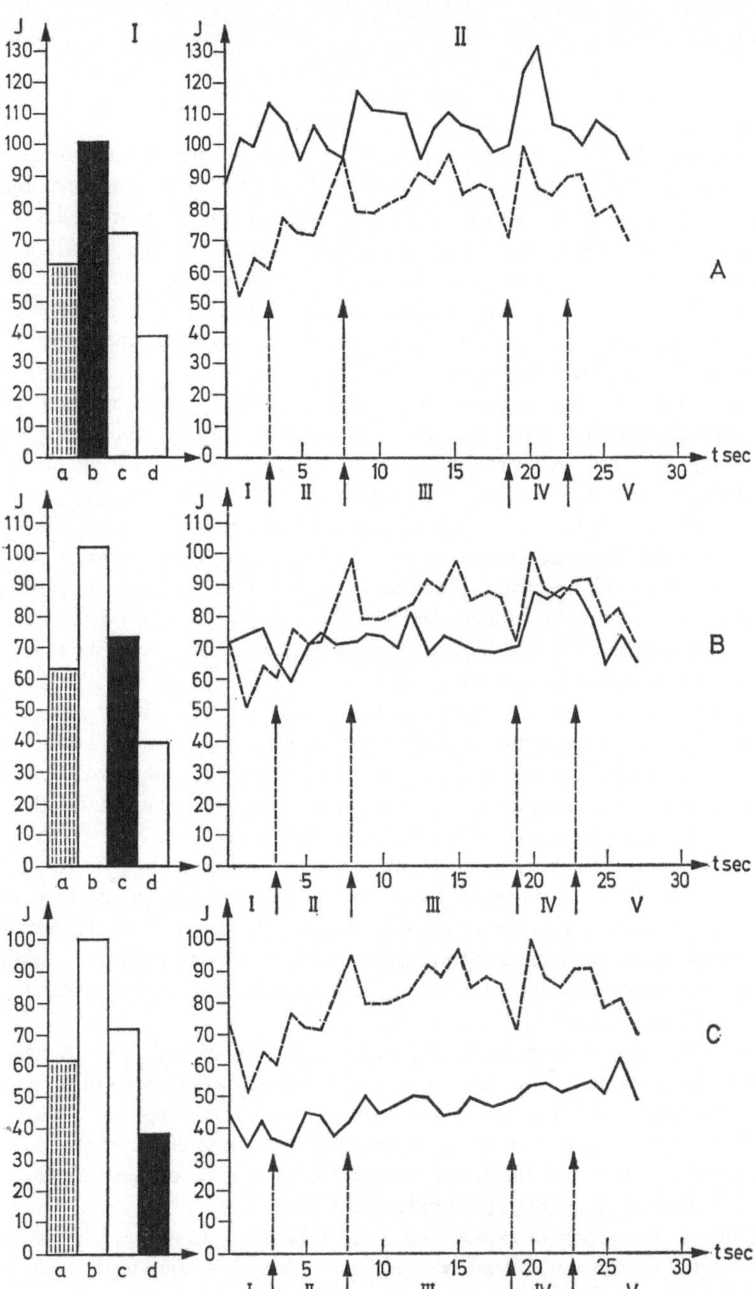

Fig. 6. Averaged graphs of the impulse activity patterns in the thalamic center median during psychological tests. I – compact picture: a – initial background; b – mean firing rate 15 min after deseril administration; c – in 60 min; d – in 120 min. II Dotted line – impulse activity pattern prior to the drug administration; continuous line – after the administration. The a and b bars in I should be compared, accordingly, with the dotted and continuous lines in II. at II – a: the impulse activity pattern in 15 min; b: in 60 min; c: in 120 min after deseril administration. After deseril administration the increase (a) and then decrease (c) of firing rate are observed. The impulse activity pattern during a psychological test, after deseril administration, differs from the initial one. Arabic numerals on abscissa – time in sec; Roman numerals – the background and phases of psychological tests: I – Initial background; II – test presentation; III – test memorizing; IV – the patient's verbal account; V – background after the test performance. Arrows – start and ending of test presentation (II) and the patient's verbal account (IV). Ordinate – number of impulse discharges

terns of slow electric processes and impulse activity during psychological tests (Fig. 6), up to the disappearance of reproducible patterns in some structures and their appearance in others. Using neurotropic drugs with different modes of action made it possible to show that the system for maintaining mental functions is poly-biochemical. Thus, the factors acting upon the mechanisms of mental activity from "outside" or "inside" altered the cerebral organization of this activity, while often having no effect upon the quality of performing the willed mental activity. However, sometimes the performance was erroneous.

It was of unequivocal interest to study peculiarities of the neurophysiological system maintaining the mental activity in dependence on the quality of performing this activity. It could well provide evidence on the actually existing physiological mechanisms of optimization of the mental activity.

The analysis showed three types of structures or, rather, "points" in the brain that could be discerned depending on correct or erroneous performance of the tests. In the first type of structures ("points"), reproducible patterns of physiological parameters are obviously independent of the quality of test performance. Such "points" were revealed in the hippocampus, amygdaloid complex, thalamic ventral-posterior-lateral, and central nuclei.

In the second type of structures ("points"), the functional level was equally re-organized both in correct and erroneous test performance, but the pattern of physiological parameters differed in these cases. And in the end, the third type of points comprised some areas within the caudate nucleus, center median, and other nuclei; here the reproducible changes of physiological dynamics were only revealed during erroneous test performance (Fig. 7) (Bechtereva and Gretchin, 1968).

For the problem of optimization of mental activity, the points displaying reproducible changes during erroneous performance are, naturally, of the utmost interest. It would be rather tempting to regard these points as a kind of an "error detector", an "estimator of correctness of action", or a kind of a real element of P. K. Anokhin's (1968) "acceptor of action".

How could the mechanism of the development of reproducible changes of the physiological parameters in the caudate nucleus and other structures during the errors be conceived? By what mechanism do these structures get involved? The perfunctory approach to the question may create an impression that "the brain is cleverer than man", that the brain "knows" of the error even when the man "is not aware of it". The matters stand differently, of course.

As one of the probable explanations, the following point could be accepted.

At least the short-term memory (and, most likely, the long-term, too) are based on the complete "memorizing", retention of the complete trace of the whole event — in our case, on complete retention in memory of a presented test. However, along with the process of memorizing simultaneously and, in an overwhelming majority of cases quite expediently, a mechanism of "forgetting" also gets involved which is, most probably, not "erasing" but inhibition: transfer of the trace into a form in which the "trace-reading" becomes more difficult.

Untimely or inadequate involvement of this second mechanism may by itself evoke a reaction of some element of the acceptor of action.

More probable still, inadequate involvement of the inhibition creates a dissociation between the existing traces and the ability for their reproduction which

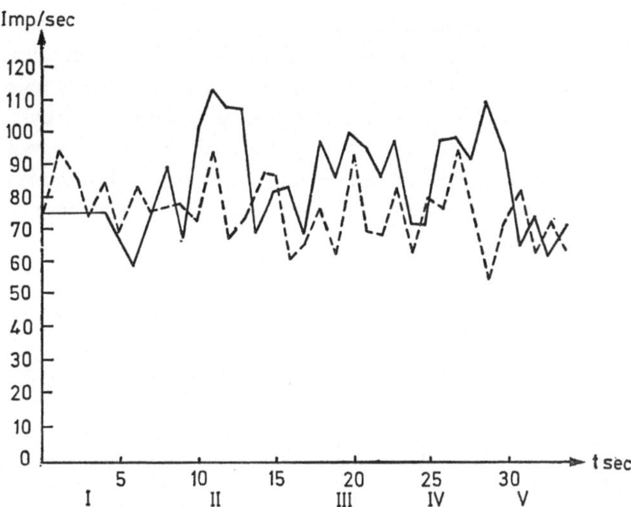

Fig. 7. Graphs (averaged) of the impulse activity patterns in one of the points within the thalamic center median during psychological tests. Dotted line — impulse activity pattern during correct test performance; continuous line — during erroneous performance. The specific pattern of the impulse activity is only observed during erroneous account. Other indices the same as in Fig. 6

results in involvement of a structure registering this dissociation with all possible consequences of the general, including humoral, emotionally determined activation.

The use of neurotropic drugs revealed some neurophysiological mechanisms underlying the trend of a neuronal assembly to respond only to erroneous performance of psychological tests. So these use of the serotoninolytic drug Deseril (Sandoz) was accompanied, in some cerebral points (within the center median and ventral thalamic nucleus), by the appearance of previously absent reproducible patterns during psychological tests, — a kind of an "effect generalization", i. e. appearance of a specific effect on a correct test performance in those points, too, where it had only occurred during erroneous performance prior to the pharmacological influence (Fig. 8). And, on the contrary, in still other brain areas just the administration of neurotropic drugs led to the appearance of the "specific" properties: the neuronal assembly with characteristic pattern both in correct and erroneous test performances prior to the drug administration, after it began to react selectively to the erroneous answers alone. These data reveal neurophysiological mechanisms of formation of the neuronal assemblies' properties and the first-rate importance of relative and absolute activity of different biochemical mediatory systems for the display of these properties.

Just the reflection of environment with its relatively rigid regularities, which vary only within a short range, and its numerous "haphazard", irregularly occurring phenomena domineering at the level of specifically human interaction, produced the most adequate system of cerebral mental control involving the rigid and the flexible links. Paraphrasing S. I. Vavilov's (1950) idea of dependence of the eye structure on peculiarities of the sun spectre, it might be suggested that the cerebral apparatuses for higher forms of reflection should be regarded with con-

sideration of the main environmental pecularities, including the factors of specific
human, social environment. The entire neurological and neurosurgical experience
confirms vast replaceability of both the flexible and, in unilateral lesion, the rigid
elements. The formation of the system morphologically determined by experience of
a species evolution, nevertheless, may be supposed to be mainly a result of an individual development. In our historic epoch, the structural organization of the
system is, in the first place, the manifestation of statistical influence of the species
characteristics on individual ones.

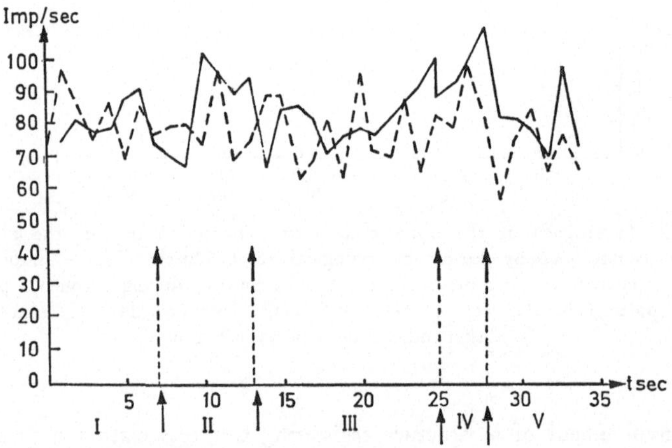

Fig. 8. Graphs of the impulse activity patterns in the same point of the centre median as
in Fig. 7 during psychological tests. Dotted line indicates impulse activity in correct test
performance, prior to Deseril® administration, continuous line — after it. Specific pattern
during correct test performance similar to that in erroneous performance (see Fig. 7) only
occurs after Deseril® administration. Other indices the same as in Fig. 6

On the other hand, this very same structural organization or the anatomical
"predetermination" is the optimal experience gathered and fixed during the evolution of individuals. And how, in a most logical way and as a matter of experience
obtained in brain studies, to imagine the influence of the individual manner on the
species characteristics? What is being fixed in the continuous process of interaction
with the environment growing more and more complicated at present?

Apparently, changeability of the environment, having required formation of the
flexible structural apparatus of mental activity (the flexible links of the system)
and the flexible physiological apparatus (the conditioning), also predetermines the
expediency of *facilitation of formation* of some most frequent and adequate as
well as, mainly, biologically advantageous reactions. In this case, not the reaction
itself is being fixed (or, rather, may be fixed!) but the easiness of its formation if
necessary. Thus, the influence of individual experience on the species may manifest
itself as the fixation of the *basis* of reactions, which is once again characteristic for
the primacy of the flexibility factor in the given phase of the evolution. Ecological
physiology is known to present quite convincing examples of this particular method.
The studies accomplished showed a significant prevalence of the flexible links in the

system of brain control of mental activity which, apparently, is one of the main differences of this system from other systems of central control of functions. Correlation between the rigid and flexible links in systems of the central control of functions may, probably, be regarded as the principal criterion of their complexity: the absolute or relative increase of the number of flexible elements underlies complication of the systems.

Investigation of the mechanisms or yet, rather, obtaining the objective signs of uniting the studied structural-functional elements of the system, is a logical element without which there may be no real completeness of consideration of the problem under study even at the present, still so far from perfect, amount of knowledge.

Modern abilities of analysis of physiological data justify the attempts to solve this problem. The correlation analysis is one of the adequate methods which make it possible to study interrelations between different cerebral structures by their bioelectric characteristics (Brazier and Barlow, 1956; Grindel, 1965; Beliaev, 1968). From strictly preliminary data in this line of studying the mental activity, it may be assumed that obvious changes of interrelation between different structures occur during the activity. Changes of closeness of the connection during different phases of performing the operative memory test were most obviously revealed by the parameter of the *time difference of high correlation conditions* between the structures: Conventionally, time of "delay" or "outstrippinig" of bioelectrical phenomena in one structure as compared with another (Beliaev, 1968). And the difference depending on the test phase, character or performance quality, could be revealed both by fast and slow components of cross-correlograms. The ESCoG (*Electrosubcorticogram*) cross-correlation analysis revealed that interaction between subcortical structures during mental processes might change to relations opposite to those of the background.

Naturally, one of the most intriguing questions of this particular problem is the analysis of the essence of the changes occurring in different cerebral structures during the process of maintaining the mental activity. This question may be divided into two parts unequal in significance and volume: (1) What physiological changes occur in the elements of the system sustaining the ongoing mental activity? (2) What changes in these structures sustain the specific character of every particular mental activity? In other words, is it possible to find in any kind of the physiological activity a pattern that would be characteristic for some definite thought, phrase, etc.?

The answer to the first question is in the analysis of the above-mentioned data. Yu. K. Matveev (Bechtereva, Kambarova and Matveev, 1970), using M. N. Livanov's (1965) method, analysed the processes which were displayed outwardly as an increase in the impulse activity. These studies are still scarce, first of all because of their difficulty; however, they showed both in psychological and in motor tests the ability of the increase in impulse activity to occur simultaneously with a reduction of the number of active neurons (Fig. 9). This phenomenon could be due, in the first place, to the lateral inhibition (Jung and Baumgartner, 1950; Creutzfeldt, 1969; Baumgartner, 1961).

The most important task of neurophysiological investigation into mental activity (and the other brain activities) is the study of those fine physiological changes that are most closely connected with the concrete character, the content of a carried-out activity.

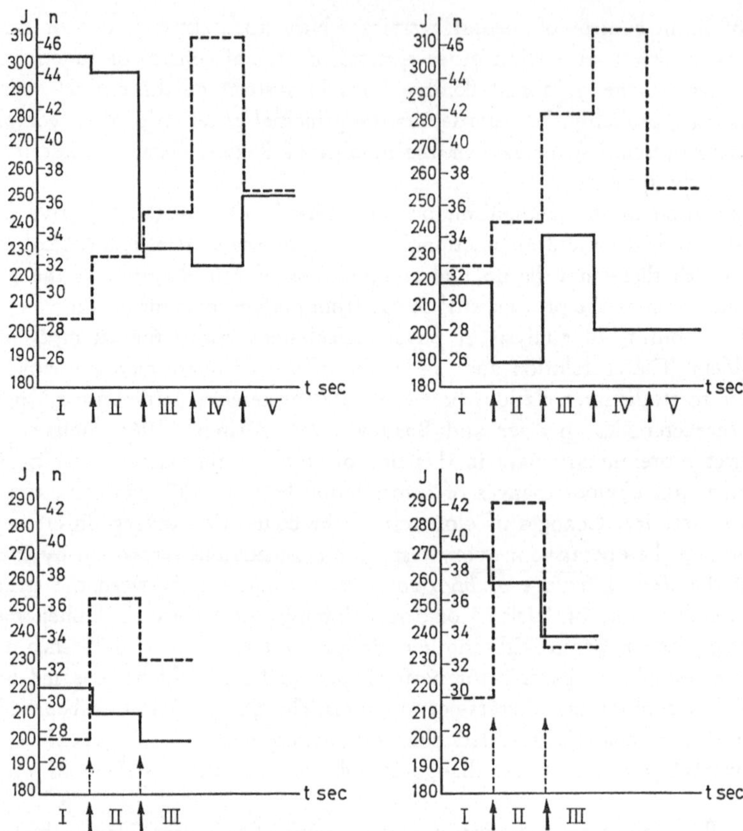

Fig. 9. Dynamics of firing rate (y) and number of active neurons (n) during psychological (upper part) and motor (lower part) tests in the ventro-lateral thalamic nucleus. During the IV phase in a and II phase in b, c, and d, increase in the number of discharges simultaneous with decrease in the number of active neurons, is observed

At the present stage of the brain sciences, this task may be regarded, in the first place, as determined by modern technical possibilities. This task, being essentially one of the variants of the general problem of identification of images, of the search for the useful signal (pattern connected with activity under study) in the noise ("spontaneous" pattern), is exceptionally complicated in this particular case. Its complexity is due not only to the necessity of a preliminary determination of the neuronal assemblies participating in the activity under study (which is quite actual now as was shown earlier), but also to the necessity of simultaneously studying the behaviour of many neuronal assemblies, and to the impossibility at the present level of investigation of simultaneously studying the brain physiological and biochemical processes, for instance: the impulse activity and the characteristics of ferments and nucleonic acids etc., jointly maintaining just the material basis of the cerebral processes. There is already a certain progress in this line. The study of spectral characteristics of the impulse activity of those neuronal assemblies where the ordinary technique (including the computer!) revealed the peculiar reproducible changes during psychological tests, showed a steady character of prevailing frequencies in the spectres of the impulse neuronal activity of the neuronal assemblies during the memorizing phase of the test, closely related to the correctness of its performance (processing done by P. V. Bundzen, Fig. 10). One may hope that the progressing enrichment of the physiological studies with technical possibilities will provide in the end the deciphering of the physiological code of the different processes, including the complex mental ones.

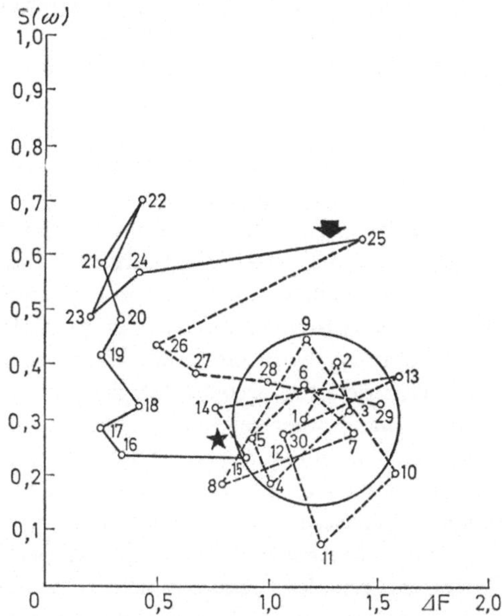

Fig. 10. Changes of spectral characteristics of a neuronal assembly activity in the human deep brain structures during psychological tests on the short-term memory. Average data. A – the dynamics during correct test performance (2 hr after gammalon administration); Abscissa – range of the energetic spectre of the neuronal assembly activity in kHz at the 0.5 level of the maximal energetic value. Ordinate – spectre density of the neuronal assembly activity in relative units. Numerals indicate succession of spectres at the analyse epoch of 3 sec. Circle comprises fluctuation area of the spectre characteristics of the neuronal assembly activity peculiar for the background activity. ⬇ – presentation of the psychological test. ✳ – verbal account of the presented test

Most of the above-mentioned data on structural-functional and neurophysiological aspects of mental activity were obtained from patients. Much, however, in this evidence has a more common significance for physiology of the human brain.

Data on principal peculiarities of reliability mechanisms of mentality could have a common value along with the hypothesis of structural-functional maintenance of the mentality.

In this line, of first-rate importance are the multi-link structure of the system of mental control (1), and existence within it of both the constant, i. e. rigid, and varying, i. e. flexible, elements (2).

The ability to switch "on" various links of the system with the aid of certain kinds of biochemical mediation providing possibility of functioning for a polyfunctional neuronal assembly as an element of the system of mental control, may involve — and actually does involve — a disorder in this link during disturbance of the biochemical mediatory mechanism. Dynamics of the biochemical mediation alters essentially the properties of a polyfunctional neuronal assembly extinguishing or, on the contrary, activating its various abilities, thus narrowing or enlarging its functional aspects. At the same time, dissimilarity of biochemical mediation in different links of the multi-link system maintaining the mental control, and its ability thereby to function during disturbance in a certain single way of biochemical mediation is, undoubtedly, another important mechanism of its reliability (3).

These mechanisms provide a premise for maintaining mental activity during changes in the environment or in the internal state of the brain.

However, it is impossible to consider the reliability mechanisms of maintaining any activity and, in particular, mental activity, disregarding the mechanism of its optimization, i. e. the mechanism lowering the general probability of error, and determining the quality of action performance. The most important mechanism of optimization of mental activity is the detection of errors that is being carried on within the brain by neuronal assemblies, selectively or exclusively reacting to erroneous performance of a willed action, in this case of psychological tests. Quite recently, a fellow of our laboratory, V. B. Gretchin, showed that the neuronal assembly functioning as an error detector becomes, at the moment of detection of error, "leading" in relation to many other neuronal assemblies, and its physiological processes get ahead of analogous physiological processes developing in other neuronal assemblies (the cross-correlation data of analysis of the available oxygen pattern). In the light of this evidence, a conception of the error-detector as a structure triggering activation which, in turn, determines the possibility to perform the following cerebral activity at a higher energetic level, acquires a more detailed shape. A number of areas have now been discovered in the brain, exclusively or selectively reacting to erroneous performance of a psychological test, which allows discussion not of the error-detector but of the apparatus of error detection. It cannot be excluded that the discovered apparatus of error detection as a whole, or, more probably, just partially is common for different activities.

Presence in the brain of neuronal assemblies reacting to erroneous action alone and reacting differently to correct and erroneous actions, as well as a different degree of reaction to an error in a psychological test, suggest the significance of different elements of the error detection apparatus to be unequal and, thereby, the proper error detection apparatus to have a certain hierarchy. The hierarchy is, possibly, dynamic and determined to a great extent by the character of performed activity but, of course, this question needs further elucidation. Rather certain is just the significance for mental activity of error-detectors in the caudate nucleus' neuronal assemblies.

Thus, also the apparatus of error detection helping to optimize mental activity may be added to the reliability mechanisms of this activity (4).

The apparatus of error detection deserves, however, consideration in one more aspect: that of the role of its disorders in mental pathology. The disorders in error detection observed by a neuronal assembly during neurotropic influence revealed an occurrence of identical or of very similar reactions in both correct and erroneous test performances, which are characteristics for the first possible kind of its reorganization. (This particular kind of its disorders underlies, apparently, the empirically determined danger of driving cars after administration of some tranquilizers.) Destruction of exclusive or selective reactions of elements of the error detection apparatus and thereby partial or complete disorder in conditions of optimization or mental activity, may also underlie some mental disorders.

Changes of the error detection apparatus were shown in our studies to be able to develop otherwise, too. Stimulation of structures in whose neuronal assemblies elements of the error detection apparatus were present, entailed predetermination of errors. Increase in number of errors in psychological tests during stimulation of Nucl. caudatus neuronal assemblies shows principle possibility of error predetermination during activation of this area's neurons. Apparently, as described by Smirnov (1967), disorders in estimation of the body-scheme during electric lesions in subcortical structures should be regarded as a display of disorders in the error detection apparatus of permanent activation type.

The error detection may be imagined to have an independent, preordaining significance also in other more "natural" pathology, and to turn out to be (from the optimizing factor) a factor predetermining the errors in activity. Such a process may underlie psycho-pathological syndromes, those in particular which are displayed as persevering repetition of certain actions, inadequate behavior, etc. This structure — the error detector — has permanent activity, which is not predetermined by an error, and is primary in relation to some action, and will continuously signal discrepancy between the action carried-on (or any other reality) and the plan, regardless of correctness or errata of the action.

Use of data on disorders in the error detection apparatus may present certain perspectives for therapy of mental disturbances.

As a matter of data obtained from neurotropic drug influence on the error detector, the expediently chosen pharmacological medication may be thereupon suggested as a way to correct both types of disorders of the detector: the despecialization and the turning to error predeterminator. In grave cases of stable activation of the error detector, apparently, a therapeutic lesion of this diseased element of the error detection apparatus may be relevant.

The following findings are also of importance for the applied aspect. Already a number of the most important mechanisms of the brain control of emotional responses were shown, and the charts of the structural organization of the brain emotional control were drawn, which is a premise for the enlargement of therapeutic possibilities in the gravest emotional-mental disorders, etc. The emotional responses were convincingly shown to be related to the slow electric processes in certain cerebral structures. The slow electric processes arise in the brain during emotions; when artificially evoked, they entail the emotional response.

On the basis of these slow electric processes combined with some environmental factors (just like in conditioning) stable behavioral responses may develop in the patient. The doctors who are not concerned with the correction of emotional disorders regard such a possibility as a danger that should be avoided. But the task of correction of the emotional disorders may be considered as an independent problem and resolved, as the present evidence shows, with the aid of the same method of implanted electrodes and possibilities of the principle of conditioning.

Studies on cerebral mechanisms of pathological reactions and their dynamics during examination and treatment of the patients showed that, at least in a number of brain diseases, the principal factor is not the lesion of some cerebral structures but the fixed disorder of interaction between the structures, between the links of cerebral control systems of functions, arising from stable pathological condition sustained further by reactions of the homeostatic type (Bechtereva and Bondartchuk, 1968).

The experience gathered made it pertinent to insist on consideration of the factor of stable pathological condition and of sustaining its reactions for pathogenesis and therapy of numerous so-called chronic brain diseases. Thereupon the necessity of the combination of surgery with pharmacological therapy was suggested for treatment of hyperkineses known to be empirically used in some clinics during one-step surgery, as well as a series of other therapeutic recommendations.

Technical progress and its application to physiological experiments made it possible to evolve the so-called controlled-experiment technique more and more used in physiological laboratories (Livanov et al., 1966; Bundzen and Menitsky, 1969). The controlled-experiment technique makes it possible both to study responses to stimulation in strict dependence on the willed functional brain state or, on the contrary, model this functional state, and also (most important!) to alter in a desired direction the regulation of the organism's functions (Alekseev and Dobronravova, 1970; and others).

Disturbance of the central control of functions connected with brain lesions, structural changes, and changes of interaction between structures, may be optimally rehabilitated by the combination of surgery and pharmacological medication with possibilities of controlled experiment. Such a combination will make possible the desired reorganization of the central control of the organism's functions on the principle of conditioning and using, in the grave cases of emotional-mental disturbance, both the controlled-experiment technique and the electric activation in the so-called "positive", "negative" or "inhibitory" brain areas. The therapeutic effect, at that, will prove possible, in principle, even during stimulation (not the lysis) via implanted electrodes. It should be noted that for therapeutic purposes the most sparing stimulating electric influences via implanted electrodes are already in use for treatment of brain disease.

It is quite apparent now that the Pavlovian principle of conditioning underlies the most complicated brain activities both in animals and in man. The human "twin" of conditioning created with the whole likelihood did not, however, attain the height of its experimental brother. Having emphasized the universality of the conditioning principle, it neither made understandable the fineness of mentality, nor helped to create at the clinic the fundament for reconstructing the premises of the diseased human mind. In transition to "the man", to the clinic, new concrete forms were necessary while preserving the main principle. "Return" of conditioning to the clinic is both possible and necessary. However, it may and should be elevated to a new level and modified on the basis of modern data for studying the cerebral mechanisms in man. The principle of conditioning may undoubtedly even now, using the success of modern "human" neurophysiology, help a lot to correct man's diseases and suffering. Enlarging possibilities of clinic and, in its turn, clinical neurophysiology will aid to further rapid gathering of theoretically important data on the human brain. They could be supposed to be a fundament for the creation of a sufficiently general theory of the *neurophysiological basis of mental activity in man*.

References

Adey, W. R.: In: Sovremennye problemy elektrofiziologii tsentralnoi nervnoi sistemy. M. Nauka 324—340 (1967).
Ajmone Marsan, G.: Epilepsia **2**, 22—38 (1961).
Albe-Fessard, D.: 6th Intern. Congr. Electroenceph. clin. Clin. Neurophysiol. Vienna 14 (1965).
Alekseev, M. D., Dobronravova, I. S.: In: Bioelektricheskoe Upravlenie. Tchelovek i Avtomaticheskie Sistemy. M. Nauka 241—251 (1970).
Alpers, H. J.: Arch. Neurol. Psychiat. **38**, 291—303 (1937).
Anitchkov, A. D.: In: Znachenie mediatorov v regulatsii fiziologitcheskikh funktsii. A. F. Samoilov's Symposium, Kazan 12—13 (1967).
— In: Fiziologia i Patologia Limbiko-retikuliarnogo Kompleksa. Sci. Confer. Moscow 1968.
Anokhin, P. K.: Biologia i Neirofiziologia Uslovnogo Refleksa. Moscow, Nauka 1968.
Baumgartner, G.: Neurophysiologie und Psychophysik des visuellen Systems (Symp.) 296 (1961).
Beliaev, V. V.: Interrelations between electric processes of some human cerebral structures (correlation analysis data). Avtoreferat kand. diss. L. 1968.
Bechtereva, N. P.: Fiziol. zh. SSSR 41, 2, 187—194 (1955).
— In: Globukie Struktury Mozga Tcheloveka v norme i patologii. M.-L. Nauka 18—21 (1966).
— Bondartchuk, A. N.: Vopr. Neirokhir. **3**, 39—44 (1968).
— — Smirnov, V. M.: Vopr. Neirokhir. **1**, 1—7 (1969).
— — — Trohatchev, A. I.: Fiziologia i Patologia Globukikh Struktur Mozga Tcheloveka. L. Medizina 1967.
— Gretchin, V. B.: Intern. Rev. Neurobiol. N. Y. **11**, 329—351 (1968).
Bechterew, W. M.: Neurol. Zbl. **19**, 990—991 (1900).
Bickford, R. G., Dodge, H. W., Jacobsen, C. W., Petersen, M. C.: Proc. Staff Meet. Mayo Clin. 28, 6, 175—180 (1953).
Brazier, M. A. B., Barlow, I. S.: Electroenceph. Clin. Neurophysiol. 8, 2, 325—331 (1956).
Bundzen, P. V., Menitsky, D. N.: In: Metody Sbora i Analiza Fiziologicheskoi Informatsii. M. Nauka 233 (1969).
Creutzfeldt, O.: Quot: C. R. Evans and T. B. Mulholland. Science 163, 3866, 495—496 (1969).
Durup, G., Fessard, A.: Ann. Psychol. **36**, 1—35 (1935).
Foerster, O., Gagel, O.: Z. ges. Neurol. Psychiat. **149**, 312—344 (1933).
Gastaut, A., et al.: Zh. vyssh. nerv. deyat. Pavlova 7, 2, 185—202 (1957).
— Zh. vyssh. nerv. deyat. Pavlova 7, 1, 25—38 (1957).
Gershuni, G. v., Korotkin, I. I.: Dokl. AN SSSR. **57**, 417—430 (1947).
Genkin, A. A.: Duration of ascending and descending EEG phases as a source of information on neurophysiological processes. Avtoreferat kand. diss. L. 1964.
— Trohatchev, A. I.: On relation between durations of ascending and descending EEG phases in debils with preserved alpha-rhythm. In: XX Soveshshanie po Problemam Vysshei Nervnoi Deyatelnosti, L. 1963.
Gretchin, V. B., Smirnov, V. M.: Elektrofiziologitcheskie issledovaniya pri nervnykh i psikhitcheskikh zabolevaniyakh. Trudy Inst. im. V. M. Bechterewa 44, 42—54 (1967).
Grindel, O. M.: Znatchenie korreliatsionnogo analisa dlia otsenki EEG tcheloveka. Moscow: 1965.
Heath, R. G., Peacock, S. M., Jr., Monroe, R. R., Miller, W. H., Jr.: In: Studies in Schizophrenia, Addendum E, 573—608 (1954).
Jasper, H. H.: IBRO Bull. III, 3, 80 (1964).

Jasper, H. H., Shagass, G.: J. exp. Psychol. **26**, 373—388 (1943).
John, E. R.: Mechanisms of memory. London: Acad. Press, N. Y. 1967.
Jung, R. U., Baumgartner, A.: Arch. Psychiat. Nervenkr. 195, 201 (1950).
Jus, F., Jus, K.: Zh. nevropat. i psykhiat. 54, 9, 715—721 (1954).
Kambarova, D. K.: In: Mekhanizmy nervnoi deyatelnosti. L. Nauka 56—66 (1969).
Knott, I. R.: J. exp. Psychol. **24**, 384—405 (1939).
Kolmogorov, A. I.: In: Vozmozhnoe i nevozmozhnoe v kibernetike. M. 10—29 (1969).
Kratin, Yu. G.: Fiziol. Zh. SSSR 41, 5, 676—683 (1955).
Lansing, R. W.: Electroenceph. clin. Neurophysiol. 9, 3, 497—504 (1957).
Livanov, M. N.: Konfer. po vopr. elektrofiziol. tsentraln. nerv. sist. 8—11 May. L. 77 (1957).
— In: Elektroencefalografich. issled. v. n. d. M. AN SSSR 174—185 (1962).
— In: Problemy sovremennoi neirofiziologii. M.-L. Nauka 37—72 (1965).
— Gavrilova, N. A., Aslanov, A. S.: Int. Congr. Psychol. 1966, XVIII, Symp. 6. M. 31.
Loomis, A. L., Harvey, E. N., Hobart, G. V.: Science **81**, 597—598; **82**, 198—200 (1935).
— — — Science **83**, 239—241 (1936).
— — — J. exp. Psychol. **21**, 127—144 (1937).
Luria, A. R.: Vysshie korkovye funktsii tcheloveka i ikh narushenie pri lokalnykh porazheniiakh mozga. M. Izd. Mosk. Univ. 1962.
Maiortchik, V. E., Rusinov, B. S., Kuznetsova, G. D.: In: K fiziologitcheskomu obosnovaniyu neirokhirurgitcheskikh operatsii. M. AMN SSSR 48—59 (1954).
— Spirin, B. T.: Vopr. neirokhir. **3**, 3—11 (1951).
Novikova, L. A., Sokolov, E. N.: Zh. v. n. d. 7, 3, 363—379 (1957).
Olds, J., Milner, P.: J. comp. physiol. Psychol. **47**, 419—427 (1954).
— — In: Brain Physiology and Psychology. Ed.: C. R. Evans and A. D. J. Robertson, London: Butterworths 51—64 (1966).
Penfield, W.: In: Ciba Foundation Symp. on the Neurol. Basis of Behavior. Ed.: G. E. W. Wolstenholme and C. M. O'Connor, London: J. and A. Churchill Ltd. 149—174 (1958).
Sem-Jacobsen, C. W.: Acta neurol. scand. **41**, Suppl. 13, 365—377 (1965).
— Depth Electrographic Studies of the Human Brain and Behavior. C. C Thomas, Springfield (Ill.) 1968.
— Bickford, R. G., Dodge, H. W., Petersen, M. C.: Proc. Staff Meet. Mayo Clin. **28**, 166—170 (1953).
— Petersen, M. C., Dodge, H. W., Lozarte, J. A., Holman, C. B.: Electroenceph. clin. Neurophysiol. 8, 2, 263—278 (1956).
Smirnov, V. M.: In: Problemy lokalizatsii v psikhonevrologii. Trudy Inst. im. W. M. Bechterewa 53, 22—48 (1967).
— Vestn ik AMN SSSR 1, 35—42 (1970).
Sokolov, E. N.: In: Osnovnye vopr. elektrofiziol. c. n. s. Kiev, AN USSR, 157 (1962).
Stevens, Ch. F.: In: Proc. IEEE 56, 6, 916—930 (1968).
Tchernysheva, V. A.: Fiziol. Zh. SSSR, Leningrad 2 (1971).
Vavilov, S. I.: Solntse i glaz. M. AN SSSR (1950).
Walter, W. G.: Arch. Psychiat. Nervenkr. **206**, 309 (1964).
— Crow, H. J.: 5th Intern. Congr. EEG Clin. Neurophysiol. Excerpta med. **34**, 64—65 (1961).

Die Bedeutung der Synapsenlokalisation für die Interaktion von post-synaptischen Potentialen an Nervenzellen

Manfred R. Klee

Mit 13 Abbildungen

Aufgabe des zentralen Nervensystems ist es, die z. B. aus Receptoren einströmenden Signale zu verarbeiten und funktionsgerecht zu beantworten. In den Nervenzellen werden Aktionspotentiale ausgelöst, die über deren Fortsätze weitergeleitet werden und mittels chemischer Zwischenreaktionen an ihren Kontaktstellen mit anderen Zellen dort in graduierte Potentiale umgewandelt werden. Diese nachfolgenden Zellen integrieren die auf sie konvergierenden Signale und leiten sie entweder mittels eines erneut ausgelösten Aktionspotentials an die nachgeschalteten Zellen weiter, oder aber die Signalkette bricht an dieser Zelle ab, da die kritische Schwelle für die Auslösung dieses Potentials nicht erreicht wurde.

Es sei hier nicht erörtert, in welcher Weise die Information in der Abfolge der Aktionspotentiale kodiert ist, sondern nur der Vorgang der Integration der Signale, der sich bereits an einer einzelnen Nervenzelle abspielt. Die Sequenz der an ihrem Zellkörper und an ihren Fortsätzen evozierten post-synaptischen Potentiale wird hierbei entsprechend ihrer Vorzeichen addiert und diese Summe der Signale wirkt auf den Ort höchster Erregbarkeit, den Axonhügel, ein. Wie sich zeigen wird, ist es hierbei von besonderer Bedeutung, in welcher Beziehung zu diesem Ort die erregten Synapsen lokalisiert waren. Somit ist der Vorgang der Interaktion post-synaptischer Potentiale, etwa zwischen einem erregenden und einem hemmenden Potential, abhängig von der Wirkung der freigesetzten Überträgersubstanz, den biophysikalischen Eigenschaften der erregten Membran, zugleich aber auch in entscheidender Weise von der Geometrie der Nervenzelle und der Lokalisation der für diese Erregungsvorgänge benutzten Kontaktstellen. Der Effekt einer Erregungsübertragung auf ein Neuron ist also nicht nur abhängig von den lokal initiierten ionalen Vorgängen, sondern auch abhängig davon *wo*, und zwar in bezug auf die Entfernung zum Zellkörper und zum Axonhügel, diese Potentiale entstehen. Insofern erweitert sich das Problem der Interaktion zu einem Problem der Synapsenlokalisation, wobei die elektro-physiologisch zu beobachtenden Interaktionen von post-synaptischen Potentialen Indikatoren für eine mögliche Lokalisation erregter Synapsen sein können, beziehungsweise: die Analyse der Effekte dieser Interaktionen ist eine Methode zur elektrophysiologischen Bestimmung oder Abschätzung von Synapsenlokalisationen.

Es sei daran erinnert, daß die Gesamtzahl der Nervenzellen eines Menschen auf 10—20 Milliarden geschätzt wird; mit jeder dieser Nervenzellen nehmen Hunderte, mit der Betz-Zelle des Affen nach Cragg (1967) 60 000 zuführende Nervenfasern

Kontakt auf. Die verwirrende Vielfalt der möglichen und ständig sich abspielenden Interaktionen von Erregungen an Zellen im Zentralnervensystem der Säuger wird hierdurch offensichtlich.

Für die Darstellung des vorliegenden Problems sei das relativ einfach verschaltete Motoneuron der Katze gewählt. Nach Aitken u. Bridger (1961) beträgt die Zahl der an einem Motoneuron konvergierenden Nervenfasern etwa 19 000. Ähnlich anderen Nervenzellen besteht das Motoneuron aus einem Zellkörper von etwa 70 μ Durchmesser, von dem 3—10 sich verzweigende Dendriten und ein Axon entspringen. Die Länge der Dendriten schwankt zwischen 800 und 2000 μ, ihr Durchmesser liegt zwischen 5 und 10 μ. Etwa 200 μ vom Zellsoma entfernt erhält das Axon seine Myelinscheide (Abb. 1 A, B). Die endenden Nervenfasern aus Zellen, die auf das Motoneuron konvergieren, bilden die Endknöpfe oder Synapsen, die den gesamten Zellkörper und die Dendriten bedecken und entsprechend ihrer Lokalisation in axo-somatische, axo-dendritische und axo-axonale Synapsen unterschieden werden. Ferner unterscheidet man funktionell die mono-synaptischen Kontaktstellen, d. h. solche, die ohne Umschaltung direkt — etwa aus einem Receptor — an einer Nervenzelle enden, von den poly-synaptischen Synapsen, die die Endigungen von zwischengeschalteten Interneuren darstellen (s. Abb. 2 B).

Die Abb. 1 C zeigt den schematischen Aufbau einer Synapse, wie sie sich im Elektronenmikroskop darstellen läßt. Sie enthält Mitochondrien und ist angefüllt mit kleinen Bläschen, die jene chemischen Substanzen enthalten, die bei der Erregung der prä-synaptischen Fasern aus den Speichern entleert werden, die Überträgerstoffe.

Entsprechend ihrer Größe, ihrem Aufbau, der Form der Vesikel, der Verteilung subcellulärer Partikel und ihrer Lokalisation unterscheidet Conradi (1969 a, b) sieben Typen von Synapsen am Motoneuron der Katze von denen auf Grund ihrer Degeneration nach Durchtrennung der Hinterwurzeln nur ein Typ M (= monosynaptisch) als Synapsen der Ia-Fasern anzusehen sind. Auf Grund der Übereinstimmungen zwischen Bläschenform und der physiologisch bekannten Wirkung bestimmter Synapsen vermuten Bodian (1966) und Uchizono (1965), daß Synapsen mit Bläschen in runder Form (S-Typ, spherical) mit größter Wahrscheinlichkeit erregende Transmitter freisetzen, dagegen solche mit flachen, eliptischen Formen (F-Typ, flattened) hemmende Transmitter. Synapsen sind zwar nahezu gleichmäßig über die Soma-Dendriten-membran verteilt, aber die verschiedenen Synapsentypen weisen dabei ein unterschiedliches Verteilungsmuster auf. Die präsynaptischen Fasern, die die monosynaptischen Synapsen bilden, endigen bevorzugt am proximalen und mittleren Teil der Dendriten, die hemmenden Synapsen hingegen sind besonders konzentriert am Zellsoma. Die fünf anderen Synapsentypen, darunter drei mit runden Vesikeln, sind ebenfalls über das Zellsoma und den gesamten Dendritenbaum verteilt. Ob die morphologischen Unterschiede hinsichtlich der Form, Dichte und Färbbarkeit der Vesikel Schlüsse auf chemische Unterschiede der freisetzbaren Überträgerstoffe zulassen, bleibt offen.

Für das Verständnis des Folgenden sei anschließend die funktionelle Verknüpfung des Motoneurons und die Methodik der Registrierung des Aktionspotentials und der post-synaptischen Potentiale erläutert. Die in Kernen des ventralen Rückenmarks konzentrierten Motoneurone senden ihre Axone über die Vorderwurzel des Rückenmarks in peripheren Nerven zu einem von ihnen zu innervierenden Muskel, wo sie als Muskelendplatten an den Muskelfasern der quergestreiften Muskulatur endigen

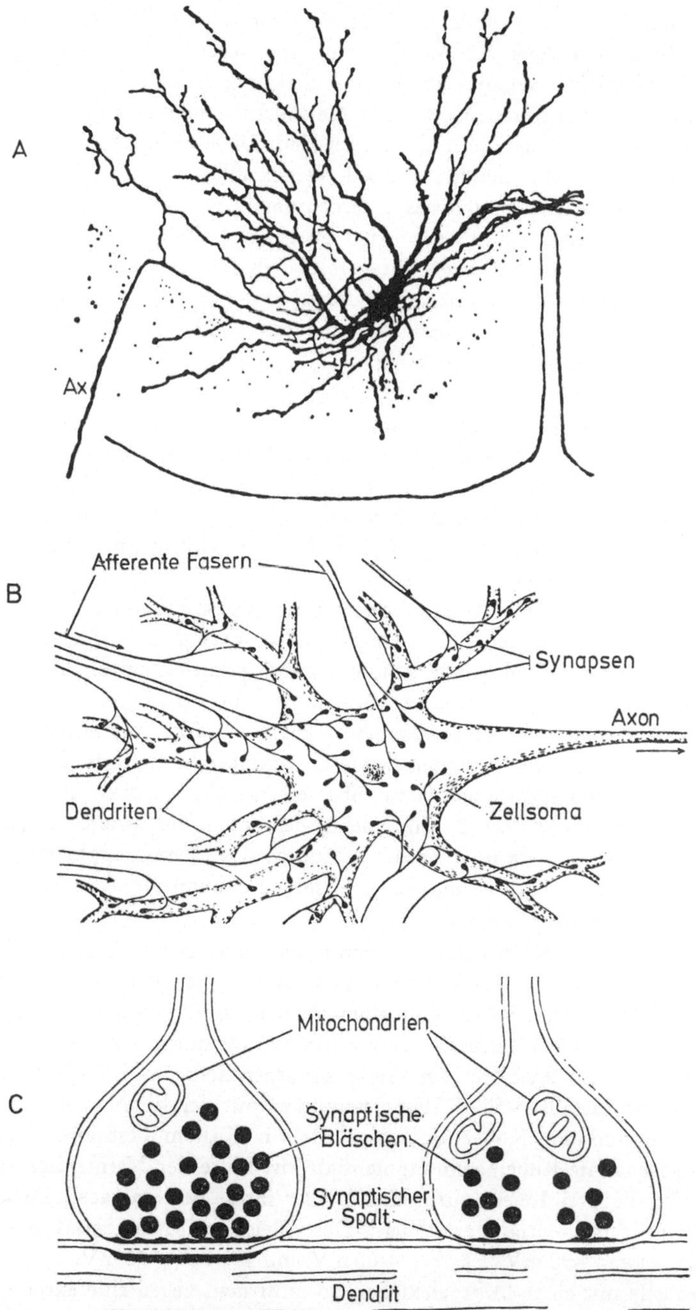

Abb. 1. A: Ein Motoneuron der Katze, nach der Golgi-Methode dargestellt. Ax = Axon. (Nach Ramon y Cajal). B: Schematische Zeichnung eines Motoneurons. Dargestellt ist der Zellkörper, das Axon, die Dendriten und die synaptischen Kontakte. C: Schematische Darstellung von zwei Synapsen mit verschiedenen postsynaptischen Formationen. (B + C nach Eccles, 1965.)

(Abb. 2 A). Eine Reizung des Axons über die Vorderwurzel bewirkt eine gegenläufige, antidrome Erregung des Motoneurons, im Gegensatz zur normalen orthodromen, d. h. über eine Synapse ausgelösten Erregung (Abb. 2 B). Parallel zu den Muskelfasern finden sich in der Muskulatur die Muskelspindeln, in denen die annulospiralen Endigungen der Ia-Fasern eingebettet sind. Diese ziehen zu einem Motoneuron innerhalb des entsprechenden Muskel-Nervenzellen-Pools und erregen diese Zellen. Ohne Zwischenschaltung eines Interneurons, also monosynaptisch, wird am Motoneuron ein erregendes postsynaptisches Potential (EPSP), das monosynaptische EPSP, ausgelöst. Bei Dehnung eines antagonistischen Muskels wird ein entsprechender Impuls aus einer Ia-Faser unter Zwischenschaltung eines Interneurons, also di- bzw. poly-synaptisch, als eine Hemmung auf das gleiche Motoneuron geschaltet, durch die sogenannte „direkte" Hemmung.

Am Motoneuron der Katze begannen 1952 Eccles et al. die ersten intracellulären Ableitungen aus Nervenzellen von Warmblütern, die zur Basis unseres Verständnisses der Funktion zentralnervöser Prozesse wurde (s. Eccles, 1957, 1964). Eine weitere Gruppe bildete sich um K. Frank, Fourtes, Rall u. Nelson; die experimentellen Ergebnisse dieser beiden Gruppen und die theoretischen Arbeiten von Rall (1959, 1960, 1962 a, 1962 b, 1964) bilden die wichtigsten Grundlagen zum Verständnis des vorliegenden Problems.

Das Schema in der Abb. 2 C zeigt den Standardversuchsaufbau bei Ableitungen aus dem Motoneuron. In den hier zu erörternden Versuchen geschieht die Potentialregistrierung aus dem Inneren eines Motoneurons vermittels einzelner oder doppelläufiger Glascapillaren mit Spitzendurchmessern von 1—3 μ, die mit einem Elektrolyten gefüllt sind und über eine Silber-Silberchlorid-Brücke mit einem Verstärker verbunden sind. Auf einem Kathodenstrahloscillographen werden die Potentialänderungen dargestellt und fotografiert, bzw. über einen elektronischen Kleinrechner gemittelt. Bei Verwendung von 2 Mikroelektroden kann die zweite Elektrode zur Injektion von Strömen verwandt werden, wodurch das Membranpotential der Zelle willkürlich verändert werden kann, oder es können bestimmte Ionen oder Substanzen in das Innere der Zelle appliziert werden.

Bekanntlich haben Nervenzellen, ebenso wie andere Körperzellen, in ihrem Inneren eine Konzentration bestimmter Ionen, die sich von deren Konzentration im Außenmilieu unterscheidet. So ist die Kaliumkonzentration im Inneren 10mal größer als im Außenmilieu, die Natriumkonzentration beträgt nur ein Zehntel, die Chlorkonzentration nur ein Zwölftel der Außenkonzentration. Im Ruhezustand ist die Permeabilität der Membran für Kalium, verglichen mit der für Natrium und Chlor, besonders groß und das Konzentrationsgefälle für Kalium bestimmt daher weitgehend das sogenannte Ruhemembranpotential. Mit Hilfe der Nernstschen Gleichung lassen sich für die drei Ionen entsprechend ihrer intra- und extracellulären Verteilung Gleichgewichtspotentiale errechnen: Das Gleichgewichtspotential des Kalium (E_K) liegt bei etwa —90 mV, E_{Na} bei +60 mV und E_{Cl} bei —70 mV. Punktiert man eine Nervenzelle mit einer Mikroelektrode, so mißt man gegen eine externe Bezugselektrode ein Membranpotential von —60 bis —70 mV. Aus der Tatsache, daß praktisch alle Ionen Gleichgewichtspotentiale aufweisen, die nicht mit dem Ruhe-Membranpotential übereinstimmen, darf geschlossen werden, daß die Ionenkonzentrationen durch aktive Prozesse aufrechterhalten werden. Besonders bedeutend ist die ATP-abhängige Natrium-Kalium-Pumpe, die das bei der Erregung einströmende

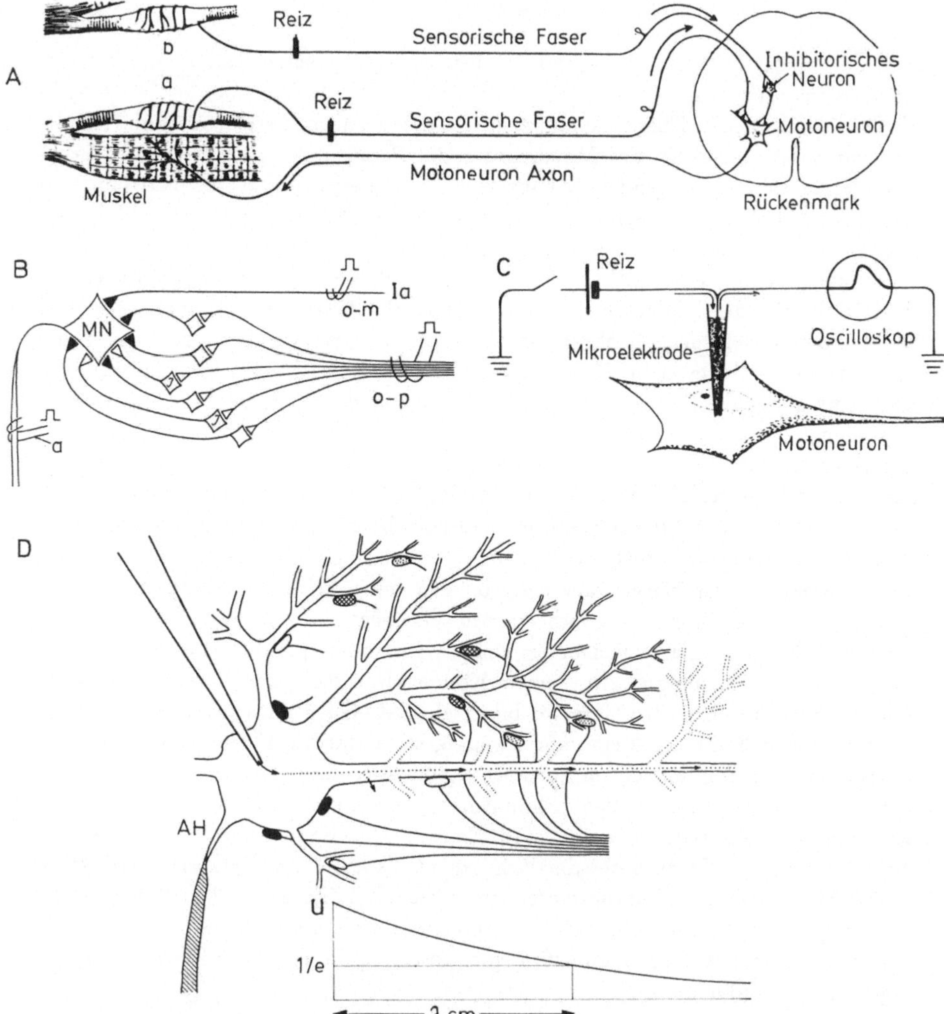

Abb. 2. A: Afferente und efferente Verbindungen des Motoneurons. Das Axon des Motoneurons zieht über die Vorderwurzel zur Muskelfaser, die dort befindlichen annulospiralen Endigungen (a) ziehen über die Hinterwurzeln zum gleichen Motoneuron. Annulospirale Endigungen in einem antagonistischen Muskel (b) ziehen ebenfalls über die Hinterwurzel zu einem inhibitorischen Neuron, dessen Axon mit hemmenden Synapsen am Motoneuron endet. B: Schema der Reizeingänge eines Motoneurons; a = antidrome Reizung über das Axon, o-m = orthodrome monosynaptische Erregung des Motoneurons, o-p = orthodrome polysynaptische Erregung. Die erregten Fasern endigen im Interneuronenpool sowohl an erregenden wie an hemmenden (I) Interneuren, deren Axone zum Motoneuron ziehen. C: Schema des Versuchsaufbaus zur Registrierung aus einem Motoneuron. Eine doppelläufige Capillare befindet sich im Zellsoma, die rechte Elektrode dient zur Registrierung der Potentialänderungen, die linke wird zur Stromeinprägung benutzt. D: Schematische Darstellung des Dendritenbaumes zum Verständnis der Längskonstanten. Eingetragen sind axo-somatische Synapsen (schwarz), axo-dendritische Synapsen an den proximalen Teilen (weiß) und axo-dendritische Synapsen in den distalen Verzweigungen (punktiert). Ein am Soma durch Stromeinprägung evoziertes elektrotonisches Potential erfährt entsprechend der Längskonstanten bei seiner Ausbreitung nach distal einen Abfall. (A + C nach Eccles, 1965.)

Natrium wieder nach außen — und das hierbei ausströmende Kalium wieder nach innen — transportiert.

Die Wirkung der Überträgerstoffe darf so verstanden werden, daß sie an der subsynaptischen Membran des Motoneurons die Permeabilität für bestimmte Ionen verändern: An der erregenden Synapse wird die Permeabilität für Natrium und Kalium erhöht, an der hemmenden Synapse die Permeabilität für Chlor und Kalium. Aus der Summe dieser ionalen Flüsse ergeben sich weitere Gleichgewichtspotentiale: für die erregenden postsynaptischen Potentiale liegt dieses E_{EPSP} bei etwa Null, für die inhibitorischen postsynaptischen Potentiale bei etwa —80 mV. Die Durchlässigkeit der Membran ist für Natrium potentialabhängig; nimmt das Membranpotential um etwa 10—15 mV ab und erreicht eine kritische Schwelle, so steigt schlagartig die Permeabilität für Natrium auf das 400fache an, die Membran wird durch den einsetzenden Natrium-Einwärtsstrom bis auf Werte von +30 mV depolarisiert, während mit geringerer Verzögerung ebenfalls die Kaliumpermeabilität zunimmt und ein verstärkter Ausstrom von Kaliumionen die Membran repolarisiert. Dieser Vorgang einer Alles-oder-Nichts-Antwort ist das Aktionspotential, das beim Motoneuron eine Dauer von 1—2 msec hat.

Die Membran der Nervenzelle gestattet den Ionen keinen ungehinderten Durchtritt entsprechend ihrem elektrochemischen Gradienten. Der reziproke Wert der Gesamtleitfähigkeit aller Ionen bildet einen Widerstand; parallel zu diesem Widerstand stellt die Membran selbst einen Kondensator dar. Die Verknüpfung eines Widerstandes mit einem Kondensator bildet ein R-C-Glied mit einer Zeitkonstanten. Sie bedeutet, daß ein der Membran eingeprägter „rechteckiger" Strompuls mit einer gewissen Verzerrung, mit einem zunächst exponentiell ansteigenden elektrotonischen Potential beantwortet wird. Beim Motoneuron beträgt der Membranwiderstand etwa 10^6 Ohm, die Kapazität etwa 3×10^{-9} Farad. Die Zeitkonstante liegt zwischen 0,8—7 msec, was durch unterschiedliche dendritische Längen erklärt wird (Lux, 1967). Mit einem der Zeitkonstante entsprechenden Zeitverlauf kehrt nach einem postsynaptischen Potential das Membranpotential zu seinem Ausgangswert zurück; sie ist somit eine für die Summation von postsynaptischen Potentialen wesentliche Eigenschaft eines Neurons.

Das Schema der Abb. 2 D soll die physiologische Bedeutung einer weiteren biophysikalischen Konstanten des Neuron verdeutlichen, die der sogenannten Längskonstanten. Die Konstante bestimmt die Distanz, über die die Amplitude eines passiv fortgeleiteten Potentials, wie es z. B. ein postsynaptisches Potential ist, wegen der zwischengeschalteten Membranwiderstände auf einen bestimmten Teilwert abfällt. Diese Größe ist abhängig von den Längs- und Innenwiderständen — und somit auch vom Durchmesser einer Zelle bzw. eines Zellabschnittes. Das bedeutet, bezogen auf die Längskonstante eines Dendriten, daß wegen zunehmender Abnahmen des Dendritendurchmessers von proximal nach distal es zu einer zunehmenden Abnahme der Längskonstanten kommt und daher die Amplitude eines von dort nach zentral weitergeleiteten Signals um so stärker reduziert wird, je distaler die Synapse lokalisiert ist. Diese Reduktion ist für zwei Vorgänge von Bedeutung: (i) für die am Soma noch wirksame Amplitude eines distal entstehenden postsynaptischen Potentials, da seine Amplitude bei der Fortleitung in Richtung Soma erheblich reduziert wird. So kann z. B. aufgrund des Verhältnisses von Gesamtlänge des Dendritenbaumes zur Längskonstanten der Dendriten geschlossen werden, daß bezogen auf die am Soma registrierte Amplitude eines postsynaptischen Potentials dessen Amplitude am Entstehungsort an den distalen Dendriten das nahezu 10fache betragen muß. (ii) Zum anderen ergibt sich daraus, daß auch umgekehrt die am Soma durch eine Mikroelektrode applizierten Ströme in gleicher Weise — nur in umgekehrter Richtung — abgeschwächt werden, so daß die Frage entsteht, ob durch Strominjektion in das Soma das Membranpotential an den distalen Endigungen der Dendriten überhaupt nennenswert verändert werden kann. An dieser Stelle sei nachgetragen, daß wegen der Größenverhältnisse wohl immer davon ausgegangen werden muß, daß eine stabile Punktion eines Neurons nur dann möglich sein dürfte, wenn die Elektrodenspitze das Soma punktiert, d. h. es ist nur möglich, die Potentialänderungen im Zellsoma zu registrieren.

Weitere wichtige Konstanten sind die effektive elektrotonische Länge der Dendriten, ein Maß für das Verhältnis von tatsächlicher Länge der Dendriten zu deren Längskonstanten, ferner das Verhältnis der dendritischen zur somatischen Eingangsleitfähigkeit, ein Ausdruck für die effektive Beteiligung des dendritischen Eingangs am Gesamteingang eines Neurons. Lux (1967) und Nelson u. Lux (1970) fanden experimentell für das Motoneuron eine dendritische Länge, die das 1,5fache der Längskonstanten betrug und nach ihren Befunden dürften die Dendriten 80—90% der Eingangsleitfähigkeit eines Neurons darstellen.

Nach diesen Vorbemerkungen seien die postsynaptischen Potentiale detaillierter beschrieben. In A der Abb. 3 ist der Potentialablauf des bereits erwähnten monosynaptischen erregenden postsynaptischen Potentials, abgekürzt EPSP, dargestellt. Es ist wie alle postsynaptischen Potentiale eine graduierte Antwort, im Gegensatz zu der Alles-oder-Nichts-Antwort des Aktionspotentials. Das bedeutet, daß die Amplitude eines postsynaptischen Potentials proportional der freigesetzten Transmittermenge ist — bzw. der Zahl der erregten präsynaptischen Fasern, d. h. der Reizstärke. An der Membran im Ruhezustand, hier bei —66 mV, führt die Erregung dieser Synapse zu einer Reduktion des Ruhepotentials, es ist ein depolarisierendes Potential und erreicht seinen Gipfel in etwa 0,5—1,5 msec bei einer Gesamtdauer von etwa 10 msec. Wird nun durch die stromzuführende Elektrode das Membranpotential verringert, etwa auf —32 bzw. —14 mV, so nimmt seine Amplitude ab, bei positiven Werten kehrt sich seine Polarität um. Das Membranpotential, an dem keine Potentialveränderung zu beobachten ist, das Gleichgewichtspotential für das EPSP, liegt somit in der Nähe von Null. Wird hingegen das Ruhepotential vergrößert, so kommt es zunächst zu einer geringen Zunahme der Amplitude, bei weiterer Erhöhung des Membranpotentials nimmt aber die Amplitude nicht zu, sondern nur die Anstiegssteilheit des EPSP. Dieser Befund ist überraschend, da man bei größerer Entfernung des Membranpotentials vom Gleichgewichtspotential wegen der Zunahme der treibenden Kraft für die Ionenflüsse eine stetige Zunahme der Amplitude erwarten müßte, wie sie auch an anderen Nervenzellen, wie z. B. am sympathischen Ganglion des Frosches, zu beobachten ist. Dieses Abweichen im Verhalten des monosynaptischen EPSPs kann teilweise dadurch erklärt werden, daß eine größere Zahl von Motoneuronen bei zunehmender Hyperpolarisation das Verhalten der sogenannten anomalen Gleichrichtung zeigen, eine Widerstandsabnahme bei Hyperpolarisation (Nelson u. Frank, 1967). In B der gleichen Abbildung ist der Ablauf eines hemmenden Potentials dargestellt, wie es disynaptisch von Ia-Fasern eines antagonistischen Muskels übertragen wird, es wird als inhibitorisches postsynaptisches Potential, IPSP,

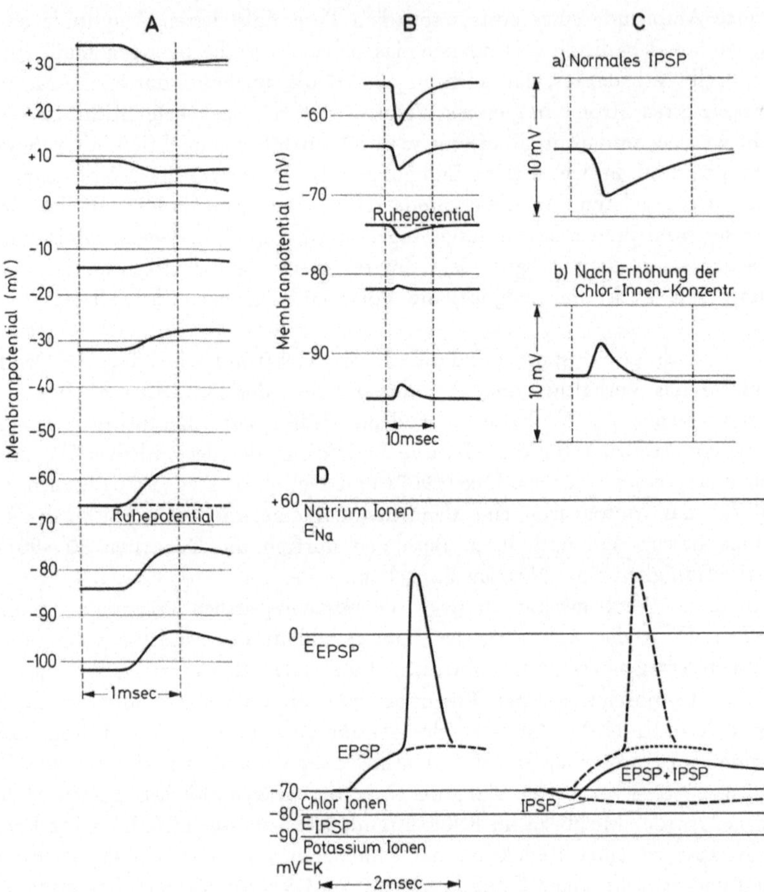

Abb. 3. A: Die Abhängigkeit der Amplitude und der Polarität des monosynaptischen EPSP's vom Ruhepotential. Amplitudenabnahme bei —32 mV, Polaritätsumkehr bei +3 mV. B: Das inhibitorische postsynaptische Potential. Im Gegensatz zum EPSP Amplitudenzunahme bei geringerem Membranpotential (—56 mV), Polaritätsumkehr bei —82 mV. C: Polaritätsumkehr des normalen IPSP's (a) durch Erhöhung der Chlor-Innenkonzentration (b). D: Beziehung zwischen EPSP, IPSP, kritischer Schwelle und dem Aktionspotential. In der rechten Hälfte ist dargestellt, wie die Amplitude eines EPSP's bei gleichzeitiger Entstehung eines IPSP's reduziert wird und dadurch nicht, wie links dargestellt, ein Aktionspotential auslösen kann. (Nach Eccles, 1965)

bezeichnet. In der Nähe des Ruhepotentials hat es im Vergleich zum EPSP eine umgekehrte Polarität, es vergrößert das Ruhepotential, es hyperpolarisiert die Membran. Wird nun die Membran künstlich depolarisiert, etwa bis —56 mV, so nimmt seine Amplitude zu, kehrt sich hingegen bei —82 mV bzw. —96 mV in seiner Polarität um; das Gleichgewichtspotential liegt bei etwa —80 mV. Hieraus kann geschlossen werden, daß es unter der hemmenden Synapse zu einer Leitfähigkeitsänderung für Chlor- und Kaliumionen kommt, wobei die prozentualen Anteile dieser beiden Ionen noch ungeklärt sind. Die Abb. C zeigt eine weitere Methode, die Polarität eines IPSPs umzukehren und dadurch bei Vermischung eines EPSPs mit einem IPSP das letztere vom EPSP unterscheidbar zu machen. Es wird nicht das Ruhepotential verändert, sondern das Gleichgewichtspotential des IPSPs durch Veränderung der Chlor-Ionenkonzentration. Hierzu werden beispielsweise aus einer KCl-haltigen Mikroelektrode durch einen Strom Chlorionen in das Innere der Zelle appliziert; mit der Zunahme der Chlor-Ionenkonzentration ist das hyperpolarisierende zu einem depolarisierenden IPSP geworden, das sogar bei entsprechender Amplitude fähig ist, ein Aktionspotential auszulösen. Zu erwähnen ist ferner, daß die Dauer des Stromflusses während eines postsynaptischen Potentials, verglichen mit der Dauer der Potentialänderung, relativ kurz ist, d. h. etwa 1—2 msec; das Potential fällt dann annähernd mit der Zeitkonstante der Zellmembran ab.

Die Abb. D faßt die bisher behandelten Vorgänge zusammen: Eingetragen sind die Gleichgewichtspotentiale der genannten 3 Ionen und der beiden postsynaptischen Potentiale. Das links eingezeichnete EPSP besitzt eine Amplitude, die ausreicht, um den beschriebenen Mechanismus des Aktionspotentials auszulösen, da es die kritische Schwelle überschreitet. Innerhalb einer Millisekunde erreicht das Membranpotential einen Wert von etwa $+30$ mV, den Overshoot, und wird anschließend repolarisiert. Rechts ist gestrichelt der Verlauf eines IPSPs eingetragen. Wird nun zur gleichen Zeit auch ein EPSP ausgelöst, so kommt es zu einer annähernd algebraischen Summierung der beiden Vorgänge (punktiert dargestellt), das bedeutet, das EPSP erreicht nicht die kritische Schwelle, es löst keinen Spike aus. Es zeigt sich, daß Erregung gleichbedeutend ist mit Depolarisation, mit Annäherung des Membranpotentials an die kritische Schwelle, Hemmung dagegen identisch mit Hyperpolarisation, d. h. einer weiteren Entfernung des Membranpotentials von der kritischen Schwelle. Der Vorgang der Integration der Nervenzelle besteht somit darin, daß aus der Summe der einströmenden Signale, der postsynaptischen Potentiale, entweder durch Überschreiten der kritischen Schwelle ein Aktionspotential ausgelöst wird und damit ein Signal über das Axon der Zelle weitergeleitet wird, oder aber die Summe aller postsynaptischen Potentiale unterhalb der kritischen Schwelle bleibt und keine Weiterleitung des Signals stattfindet.

Wie bereits angedeutet, ist die Reizschwelle einer Nervenzelle am Axonhügel am geringsten; das hat zur Folge, daß bei jeder überschwelligen Erregung, sei es ortho- oder antidromer Art, zuerst am Axonhügel ein Alles-oder-Nichts-Potential, der sogenannte A-Spike, entsteht, der dann seinerseits am Soma zur Auslösung des B- oder Soma-Dendriten-Spikes führt. Deshalb ist die Lokalisation einer erregten Synapse von so großer Bedeutung: Je näher ihr Sitz dem Soma und damit dem Axonhügel ist, desto geringer ist der Amplitudenverlust bei ihrer Fortleitung, desto größer ihre „strategische" Bedeutung. Um so größer ist die Wahrscheinlichkeit z. B. für ein EPSP, ein Aktionspotential zu triggern, um so größer die Chance eines IPSPs, dieses zu verhindern. Die Nervenzelle hat somit die Möglichkeit, aufgrund der zeitlichen und räumlichen Verteilung evozierter erregender und hemmender postsynaptischer Potentiale die eingehenden Informationen zu integrieren.

Zur Chemie der Transmitter am Motoneuron ist bisher nur bekannt, daß das Motoneuron an den Muskelendplatten und über seine Kollateralen an den Renshaw-Zellen Acetylcholin freisetzt (Eccles et al., 1954). Ferner, daß der bei der direkten Hemmung ausgeschüttete Transmitter sehr wahrscheinlich Glycin ist (Werman u. Aprison, 1968). Inwieweit Catecholamine, Glutaminsäure und ähnliche Substanzen an den verschiedensten Synapsen freigesetzt werden, ist noch nicht geklärt. Es sei aber daran erinnert, daß an Zellen von Invertebraten, z. B. an Ganglienzellen von Schnecken, mehrere Überträgerstoffe wie Acetylcholin, Dopamin und Serotonin erregende und auch hemmende postsynaptische Potentiale mit verschiedenen Permeabilitätsänderungen durch den gleichen Transmitter auslösen können. Der Abbau bzw. die Resorption der Catecholamine ist gegenüber dem Abbau des Acetylcholins wesentlich langsamer, auch tritt eine schnellere Desensibilisierung ein. Die Möglichkeit, daß es auch am Motoneuron nicht nur einen erregenden bzw. hemmenden Transmitter gäbe, sollte in Betracht gezogen werden und könnte ein unterschiedliches Verhalten von postsynaptischen Potentialen nach Reizung verschiedener Afferenzen erklären.

Die Tatsache, daß somanahe gelegene Synapsen in bezug auf ihre Effektivität günstiger gelegen sind, hatte vor längerer Zeit zu der Überzeugung geführt, daß die hemmenden ebenso wie die monosynaptisch erregenden Synapsen der Ia-Fasern somanahe gelegen wären, zumal Coombs, Eccles u. Fatt (1955 a) die Längskonstante eines Dendriten auf nur 350 μ geschätzt hatten. Daraus ergaben sich Fragen nach der Bedeutung der weiter distal lokalisierten Synapsen, denen teilweise trophotrope Funktionen oder Gedächtnisfunktionen zugeordnet wurden.

Ergebnisse, die für eine größere Bedeutung der dendritischen Synapsen sprachen, ergaben sich aus den Arbeiten von Brookhart u. Kubota (1963) bei Untersuchungen am Motoneuron des Frosches, von Terzuolo u. Llinás (1966), die eine nur an den Dendriten wirksame Hemmung am Katzenmotoneuron nach Reizung der Reticularisformation fanden, sowie von Untersuchungen an Rindenneuren, deren Dendritenbaum um ein Vielfaches größer ist als der des Motoneuron (Creutzfeld u. Lux, 1964; Klee u. Offenloch, 1964). 1959 begann Rall ein mathematisches Modell für das Motoneuron zu entwickeln. Unter Annahme eines festen Verhältnisses im Durchmesser eines Stammdendriten zu den Verzweigungsdendriten war es ihm möglich, den gesamten Dendritenbaum als einen äquivalenten Zylinder zu betrachten, der in seinem Modell in 5 bzw. 10 Teilabschnitte gleicher elektrotonischer Länge aufgegliedert wurde. Wie bereits beschrieben, ist die Längskonstante vom Durchmesser des Dendriten abhängig; somit nehmen die tatsächlichen Längen der Abschnitte nach distal ab. Während Rall diese Zylinder als unbegrenzt annimmt, schlägt Lux (1967) zur Erklärung unterschiedlicher Zeitkonstantenmessung ein Modell mit Dendriten begrenzter Länge vor.

Anhand dieses Modells konnte Rall beschreiben, wie sich die Form eines EPSPs verändern müßte, wenn nacheinander zunächst proximale und dann distale Dendritenabschnitte erregt werden oder wenn diese Erregung in umgekehrter Reihenfolge abläuft, wenn gleichzeitig hemmende Synapsen erregt werden, ferner die dadurch bedingten Änderungen im Abfall des postsynaptischen Potentials etc. In einer größeren Serie veröffentlichten Rall (1967), Nelson u. Frank (1967), Burke (1967) und Smith et al. (1967) experimentelle Ergebnisse, die die Vorstellungen über die Bedeutung der dendritischen Synapsen am Motoneuron änderten und mit den neueren elektronenoptischen Befunden über die Ia-Synapsen am Motoneuron von Bodian (1966) übereinstimmen.

Zunächst ging aus Befunden von Burke (1967) hervor, daß die elektrisch evozierten monosynaptischen EPSPs bereits eine Summe sogenannter Miniature-EPSPs (mEPSP) darstellen. In Abb. 4 A sind verschiedene Formen derartiger mEPSPs dar-

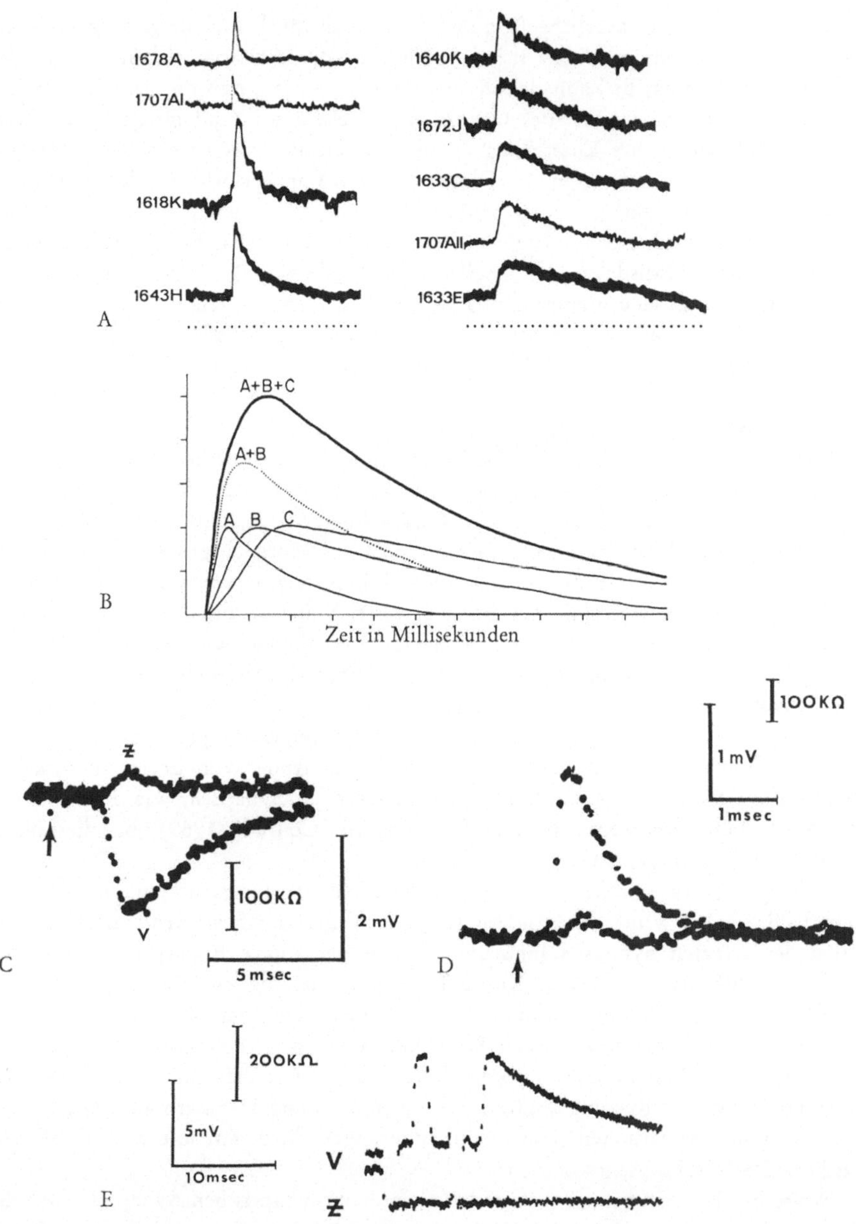

Abb. 4. A: Verschiedene mEPSP's, registriert mit gleicher Zeitablenkung, durch Muskeldehnung ausgelöst. Abnahme der Anstiegssteilheit und Zunahme der Abfallzeitkonstanten
von links oben nach rechts unten. B: Graphische Rekonstruktion von gemischten EPSP's
entsprechend den mEPSP's in A. A + B = Summe aus A und B, A + B + C = Summe der
drei Teilkomponenten. (Nach Burke, 1967.) C—D: Widerstandsänderung während des
Ablaufes von postsynaptischen Potentialen. C: direktes IPSP mit Impedanzänderung, dargestellt in der Kurve Z. D: Monosynaptisches EPSP, ebenfalls mit Widerstandsänderung,
die erst im abfallenden Schenkel des EPSP's einsetzt. E: monosynaptisches EPSP, das keine
Widerstandsänderung am Soma erkennen läßt. (Nach Smith et al., 1967)

gestellt, wie sie durch natürliche Reizung, d. h. durch Muskeldehnung, ausgelöst werden konnten. Sie unterscheiden sich besonders in der Anstiegssteilheit und in der Abfallszeitkonstanten. Es kann davon ausgegangen werden, daß die besonders steilen mEPSPs am proximalen Teil des Dendriten entstehen, während mEPSPs mit langsamem Abfall durch ihre Entstehung an distalen Dendriten eine erhebliche elektrotonische Verformung aufweisen. Im Diagramm B ist nun versucht worden, durch eine algebraische Summation aus einer steilen Komponente A, einer extrem langsamen Komponente C und einer mittelschnellen Komponente (B) EPSPs verschiedener Amplitude und Abfallsdauer darzustellen (A + B, A + B + C). Es ergibt sich hieraus, daß elektrisch ausgelöste monosynaptische EPSPs in den meisten Fällen eine Summe aus verschiedenen Teilkomponenten bilden, die sich algebraisch bei Annahme synchroner Erregung addieren können und deren Verschiedenheit bezüglich der Anstiegs- und Abfallszeiten auf eine nahezu gleichmäßige Verteilung der erregten Synapsen über die gesamte Dendritenfläche schließen lassen.

Ferner versuchte Smith et al. (1967) mit einer Brückenmethode kleinste Widerstandsänderungen während des Ablaufes von EPSPs und IPSPs festzustellen. Bereits Coombs, Eccles u. Fatt (1955 b) hatten darauf hingewiesen, daß im Gegensatz zum Endplattenpotential das monosynaptische EPSP des Motoneurons keine wesentliche Reduktion der Amplitude des antidromen Aktionspotentials bewirkte, somit keine meßbare Widerstandsänderung am Soma auslöste. Während des Ablaufs aller untersuchten IPSPs fanden Smith et al. Widerstandsabnahmen, wie sie durch die nach oben gerichtete Abweichung der Kurve Z der Abb. 4 C dargestellt ist. Das läßt auf eine somanahe Entstehung und dort registrierbare Veränderung der Leitfähigkeit bzw. auf eine somanahe Synapsenlokalisation der hemmenden präsynaptischen Faser schließen. Somit decken sich diese Befunde mit dem früher von Eccles entwickelten Modell einer somanahen Lokalisation der hemmenden Synapsen, wie auch mit den bereits erwähnten elektronenoptischen Befunden von Conradi (1969) über die Lokalisation der F-Typ-Synapsen.

Hingegen fanden Smith et al. in der Mehrzahl der untersuchten monosynaptischen EPSPs keine Widerstandsänderung, was auf eine somaferne dendritische Lokalisation der erregten Synapsen hindeutet, wie in der Kurve E dargestellt. Daneben fanden sich EPSPs, wie das in Kurve D dargestellte, die zwar eine Widerstandsabnahme zeigten, allerdings stimmen Latenz und Dauer der Widerstandsänderung nicht mit den bekannten zeitlichen Beziehungen zwischen dem Stromfluß und dem Potentialablauf überein. Die Autoren diskutieren u. a. daher die Möglichkeit, daß durch überschwellige Reizung zusätzlich hemmende Ib und II-Fasern aktiviert wurden und somit die beobachteten Widerstandsänderungen durch ein mit dem EPSP vermischtes IPSP bedingt sein könnten.

Weitere Hinweise auf eine Verteilung der monosynaptischen Synapsen über den gesamten Dendritenbaum ergaben Untersuchungen über die Interaktionen von EPSPs und IPSPs. Wenn zwei EPSPs synchron an benachbarten Orten ausgelöst werden, wie z. B. am Soma oder an einem Dendriten, so ist zu erwarten, daß durch die Interaktion der Widerstandsänderungen und der Potentialverschiebungen die Summe der beiden Potentiale kleiner sein müßte als die algebraische Summe der beiden PSPs. Zu diesem Zweck untersuchte Burke (1967) anhand von gemittelten EPSPs diese Möglichkeit einer Aussage über die Synapsenlokalisation. In Abb. 5 A ist in der unteren Kurve ein EPSP nach Reizung des N. gastrocnemius-soleus aufgezeichnet.

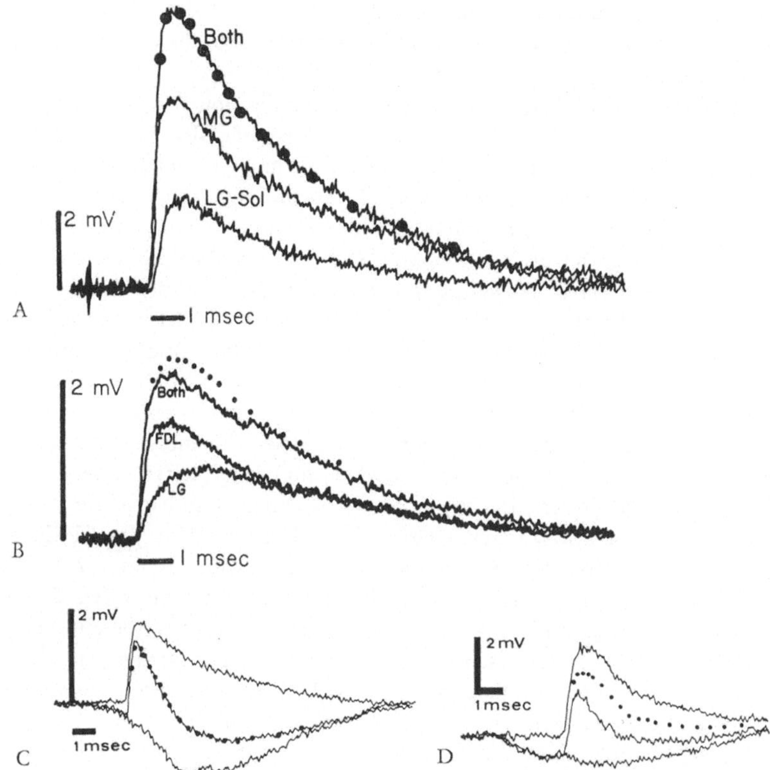

Abb. 5. A: Gemittelter Verlauf von 25 EPSP's nach Reizung des N. gastrocnemius-soleus und des medialen Gastrocnemius. Das Summenpotential (Both) deckt sich vollkommen mit der errechneten algebraischen Summe (punktierte Linie). B: EPSP's nach Reizung des lateralen Gastrocnemius und des N. flexor digitorum longus. Das Summenpotential bei gleichzeitiger Reizung entspricht nur 88⁰/₀ der algebraischen Summe. (Nach Burke, 1967.) C: Interaktion eines EPSP's nach Reizung des N. lateralis gastrocnemius und eines IPSP's nach Reizung des N. flexor digitorum longus. Das Summenpotential bei gleichzeitiger Reizung beider Afferenzen deckt sich mit der errechneten algebraischen Summe. D: In einem anderen Neuron bei Reizung der gleichen Afferenzen weicht das registrierte Summenpotential von der algebraischen Summe ab. (Nach Rall et al., 1967)

Die Kurve darüber zeigt ein EPSP nach Reizung des medialen Gastrocnemius-Nerven. Werden beide EPSPs durch gleichzeitigen Reiz beider Afferenzen ausgelöst, wurde die darüber befindliche Kurve abgeleitet. Anschließend wurden die Einzelwerte beider EPSPs algebraisch summiert und durch eine punktierte Linie dargestellt. Es zeigt sich in A, daß die Summe beider EPSPs gleich ihrer algebraischen Summe ist. Hieraus kann geschlossen werden, daß die Entstehungsorte der beiden EPSPs und damit die Lokalisation der erregten Synapsen nicht dicht benachbart sein können, sondern räumlich getrennt sein müssen — etwa durch eine Lokalisation an verschiedenen Dendriten.

Wie das Beispiel B zeigt, fanden sich auch Abweichungen von einer algebraischen Summation. In den Versuchen von Burke war das in etwa 40⁰/₀ der Fälle zu beob-

achten. Eine Deutung des Befundes in B wäre, daß hier die erregten Synapsen räumlich näher lokalisiert sind, etwa an proximalen und distalen Teilen des gleichen
Dendriten.

Ähnliche Rückschlüsse auf eine Dendritenlokalisation der Ia-Afferenzen erlaubten
Untersuchungen der Interaktionen von EPSPs und IPSPs. Wenn, entsprechend dem
bisherigen Modell, die hemmenden Synapsen am Soma lokalisiert sind, die monosynaptischen Synapsen hingegen ebenfalls am proximalen Dendriten oder am Soma,
dann muß bei ihrer Interaktion wegen der Impedanz- und Potentialveränderungen
eine Abweichung von bis zu 10% von einer algebraischen Summation erwartet werden. Tatsächlich waren Abweichungen von einer algebraischen Summation in diesem
Ausmaß zu beobachten. Die Kurve C hingegen zeigt eine der häufig zu beobachtenden
Abweichungen. Hier wurde ein IPSP und ein EPSP ausgelöst und im Anschluß
daran beide Afferenzen zugleich gereizt. Wiederum stellt die punktierte Linie die
algebraische Summation dar. Der Verlauf des Summenpotentials beider PSPs deckt
sich vollkommen mit der errechneten algebraischen Summe, es tritt keine Reduktion
auf. Für diesen Fall nehmen Rall et al. (1967) eine weiter getrennte Lokalisation
der erregten Synapsen an, etwa am proximalen Dendriten für die hemmende
Synapse und am distalen Teil eines anderen Dendriten für das EPSP. Die Abb. D
zeigt eine Reduktion der Summenpotentiale, die größer ist als sie bei einer somatischen Lokalisation der hemmenden Synapsen zu erwarten wäre, da sie mehr als
10% beträgt. Hier müßte ebenfalls die hemmende Synapse bereits am proximalen
Teil eines Dendriten lokalisiert sein, wahrscheinlich am gleichen, an dem das EPSP
entsteht. Somit ergaben sämtliche Untersuchungen, daß die Ia-Synapsen über die
gesamte Dendritenmembran verteilt sind, die hemmenden Synapsen dagegen am
Soma und im proximalen Teil der Dendriten konzentriert sind.

Abschließend möchte ich über die Lokalisation der polysynaptischen EPSPs und
deren häufige Vermischung mit IPSPs berichten anhand von Befunden aus unseren
Untersuchungen am Motoneuron zusammen mit Aleksander Wagner. Während des
Strychninkrampfes im Rückenmark kommt es zu einer Amplitudenzunahme polysynaptischer EPSPs, während die Amplitude monosynaptischer EPSPs unverändert
bleiben (Klee u. Wagner, 1967). Da entsprechend einer Theorie Strychnin die Erregbarkeit des dendritischen Einganges erhöhen soll, waren wir daran interessiert, Aussagen über die mögliche Lokalisation der im Krampf erregten Synapsen machen zu
können. Zu diesem Zweck veränderten wir das Membranpotential während der Auslösung dieser PSPs. Ausgehend von der eingangs angedeuteten Möglichkeit, daß
wegen der dendritischen Längskonstanten die Veränderungen des Membranpotentials
an distalen Dendritenabschnitten unerheblich sein müßten, kann man bei zusätz-
licher Annahme einer Abhängigkeit der Amplitude des EPSPs vom Membranpotential annehmen, daß diese Amplitudenänderungen nach künstlicher Veränderung des
Ruhepotentials nur bei solchen EPSPs auftreten können, die in näherer Umgebung des
Zellsomas (als Ort der Stromeinprägung) lokalisiert sind. An distal gelegenen Synapsen sollte dagegen der eingeprägte Strom wirkungslos, ihre Amplituden unverändert
sein (siehe Brookhart u. Kubota, 1962; Creutzfeldt u. Lux, 1964).

Die Amplituden monosynaptischer EPSPs waren bei künstlicher Hyperpolarisation des Membranpotentials unverändert (Abb. 6 A), während die Amplituden
polysynaptischer EPSPs erheblich zunahmen (Abb. 6 B, 6 C) (Klee, Wagner u.
Brooks, 1966). Diese Ergebnisse könnten darauf hinweisen, daß monosynaptische

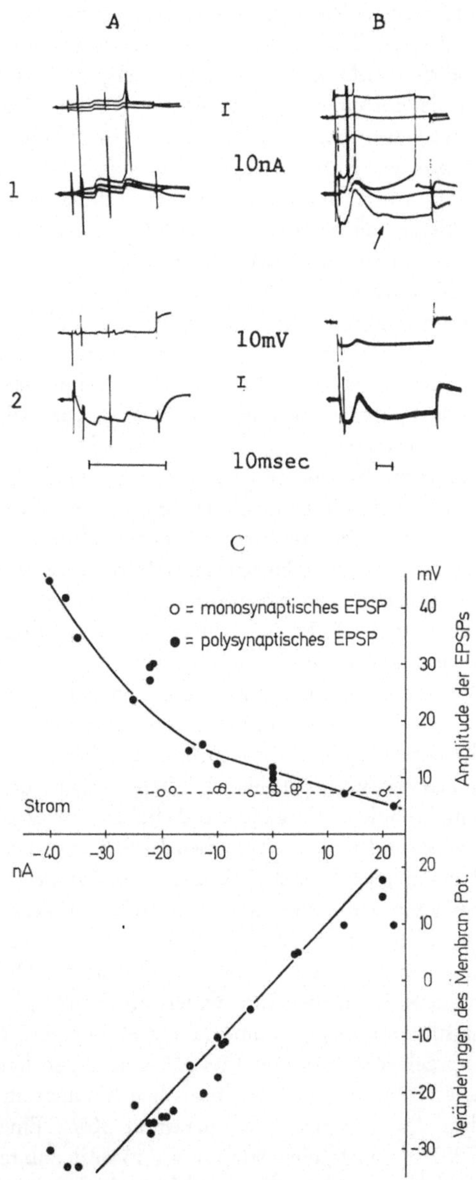

Abb. 6. A: Zwei durch Doppelreizung ausgelöste monosynaptische EPSP's zeigen keine Amplitudenveränderung bei künstlicher De- und Hyperpolarisation. B: Im Gegensatz dazu zeigt an der gleichen Zelle nach gleicher Strychningabe ein polysynaptisches EPSP erhebliche Veränderungen der Amplitude, besonders eine Zunahme seiner Amplitude bei künstlicher Hyperpolarisation (B—2). C: Zunahme der Amplituden polysynaptischer EPSP's bei Stromeinprägung (geschlossene Kreise), unveränderte Amplitude monosynaptischer EPSP's (offene Kreise). (Nach Klee, Wagner u. Brooks, 1966)

EPSPs an distaleren Dendritenabschnitten, polysynaptische EPSPs hingegen an proximalen Abschnitten oder am Zellsoma ausgelöst werden.

Diese Aussage ist aber nur dann zulässig, wenn zwei weitere Bedingungen erfüllt sind: Die Potentiale dürfen nicht durch zeitlich dispergierend ankommende Impulse evoziert werden, und sie dürfen nicht mit IPSPs vermischt sein. Die erste Bedingung ist bei einer polysynaptischen Erregung kaum zu erfüllen. Dagegen glaubten wir, daß die polysynaptischen EPSPs deshalb nicht mit IPSPs vermischt sein könnten, da Strychnin in den von uns verwandten Dosen durch eine kompetitive Hemmung alle IPSPs blockieren müßte (Curtis, 1962; Curtis et al., 1968). Offen bliebe die Möglichkeit einer strychnin-resistenten Hemmung, die durch diese Methode besonders deutlich darstellbar wäre.

Obwohl, besonders in den zentralen Abschnitten des ZNS, der polysynaptischen Erregung mindestens die gleiche Bedeutung wie der monosynaptischen zukommt, sind Untersuchungen über ihre Charakteristik selten. Zwar könnten Hinweise auf die strategische Position der polysynaptischen Afferenzen von allgemeinem Interesse sein, ihre Deutung ist aber wegen der vielen Unwägbarkeiten äußerst schwierig, die durch die zeitliche Dispersion der ankommenden Signale, durch den zwischengeschalteten Interneurenpool, die dort selbst stattfindenden Interaktionen, die Vermischung der IPSPs mit EPSPs und die Kombination verschieden schnell leitender Fasersysteme in der Reizleitung gegeben sind. Wir hatten deshalb versucht, in nicht strychninisierten Präparaten durch Widerstandsmessung Interaktionen von polysynaptischen und monosynaptischen EPSPs und IPSPs und durch Chlorinjektionen festzustellen, ob Rückschlüsse auf eine unterschiedliche Lokalisation beider afferenter Systeme erlaubt sind. Schließlich sollten nach den Befunden von Conradi neben den dendritischen M-Typ-Synapsen noch drei weitere Synapsenarten möglicher erregender Funktion über das Soma und die Dendriten des Motoneurons verteilt sein.

Da Doppelreizungen polysynaptischer Bahnen wegen der Vermaschung im Interneuronenpool sehr komplexe Vorgänge sind, haben wir besonders Interaktionen zwischen polysynaptischen und monosynaptischen EPSPs untersucht, entsprechend den Symbolen o−p und o−m in Abb. 2 B. Wie die Abb. 7 A zeigt, haben wir ähnlich wie Burke je 20 postsynaptische Potentiale gemittelt. Aufgezeichnet ist das polysynaptische EPSP (p) durch Reizung der Hinterwurzel L 6 und mit Reizintervallen von 9 msec in A 1 und 4 msec in A 2 ein monosynaptisches EPSP (m) nach Reizung des N. biceps-semitendineus. Bei beiden Intervallen stimmen Gipfel des Summenpotentials und die algebraisch errechnete Summe (Punkte) überein. Wurde hingegen die zur Ableitestelle näher gelegene Hinterwurzel L 7 gereizt, so kam es, beginnend bei Intervallen von 3 msec (B 1) zu keiner algebraischen Summation der beiden EPSPs, sondern zu erheblichen Abweichungen von maximal 30%. Eine algebraische Summation der beiden EPSP-Arten fanden wir nur in 15% der untersuchten EPSPs; zu vermuten wäre entweder eine Überlappung beider Synapsentypen oder aber eine Vermischung der polysynaptischen EPSPs mit IPSPs.

Nur die Befunde während einer Interaktion von monosynaptischen und polysynaptischen EPSPs mit IPSPs ließen die Vermutung zu, daß eventuell die mono- und polysynaptischen erregenden Synapsen nicht gleichmäßig über die Dendritenmembran verteilt sind, sondern daß Anteile der polysynaptischen Endigungen näher zum Soma gelegen sein könnten, als dies bei monosynaptischen Synapsen der Fall ist. Abb. 8 A zeigt ein monosynaptisches EPSP und Abb. 8 B ein polysynaptisches EPSP, gleich-

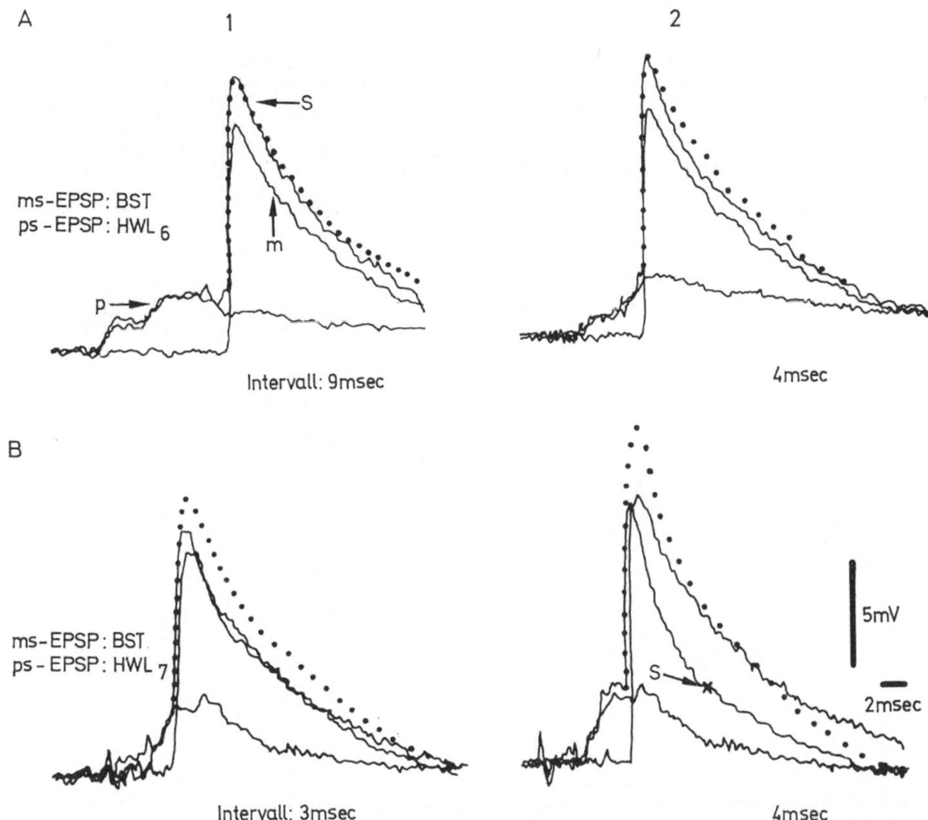

Abb. 7. A: Interaktionen zwischen polysynaptischen und monosynaptischen EPSP's. A 1: polysynaptisches EPSP nach Reizung der Hinterwurzel L 6 (p) und monosynaptisches EPSP (m) nach Reizung des N. biceps-semitendineus. Bei Reizintervallen von 9 und 4 msec (A 2) stimmen das Summenpotential (S) mit der algebraischen Summe (Punkte) überein. B: Interaktion des gleichen monosynaptischen EPSP's mit einem polysynaptischen EPSP nach Reizung der Hinterwurzel L 7. Bereits bei einem Intervall von 3 msec kommt es zu einer Abweichung von der algebraischen Summe, die bei einem Intervall von 4 msec (S) deutlich zunimmt. (Nach Klee u. Wagner, 1968)

zeitig ein IPSP und das bei Reizung beider Eingänge ableitbare Summenpotential. In A und B betragen die Abweichungen von der algebraischen Summe jeweils etwa 10—15%. In C und D sind an zwei Zellen mit einem Intervall von etwa 5 msec ein monosynaptisches und ein polysynaptisches EPSP mit einem IPSP in Interaktion gebracht worden. Die Abweichung der Gipfelamplituden der beiden monosynaptischen EPSPs ist in C und D nahezu gleich, ebenfalls im Rahmen der gemäß des Eccles-Modells zu erwartenden Reduktion von etwa 10%, während das polysynaptische EPSP in D ganz erheblich reduziert ist, in einem Ausmaß, wie wir es nur bei polysynaptischen, niemals aber bei monosynaptischen EPSPs beobachtet haben. Dadurch wäre ein Hinweis auf die teilweise besonders somanahe Lokalisation polysynaptischer erregender Synapsen gegeben, d. h. eine engere Überlappung mit

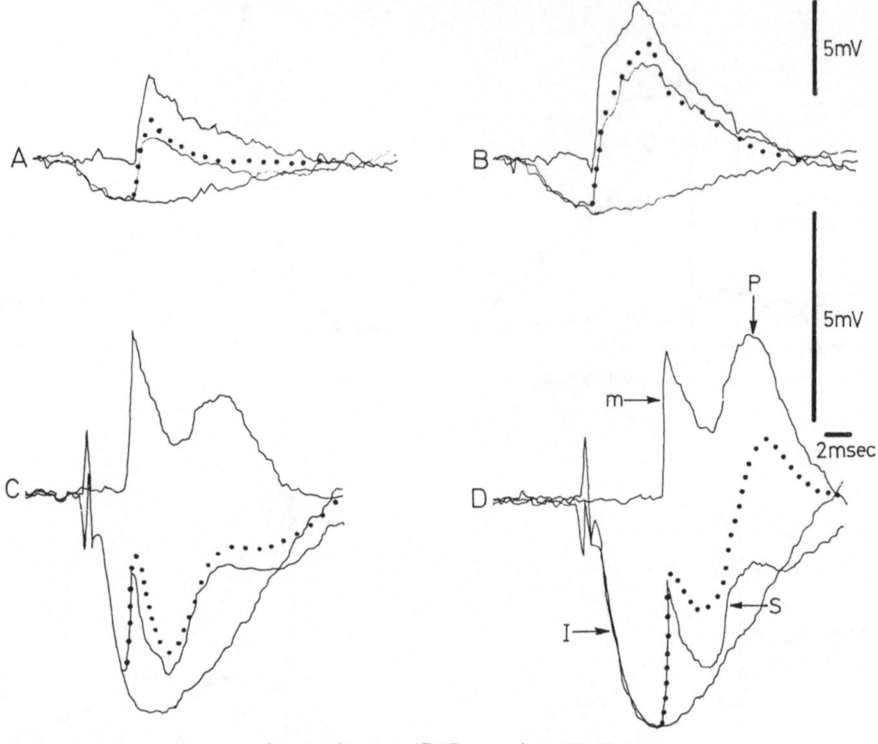

Abb. 8. Interaktionen von monosynaptischen und polysynaptischen EPSP's mit IPSP's. Interaktion zwischen einem monosynaptischen EPSP und einem IPSP in A, zwischen einem polysynaptischen EPSP und einem IPSP in B. C und D: Interaktion zwischen einem durch Doppelreiz ausgelösten gemischten EPSP, das aus einer monosynaptischen Komponente (m) und einer polysynaptischen Komponente (p) besteht, mit einem IPSP (I). Während die Abweichung des Summenpotentials von der algebraischen Summe in C für das monosynaptische EPSP dem der Abweichung des polysynaptischen EPSP's entspricht, ist in D bei gleichem Verhalten des monosynaptischen EPSP's die Abweichung des polysynaptischen EPSP's sehr erheblich

den hemmenden Synapsen. Diese Versuchsanordnung hat den Vorteil, daß bereits aus der Interaktion zwischen dem monosynaptischen EPSP und dem IPSP Rückschlüsse auf die Lokalisation der inhibitorischen Synapse möglich sind (Rall et al., 1967) und damit deren Lokalisation für die Interaktion.

Die von uns durchgeführten Untersuchungen zur Widerstandsänderung im Ablauf monosynaptischer EPSPs ergaben Resultate, die weit eher denen von Coombs, Eccles u. Fatt (1955 b) als denen von Smith et al. (1967) entsprachen. Die von uns verwandte Methode entspricht der von der Endplatte des Muskels bekannten Untersuchung über die Kurzschlußwirkung des synaptischen Stromes auf die Amplitude eines direkt bzw. antidrom ausgelösten Aktionspotentials. A 1 in Abb. 9 zeigt den antidromen Spike und einen isolierten A-Spike nach Doppelreizung (das kritische Intervall), A 2 das monosynaptische EPSP. Anschließend wurde das Intervall zwi-

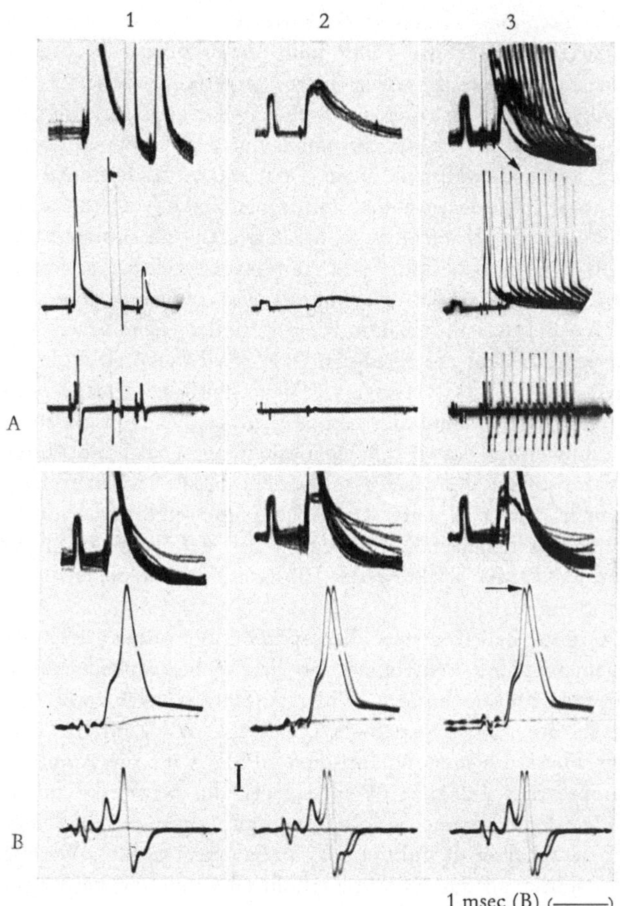

Abb. 9. Widerstandsmessung im Ablauf eines monosynaptischen EPSP's mittels Darstellung der Amplitude eines antidromen Aktionspotentials. Antidromes Aktionspotential und A-Spike nach Doppelreiz in A 1, monosynaptisches EPSP in A 2, Interaktionen beider Potentiale in A 3. An der mit einem Pfeil gekennzeichneten Stelle kommt es zu einer Amplitudenreduktion des antidromen Aktionspotentials (s. auch B 3). B: Darstellung der Amplitudenreduktion des antidromen Spikes mit schnellerer Zeitablenkung und verzögerter DC-Registrierung in bestimmten Phasen des EPSP's. Superponiert sind jeweils das EPSP, das antidrome Aktionspotential und das zusammen mit dem EPSP ausgelöste antidrome Aktionspotential. Obere Reihe: AC-Verstärkung, mittlere Reihe: DC-Verstärkung, untere Reihe: AC-Verstärkung des elektrisch differenzierten Aktionspotentials. Cal.: 100 mV, 1 msec (A 1 Mitte) für A 1 bis 3 Mitte; 5 mV, 1 msec (A 2 oben) für A und B oben; 200 V/sec (B 1 unten) für A und B unten; 1 msec (Balken B 3 unten) für B 1 bis 3 Mitte und unten

schen dem das EPSP auslösenden Reiz und dem antidromen Reiz variiert (A 3). Links ist der Kontrollspike vor dem EPSP zu sehen, daran anschließend antidrome Aktionspotentiale im Verlauf des EPSPs. Bei dem durch einen Pfeil gekennzeichneten Intervall kommt es zu einer Amplitudenreduktion des Aktionspotentials. In der Reihe B sind mit schnellerer Zeitablenkung einzelne Intervalle gesondert dargestellt. In der oberen Reihe sind die zeitlichen Beziehungen zwischen dem EPSP und dem antidromen Spike erkennbar, in der mittleren Reihe ist das Aktionspotential und das EPSP und das zugleich ausgelöste EPSP und Aktionspotential unter Verwendung einer schnelleren Zeitablenkung superponiert dargestellt, darunter der elektrisch differenzierte Spike. In B 1 wird der antidrome Spike im Beginn des EPSPs ausgelöst. Wie bereits erwähnt, dauert der Stromfluß unter der Synapse nur während der ersten 1—2 msec an, und während dieser Zeit wären Widerstandsänderungen zu erwarten. Aber in B 1 ist deutlich der antidrome Spike während des EPSPs von gleicher Amplitude wie der Kontrollspike, beide decken sich komplett. Auch auf dem Gipfel des EPSPs, wie in B 2, sind beide Amplitduen gleich, nur hat der mit dem EPSP zusammen ausgelöste Spike eine kürzere Übergangzeit vom Axonhügel zur Somamembran (A—B Intervall), sein Anstieg ist steiler (siehe untere Registrierung). Erst im abfallenden Schenkel des EPSPs, in B 3, wird die Amplitude des durch das EPSP konditionierten Spikes verringert. Diese zeitlichen Beziehungen zwischen Widerstandsänderung und Ablauf des EPSPs gleichen den von Smith et al. (1967) beschriebenen Befunden und lassen die Möglichkeit offen, daß die Widerstandsänderung auf die Vermischung des EPSPs mit einem IPSP zurückzuführen sind. Wie bereits von Coombs, Eccles u. Fatt (1955 c) gezeigt, setzt wegen der synaptischen Verzögerung durch das hemmende Interneuron bei Vermischung von monosynaptischen EPSPs und IPSPs die Wirkung des IPSPs mit entsprechenden Verzögerungen ein.

Aus diesem Grunde haben wir in allen späteren Versuchen die Reizschwelle für die Ia-Fasern gemessen und kontrolliert, ob bereits bei schwellennaher Reizstärke derartige Amplitudenreduktionen bzw. Widerstandsänderungen zu beobachten waren. Die Reizstärke in der Abb. 10, A 1—A 5, beträgt das 1,34fache der Schwellenstärke. In keiner Phase des monosynaptischen EPSPs wird die Amplitude des antidromen Aktionspotentials reduziert. Wird dagegen die Reizstärke auf das 2,58fache erhöht (B 1—B 3), dann kommt es, allerdings auch nur im abfallenden Schenkel des EPSPs in B 3, zu einer Reduktion des antidromen Spikes. Wird bei gleichem Intervall die Reizstärke auf das 3,17fache erhöht (B 4), nimmt die Amplitudenreduktion weiter zu. In B 5 ist an der gleichen Zelle ein polysynaptisches EPSP durch schwache Reizung der Hinterwurzel L 6 evoziert worden. Bereits im aufsteigenden Ast dieses EPSPs ist eine leichte Amplitudenreduktion des Spikes zu beobachten.

In unseren Untersuchungen zeigten bei Benutzung der Testmethode des antidromen Aktionspotentials monosynaptische EPSPs niemals Amplitudenreduktionen bei schwellennaher Reizung. Entsprechend den Kriterien von Rall (1967) waren hierbei auch vermutbare Compartmentlokalisationen, ausgedrückt durch die Gipfellatenz und die Dauer der Halbwertszeit des monosynaptischen EPSPs, d. h. Hinweise auf eine in Somanähe lokalisierte Synapse, ohne Bedeutung für diesen Befund.

Dagegen waren Spikeamplitudenreduktionen bei Interaktionen mit einem polysynaptischen EPSP häufig zu beobachten. Die Abb. 11 zeigt, ähnlich der Abb. 7, die Unterschiede in der Vermischung der PSPs bei Reizung von zwei benachbarten Hinterwurzeln. A 1 und A 2 zeigen Amplitudenreduktionen bei Reizung der Hinterwurzel L 7, A 3 und A 4 keine Veränderung in der Amplitude des antidromen Aktionspotentials bei Reizung der Hinterwurzel L 6. Auch hier muß vermutet werden, daß die Amplitudenreduktionen des Aktionspotentials durch die häufig zu beobachtende Vermischung polysynaptischer EPSPs und IPSPs zu erklären ist. In der

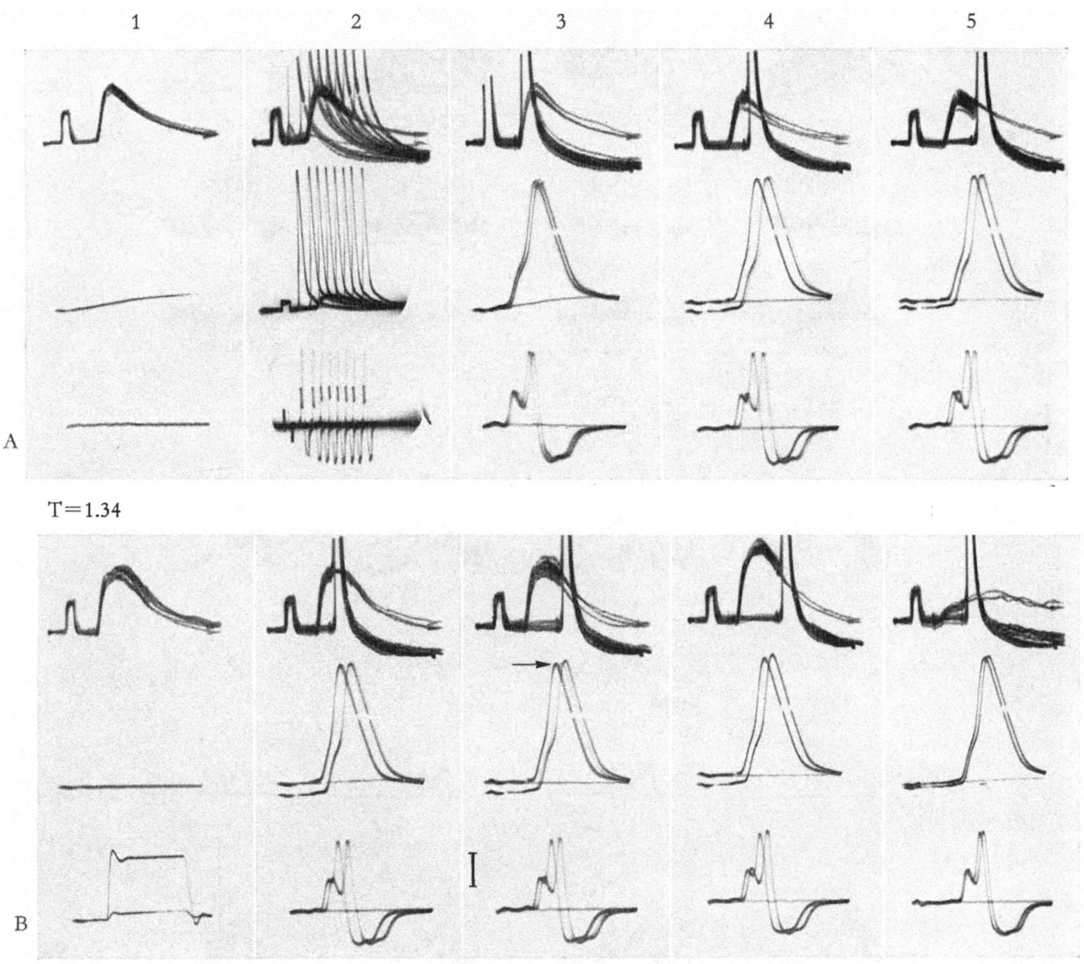

Abb. 10. Abhängigkeit der Amplitudenreduktion des antidromen Aktionspotentials von der Reizintensität. Intensität (T) beträgt in A 1—A 5 1,34, in B 1—B 3 2,58 und in B 4 3,17. Die Art der Registrierung entspricht der in Abb. 9. Cal.: 50 mV, 1 msec (B 1 unten) für A 3 bis B 5 Mitte; 5 mV, 1 msec (A 1 oben) für A und B oben; 200 V/sec (B 3 unten) für A und B unten

Regel traten die Widerstandsänderungen im Verlauf eines polysynaptischen EPSPs mit einer Verzögerung von etwa 3—5 msec (bezogen auf den Beginn des EPSPs) ein. Die in C 1—4 dargestellte Amplitudenreduktion ist somit atypisch, aber deshalb zur Darstellung gewählt, weil hier bei der Betrachtung des EPSPs in C 1 eine leichte hyperpolarisierende Komponente bereits erkennbar ist, die, wie in C 2 sichtbar, eine erhebliche Reduzierung und Verzögerung des antidromen Spikes auslöst. Dagegen finden sich keine Widerstandsänderungen im Abfallschenkel dieses EPSPs (C 4).

Eine elegantere Methode, Ausmaß und Zeitverlauf des mit dem EPSP vermischten IPSPs darzustellen, stellt zweifelsohne die Injektion von Chlorionen dar. Wie in

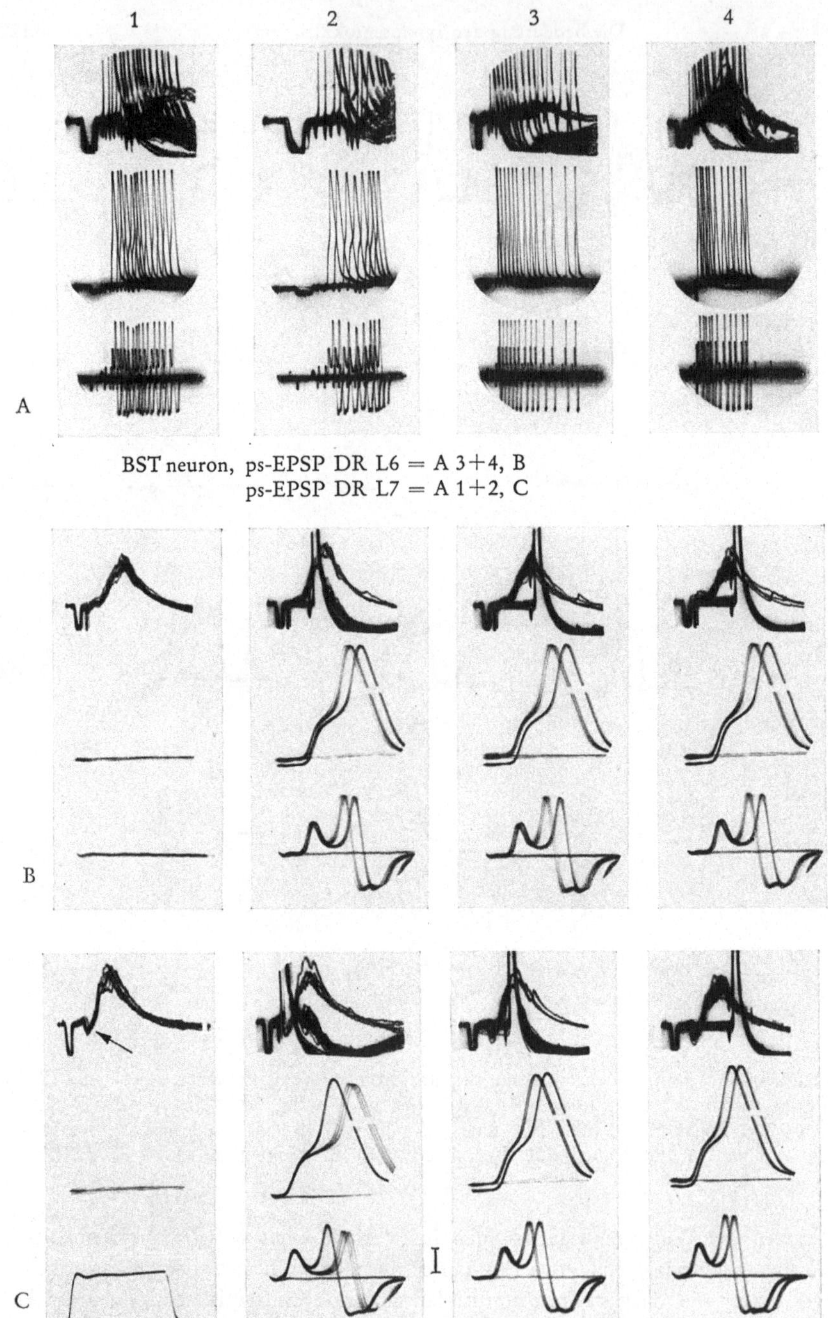

Abb. 11. Widerstandsmessung im Ablauf von zwei polysynaptischen EPSP's. Das in A 1 + 2 und in Zeile C dargestellte polysynaptische EPSP nach Reizung der Hinterwurzel L 7 bewirkt eine deutliche Amplitudenreduktion im Beginn des polysynaptischen EPSP's (Pfeil), wie in C 2 dargestellt, dagegen zeigt das polysynaptische EPSP nach Reizung der Hinterwurzel L 7 (A 3 + 4, Zeile B) keine Amplitudenänderung während des gesamten EPSP's. Cal.: 50 mV, 1 msec (C 1 unten) für B und C Mitte; 5 mV, 1 msec (A 1 oben) für A bis C oben; 200 V/sec (C 2 unten) für A bis C unten

Abb. 3 C gezeigt war, wird durch die Veränderung der Chlor-Innenkonzentration das Gleichgewichtspotential für Chlor in depolarisierender Richtung verschoben. Das bedingt, daß sich die jetzt depolarisierenden IPSP-Anteile zu den EPSP-Anteilen addieren. Die Abb. 12 zeigt ein gemitteltes polysynaptisches EPSP; A ist das Kontroll-EPSP. Nachdem für 20 sec ein Strom von 20 nA durch die KCl-haltige Mikroelektrode geflossen ist, wurde mit gleicher Reizstärke die Hinterwurzel erneut gereizt (B). Die Verzögerung zwischen den EPSP- und IPSP-Komponenten sowie das Ausmaß der beteiligten IPSP-Komponenten ist deutlich sichtbar. Häufig lösten vorher unterschwellige EPSPs nach Chlorinjektionen orthodrom Aktionspotentiale aus.

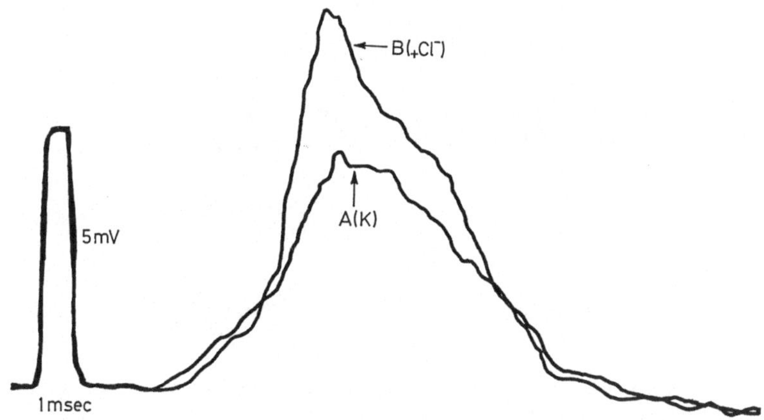

Abb. 12. Gemitteltes polysynaptisches EPSP vor (A/K) und nach 20 sec dauernder Injektion von Chlor mit einer Stromstärke von 20 nA (B/+Cl⁻). Die Differenz der beiden Kurven erlaubt es, das Ausmaß und die zeitliche Verzögerung der mit dem EPSP vermischten IPSP-Komponenten abzuschätzen

Die erneute Anwendung dieser Methodiken auf polysynaptische EPSPs vor und nach Strychningabe ergaben weitere Hinweise auf das Persistieren von Widerstandsänderungen bzw. IPSP-Komponenten unter Strychnin (Wagner u. Klee, 1968). Abb. 13 zeigt in A 1—A 3 die äußerst geringe Amplitudenreduktion des antidromen Spikes (A 1) und die fehlende Amplitudenänderung des polysynaptischen EPSPs bei künstlicher Hyperpolarisation (A 2) 45 min nach der ersten Injektion von Strychnin. A 3 stellt eine Kontrollregistrierung vor einer zweiten Injektion dar. In den Zeilen B 1—B 3 wird erkennbar, wie durch eine erneute Injektion die Amplitude des polysynaptischen EPSPs zunimmt und zugleich bei einer wiederholten künstlichen Hyperpolarisation (B-3) im Vergleich zu A 2 die Amplitude des polysynaptischen EPSPs hierdurch zunimmt. Zwei Erklärungen wären möglich: Durch eine Zunahme der polarisation (B 3) im Vergleich zu A 2 die Amplitude des polysynaptischen EPSPs diese sind nicht völlig blockiert — oder es werden hier zunehmend somanahe Synapsen aktiviert. Zweifelsohne scheint die erste Erklärung die wahrscheinlichere zu sein.

Die Versuche ergaben somit, daß wegen der häufigen Vermischung der polysynaptischen EPSPs mit IPSPs übliche Methoden der Synapsenlokalisation für dieses Problem keine Anwendung finden können. Erst die Kombination mehrerer Methoden — besonders in Verbindung mit der Veränderung der Chlorkonzentration —

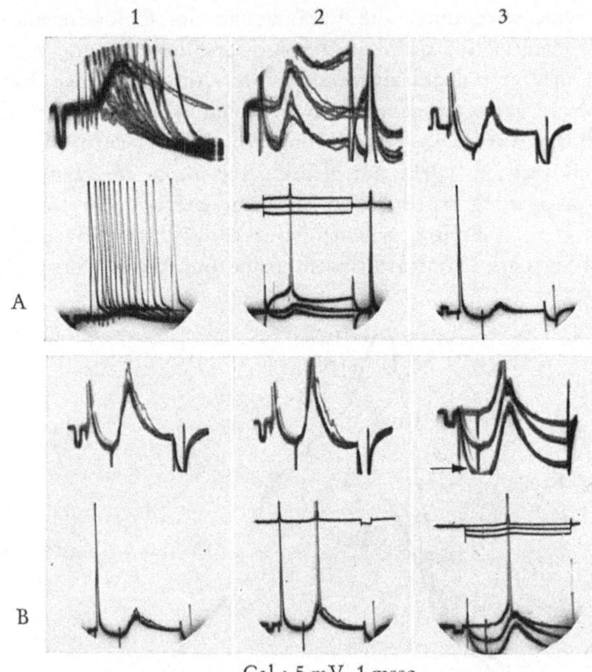

Cal.: 5 mV, 1 msec

Abb. 13. A: Untersuchung eines polysynaptischen EPSP's 45 min nach einer Injektion von 0,1 mg/kg Strychnin. Sehr geringe Amplitudenreduktion des antidromen Spikes im abfallenden Teil des EPSP's (A 1), keine Amplitudenänderung des polysynaptischen EPSP's bei künstlicher Hyperpolarisation (A 2). Verglichen mit der Kontrolle (A—3), nimmt nach einer zweiten Injektion der gleichen Strychninmenge die Amplitude des polysynaptischen EPSP's zu und löst einen Spike aus (B 2). Während künstlicher Hyperpolarisation, 10 min nach der Injektion, ist eine deutliche Amplitudenzunahme des polysynaptischen EPSP's erkennbar (B 3). Obere Reihe: AC-Verstärkung, mittlere Reihe: Strommessung als Spannungsabfall über die Mikroelektrode, untere Reihe: DC-Registrierung

lassen Schlüsse auf eine mögliche Lokalisation der polysynaptischen EPSPs zu. Besonders die Ergebnisse der Interaktion mit IPSPs machen es wahrscheinlich, daß Anteile der polysynaptisch erregten Synapsen näher zum Soma bzw. am Soma gelegen sein können, im Gegensatz zu den wohl nur an den Dendriten lokalisierten monosynaptischen Synapsen. Zwar ist es zunächst überraschend, weshalb polysynaptisch erregende Synapsen näher am Soma und damit strategisch günstiger lokalisiert sein sollten als monosynaptische Synapsen, der Befund würde aber andererseits die Bedeutung polysynaptischer Eingänge nur unterstreichen. Aufgabe der an den Dendriten lokalisierten hemmenden Synapsen könnte es sein, bereits lokal die dort entstehenden EPSPs zu blockieren, Vorgänge, die eventuell mit der im Soma lokalisierten Mikroelektrode nicht zu registrieren sind.

Die Verknüpfung von biophysikalischen, biochemischen und morphologischen Zelleigenschaften, die der Interaktion von postsynaptischen Potentialen zugrunde liegen, zeigen bereits am relativ einfach geschalteten Motoneuron der Katze den komplexen Vorgang, der eine Nervenzelle zur Verarbeitung der ihr über eine große Zahl von Afferenzen zufließenden Nachrichten befähigt.

Literatur

A. Monographien, Lehrbücher

Eccles, J. C.: The Physiology of Nerve Cells. Baltimore: Johns Hopkins Press 1957.
— The Physiology of Synapses. Berlin: Springer 1964.
Hubbard, J. I., Llinás, R., Quastel, D. M. J.: Electrophysiological Analysis of Synaptic Transmission. London: E. Arnold 1969.
Katz, B.: Nerv, Muskel und Synapse. Stuttgart: Thieme 1971.
Keidel, W. D.: Kurzgefaßtes Lehrbuch der Physiologie. Stuttgart: Thieme 1967.
Stevens, Ch. F.: Neurophysiologie. München: BLV-Verlag 1969.

B. Originalarbeiten

Aitken, J. T., Bridger, J. E.: Neuron size and neuron population density in the lumbosacral region of the cat's spinal cord. J. Anat. **95**, 38—53 (1961).
Bodian, D.: Synaptic types on spinal motoneurons: an electron microscopic study. Bull. Johns Hopk. Hosp. **119**, 16—45 (1966).
Brookhart, J. M., Kubota, K.: Studies of the integrative function of the motor neurone. Progr. Brain Res. **1**, 38—61 (1963).
Burke, R. E.: Composite nature of the monosynaptic excitatory postsynaptic potential. J. Neurophysiol. **30**, 1114—1137 (1967).
Conradi, S.: On motoneuron synaptology in adult cats. Acta physiol. scand. **332**, 3—48 (1969 a).
— Ultrastructure of dorsal root boutons on lumbrosacral motoneurons of the adult cat, as revealed by dorsal root section. Acta physiol. scand. **332**: 85–115 (1969 b).
Coombs, J. S., Eccles, J. C., Fatt, P.: The electrical properties of the motoneurone membrane. J. Physiol. (Lond.) **130**, 291—325 (1955 a).
— — — Excitatory synaptic action in motoneurones. J. Physiol. (Lond.) **130**, 374—395 (1955 b).
— — — The inhibitory suppression of reflex discharges from motoneurones. J. Physiol. (Lond.) **130**, 396—413 (1955 c).
Cragg, B. G.: The density of synapses and neurones in the motor and visual areas of the cerebral cortex. J. Anat. **101**, 639—654 (1967).
Creutzfeldt, O. D., Lux, H. D.: Zur Unterscheidung von „spezifischen" und „unspezifischen" Synapsen an corticalen Nervenzellen. Naturwissenschaften **51**, 89—90 (1964).
Curtis, D. R.: The depression of spinal inhibition by electrophoretically administered strychnine. Int. J. Neuropharmacol. **1**, 239—250 (1962).
— Hösli, L., Johnston, G. A. R., Johnston, I. H.: The hyperpolarization of spinal motoneurones by glycine and related amino acids. Exp. Brain Res. **5**, 235—258 (1968).
Eccles, J. C.: The Synapse. Scientific American **212**, 56—66 (1965).
— Fatt, P., Koketsu, K.: Cholinergic and inhibitory synapses in a pathway from motor-axon collaterals to motoneurones. J. Physiol. (Lond.) **216**, 524—562 (1954).
Klee, M. R., Offenloch, K.: Postsynaptic potentials and spike patterns during augmenting responses in cat's motor cortex. Science **143**, 488—489 (1964).
— Wagner, A.: Evidence for a generation of polysynaptic EPSPs in cat motoneurons by axosomatic synapses. In: Neurophysiological Basis of Normal and Abnormal Motor Activities. Edit.: M. D. Yahr and D. P. Purpura. New York: Raven Press 1967, pp. 29—34.
— — Characteristics of polysynaptic excitatory post-synaptic potentials in flexor motoneurons. XXIV Int. Congr. Physiol. Sciences, Vol. VII, p. 241 (1968).
— — Brooks, B. A.: Differences between monosynaptic and polysynaptic excitatory post-synaptic potentials of cat motoneurons during current injection. Brain Res. **3**, 387—391 (1966).
Lux, H. D.: Eigenschaften eines Neuron-Modells mit Dendriten begrenzter Länge. Pflügers Arch. ges. Physiol. **297**, 238—255 (1967).
Nelson, P. G., Frank, K.: Anomalous rectification in cat spinal motoneurons and effect of polarizing currents on excitatory postsynaptic potentials J. Neurophysiol. **30**, 1097—1113 (1967).

Nelson, P. G., Lux, H. D.: Some electrical measurements on motoneuron parameters. Biophys. J. **10**, 55—73 (1970).

Rall, W.: Branching dendritic trees and motoneuron membrane resistivity. Exp. Neurol. **1**, 491—527 (1959).

— Membrane potential transients and membrane time constant of motoneurons. Exp. Neurol. **2**, 503—532 (1960).

— Theory of physiological properties of dendrites. Ann. N. Y. Acad. Sci. **96**, 1071—1092 (1962 a).

— Electrophysiology of a dendritic neuron model. Biophys. J. **2**, 145—167 (1962 b).

— Theoretical significance of dendritic trees for neuronal input-output relations. In: Neural Theory and Modeling. Stanford Univ. Press. 73—97 (1964).

— Distinguishing theoretical synaptic potentials computed for different soma-dendritic distributions of synaptic input. J. Neurophysiol. **30**, 1138—1168 (1967).

— Burke, R. E., Smith, T. G., Nelson, P. G., Frank, K.: Dendritic location of synapses and possible mechanisms for the monosynaptic EPSP in motoneurons. J. Neurophysiol. **30**, 1169—1193 (1967).

Smith, T. G., Wuerker, R. B., Frank, K.: Membrane impedance changes during synaptic transmission in cat spinal motoneurons. J. Neurophysiol. **30**, 1072—1096 (1967).

Terzuolo, C. A., Llinás, R.: Distribution of synaptic inputs in the spinal motoneurone and its functional significance. In: Muscular Afferents and Motor Control. Nobel Symposium I. Stockholm: Almqvist and Wiksell. 373—384 (1966).

Uchizono, K.: Characteristics of excitatory and inhibitory synapses in the central nervous system of the cat. Nature (Lond.) **207**, 642—643 (1965).

Wagner, A., Klee, M. R.: Pharmacological investigation of polysynaptic IPSPs of cat's flexor motoneurons. XXIV. Int. Congr. Physiol. Sciences, Vol. VII, 457 (1968).

Werman, R., Aprison, M. H.: Glycine: The search for a spinal cord inhibitory transmitter. In: Structure and Function of Inhibitory Neuronal Mechanisms. Edit.: C. von Euler, Oxford: Pergamon Press 1968).

Die zentralen neurohumoralen Regulationen der vegetativen Funktionen und der Aktivitätsbereitschaft

Marcel Monnier [1]

Mit 23 Abbildungen

Die wichtigsten neuen Ergebnisse auf dem Gebiet des VNS betreffen *weniger die neuralen* als die *neurohumoralen zentralen Regulationen* der vegetativen Funktionen inkl. der Wach- und Schlafzustände.

Die Regulierungsvorgänge finden vor allem im Bereich des Neurons, der Synapse und der neuro-effektorischen Verbindungsstelle statt. Die Kenntnis dieser Mechanismen hat sich während der letzten 5 Jahre präzisiert, dank der Entwicklung der Elektro-Mikro-Physiologie, der Elektro-Mikro-Pharmakologie (mit der „multi-barrel" Mikropipette von Coombs et al., 1955; Curtis u. Eccles, 1958), sowie der Histochemie und Neurochemie.

Die Uferlosigkeit des Themas erfordert eine Beschränkung auf die wichtigsten Prototypen von *zentral-aktivierenden* und *dämpfenden* neuro-humoralen Regulatoren wie: I. Aminosäuren, II. biogene Amine, III. hypothalamische „releasing factors".

I. Regulierung durch Aminosäuren

Auf *Zellebene* kann man 2 Gruppen von Aminosäuren unterscheiden: Aminosäuren, welche als *Regulatoren* oder *Modulatoren* der metabolischen Zellaktivität wirken, und Aminosäuren, welche sowohl eine *metabolische* als auch eine *synaptische Überträgerfunktion* aufweisen.

1. *Aminosäuren der ersten Gruppe* üben einen Einfluß auf den *allgemeinen Zellstoffwechsel* aus; sie beteiligen sich am Ionentransport durch die Zellmembran und vermögen so die Aktivität des Neurons oder der Effektorenzelle zu *modulieren.* Das ist der Fall bei organischen Anionen der Nervenfaser wie Glutamin- und Asparaginsäure. Solche *Modulatoren* unterscheiden sich von echten Überträgern durch die Art, wie sie freigesetzt werden. Wenn sie nicht durch fortgepflanzte Nervenimpulse an der Axonenendigung entstehen, kann man sie nicht als Überträger betrachten.

2. *Aminosäuren der zweiten Gruppe* üben sowohl eine *metabolische* als auch eine *Überträgerfunktion* aus. Beispiele dieser Art sind unter den *hemmenden Aminosäuren* Glycin sowie — in einer etwas umstrittenen Art — GABA. L-Glutamin und L-Asparaginsäure sind dagegen *excitatorische Aminosäuren.*

---

1 Unter dankenswerter bibliographischer Mitarbeit von J. Bubenik und P. Wolf.

Die Konzentration dieser Aminosäuren in einem bestimmten Hirnteil, ihr Vorkommen in Bläschen der Axonendigung, die Verteilung ihrer synthetisierenden oder inaktivierenden Enzyme, ihre Freisetzung durch Reizung der zugehörigen Neurone, die Aufhebung ihres Effektes durch einen spezifischen pharmakologischen Blocker wie auch durch einen physiologischen antagonistischen Übertragungs-Mechanismus, alle diese Kriterien beweisen ihre Überträgernatur.

Im ZNS der Säugetiere haben gewisse endogene Aminosäuren komplementäre Wirkungen — *excitatorisch* oder *inhibitorisch* — je nach ihrer Eigenschaft als Säure- oder Decarboxylationsprodukt, wie Curtis u. Watkins (1960) früher nachgewiesen haben (Abb. 1).

Saure Aminosäuren	Erregung	Decarboxylierungs-produkte	Hemmg.
Asparaginsäure	+++	β-Alanin	− − −
Glutaminsäure	+++	GABA	− − −
Cysteinsäure	+++	Taurin	− − −
β-Hydroxyglutaminsäure	++	γ-Amino-β-hydroxy-n-Buttersäure	− −
N-Methylasparaginsäure	++	N-Methyl-β-alanin	− −
		Glycin	− −
		δ-Aminovaleriansäure	− −

Abb. 1. Erregende und dämpfende Wirkungen einiger Aminosäuren auf spinale Neurone

Die lokale Applikation einer sauren Aminosäure wie L-Glutaminsäure in Form ihres Salzes Glutamat *erregt* das einzelne corticale Neuron, welches Impulse mit hoher Frequenz entlädt. Demgegenüber *dämpft* die lokale Applikation einer neutralen Aminosäure, wie GABA, die spontane Aktivität des einzelnen corticalen Neurons (Krnjevic u. Schwartz, 1967; Krnjevic, 1970) (Abb. 2).

L-Glutamat findet man in hoher Konzentration in den *dorsalen Wurzeln*, dorsalen Bündeln und in der dorsalen grauen Substanz des Rückenmarks. Möglicherweise ist es der Übermittler der dorsalen Wurzelafferenzen, vielleicht aber auch der afferenten Bahnen zum Nucleus cuneatus und des Thalamus. Die Tatsache, daß man sein Enzym, *L-Glutamat-Decarboxylase*, in den Axonendigungen gefunden hat, spricht für eine Überträgerfunktion (Davidoff et al., 1967; Graham et al., 1967; Curtis u. Johnston, 1970).

L-Glutamat wird weiterhin vom *cerebralen Cortex* freigesetzt (piale Oberfläche), und zwar stärker im Wachzustand als im Schlaf (Jasper et al., 1965), oder stärker während Reizung des aktivierenden Retikularsystems.

L-Aspartat findet man in hoher Konzentration in der *dorsalen grauen Substanz des Rückenmarks*. Möglicherweise ist es der Überträger von *excitatorischen spinalen Zwischenneuronen*. Das Vorkommen seines Enzymes — L-Aspartat-Aminotransferase — ebenfalls in den Nervenendigungen spricht für eine solche Überträgerfunktion.

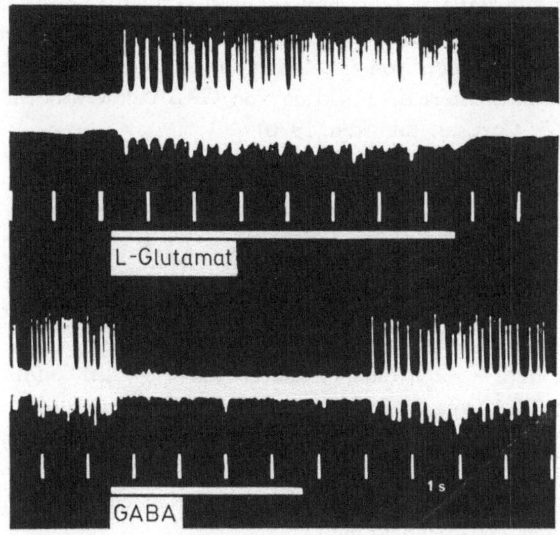

Abb. 2. Erregende Wirkung von L-Glutamat und dämpfende Wirkung von GABA auf ein einzelnes corticales Neuron. (Nach Krnjevic, 1970.)

Die excitatorische Wirkung dieser beiden Aminosäuren ist allerdings ziemlich ubiquitär; sie wurde auch in spinalen Motoneuronen und in der Medulla oblongata festgestellt, wo sie rasch beginnt und rasch aufhört (Hösli u. Tebēcis, 1970).

GABA ist eine cytoplasmatische Komponente des Neurons ohne selektive Lokalisation in der Nervenendigung.

a) Es *dämpft* die Aktivität mancher Neurone.

b) Es hyperpolarisiert Neurone des cerebralen Cortex, des Corpus geniculatum mediale (Tebēcis, 1970) und des Nucleus Deiters (gedämpft durch Purkinje-Zellen), und zwar stärker als es die spinalen Motoneurone hyperpolarisiert.

Da die dämpfende Wirkung von GABA durch spezifische Blocker nicht antagonisiert wird, ist seine Überträgerfunktion im Rückenmark und Hirnstamm nicht erwiesen, im Cortex jedoch nicht ausgeschlossen (Krnjevic u. Schwartz, 1967). Dafür spricht, daß die topische oder intraventriculäre Verabreichung von GABA wie von anderen *kurzkettigen ω-Aminosäuren* wie *Glycin, Beta-Alanin* und *GABOB* (gamma-amino-beta-hydroxybuttersäure) die negative Komponente der „cortical evoked potentials" herabsetzt (Grundfest, 1959; Purpura et al., 1959).

Außerdem erweist sich im Cortex des schlafenden Tieres die Freisetzung von GABA stärker als diejenige von L-Glutamat (Jasper et al., 1965).

Verhältnis zwischen L-Glutaminsäure und GABA. Von großer funktioneller Bedeutung ist das komplementäre Verhältnis von L-Glutaminsäure und GABA.

Glutaminsäure findet man in der gleichen Homogenat-Fraktion wie GABA; sie bildet sogar die Grundlage für die Synthese von GABA. Das Enzym, welches Glutaminsäure in GABA verwandelt, ist wahrscheinlich ein wichtiger Faktor für die Plastizität der zentralen nervösen Funktionen. Dies spielt eine Rolle beim Verhüten der Ermüdbarkeit des Neurons (Hebb, 1970), wahrscheinlich auch in Prozessen, welche dem Lernen, dem Gedächtnis und Vergessen zugrunde liegen.

Die Komplementarität von *Glutaminsäure* als Aktivator und *GABA* als Moderator der neuronalen Aktivität kommt schließlich auch bei Krampfbereitschaft zutage. Eine intercisternale Injektion von Glutaminsäure erzeugt z. B. epileptische Anfälle, welche durch eine intracisternale Injektion von GABA unterbrochen werden (Curtis and Watkins, 1965; Curtis u. Johnston, 1970).

Glycin

Als echter hemmender *synaptischer* Überträger kommt heute am wahrscheinlichsten *Glycin* in Frage, wie es von Werman u. Aprison et al., sowie Curtis et al. nachgewiesen wurde.

a) Glycin ist hoch konzentriert in der *ventralen grauen Substanz* des Rückenmarks (Aprison u. Werman, 1965; Shaw u. Heine, 1965; Johnston, 1968; Werman u. Aprison, 1968; Werman et al., 1968; Aprison et al., 1969), kommt aber auch in der Medulla oblongata vor.

b) Es hyperpolarisiert die *spinalen Motoneurone* in der Nachbarschaft der Renshaw-Zellen und der *Zwischenneurone*.

c) Es hemmt, wie *Beta-Alanin* und *GABA*, die Mehrheit der untersuchten bulbären retikulären Neurone (93%, 89% und 75%), wirkt aber stärker als *Beta-Alanin*, und dieses stärker als GABA (Hösli et al., 1970) (Abb. 3).

d) Die hemmende Wirkung von Glycin im Rückenmark sowie von Glycin und Beta-Alanin auf bulbäre retikuläre Neurone wird durch *Strychnin* blockiert, dagegen nicht die hemmende Wirkung von GABA. Strychnin gilt bekanntlich als spezifischer Antagonist der physiologischen postsynaptischen Hemmung.

So dürfte Glycin als inhibitorischer Überträger bestimmter spinaler Neurone (Curtis et al., 1968) und bulbo-retikulärer Neurone (Hösli et al., 1969; Hösli u. Tebēcis, 1970) aufgefaßt werden.

II. Neurohumorale Regulierung durch biogene Monoamine, Acetylcholin und Histamin

Noradrenalin, Dopamin, DOPA, Serotonin, Acetylcholin sind synthetische Produkte der Neurone. Amine-Körnchen (Granula) werden im Perikaryon gebildet und bis zur Axonendigung transportiert. Sie spielen eine Rolle bei der *Regulation des Zellstoffwechsels*, besitzen aber zusätzlich alle *Eigenschaften der echten Überträger*.

Der histochemische Fluorescenznachweis (Carlsson et al., 1961, 1962; Falck, 1962; Falck et al., 1962) hat seit 3 Jahren wertvolle Angaben über Lokalisation und Konzentration der Mono-Amine im Zentralnervensystem geliefert. DOPA, Dopamin, Noradrenalin und Adrenalin ergeben *gelb-grüne* Fluorescenzprodukte; 5-HTP und Serotonin (5-HT) ergeben rein *gelbe* Fluorescenzprodukte. Die Schwierigkeit liegt aber oft in der Unterscheidung zwischen grüner und gelber Fluorescenz, außerdem in der Verflechtung der noradrenergischen und serotonergischen Neurone.

Im caudalen Hirnstamm befinden sich die Zellkörper der *catecholaminergischen* Neurone eher lateral, die *serotonergischen* Neurone dagegen vorwiegend median im Raphesystem.

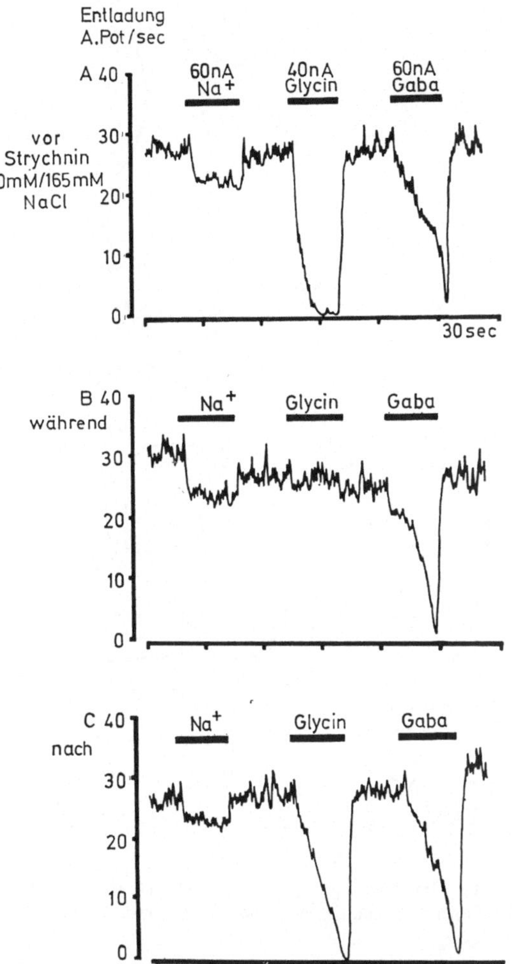

Abb. 3. Dämpfende Wirkung von Glycin oder GABA auf ein bulbäres retikuläres Neuron (gegenseitige Beeinflussung mit Strychnin). (Nach Hösli, Tebēcis u. Filias, 1969.)

Noradrenalin (NA)

Das klassische Schema von Iverson (1967) gibt Einblick über Aufnahme, Speicherung, Freisetzen und Wiederaufnahme von NA im postganglionären sympathischen Nerven. Der Nachweis der Rückresorption und Rückspeicherung des Überträgers ist eine wichtige neue Errungenschaft. Das Schema erklärt, auf welcher Stufe des Übertragungsmechanismus ein Pharmakon einwirkt.

1. Die Synthese von *NA aus Tyrosin* des Blutes erfolgt via DOPA, Dopamin und NA-ATP-Komplex. (Die Verwendung von Alpha-methyl-m-tyrosin kann zur Synthese eines falschen Überträgers führen.)

2. Die Speicherung von NA erfolgt in Bläschen des Endknotens. Sie wird durch die depletierende Wirkung von Reserpin verhindert.

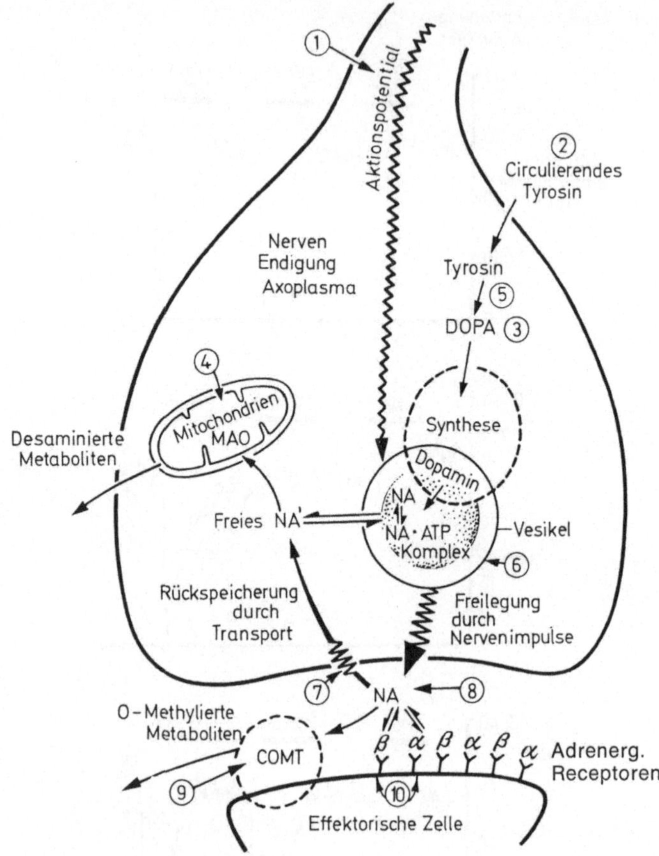

Abb. 4. Noradrenergische Nervenendigung mit Lokalisation der verschiedenen Übertragungs- und Kontrollmechanismen. (Modifiziert nach Iverson, 1967)

3. Die *Affinität von freigesetztem NA* für Alpha- (z. T. auch Beta-)Receptoren wird durch Phenoxybenzamin blockiert.

4. eine *Wiederaufnahme des freigesetzten NA* findet im Endknopf statt, kann u. a. durch Cocain blockiert werden.

5. Eine Katabolisierung (Desaminierung) von NA erfolgt durch die Monoaminoxydase (MAO) der Mitochondrien. Dieser Vorgang wird durch MAO-Blocker wie Iproniazid aufgehoben.

Die *Konzentration von NA* ist prädominant im Mittelhirn (Tegmentum), etwas weniger im dorsalen Anteil der Pons und der Medulla, jedoch reichlich im Hypothalamus anterior und intermedius, dann auch diffus im Cortex (Bertler, 1961) (Abb. 5).

1. Aufsteigende excitatorische Projektionen vom Mittelhirn über den Hypothalamus auf den limbischen Cortex lassen sich durch Alpha- und Beta-Receptoren-Blocker dämpfen. Sie führen normalerweise zu einer gefühlsbetonten Weckreaktion.

2. Die absteigenden excitatorischen Projektionen ziehen vom Hypothalamus

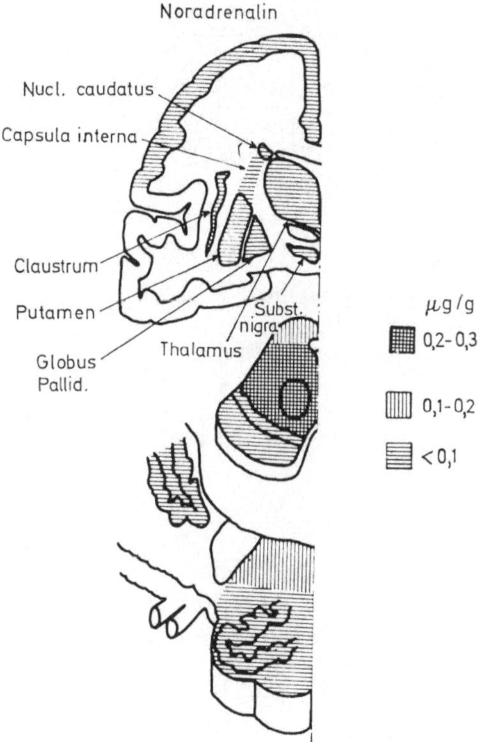

Abb. 5. Lokalisation des Noradrenalins im menschlichen Gehirn. Maximale Konzentration im Tegmentum des Mittelhirns, dann im dorsalen Anteil der Pons und Medulla. (Nach Bertler, 1961)

ventro-posterior (ergotropes dynamogenes Areal von W. R. Hess) zur grauen Substanz des Rückenmarks und zum sympathico-adrenergischen System.

Es sei jedoch darauf hingewiesen, daß NA elektrophoretisch appliziert nicht nur excitatorische, sondern auch inhibitorische Effekte auf Hirnstamm-Neurone, Formatio reticularis (Hösli) und Corpus geniculatum mediale (Tebēcis) hat.

Der Hypothalamus enthält NA-Neurone, und zwar im Nc. paraventricularis anterior ventralis und in der benachbarten Eminentia medialis dort, wo der Tractus tubero-infundibularis entsteht (Fuxe, 1965) (Abb. 6). Dieses adrenergische System kontrolliert die neurosekretorische Tätigkeit des Hypothalamus. Hier werden auch die sog. hypothalamischen „releasing factors" produziert, welche die Sekretionen des Hypophysen-Vorderlappens steuern.

1. *NA*-Neurone werden durch Stressfaktoren bei Hunger, osmotischen Reizen und bei Durst erregt. Sie fördern via Formatio reticularis und Hypothalamus die Sekretion des ACTH und beteiligen sich so an der Adaptationsreaktion von Selye.

2. *NA und dopaminergische Neurone* fördern via Formatio reticularis und Hypothalamus die Sekretion des hypophysären luteotropen Hormons, was eine Ovulation zur Folge hat. Reserpin bildet eine Depletion der NA-Neurone und hemmt die Ovulation (Abb. 6).

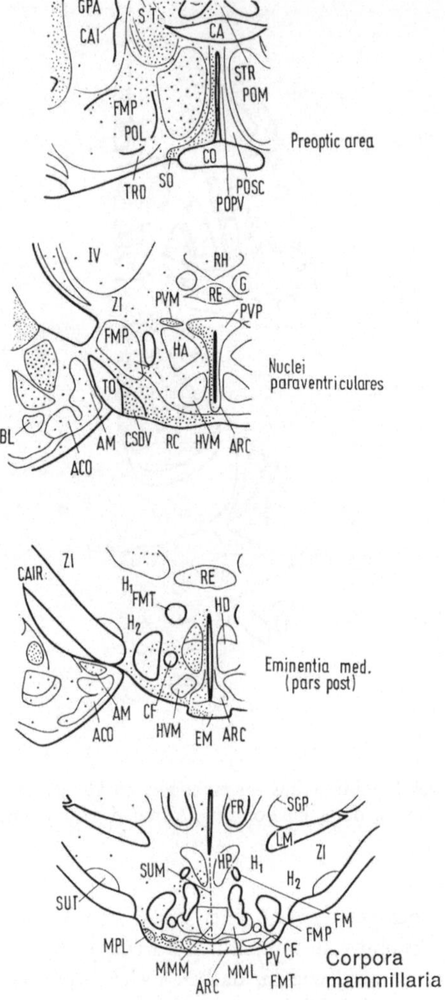

Abb. 6. Catecholaminergische Nervenendigungen im Hypothalamus. (Modifiziert nach Fuxe, 1965)

Dopamin

Im normalen menschlichen Gehirn findet man die höchste Konzentration von Dopamin im *Striatum* (Nc. caudatus, Putamen) sowie in der Substantia nigra und in der Capsula interna (Bertler, 1961) (Abb. 7). Zahlreiche aufsteigende dopaminergische Projektionen zum Paläocortex und Neocortex wurden auch festgestellt. Ferner haben histochemische Bestimmungen folgende dopaminergische neuronale Systeme nachgewiesen: ein nigro-neostriäres System ungekreuzt, ein aufsteigendes System aus dem Mittelhirn, welches ungekreuzt als „medial forebrain bundle" in die Nähe des nigrostriären Systems zieht, ferner das Tuberculum olfactorium und der Nucleus accumbens, Neurone aus der Medulla oblongata (Formatio reticularis) und des Pons

(Locus coeruleus mit Axonen, welche ungekreuzt zum Hypothalamus, „medial forebrain bundle", limbischen Vorderhirn und Neocortex ziehen (Andén et al., 1966).

1. Experimentelle Läsionen der Substantia nigra und des nigro-striären Systems vermindern die Konzentration von Dopamin im ipsilateralen Striatum sowie die Abgabe von dessen Metaboliten, der sog. Homovanillinsäure.

2. Gleichzeitig erzeugen diese Läsionen ein Parkinson-Syndrom mit Rigidität, Akinesie und Tremor. Dies ließ vermuten, daß normalerweise das dopaminergische nigro-striäre System das Pallidum dämpft und dadurch einen normalen Tonus sichert.

3. Auch beim klinischen Parkinsonismus gehen *Läsionen der Substantia nigra* mit einer starken Reduktion von Dopamin in dieser Substanz und im Striatum einher.

4. Ebenfalls erzeugt *Reserpin* durch Depletion von Dopamin ein Parkinson-Syndrom.

5. Schließlich besteht ein gewisser Antagonismus in der Wirkung von Dopamin und NA auf bestimmte Hirnstamm-Neurone. Im Striatum hat Dopamin aber jedenfalls eine inhibitorische Funktion (Abb. 7).

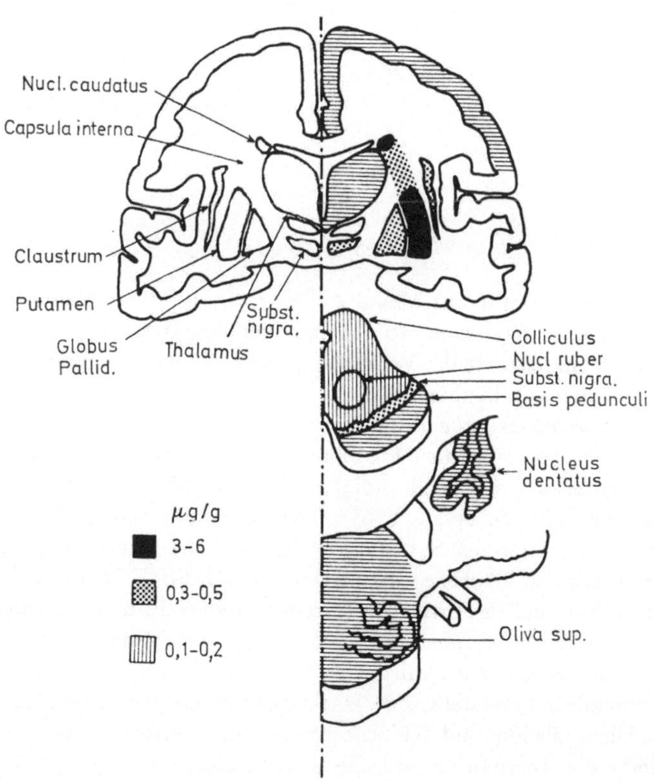

Abb. 7. Lokalisation des Dopamins im menschlichen Gehirn. Maximale Konzentration von Dopamin im Nucleus caudatus, Putamen, Pallidum und in der Substantia nigra. (Nach Bertler, 1961)

Diese Störungen des Catecholamin-Stoffwechsels beruhen auf einer *mangelhaften Umsetzung von Tyrosin in DOPA* wegen der reduzierten Wirkung des abbauenden *Enzyms Tyrosin-hydroxylase* (Abb. 8).

Eine Ersatz-Therapie des Parkinsonismus mit Dopamin war nicht möglich, da dieses Amin die Blut-Hirn-Schranke nicht passiert. Es ist aber möglich, mit *L-Dopa*, der Vorstufe von Dopamin, das Syndrom erfolgreich zu behandeln (Carlsson, 1959; Pletscher u. Gey, 1962; Gey u. Pletscher, 1964; Pletscher et al., 1967).

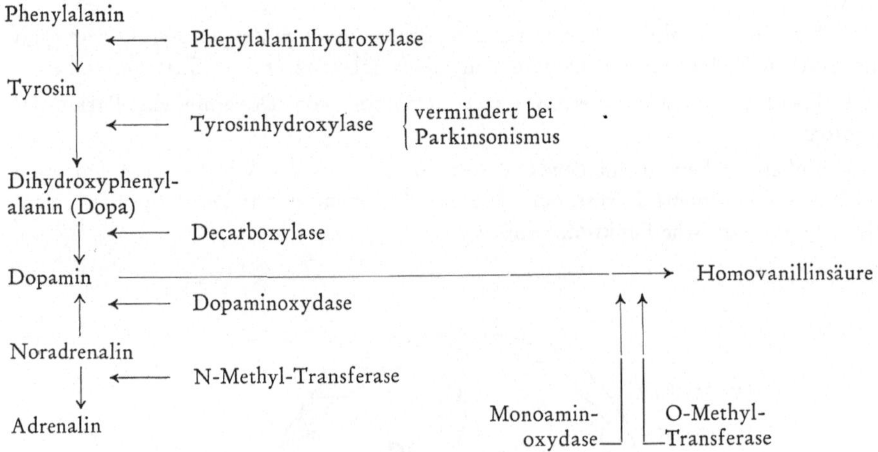

Abb. 8. Metabolismus der Catecholamine

Serotonin (5-Ht)

Serotonin befindet sich in der Medulla oblongata, im Hypothalamus und, in starker Konzentration, im Thalamus, wo die Catecholamin-Konzentration am geringsten ist. Diese Tatsache unterstützt die Vermutung, daß Serotonin am thalamischen Schlafmechanismus beteiligt sein könnte.

Aufsteigende serotonergische Projektionen ziehen ungekreuzt, wie die adrenergischen Projektionen, vom caudalen Hirnstamm zum *Mittelhirn-Raphesystem, Hypothalamus* (präoptisches Areal) und endigen im *limbischen frontalen Paläocortex* sowie im *Neocortex* (Andén et al., 1965, 1966; Benetato, 1968). Diese beiden aufsteigenden monoaminergischen Systeme (5-HT und NA) regulieren anscheinend die Aktivität der corticalen Neurone. Später wurden auch 5-HT-Neurone, hauptsächlich in den Raphekernen und im Mittelhirn (Nc. Raphe dorsalis und Nc. dorsalis medianus) gefunden, deren Axone ungekreuzt via „medial forebrain bundle" zum Hypothalamus und limbischen Vorderhirn ziehen (Andén et al., 1966). Benetato et al. (1970) hat vor allem festgestellt, daß eine Abnahme des Serotoningehaltes im Mesencephalon, Diencephalon und Rhinencephalon (bei Zerstörung des „medial forebrain bundle") die Thermolyse und die Schlaffähigkeit herabsetzt. Dieser Befund ergänzt die Befunde von Jouvet, der die hypnogene Wirkung des Serotonins auf eine Dämpfung des aufsteigenden aktivierenden Retikularsystems zurückführte und das serotonergische meso-rhombencephalische *Raphesystem* für den gewöhnlichen

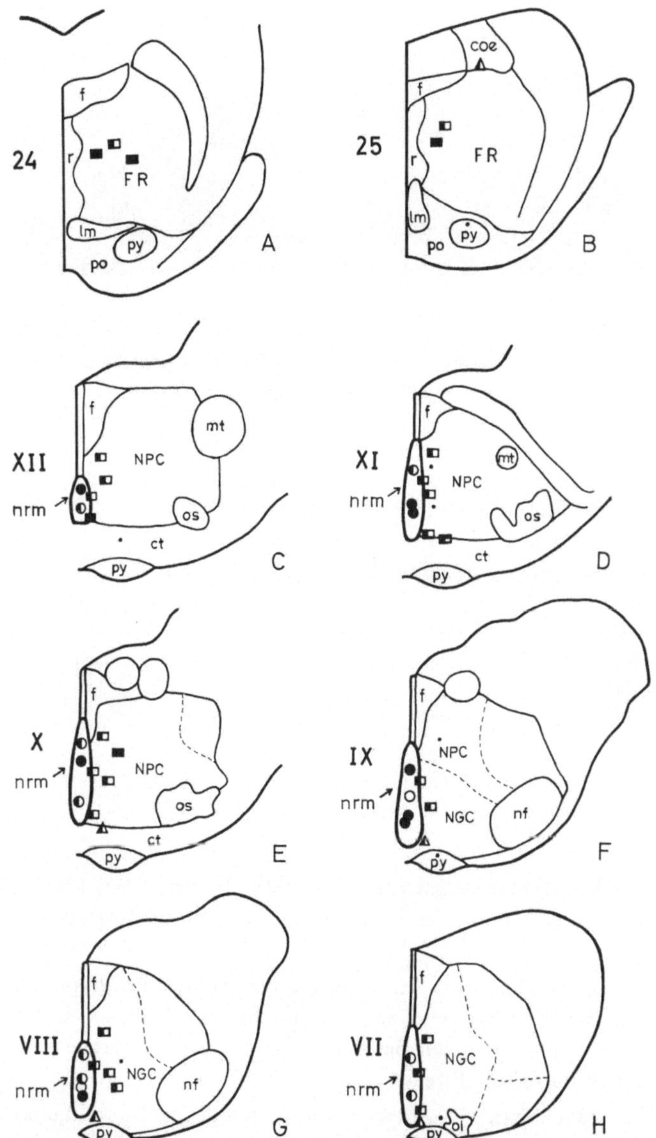

Abb. 9. EEG und viscerale Effekte aus gereizten Punkten im medianen und paramedianen Mesorhombencephalon des Kaninchens. Links oben = oral; rechts unten = kaudal.

Raphe

● = EEG + viscerale Funktionen
◐ = EEG
○ = viscerale Funktionen

Aktivierung

Formatio retic.

■ = EEG + visc. Funkt.
◼◻ = EEG

Dämpfung = EEG

coe	= locus coeruleus	NPC	= nucleus reticul. pontis caudalis
ct	= corpus trapezoides	nrm	= nucleus raphes magnus
f	= fasciculus longit. med.	oi	= oliva inferior
FR	= formatio reticularis	os	= oliva superior
lm	= lemniscus medialis	po	= nuclei et fibrae pontis
mt	= nucleus mot. nervi V	py	= tractus pyramidalis
nf	= nucleus nervi VII	r	= raphe
NGC	= nucleus reticularis gigantocellularis		(Nach Polc u. Monnier, 1970)

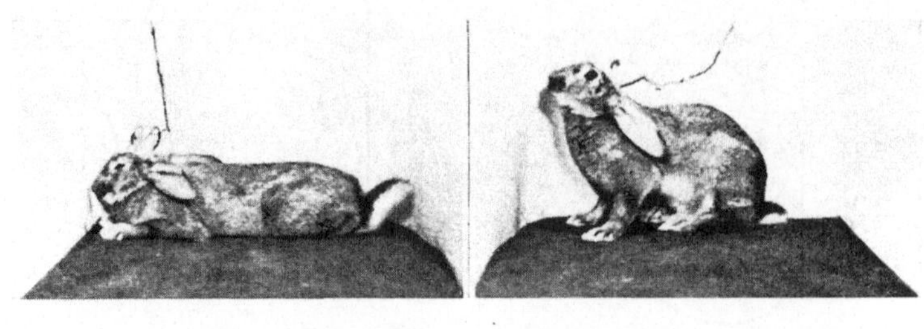

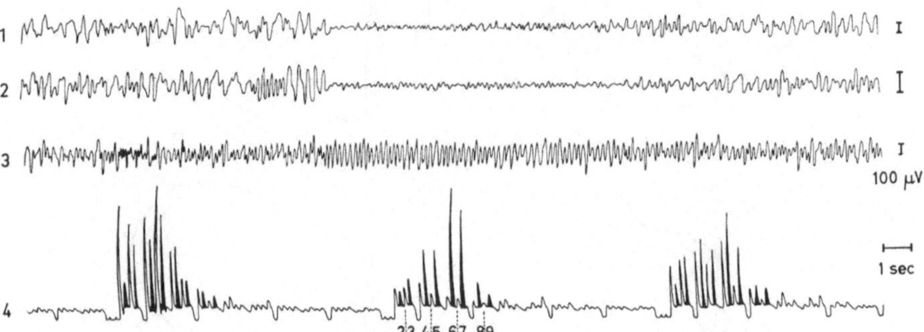

Abb. 10. Wirkung einer liminalen Reizung mit niedriger Frequenz (6 cps) des Nucleus raphes magnus auf Verhalten und EEG. (Nach Polc u. Monnier, 1970)

„langsamen Wellen"-Schlaf verantwortlich machte (Jouvet, 1967, 1968). Der adrenergische Locus coeruleus im Rautenhirn würde dagegen den *paradoxen Schlaf* vermitteln.

Möglicherweise ist aber diese Auffassung einer hemmenden, hypnogenen Wirkung des serotonergischen Raphesystems zu exklusiv. Es gibt Ausnahmen. So bewirkt die iontophoretische Applikation von Serotonin auf corticale Neurone sowohl inhibitorische wie auch excitatorische Effekte.

Gegen eine zu einseitige Auffassung der hypnogenen Raphe-Funktion sprechen auch die Befunde unserer elektrischen Reizversuche mit Polc. Sie weisen im Gegenteil auf eine aktivierende Wirkung der ponto-bulbären Raphe-Kerne beim Kaninchen (Polc u. Monnier, 1970). Eine liminale niederfrequente Reizung mit feinsten coaxialen Elektroden aktiviert das viscero-motorische Verhalten; sie löst eine EEG-Weckreaktion mit ergotroper Aktivierung des Blutkreislaufs und der Atmung aus (Abb. 9).

Die elektrographische Weckreaktion aus der ponto-bulbären Raphe geht mit Desynchronisation im Neocortex und Theta-Synchronisation im Hippocampus einher. Phänomenologisch unterscheidet sich die sehr differenzierte Aktivierungsreaktion der Raphe (mit einem aufmerksamen explorativen Verhalten) von der massiven Weckreaktion des benachbarten Retikularsystems (mit ipsiversiver Drehbewegung). Anscheinend überwiegt im elektrischen Reizversuch am Kaninchen ein Aktivierungs-Mechanismus im ponto-bulbären Raphe-System (Abb. 10).

Acetylcholin

Cholinergische Bahnen steigen vom retikulären Tegmentum des Hirnstamms auf

1. durch *dorsale Projektionen* (aus dem Nc. cuneiformis) zum Tectum, Metathalamus, d. h. zu den subcorticalen optischen Zentren, und *Thalamus*.

2. durch *ventrale Projektionen* (aus dem ventralen Tegmentum) *einerseits* zum Subthalamus, Pallidum, Striatum und lateralen Neocortex, *andererseits* basal zum lateralen Hypothalamus, praeoptischen Areal, Amygdala und rhinencephalischen Cortex (Shute and Lewis, 1967) (Abb. 11).

Diese aufsteigenden cholinergischen Bahnen entsprechen wahrscheinlich den *diffus aktivierenden Projektionen des Retikularsystems* zum Neocortex sowie den aktivierenden hypothalamo-rhinencephalischen Projektionen zum medialen Paläocortex.

Sie sind auch verantwortlich für die Weckreaktion und spielen wahrscheinlich eine Rolle bei den höheren integrativen Funktionen, wie *Aufmerksamkeit, Lernen und Gedächtnis*.

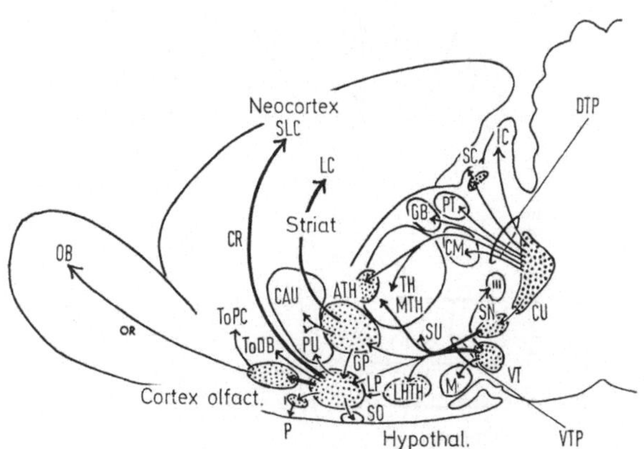

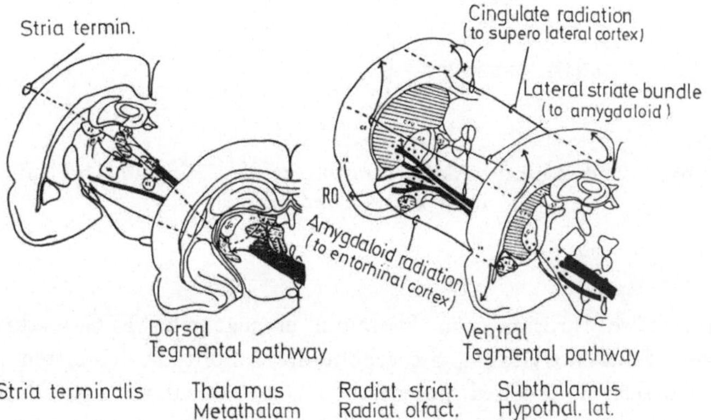

Abb. 11. Aufsteigendes cholinergisches Reticularsystem. (Modifiziert nach Shute u. Lewis, 1967)

Histamin

Histamin ist unseres Erachtens ein *aktivierendes* biogenes *Amin*.

1. Wir konnten nachweisen, daß Histamin intravenös injiziert durch chemoceptive und nociceptive Afferenzen aus Gefäß und Gewebe die retikulären und hippocampalen Aktivierungssysteme erregt. Diese reflexartige Aktivierung von der Peripherie aus läßt sich durch Analgesie aufheben (Monnier u. Hatt, 1969) (Abb. 12).

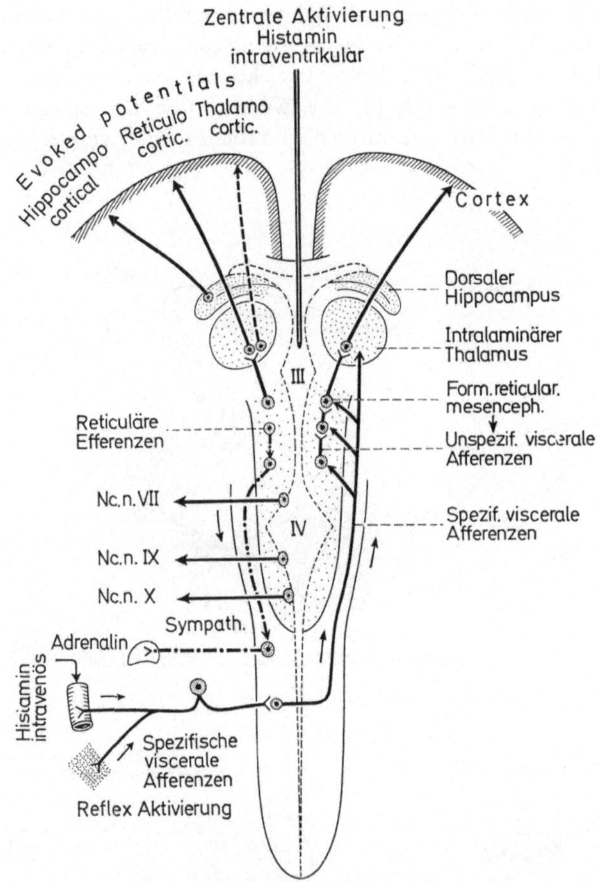

Abb. 12. Periphere und zentrale Aktivierungseffekte des Histamins bei intravenöser und intraventrikulärer Infusion

Die intravenöse Infusion von Histamin erzeugt eine EEG-Weckreaktion mit Abnahme der Delta-Aktivitäten. Sie erhöht die Amplitude der ersten Komponente der reticulo-corticalen „evoked potentials". Diese Zunahme wird durch ein *peripheres Analgeticum wie Salicylsäure* völlig aufgehoben, was für die chemo- und nociceptive Ursache der Aktivierung durch Histamin spricht (Abb. 13).

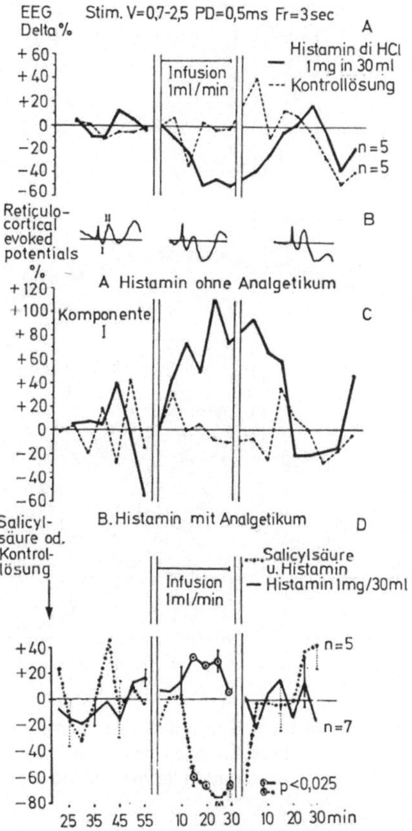

Abb. 13. A: Abnahme der Delta-Aktivitäten (Weckeffekt) während und nach der intravenösen Infusion im Gegensatz zur Infusion einer Kontroll-Lösung. B: Elektrische Antwort des motorischen Cortex auf Reizung des Reticularsystems (reticulo-corticales „evoked-potential"). Erste positive Komponente abwärts; zweite negative Komponente aufwärts. C: Zunahme der ersten „evoked"-Komponente während Infusion von Histamin-diHCl (1 mg in 30 ml = 0,37 mg/kg). Delta-Aktivitätsabnahme (A) und Zunahme der ersten „evoked"-Komponente. Diese Weckeffekte durch Histamin fehlen bei den Kontrolltieren. D: Die Zunahme der ersten „evoked"-Komponente durch intravenöse Infusion von Histamin wird durch eine vorangehende orale Verabreichung eines Analgetikum (Salicylsäure = ASA) aufgehoben. (Nach Monnier, Sauer u. Hatt, 1970)

2. Histamin hat ferner, bei adäquater Dosis, einen direkten zentralen Aktivierungseffekt, wie dies aus intraventrikulären Infusionsversuchen hervorgeht (Monnier u. Hatt, 1970; Monnier et al., 1970) (Abb. 14).

Die dadurch erzeugte elektrographische Weckreaktion (Delta-Abnahme) geht einer mit einer motorischen Aktivitätszunahme wie Kauen, Sich-putzen, Fressen. Diese zentralen Effekte werden durch das Analgeticum nicht aufgehoben (Abb. 15).

Die zentrale excitatorische Wirkung von Histamin beruht *entweder* auf einer *direkten* Reizung der retikulären, hypothalamischen und rhinencephalischen Aktivierungssysteme *oder* auf der Freisetzung eines hypothalamischen releasing factors, der die Sekretion von ACTH fördert (Benetato, 1968).

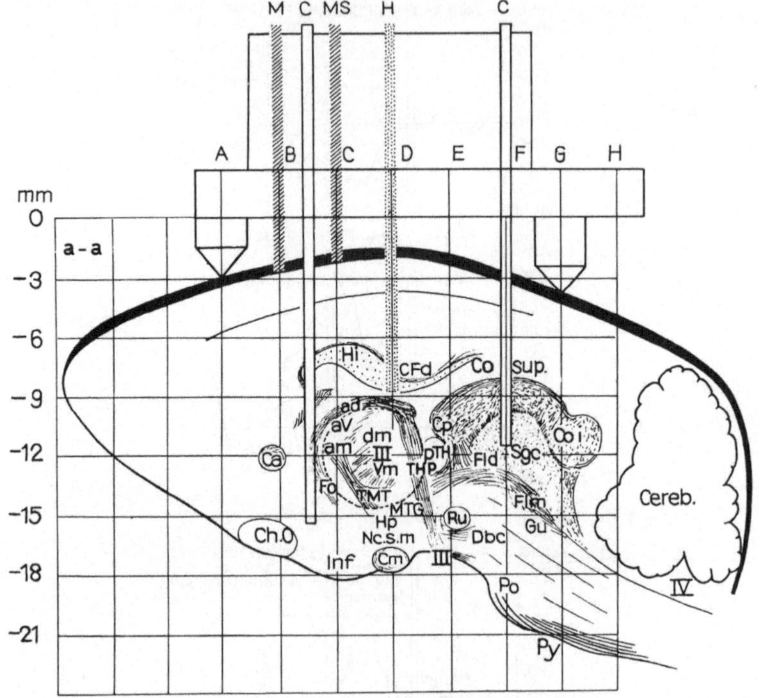

Abb. 14. Intraventrikuläre Infusion beim Kaninchen (III. Ventrikel oder Aquaeductus Sylvii) Lokalisation der Kanüle und der Ableitelektroden gemäß dem Koordinatensystem des stereotaktischen Atlas von Monnier u. Gangloff (1961). (Nach Monnier u. Hatt, 1970)

III. Neurohumorale Regulierung durch hypothalamische „releasing factors"

Hypothalamische releasing factors (Hypothal RF).

Die Entdeckung der *neuro-sekretorischen Funktionen* des Hypothalamus ist das Verdienst französischer und deutscher Forscher.

1920 beobachteten Camus u. Roussy nach Läsionen des Hypothalamus einen Diabetes insipidus, verbunden mit Veränderung des Hypophysen-Hinterlappens (HHL).

1933 beschrieben Scharrer u. Gaupp große neurosekretorische Zellen im Nc. supraopticus und paraventricularis des Hypothalamus bei niederen Wirbeltieren.

Der neuro-sekretorische Charakter der Verbindung des Hypothalamus mit dem HHL führte Roussy zum Begriff der *Neurokrinie,* und Scharrer/Bargmann zum Begriff einer hypothalamischen Neurosekretion, die sich durch die sog. *Gomorifärbung* nachweisen läßt (Bargmann, 1960; Scharrer u. Brown, 1962).

Das neurosekretorische Material wird im Perikaryon synthetisiert mit Protein aus dem endoplasmatischen Reticulum (Abb. 16, oben). Dieses neurosekretorische Material wird zur Granulae fragmentiert, welche im Axon transportiert und weiter fraktioniert werden, was Bläschen-Ansammlung am Ende des Axons bewirkt (Howard u. Knowles, 1966) (Abb. 16, unten).

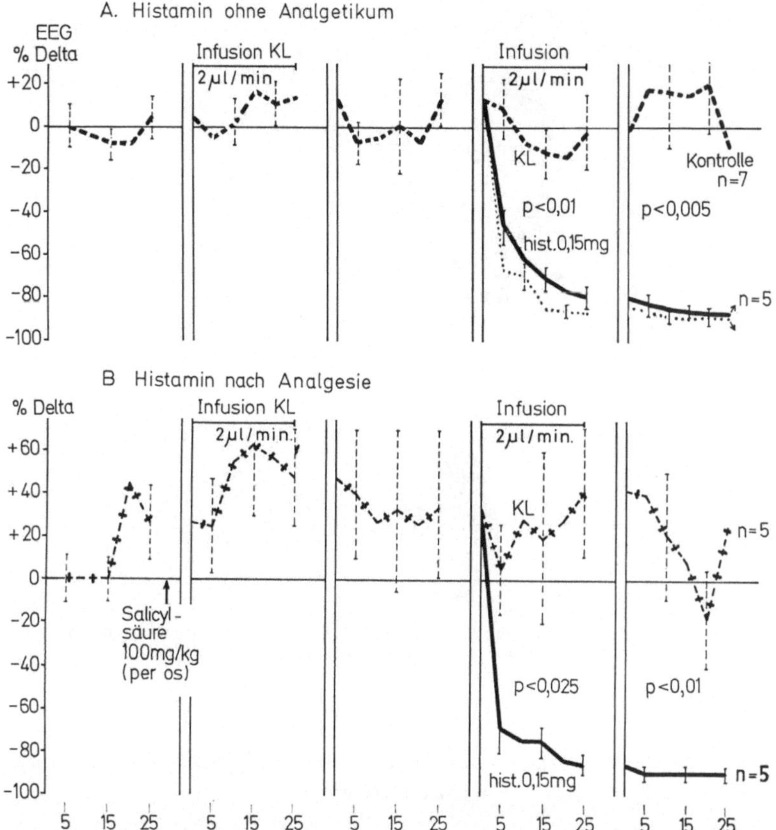

Abb. 15. Vergleichende Wirkungen von Histamin allein intraventrikulär infundiert auf die Delta-Aktivitäten des motorischen Cortex (A) und des Histamins nach oraler Analgesie mit Salicylsäure (B). Der starke Weckeffekt von intraventrikulärem Histamin (abnehmende Delta-Aktivitäten bei A) wird nicht aufgehoben durch die vorangehende Analgesie. Der Weckeffekt von intraventrikulärem Histamin muß folglich nicht dem Schmerz, sondern einer direkten Wirkung auf die aktivierenden mesodiencephalen Zentren zugeschrieben werden. (Nach Monnier, Sauer u. Hatt, 1970)

Die neurosekretorischen Zellen des Hypothalamus setzen ihr Sekret frei

1. als *„hypothalamischen releasing factor"*, der in portalen Gefäßen der Eminentia medialis aufgenommen und zum HVL transportiert wird (Harris, 1964; Abb. 17, oben).

Diese Faktoren stimulieren (oder hemmen) die Sekretion der Hypophysenvorderlappen-Hormone: ACTH, TSH, FSH, LH (dazu noch STH, MSH und das hemmende Luteotrope Hormon (Ganong, 1966; Abb. 17, unten).

2. Andererseits wandern *Neurohormone* aus dem vorderen Hypothalamus durch die Axone des Tractus supraoptico-hypophysialis zum Hypophysenhinterlappen. Sie werden dort freigesetzt und als Vasopressin oder Ocytocin gespeichert (Ganong, 1966; Abb. 17, unten).

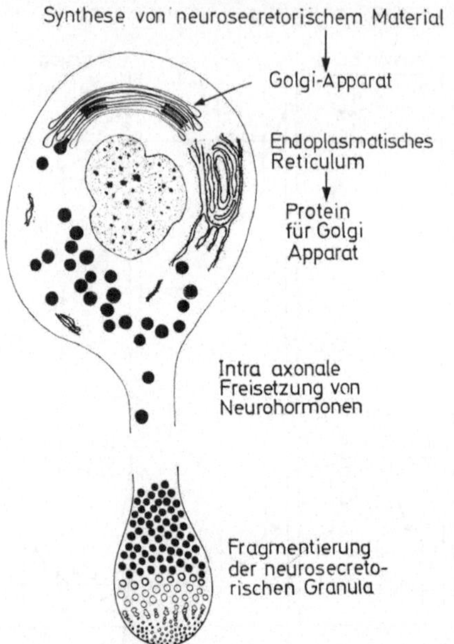

Abb. 16. *Synthese und Freisetzung von Neurosekreten.* Oben: Scharrer u. Brown, 1962. Unten: Howard u. Knowles, 1966)

Hypothalamische neurohormonale Kontrolle der Hypophysenvorderlappen-Sekretionen

Die wichtigste Errungenschaft der 5 letzten Jahre auf dem Gebiet der neuro-vegetativen Regulierung ist der *Nachweis,* daß sämtliche *Sekretionen der Hypophyse* durch *hypothalamische neurohumorale* „releasing factors" gesteuert werden (Schally u. Guillemin, 1960; Guillemin, 1962; Schally et al., 1962; Harris, 1964). Das gilt für das somatotrope Hormon (STH), adrenocorticotrope Hormon (ACTH), thyroidea-stimulierende Hormon (TSH), follikel-stimulierende Hormon (FSH), Luteinisierungs-Hormon (LH) und luteotrope Hormon (Prolactin) (LTH) (Abb. 18). Dadurch wird die orchestrierende Funktion der Hypophyse durch den Hypothalamus entthront.

Erhebliche Fortschritte hat die Identifizierung der verschiedenen neuro-sekretorischen Hypothalamus-Areale gemacht mit folgenden Lokalisationen für die wichtigsten „releasing factors" (Abb. 19):

L R F   (Luteotropin RF): Area preoptica
T R F   (Thyreotropin RF): Nc. paraventricularis
C R F   (Corticotropin RF): Nc. ventro-medialis
G R F   (Growth-H. RF): Nc. supraopticus
F S H RF   (Follikel-stimulierendes Hormon RF): Area praemammillaris.

Der Prototypus eines hypothalamischen *Neurosekrets* ist der *Corticotropin-RF.* Er wurde schon von Selye kurz nach dem Krieg als Zwischenglied bei Auslösung der *Adaptationsreaktion* auf Stressfaktoren postuliert. Später wurde tatsächlich ein *hypo-*

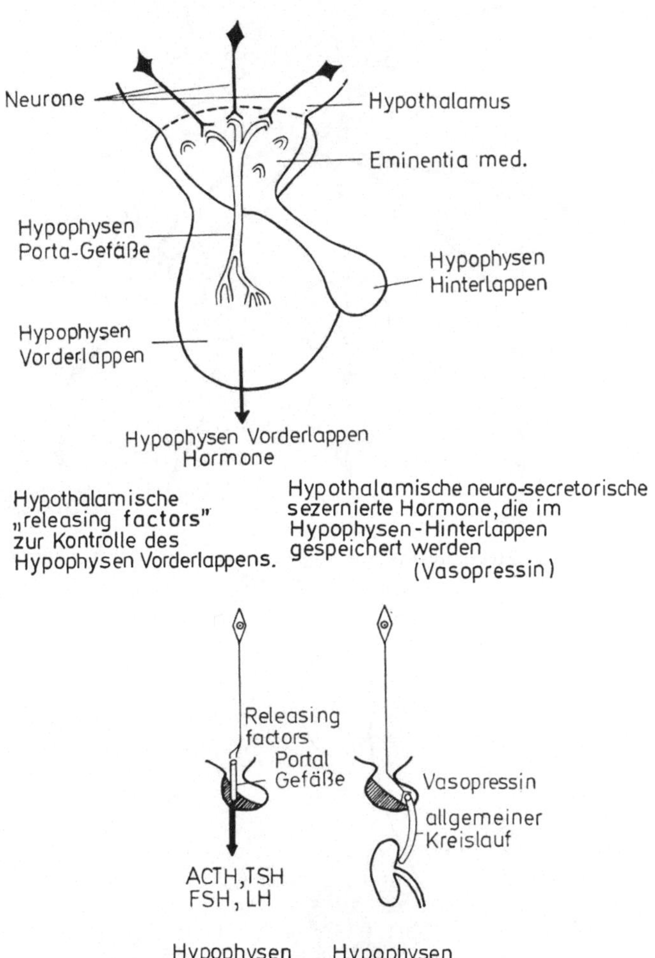

Abb. 17. *Neurohumorale Beziehungen zwischen Hypothalamus und Hypophyse. Oben und unten links:* In Porta-Gefäßen freigesetzte hypothalamische Faktoren zur Kontrolle des Hypophysenvorderlappens (Harris, 1964; Ganong, 1966). *Unten rechts:* Die von hypothalamischen neurosekretorischen Neuronen freigesetzten Hormone werden im Hypophysenhinterlappen gespeichert (Vasopressin). (Ganong, 1966)

thalamischer *Corticotropin-RF* extrahiert, welcher die Sekretion von *ACTH* in der Hypophyse, und dadurch auch die Sekretion von *Cortisol* in der NNR auslöst.

1. Man nahm an, daß der Cortisol-Spiegel im Blut rückwirkend die Sekretion von ACTH in der Hypophyse beeinflußt. Heute weiß man, daß dieses *Feedback* durch den allgemeinen Blutkreislauf oder durch einen portalen Kreislauf weniger auf die Hypophyse als auf hypothalamische Receptoren einwirkt.

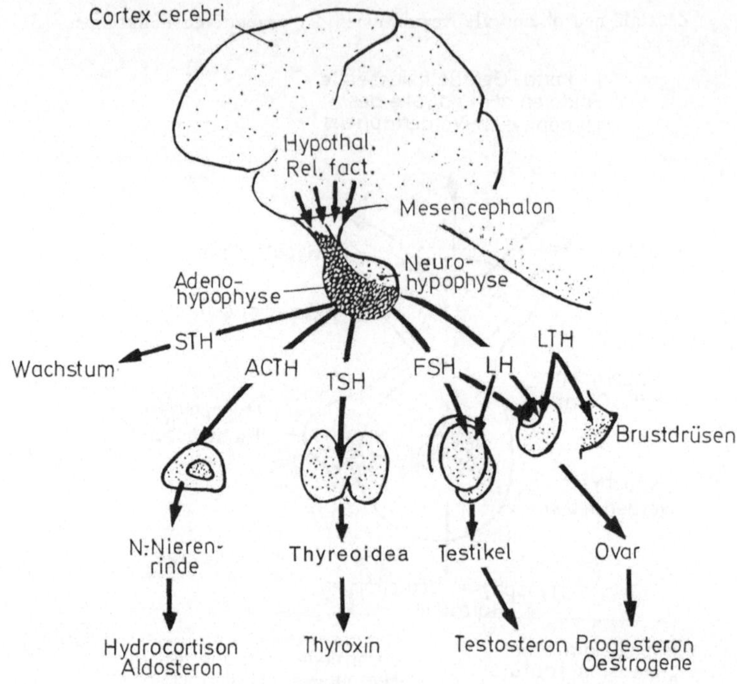

Abb. 18. Kontrolle der Hypophysenvorderlappen-Sekretionen durch hypothalamische „releasing factors"

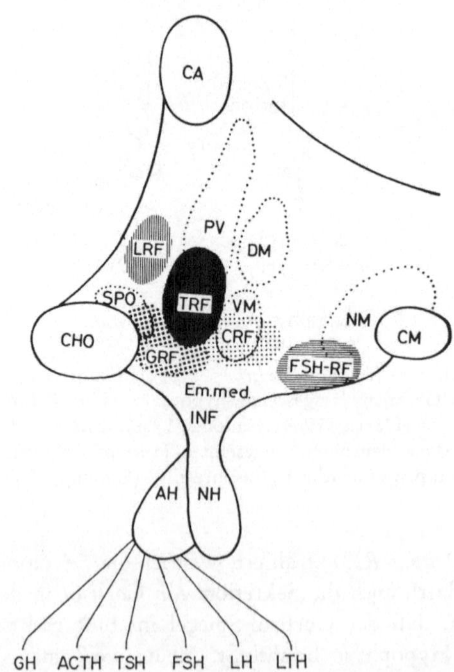

Abb. 19. Lokalisierung der hypothalamischen Felder, welche „releasing factors" freisetzen und die adeno-hypophysären Sekretionen kontrollieren. (Aus Lokalisationen verschiedener Autoren zusammengesetzt und ergänzt durch J. Bubenik, 1970)

2. Neuer ist der Begriff eines *Steroid-Feedback,* das auf mehreren Stufen dieses Systems eingreift, namentlich auf die Reaktivität der NNR, auf die Reaktivität des HVL, auf Hypothalamus-Receptoren. Das Mittelhirn und der Paläocortex (limbisches System) sind an dieser Regulation auch beteiligt (Mangili et al., 1966) (Abb. 20).

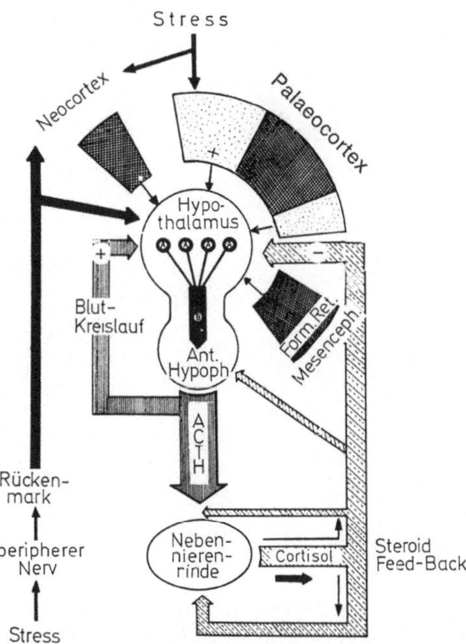

Abb. 20. Cortico-hypothalamische Aktivierung von ACTH und Cortisol-Sekretion mit „feedback"-Kontrolle. (Modifiziert nach Mangili, Motta u. Martini, 1966)

Es ist den Biochemikern gelungen, im *ACTH-Komplex* eine *steroido-genetische Komponente* und eine *melanophoretische Komponente* voneinander zu trennen, und das entsprechende chemische Substrat zu identifizieren (Li, 1965). Die steroidogenetische Komponente induziert die Bildung des Nebennierenrinden-Steroides (Abb. 21) (Butscher u. Sutherland, 1968; Staehelin u. Maier, 1968).

Jede *funktionelle Komponente* des ACTH-Komplexes läßt sich auf eine bestimmte *chemische Struktur* zurückführen. Diese Tabelle von Schwyzer (1968) gibt *oben,* von links nach rechts, die Gesamtkette aller Aminosäuren des ACTH-Moleküls und *unten* die Teilsequenzen von Aminosäuren wieder (Abb. 22):

Sequenz I ist verantwortlich für die *melanophoretische Wirkung;*

Sequenzen II + III verstärken diese Wirkung um das tausendfache;

Sequenz IV bringt die *corticotrope Wirkung* zutage (verbunden mit I, II, III);

Sequenz V *vervollständigt* diesen corticotropen Effekt;

Sequenz VI gewährt dem corticotropen Effekt seine *Spezifizität;*

SequenzenVI + VII sind verantwortlich für die *immunologische Spezifizität* der corticotropen Komponente und schützen diese vor Abbau im Blut.

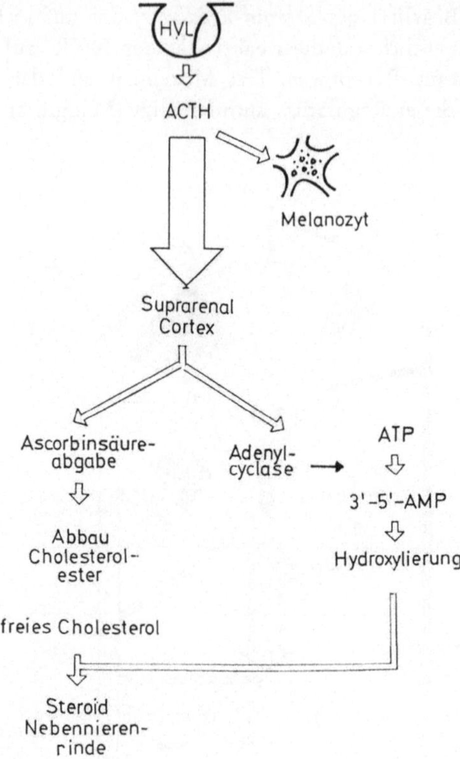

Abb. 21. Melanophoretische und steroidogene Effekte von ACTH. Oben: Modifiziert nach Li, 1965. Unten: Modifiziert nach Staehelin u. Maier, 1968

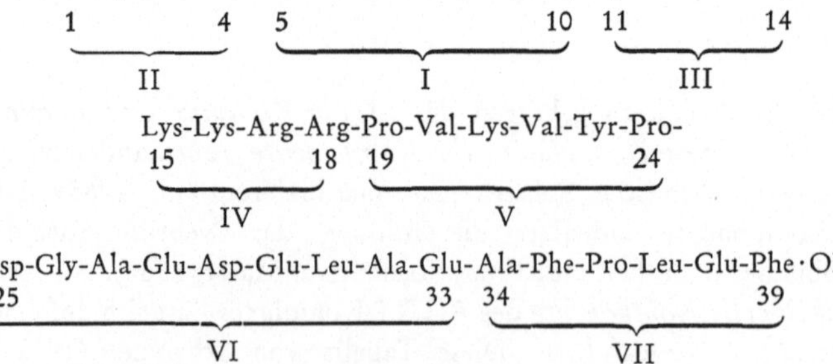

Sequenz I	Wirkung auf Melanocyten-Receptor
Sequenz II, III	Wirkung 1000× verstärkt
Sequenz IV	Adapt. I, II, III → Corticotropischer Effekt Abnahme des Melanocyten-Effektes
Sequenz V	Vervollkommnung des corticotropischen Effektes
Sequenz VI	Spezifizität des corticotropischen Effektes
Sequenz VI, VII	Substrat der immunologischen Spezifizität Schutz vor Abbau im Blut

Abb. 22. Beziehung zwischen Struktur und ACTH-Effekte. (Melanophoretische und steroidogene Effekte.) (Nach Schwyzer, 1968)

Dieses letzte Bild führt uns zur aktuellsten Errungenschaft der hypothalamischen Regulierungen, nämlich die Extrahydrierung, Isolierung und Synthese des *hypothalamischen Thyreotropin-RF*. (Reichlin, 1966.) So ist es Guillemin aus dem Collège de France, und an der Baylor University in *Houston/Texas* gelungen, von 3 Millionen Schafhirnen 15 000 kg Hypothalamus zu gewinnen und daraus 1 mg reinen Thyreotropin-RF zu extrahieren. Die erste Synthese eines solchen *hypothalamischen Hormons* wurde im Februar 1970 in der Firma Roche ausgeführt. Sie öffnet die Bahn zur Synthese mancher anderer RF im Laufe der kommenden Jahre und zur Bereicherung der therapeutischen Möglichkeiten bei endokrinen Störungen. (Gillessen et al., 1970.)

Auf das somato-viscerale Verhalten üben sowohl TRF wie CRF einen deutlichen aktivierenden Einfluß aus (Abb. 23).

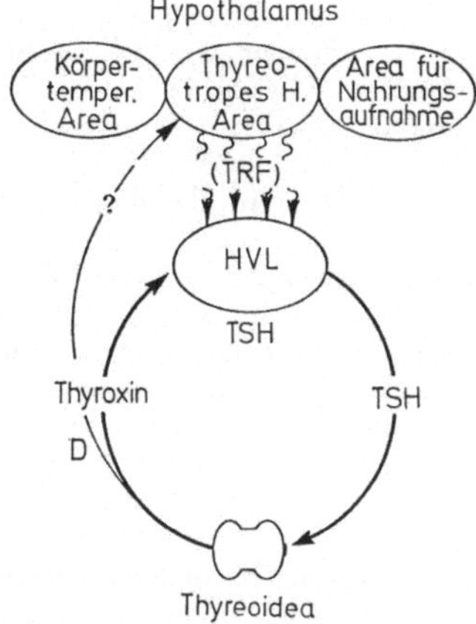

Abb. 23. Hypothalamisch-hypophyseale Aktivierung der Schilddrüse mit „feed-back"-Kontrolle. (Nach Reichlin, 1966)

Es bleibt uns jetzt, den Kreis zu schließen mit dem Hinweis, daß die Sekretion der *hypothalamischen Polypeptide und Protein-Hormone* durch *biogene Amine* wie NA und Dopamin in Anwesenheit von bestimmten *Elektrolyten* reguliert wird. So *fördert* die Freisetzung von Catecholaminen im paraventrikulären System die Sekretion des hypothalamischen Luteotropin-RF, während sie im Gegenteil die Sekretion von *Vasopressin* in den *supraoptischen* und *paraventrikulären Kernen* hemmt. Die Regulierung der zentralen vegetativen Funktionen wird also durch mannigfaltige neuro-humorale feed-back-Mechanismen *rückversichert*. Ihre teilweise Identifizierung gehört zu den Haupterrungenschaften der Physiologie der vegetativen Funktionen und damit auch der Therapie deren Regulationsstörungen.

Zusammenfassung

Die Regulierung der vegetativen Funktionen und der Aktivitätsbereitschaft wird durch mannigfaltige zentrale und neuro-humorale Faktoren gesichert. Aminosäuren, biogene Amine, Acetylcholin und hypothalamische „releasing factors" spielen dabei eine wesentliche Rolle. Diese zentralen Regulierungen werden durch zahlreiche neurohumorale feed-back-Mechanismen auf verschiedenen Stufen rückversichert. Die Identifizierung der zentralen Regulationsfaktoren, die Abklärung ihres Wirkungsmechanismus und ihrer Wechselbeziehungen gehört zu den Haupterrungenschaften der Physiologie der vegetativen und viscero-somatischen Funktionen der fünf letzten Jahre.

Literatur

Andén, N. E., Dahlström, A., Fuxe, K., Larsson, K.: Mapping out of catecholamine and 5-hydroxytryptamine neurons innervating the telencephalon and diencephalon. Life Sci. (4) 1275—1279 (1965).

— — — — Olson, L., Ungerstedt, U.: Ascending monoamine neurons to the telencephalon and diencephalon. Acta physiol. scand. 67, 313—326 (1966).

Aprison, M. H., Shank, R. P., Davidoff, R. A.: A comparison of the concentration of glycine, a transmitter suspect, in different areas of the brain and spinal cord in seven different vertebrates. Comp. Biochem. Physiol. 28, 1345—1355 (1969).

— Werman, R.: The distribution of glycine in cat spinal cord and roots. Life Sci. (4), 2075—2083 (1965).

Bargmann, W.: The neurosecretory system of the diencephalon. Endeavour 19, 125—133 (1960).

Benetato, Gr.: The neuro-humoral mechanisms of hypothalamic integrative processes. Rev. Roum. Physiol. 5, 3—32 (1968).

— Uluitu, M., Bubuianu, E., Danieliuc, E., Bonciocat, C.: Sur le rôle thermolytique de la sérotonine corrélé avec les fonctions thermorégulatrice et hypnogène chez les spermophiles et les rats. Regional Congr. Int. Union Physiol. Sciences (I.U.P.S.) August 10—16, Brasov, Romani 1970.

Bertler, A.: Occurrence and localization of catecholamines in the human brain. Acta physiol. scand. 51, 97—107 (1961).

Bubenik, J.: Seasonal variations of nuclear size of hypothalamic cells in roe-buck. (In press) (1970).

Butscher, R. W., Sutherland, E. W.: The role of cyclic AMP in the steroidogenic actions of ACTH and LH. In: Protein and polypeptide hormones. Part 1; Proceedings of the International Symposium, Liège, 19—25 mai. Edit.: par M. Margoulies, Amsterdam, etc.: Excerpta Medica Found. 1968, pp. 176—180. (Internat. Congress Series No. 161).

Camus, J., Roussy, G.: Experimental researches on the pituitary body. Diabetes insipidus, glycosuria and those dystrophies considered as hypophysial in origin. Endocrinology 4, 507—522 (1920).

Carlsson, A.: The occurrence, distribution and physiological role of catecholamines in the nervous system. Pharmacol. Rev. 11, 490—493 (1959).

— Falck, B., Hillarp, N. A.: Cellular localization of brain monoamines. Acta physiol. scand. 56, suppl. 196 (1962).

— — — Thieme, G.: A new histochemical method for visualization of tissue catecholamines. Med. exp. (Basel) 4, 123—124 (1961).

Coombs, J. S., Eccles, J. C., Fatt, P.: The electrical properties of the motoneurone membrane. J. Physiol. 130, 291—325 (1955).

Curtis, D. R., Eccles, R. M.: The excitation of Renshaw cells by pharmacological agents applied electrophoretically. J. Physiol. 141, 435—445 (1958).

— Hösli, L., Johnston, G. A. R.: A pharmacological study of the depression of spinal neurones by glycine and related amino acids. Brain 6, 1—18 (1968).

— Johnston, G. A. R.: Amino acid transmitters. In: Handbook of Neurochemistry. Vol. 4. Control mechanisms in the nervous system. Ed.: Abel Sajtha. New York and London: Plenum Press 1970, p. 115—134.

— Watkins, J. C.: The excitation and depression of spinal neurones by structurally related amino acids. J. Neurochem. 6, 117—141 (1969).

Curtis, D. R., Watkins, J. C.: The pharmacology of aminocids related to gamma-amino-butyric acid. Pharmacol. Rev. **17**, 347—391 (1965).

Davidoff, R. A., Graham, L. T., Shank, R. P., Wermann, R., Aprison, M. H.: Changes in amino acid concentrations associated with loss of spinal interneurons. J. Neurochem. **14**, 1025—1031 (1967).

Falck, B.: Observation on the possibilities of the cellular localization of monoamines by a fluorescence method. Acta physiol. scand. **56**, Suppl. 197 (1962).

— Hillarp, N. A., Thieme, G., Torp, A.: Fluorescence of catecholamines and related compounds condensed with formaldehyde. J. Histochem. Cytochem. **10**, 348—354 (1962).

Fuxe, K.: Evidence for the existence of monoamine neurons in the central nervous system. IV. The distribution of monoamine nerve terminals in the central nervous system. Acta physiol. scand. **64**, Suppl. 247, 37—85 (1965).

Ganong, W. F.: Neuroendocrine Integrating Mechanisms. In: Neuroendocrinology, Vol. I, pp. 1—13. Edit.: L. Martini and W. F. Ganong. New York and London: Academic Press. 1966.

Gey, K. F., Pletscher, A.: Distribution and Metabolism of DL-3,4-Dihydroxy [2-^{14}C]-phenylalanine in Rat Tissue. Biochem. J. **92**, 300—308 (1964).

Gillessen, D., Felix, A. M., Lergier, W., Studer, R. O.: Synthese des „Thyrotropin-releasing" Hormon (TRH) (Schaf) und verwandter Peptide. Helv. Chim. Acta **53**, 63—72 (1970).

Graham, L. T., Shank, R. P., Werman, R., Aprison, M. H.: Distribution of some synaptic transmitter suspects in cat spinal cord: glutamic acid, γ-aminobutyric acid, glycine, and glutamine. J. Neurochem. **14**, 465—472 (1967).

Grundfest, H.: Synaptic and ephaptic transmission. In: Handbook of Physiology, Neurophysiology, pp. 147—197, Sect. 1, Vol. 1, Chapt. 5. Am. Physiol. Soc. Washington, D. C. 1959.

Guillemin, R.: Sur la nature des substances hypothalamiques qui contrôlent la sécrétion des hormones antéhypophysaires. J. de Physiol. (Paris) **55**, 7—44 (1962).

— Les hormones hypothalamiques. In: Médecine et Hygiène, 25 febr. No. 906, pp. 282—287 (1970).

Harris, G. W.: Das Zentralnervensystem und die endokrinen Drüsen. Triangle **6**, 242—251 (1964).

Hebb, C.: CNS at the cellular level: identity of transmitter agents. Ann. Rev. Physiol. **32**, 165—192 (1970).

Hösli, L., Tebēcis, A. K.: Actions of amino acids and convulsants on bulbar reticular neurones. Exp. Brain Res. **11**, 111—127 (1970).

— — Filias, N.: Effects of glycine, β-alanine and GABA, and their interaction with strychnine on brain stem neurones. Brain Res. **16**, 293—295 (1969).

Howard, A. B., Knowles, F. G. W.: Neurosecretion. In: Endocrinology, Vol. 1, pp. 139—186. Edit.: L. Martini and W. F. Ganong. New York and London: Academic Press 1966.

Iverson, L. L.: The Uptake and Storage of Noradrenaline in Sympathetic Nerve. Cambridge University Press 1967.

Jasper, H. H., Khan, R. T., Elliot, K. A. C.: Amino acids released from the cerebral cortex in relation to its state of activation. Science, N. Y. **147**, 1448—1449 (1965).

Johnston, G. A. R.: The intraspinal distribution of some depressant amino acids. J. Neurochem. **15**, 1013—1017 (1968).

Jouvet, M.: Neurophysiology of the states of sleep. Physiol. Rev. **47**, 117—177 (1967).

— Insomnia and decrease of cerebral 5-hydroxytryptamine after destruction of the raphe system in the cat. Adv. Pharmacol. **6 B**, 265—279 (1968).

Krnjevic, K.: Glutamate and aminobutyric acid in brain. Nature **228**, 119—124 (1970).

— Schwartz, S.: The action of aminobutyric acid on cortical neurones. Brain Res. **3**, 320 to 336 (1967).

Li, Ch. H.: Hypophysäres Wachstumshormon und ACTH. Med. Prisma **5**, 1—23 (1965).

Mangili, G., Motta, M., Martini, L.: Control of adrenocorticotropic hormon secretion. In: Neuroendocrinology. Edit.: I. Martini and W. F. Ganong. Vol. I. Chapter 9, pp. 297—370. New York and London: Academic Press 1966.

Monnier, M., Gangloff, H.: Rabbit Brain Research, Vol. 1: Atlas for stereotaxic brain research on the conscious rabbit. Amsterdam: Elsevier 1961.

Monnier, M., Hatt, A. M.: Afferent and central activating effects of histamine on the brain. Experientia **25**, 1297—1298 (1969).
— — Intraventricular infusions in acute and chronic rabbits. Pflügers Arch. **317**, 268—277 (1970).
— Sauer, R., Hatt, A. M.: The activating effect of histamine on the central nervous system. Int. Rev. Neurobiol. **12**, 265—305 (1970).
Pletscher, A., Bartholini, G., Tissot, R.: Metabolic fate of L-(^{14}C-)dopa in cerebrospinal fluid and blood plasma of humans. Brain Res. **4**, 106—109 (1967).
— Gey, K. F.: Topographical differences in the cerebral metabolism DL-2-^{14}C-3,4-dihydroxy-phenylalanine. Experientia **18**, 512—513 (1962).
Polc, P., Monnier, M.: An activating mechanism in the ponto-bulbar raphe system. Brain **22**, 47—61 (1970).
Purpura, D. P., Girado, M., Smith, T. G., Callan, D. A., Grundfest, H.: Structure activity determinants of pharmacological effects of amino acids and related compounds on central synapses. J. Neurochem. **3**, 238—268 (1959).
Reichlin, S.: Control of Thyrotropic Hormone Secretion. In: Neuroendocrinology, Vol. 1, pp. 436—445. Edit.: L. Martini, and W. F. Ganong. New York and London: Academic Press 1966.
Schally, A. V., Guillemin, R.: Studies on corticotropin Releasing Factor. Ion exchange chromatography of pituitary preparations. Tex. Rep. Biol. Med. **18**, 133—146 (1960).
— Lipcomb, H. S., Guillemin, R.: Isolation and amino acid sequence of α_2-corticotropin-releasing factor (α_2-CRF) from hog pituitary glands. Endocrinology **71**, 164—173 (1962).
Scharrer, E., Brown, S.: Neurosecretion in Lumbricus terrestris. Gener. comp. Endocrinol. **2**, 1—3 (1962).
— Gaupp, R.: Neuere Befunde am Nucleus supraopticus und Nucleus paraventricularis des Menschen. Z. Neur. **148**, 722—766 (1933).
Schwyzer, R.: Relationship of structure to activity of polypeptide hormones. In: Protein and polypeptide hormones. Part 1: Proceedings of the Intern. Symposium, Liège, 19—25 mai. Edit.: M. Margoulies. Amsterdam: Excerpta Medica Found. (Internat. Congress Series No. 161) 1968, p. 201.
Shaw, R. K., Heine, J. D.: Ninhydrin positive substances present in different areas for normal rat brain. J. Neurochem. **12**, 151—155 (1965).
Shute, P. R., Lewis, C. C. D.: The ascending cholinergic reticular system: Neocortical, olfactory and subcortical projections. Brain **90**, 497—520 (1967).
Staehelin, M., Maier, R.: The Effect of Inhibitors of Protein Synthesis on Various Parameters of ACTH Action in the Adrenal. In: Protein and polypeptide hormones. Part 1: Proceedings of the Int. Symposium, Liège, 19—25 mai. Edit.: M. Margoulies, Amsterdam: Excerpta Medica Found. (Internat. Congress Series No. 161), 1968, pp. 193—195.
Tebēcis, A. K.: Effects of monoamines and amino acids on medial geniculate neurones of the cat. Neuropharmacol. **9**, 381—390 (1970).
Werman, R., Aprison, M. H.: Glycine: The search for a spinal cord inhibitory transmitter. In: Structure and functions of inhibitory neuronal mechanisms. pp. 473—486. Proceedings of the Fourth Internat. Meeting of Neurobiologists held in Stockholm, Sept. 1966. Oxford and New York: Pergamon Press 1968.
— Davidoff, A., Aprison, M. H.: Inhibitory action of glycine on spinal neurons in the cat. J. Neurophysiol. **31**, 81—95 (1968).

Reafferenzprinzip — Apologie und Kritik

H. Mittelstaedt

Mit 2 Abbildungen

Im Jahre 1950 haben Erich von Holst und ich in der Zeitschrift „Die Naturwissenschaften" einen Aufsatz mit dem Titel veröffentlicht: „Das Reafferenzprinzip, Wechselwirkungen zwischen Zentralnervensystem und Peripherie". Seither erscheint der Begriff „Reafferenz" in zahlreichen Arbeiten aus dem Grenzgebiet, in dem Sinnes- und Nervenphysiologie, Wahrnehmungspsychologie, Verhaltensforschung und Biokybernetik überlappen. Läßt man diese Literatur Revue passieren, dann kann man nicht umhin, sich zu wundern, wie dieser Aufsatz es wohl zustandegebracht haben mag, in einem Atem so viele unterschiedlich orientierte Forscher zu irritieren und zugleich so viele andere, an disparaten Problemen arbeitende, davon zu überzeugen, gerade ihr Problem ließe sich mit seiner Hilfe lösen.

Diese Art von Resonanz verwundert auf den ersten Blick um so mehr, als die Autoren des Aufsatzes von 1950 offensichtlich versucht haben, das sie interessierende Problem stufenweise schärfer zu fassen und schließlich, nach mehrfachen Warnungen und Hinweisen auf Gegenbeispiele, ausdrücklich erklärten: das Reafferenzprinzip liefere *einen* unter anderen möglichen Lösungswegen für ein spezielles, wenn auch ubiquitäres Problem. Das von ihnen vorgeschlagene Prüfverfahren gäbe scharfe Kriterien dafür, ob ihre Erklärung jeweils zutreffe oder nicht und schlösse deshalb „Scheinerklärungen" heterogener Sachverhalte aus.

Das Problem

Was war — und ist — dieses besondere, aber allgegenwärtige Problem? Es geht von einem wohlbekannten, durch das Verhalten dokumentierten oder auch im Selbstversuch durch die Wahrnehmung unmittelbar bezeugten Sachverhalt aus: Sinnesmeldungen, die durch Veränderungen in der Umwelt zustandekommen, werden gewöhnlich anders beantwortet als solche, die durch eigene Bewegungen verursacht sind.

Nun sind die Sinnesmeldungen in diesen beiden Fällen oft so verschieden, daß der Unterschied im Verhalten allein durch Filtern der Eingangsinformation bewirkt werden könnte; und in der Tat gibt es ja zahlreiche Beispiele für solche rein sensorischen Unterscheidungsleistungen. Im visuellen System höherer Tiere sind Neuronenklassen, die auf Bewegung einzelner Konturen ansprechen, nicht aber auf die Verschiebung des optischen Panoramas, neben solchen nachgewiesen, die sich gerade umgekehrt verhalten. Verschiebung des Panoramas ist aber bei auf festem Substrat kriechenden oder laufenden Tieren — von Sonderfällen wie Fallen oder Stolpern abgesehen — fast stets ein Indikator für Eigenaktivität. Bewegung einzelner Konturen deutet andererseits fast stets auf Umweltereignisse hin. Diese beiden Meldungen allein setzen den Organismus also mit Wahrscheinlichkeit instand, auf optische Ereignisse im Fall von Umweltänderungen anders zu reagieren, als im Fall von Eigenbewegung.

Unser Problem aber stellt sich in aller Schärfe, wenn die einlaufenden Sinnesmeldungen in diesen beiden Fällen *gleich* sind. Die Forelle im fließenden Bach, der rüttelnde Falke und die auf der Stelle schwirrende Libelle in bewegter Luft reagieren auf die geringste Relativverschiebung zwischen visueller Umwelt und Auge. Das hindert sie aber nicht daran, aktiv ihren Standort zu wechseln, obwohl das Auge dabei notwendigerweise ebenfalls relativ zur visuellen Umwelt verschoben werden muß.

Nun könnte man daran denken, daß die von der Wasser- oder Windströmung verursachte Meldung — die visuelle Exafferenz — sich von der durch das Tier selbst verursachten — der visuellen Reafferenz — oft *quantitativ* unterscheiden dürfte; zum Beispiel im Zeitverlauf. Aber dann wäre das Verwechslungsrisiko für ein Lebewesen, das sich allein auf ein visuelles Filter verließe, um so größer, je häufiger ähnliche Re- und Exafferenzen in seiner Lebenszeit vorkommen. Vor allem jedoch muß man bedenken, daß bei der Forelle, beim Falken und bei der Libelle sich visuelle Ex- und Reafferenzen kontinuierlich überlagern. Im kritischen Experiment läßt sich nun aber zeigen, daß auf die beiden superponierten Afferenzströme fortlaufend unterschiedlich reagiert wird! Ein Fisch zum Beispiel, der in seiner aufrechten Normallage schwimmt, widersetzt sich jedem Versuch, ihn in eine andere Lage zu bringen. Das hindert ihn aber nicht daran, selbst andere Lagen einzunehmen, und dann widersetzt er sich jedem Versuch, ihn, zum Beispiel, in die Normallage zurückzudrehen.

Das war also unser Problem: Wie ist es möglich, daß ein Lebewesen Ex- und Reafferenzen unterschiedlich beantwortet, selbst dann, wenn sie quantitativ und qualitativ gleich sind und wenn sie sich zeitlich und im selben Eingangskanal überlagern?

Lösungswege

Bei der Suche nach einer Lösung fiel uns ein, daß es selbst in diesen zur Verzweiflung herausfordernden Fällen eine Informationsquelle gäbe, die eine sichere Unterscheidung von Reafferenz und Exafferenz ermöglichen sollte, nämlich *den jeweiligen Zustand des Zentralnervensystems*. Und diese unsere Entdeckung veranlaßte uns, eine andere Perspektive vorzuschlagen als die, unter der die Physiologen das erregbare System eines Organismus zu sehen sich gewöhnt hatten. Die von uns allen meist benutzte und sehr erfolgreiche Methode bestand ja darin, den Sinnesorganen Reize, möglichst quantifizierbare Reize, anzubieten und die Reaktion der Erfolgsorgane zu messen. Dabei gelten, legitimerweise, die Einflüsse aller nicht erfaßten Variablen — also auch die spontanen Aktionen des Zentralnervensystems — als *Störungen*, die entweder vorher durch experimentellen Eingriff oder nachher durch statistische Methoden eliminiert werden müssen. Die Methode verleitet dazu, das System als eine Art komplizierten Automaten zu sehen, der Eingangsdaten zu Ausgangsdaten verarbeitet. Die Blickrichtung des Physiologen ging also von den Sinnesorganen durch das ZNS hindurch zu den Erfolgsorganen. Wir schlugen statt dessen vor, vom Zentralnervensystem auszugehen, das ja, nach v. Holsts früheren Ergebnissen, auch dann dauernd aktiv ist, wenn keine Reize es beeinflussen.

Man stelle sich ein aktives Zentralnervensystem vor, das Befehle, „Kommandos" in unserer Terminologie, zu den Erfolgsorganen sendet und Meldungen von seinen Sinnesorganen erhält. Alle Meldungen, die gesetzmäßig kommen, wenn in der Umwelt nichts geschieht, sind zwangsläufig Ergebnisse der eigenen Tätigkeit, sind Reafferenzen. Alle Meldungen, die kommen, wenn keine Kommandos gegeben werden, sind Exafferenzen und bedeuten durch äußere Kräfte verursachte Veränderungen der Umwelt oder der Lage des Organismus zu ihr. Allgemein gilt: Der Unterschied zwischen dem, was aufgrund eines Kommandos gesetzmäßig zu erwarten ist und der Gesamtheit dessen, was von den Sinnesorganen tatsächlich gemeldet wird, ist der Anteil an Exafferenz. Im erstgenannten Fall ist er Null, im zweitgenannten Fall 100 Prozent, im Überlagerungsfall liegt der Anteil zwischen diesen beiden Werten. Nur auf *diesen Unterschied* wird mit kompensatorischen Reflexen reagiert; nur *er* bestimmt, zum Beispiel bei bewegtem Blick auf bewegliche Objekte, die tatsächlich wahrgenommene Richtung der Sehdinge. Das also ist unser Lösungsvorschlag für das vorliegende Problem, von uns „Reafferenzprinzip" genannt: *Unterscheidung von Reafferenz und Exafferenz durch Vergleich der Gesamtafferenz mit dem Systemzustand — dem „Kommando".*

In dem Aufsatz von 1950 haben wir gezeigt, daß unser Ansatz einen großen Bereich von Phänomenen ordnen, verständlich machen und für neue Fragen aufschließen kann. Rückgewandt haben wir das Reafferenzprinzip den beiden wichtigsten überkommenen Lösungsvorschlägen für das „Unterscheidungsproblem" gegenübergestellt:

Der eine Lösungsvorschlag nimmt an, daß die Gesamtafferenz beim Einsetzen des Kommandos, und mindestens für die Dauer seiner Ausführung, an der Wirkung auf das Verhalten bzw. die Wahrnehmung gehindert, oder, mit anderen Worten, vollständig gehemmt, blockiert, ausgeschaltet wird. Diese „Ausschalt-Hypothese" leistet nota bene nicht dasselbe wie das Reafferenzprinzip: Sie beraubt den Organismus während der Eigenbewegung aller durch die betroffenen Sinneskanäle einfließenden Nachrichten und überläßt ihn am Ende der Blockade gegenüber einer veränderten Eingangslage sich selbst. Genau genommen löst die Ausschalt-Hypothese also den Knoten des Problems nicht, sondern behandelt ihn eher wie Alexander den Gordischen.

Das gilt nicht für die zweite in der Literatur diskutierte Lösung. Sie kann in der Tat unter Bedingungen, auf die wir noch zurückkommen, für die gewünschte Unterscheidung sorgen, wenn auch auf andere Weise als das Reafferenzprinzip. Nach ihr wird die einlaufende Gesamtafferenz nicht mit dem Kommando verglichen, sondern mit Sinnesmeldungen über die Stellung oder die Stellungsänderung derjenigen Glieder, die das Kommando in Bewegung gesetzt hat. Diese „Proprioceptoren-Hypothese" wird man also neben dem Reafferenzprinzip immer dann in Betracht ziehen, wenn solche Sinnesorgane vorhanden und ihrer Anordnung und Arbeitsweise nach für eine solche Aufgabe geeignet sind. In der Arbeit von 1950 werden experimentelle Prüfmethoden für diese drei Lösungen angegeben und an Beispielen getestet.

Das allgemeine Prinzip und die erklärenden Hypothesen

Darüber hinaus sind wir einen Schritt vorwärts gegangen: Um *quantitative* Voraussagen machen zu können, haben wir versucht zu erklären, *wie* der Vergleich zwischen Kommando und Gesamtafferenz bewerkstelligt wird. Zu diesem Ende haben wir Hypothesen darüber aufgestellt, wie der unterliegende Wirkungszusammenhang beschaffen sei und wie er quantitativ arbeite. Diese Hypothesen haben wir dann an einzelnen konkreten Beispielen geprüft.

Und hier ist der Punkt, an dem der Aufsatz von 1950 kritisiert werden muß. Und zwar in folgender Hinsicht:

1. In dem verständlichen Bemühen, das gemeinsame Prinzip herauszuheben und es überkommenen Vorstellungen gegenüberzustellen, ist der wichtige Unterschied zwischen dem allgemeinen Konzept — eben dem Reafferenzprinzip — und den einzelnen erklärenden Hypothesen nicht scharf genug herausgearbeitet.

2. Die einzelnen erklärenden Hypothesen unterscheiden sich — aber es ist nicht klar genug erkennbar, worin. Der Grund war, daß uns damals keine topologisch und quantitativ hinreichend genaue Begriffs- und Symbolsprache zur Verfügung stand. Was die überkommene Physiologie anbot, war ein Gemisch aus anatomischen und funktionellen Begriffen oder — wie der Regelungstechniker sagen würde — ein Gemisch aus gerätetechnischen und wirkungsmäßigen Begriffen. Ein typisches Diagramm zur Darstellung von Wirkungsbeziehungen bestand aus Symbolen für Sinnesorgane, Leitungsbündel, Erfolgsorgane und Zentren, deren Bedeutung zwischen diesen beiden Aspekten hin- und herschillerte. Um unsere Hypothese hinreichend genau formulieren zu können, mußten wir diese Ambivalenz beseitigen und eine Sprache entwickeln, die den „gerätetechnischen" und „wirkungsmäßigen" Aspekt klar trennt [1]. Ich will auf unsere Versuche von 1950 hier nicht näher eingehen, sondern statt dessen nur die zwei wichtigsten Hypothesen in der von uns heute benutzten Sprache vorstellen. Sie macht vollkommen klar, worin sich beide unterscheiden und was ihnen gemeinsam ist:

Ich verwende nur drei Arten von Symbolen: Linien mit Pfeilen daran, „Blöcke" und viergeteilte Kreise. Linien sind keine Leitungen, sondern Variable. Ein Block steht für die Gesamtheit der quantitativen Beziehungen zwischen zwei Variablen, für ihr „Übertragungsverhalten". Die Pfeile zeigen die Wirkungsrichtung an, also welche Variable jeweils die steuernde und welche die gesteuerte ist. Viergeteilte Kreise symbolisieren Additionsstellen. Der schwarze Quadrant zeigt Vorzeichenumkehr derjenigen Variablen an, die an ihn herangeführt ist.

Das allgemeine Reafferenzprinzip läßt sich in dieser Sprache folgendermaßen darstellen (Abb. 1 a):

Unser Ausgangspunkt ist — wie schon gesagt — das Kommando (k). Es bewirkt, über das motorische System (MOT), einen Bewegungsvorgang. Die Bewegung bewirkt eine Veränderung der räumlichen Beziehung (y) zwischen Tier und Umwelt. Dasselbe können aber auch Einflüsse von außen, Störgröße (z) genannt, verursachen; beim Fisch und beim Falken z. B. Wasser- und Luftströmung. Beide überlagern sich

---

[1] N. Bischof (1966) hat vorgeschlagen, für den allgemeinen Fall diese beiden regelungstechnischen Begriffe neu zu benennen, nämlich „organetisch" für gerätetechnisch und „kybernetisch" für wirkungsmäßig.

additiv und ergeben zusammen die tatsächliche Raumlage des Tieres (x). Von dieser Variablen (x) ist, über das sensorische System (SENS), die Gesamtafferenz abhängig, in der also im allgemeinen Fall die Re- und die Exafferenzen, endogene und exogene Einflüsse, miteinander vermischt sind. Nun werden die Gesamtafferenz und das Kommando miteinander verglichen. Das Ergebnis des Vergleichs löst die kompensatorische Reaktion aus oder steuert als „Meldung" andere Aktionen, z. B. die Bewegung der Zunge des Chamäleons, des Fangbeins der Mantis oder den bekannten Schuß aus der Hüfte des legendären Sheriffs. Im Selbstversuch entspricht dieser „Meldung" qualitativ und, soweit man das beurteilen kann, auch quantitativ die eigene Wahrnehmung, z. B. über die Raumlage der Sehdinge bei bewegtem Blick.

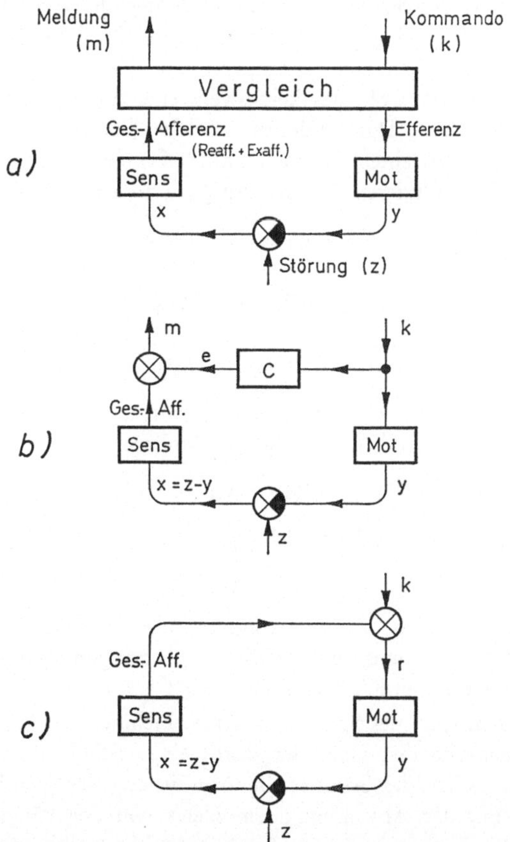

Abb. 1. Blockdiagramme des Wirkungsgefüges a) des allgemeinen Reafferenzprinzips und zweier spezieller erklärender Hypothesen, nämlich b) der Kopiehypothese und c) der Einregelhypothese. (x): Eingangsgröße des motorischen Teilsystems (SENS). (y): Ausgangsgröße des motorischen Teilsystems (MOT). (e): Efferenzkopie = Ausgangsgröße des Teilsystems (c). (k): Kommando (endogener Einfluß auf das System). (z): Störung (exogener Einfluß). Weitere Erklärungen im Text

Das allgemeine Prinzip sagt nun, der Vergleichsvorgang sei so beschaffen, daß in der „Meldung" ausschließlich die exogenen, von der Variablen (z) beeinflußten Einflüsse repräsentiert würden, *nicht* aber die endogenen, von der Variablen (k) herrührenden, und daß die kompensatorische Reaktion ausschließlich dem exogenen Einfluß entgegenwirke, nicht aber dem endogenen.

Soweit das allgemeine Prinzip; nun zu den erklärenden Hypothesen:

1. Vergleich mittels Masche (Feedforward)

Nach dieser Hypothese (Abb. 1 b) steuert das Kommando außer einer Bewegung auch noch eine zentralnervöse Variable (e), die „Efferenzkopie". Sie wird der Gesamtafferenz superponiert. Das Ergebnis ist die Meldung (m). Wenn das gesamte Wirkungsgefüge richtig geeicht ist, hängt die Meldung nur von der exogenen Größe (z) ab und nicht von der endogenen, dem Kommando (k). Wie geht das zu?

Wir wollen einfachheitshalber annehmen, alle Übertragungsfunktionen seien linear und proportional (obwohl das keineswegs eine für das richtige Funktionieren notwendige Bedingung ist). Dann können wir das Übertragungsverhalten der beteiligten Subsysteme durch einen Proportionalitätsfaktor ersetzen, mit dem wir den jeweiligen Eingang multiplizieren, um den Ausgang zu erhalten. Dann gilt:

$$m = Ck + (z - Mk)\,S$$

Aufgelöst ergibt sich:

$$m = Ck + Sz - MSk$$

oder

$$m = Sz + (C - MS)\,k$$

Jetzt ist die gesuchte Bedingung, unter welcher die Meldung (m) nur von (z) abhängt, nicht aber von (k), unmittelbar sichtbar, nämlich:

$$MS = C,$$

denn dann verschwindet (k) aus der Gleichung, und es ergibt sich

$$m = Sz.$$

Die Bedingung bedeutet also: die Übertragungsfunktion (SM) des gesamten motorischen und sensorischen Systems muß gleich der Übertragungsfunktion (C) sein, nach der die Efferenzkopie (e) vom Kommando abhängt!

Ich will das am Beispiel des Sheriffs erklären. Nehmen wir an, der Sheriff wollte einen ihm gegenüberstehenden Übeltäter durch einen Schuß aus der Hüfte treffen. Dazu muß im Augenblick des Schusses die Abweichung der Pistole von der Längsachse des Sheriffs mit der Abweichung des Zieles von der Längsachse des Sheriffs übereinstimmen. Das System benötigt also eine Meldung über die Abweichung des Ziels von der Längsachse des Sheriffs. Diese Variable sei (z) genannt; (y) sei die Abweichung der Blickrichtung des Sheriffs von seiner Längsachse, (x) sei die Abweichung des Ziels von der Fovea des Sheriffs. Nun nehmen wir an, daß der Sheriff, um die Gesamtlage im Auge zu behalten, per Kommando Augenbewegungen macht, z. B. seinem Gegner abwechselnd ins rechte und ins linke Auge blickt. Dann ist vollkommen klar, daß die Abweichung seines Ziels sich auf seiner Fovea in Sprüngen hin- und herbewegt, die dem Äquivalent von dem Augenabstand des Übeltäters auf diese Entfernung entsprechen. Wenn das Wirkungsgefüge des Sheriffs nun so strukturiert und so geeicht ist, wie wir das eben angenommen haben, dann werden die Afferenzen über Lageveränderungen (x) des Ziels auf der Fovea durch die Efferenzkopie (e) gerade so kompensiert, daß die Meldung (m) ausschließlich von der Abweichung des Ziels von der Längsachse abhängt. Und das ist genau die Information, die eine aus der Hüfte schießende Hand benötigt[2].

2. Vergleich mittels Kreis (Feedback)

Nun zur zweiten erklärenden Hypothese (Abb. 1 c). Hier wird die Gesamtafferenz dem Kommando (k) selbst superponiert und das Resultat zur Steuerung der Motorik verwendet. Das Wirkungsgefüge ist ein Regelkreis, dem das Kommando als Führungsgröße aufgeschaltet ist.

Wieso kann dieses Wirkungsgefüge dem Reafferenzprinzip genügen? Als Demonstrationsbeispiel eignet sich die optische Orientierung der Forelle in einem Bach mit klarem Wasser. (Einfachheitshalber nehmen wir an, er fließe ziemlich rasch, und die Forelle hielte stets ihre Nase gegen den Strom.) Dann sei (x) die Geschwindigkeit der Forelle relativ zum Grund (bachabwärts: positiv); (y) sei die Geschwindigkeit der Forelle relativ zum Wasser (vorwärts = bachaufwärts: positiv) und (z) die Geschwindigkeit des Bachwassers relativ zum Grund (stets positiv).

Es gilt:

$$x = z - y$$

Der Größe (x) sei nun die optokinetische Gesamtafferenz proportional (die ja in der Tat von der Relativgeschwindigkeit zum Grund abhängt). Ihr überlagert sich das Schwimmkommando (k). Für das Resultat der Überlagerung (r) gilt also die folgende Gleichung:

$$r = k + Sx$$

(r) wirkt auf die Motorik, und zwar vergrößert sie, falls sie positiv ist, bzw. verkleinert sie, falls sie negativ ist, die Schwimmgeschwindigkeit der Forelle relativ zum Wasser (y). Dieses Verhalten der Motorik läßt sich mathematisch durch eine Integralgleichung darstellen, nämlich:

$$y = D \int r \, dt$$

Da die Schwimmgeschwindigkeit (y) nach $x = z - y$ auf die Eingangsgröße zurückwirkt, muß sie sich folglich so lange ändern, bis (r) zu Null geworden ist! Im Gleichgewicht gilt dann:

$$k + Sx = k + S(z - y) = 0.$$

Das heißt aber: Solange (k) gleich null ist, schwimmt die Forelle genauso schnell, wie der Bach fließt; sie „steht" auf der Stelle. Bei positivem (k) driftet sie relativ zum Ufer bachaufwärts, bei negativem relativ zum Ufer bachabwärts, und zwar stets unabhängig von der Bachgeschwindigkeit (z).

---

[2] Die „Ausschalt-Hypothese" liefert diese Information *nicht* und ist, wie schon oben vermutet, deshalb zur Erklärung solcher Leistungen nicht hinreichend. Indessen ist kurzfristige Ausschaltung der Afferenz oder selektive Dämpfung der hohen Frequenzanteile während stoßförmiger (Augen-) Bewegungen als Zusatzhypothese durchaus plausibel.

Unter den gegebenen Bedingungen widersetzt sich dieses Wirkungsgefüge also dem exogenen Einfluß (z) auf die kritische Größe, die Geschwindigkeit über Grund (x), gibt aber dem endogenen Einfluß (k) nach. Mit anderen Worten: sein Verhalten unterscheidet Exafferenz und Reafferenz, und zwar durch Vergleich der Gesamtafferenz mit dem Kommando — was zu beweisen war.

Versuchen wir die Bedingungen zu formulieren, unter denen ein einfacher Regelkreis dem Reafferenzprinzip genügt. Dazu schreiben wir die Gleichung des Wirkungsgefüges wie oben unter der Annahme linearer Proportionalität. Dann gilt:

$$x = \frac{z - Mk}{1 + SM}$$

$$x = \frac{z}{1 + SM} - \frac{k}{\dfrac{1}{M} + S}$$

Man sieht: damit der exogene Einfluß (z) möglichst klein wird, muß die gesamte Kreisverstärkung SM möglichst groß sein. Damit der endogene Einfluß (k) möglichst groß wird hingegen, muß M groß werden gegenüber S. Integrales Verhalten der Motorik bei Proportionalität der Sensorik (wie im Beispiel der Forelle) ist in der Tat der Idealfall; denn dann gilt im Gleichgewicht:

$$\frac{1}{M} = \frac{r}{y} = 0 \text{ und } x = -\frac{k}{S}.$$

Alternativen

Die erste erklärende Hypothese, Vergleich mittels der Masche von Abb. 1 b unter den angegebenen Randbedingungen, soll im folgenden kurz „Kopiehypothese" genannt werden, die zweite, Vergleich mittels Kreis unter den angegebenen Randbedingungen, soll „Einregelhypothese" genannt werden. Kopiehypothese und Einregelhypothese genügen, wie gezeigt, dem Reafferenzprinzip. Stellen sie nun für jeden konkreten Fall, in dem Unterscheidung von Ex- und Reafferenz vorliegt, mögliche Alternativ-Lösungen dar? Die Antwort ist: keineswegs. Zur Erklärung der Leistung des Sheriffs z. B. ist die Einregelhypothese nicht hinreichend, und umgekehrt genügt die Kopiehypothese nicht der Leistung der Forelle. Ein Vergleich der Wirkungsgefüge zeigt den Grund: Der Kreis liefert eine kompensatorische Reaktion, aber keine Meldung mit den geforderten Eigenschaften; die Masche liefert eine solche Meldung, aber keine kompensatorische Reaktion: Ein unvermaschter stetig arbeitender Regelkreis — das läßt sich allgemein ableiten — kann nicht exogene Einflüsse eliminieren, endogenen aber folgen und *zugleich* eine Meldung liefern, die sich gerade umgekehrt verhält. Und im Fall der Masche kann nicht die Meldung zugleich zur Steuerung der kompensatorischen Reaktion verwandt werden, ohne daß eben dadurch zusätzlich ein Regelkreis entsteht. Kopie- und Einregelhypothese sind im Zusammenhang des Reafferenzprinzips keine Alternativlösungen, sondern komplementär. Sie schließen sich nicht aus, sondern ergänzen einander: und wirklich lassen sich beide kombinieren. Von den mannigfachen Kombinationsmöglichkeiten (vgl. im einzelnen Mittelstaedt, 1960, und Kimble [Ed.] 1968) sei hier nur eine (Abb. 2) dargestellt, nämlich diejenige, die in der Arbeit von 1950 als „allgemeine Fassung" des Reafferenzprinzips

eingeführt wird. Bei Verhaltensleistungen von der Art des Sheriffs kommt also nur
die eine der beiden Hypothesen zur Erklärung in Frage, bei Verhaltensleistungen
von der Art der Forelle nur die andere. In Fällen, wo sowohl eine Meldung als
auch eine kompensatorische Reaktion mit den geforderten Eigenschaften vorkommen,
ist weder die eine noch die andere hinreichend, sondern nur ein Kombination von
beiden.

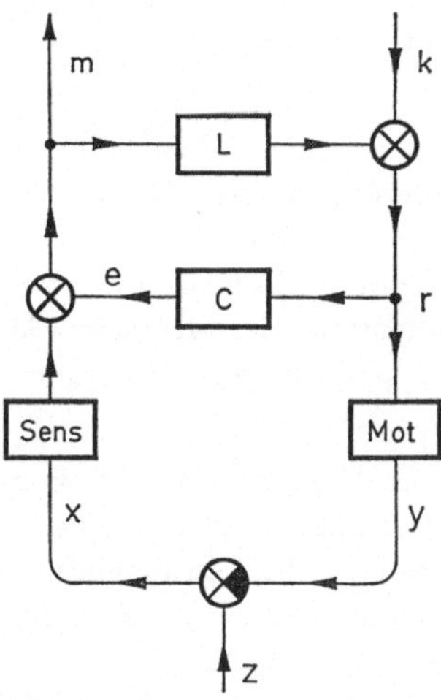

Abb. 2. Blockdiagramm des Wirkungsgefüges einer von mehreren möglichen Kombinationen
der Kopie- und der Einregelhypothese. Das Wirkungsgefüge enthält einen Teilkreis mit positiver Rückkoppelung (e → m → r → e), der für sich allein (Betrachten eines Nachbildes hinter
geschlossenen Lidern!) nur stabil ist, wenn $LC < +1$. Der Einfluß des Kommandos (k) auf
die Meldung (m) verschwindet unter der Bedingung $C = SM$. Die Meldung ist dann in der
Tat nach $m = Sz$ nur noch vom exogenen Einfluß abhängig. Der Einfluß von (z) auf die
kritische Variable (x) folgt dann $x = (1 - LC)\,z$ und verschwindet unter der Bedingung
$LC = +1$. Die kritische Variable (x) hängt dann in der Tat allein von (k) ab

Wenn nun Kopie- und Einregelhypothese keine Alternativen sind, gehört dann
das Reafferenzprinzip etwa zu den rein mathematischen Theorien, die sich nicht
widerlegen lassen; ist es also in Wahrheit ein deduktiv, aus Axiomen abgeleitetes
Theorem? Dieser Verdacht läßt sich widerlegen: Die Alternative zur Kopiehypothese
ist nicht die Einregel-, *sondern die Propriozeptoren-Hypothese*. Die Alternative zur
Einregelhypothese ist nicht die Kopie-, *sondern die Ausschalthypothese* [3].

Diese Einsicht setzt uns jetzt instand, die am Anfang erwähnte Verwirrung bei
der Interpretation des Reafferenzprinzips zu verstehen und — hoffentlich endgültig —
zu beheben.

---

[3] Es ist natürlich keineswegs ausgeschlossen, daß in der Zukunft weitere Lösungen für
das Problem gefunden werden. So ist z. B. das allgemeine Reafferenzprinzip in der hier gegebenen Form (Fig. 1 a) durchaus mit dem Rahmenkonzept verträglich, das D. M. MacKay
(1957) für die Wahrnehmung entwickelt hat. Die Einregel- und die Kopiehypothese hingegen genügen diesem Konzept offenbar nicht; es ist also durchaus möglich, daß sich ganz
andersartige Hypothesen ergeben werden, wenn das Rahmenkonzept von MacKay (1957,
1962, 1966) zu erklärenden Hypothesen ausgearbeitet wird.

1. In der Arbeit von 1950 werden bei allen Fällen, in denen *die kompensatorische Reaktion* zwischen Ex- und Reafferenz unterscheidet, das Reafferenzprinzip und die Ausschalthypothese als mögliche Lösungen einander gegenübergestellt. Man überzeugt sich leicht davon, daß als Alternative zur Ausschalthypothese in allen diesen Fällen stets die Einregelhypothese gemeint ist. Getestet wird die Alternative, z. B. im Fall der Schwereorientierung des Fisches (Abb. 2 und 3 von 1950) oder der Körperhaltung der Tausendfüßler (Abb. 10 und 11 von 1950), durch Manipulieren des sensorischen Übertragungsgliedes (S). Bei Gültigkeit der Ausschalthypothese sollte dies die kritische Variable (x) überhaupt nicht, bei Gültigkeit der Einregelhypothese nach $x = -kS^{-1}$ beeinflussen. Das letzte tritt in der Tat in beiden Fällen ein.

2. In der Arbeit von 1950 werden in allen Fällen, in denen eine *Meldung* zwischen Ex- und Reafferenz differenziert, das Reafferenzprinzip und die Proprioceptoren-Hypothese einander gegenübergestellt. Hier sieht man leicht, daß die Alternative zur Proprioceptoren-Hypothese stets das ist, was hier Kopiehypothese genannt wird, z. B. im Fall der Raumkonstanz des Menschen (Abb. 5 von 1950). Die Widerlegung der Proprioceptoren-Hypothese folgt dem schon von Helmholtz (1867) entwickelten Beweisgang.

3. Im Fall, wo sowohl eine Meldung als auch eine kompensatorische Reaktion mit den geforderten Eigenschaften auftreten, erscheint in der Arbeit von 1950 in der Tat eine Kombination von Masche und Kreis, nämlich die hier in Abb. 2 dargestellte. Als Beispiel diente der optomotorische Nystagmus des Menschen mit der ihn begleitenden Wahrnehmung (Abb. 7 von 1950).

Meine Kritik an der Arbeit von 1950 richtet sich also darauf, daß die logische und kybernetische Struktur des Feldes der Leistungen und Lösungen nicht hinreichend geklärt worden ist.

Das zeigt sich besonders kraß in zwei Fällen, auf die abschließend noch kurz hingewiesen sei, nämlich an der Behandlung des Problems der Halsreflexe und des Problems der Größenkonstanz. Das erste kann man durchaus im Rahmen des Reafferenzprinzips stellen; indessen der Lösungsvorschlag, den der eine von uns (Mittelstaedt, 1950, vgl. auch 1964) schon früher gegeben hatte, nämlich additive Verrechnung von Labyrinth- und Halsstellungs-Afferenzen, gehört eindeutig zur Klasse der Proprioceptoren-Hypothesen, ist also ein Gegenbeispiel zum Reafferenzprinzip. Nach dem Reafferenzprinzip müßte in diesem Fall die Kopiehypothese vorgeschlagen werden; die ist hier aber eindeutig widerlegt. Für das Problem der Größenkonstanz hatte der andere von uns (vgl. auch v. Holst, 1955) einen Lösungsvorschlag ausgearbeitet, der zweifellos eine Efferenzkopie vorsah (wenn auch mit multiplikativer, statt mit additiver Verrechnung). Aber das mit dieser Hypothese implizierte Wirkungsgefüge — das sieht man besonders deutlich, wenn man es in der hier vorgeschlagenen Sprache formuliert — *unterscheidet überhaupt nicht zwischen exafferentem und reafferentem* Einfluß auf die kritische Variable, die wahrgenommene Größe eines gesehenen Gegenstandes.

Diese Apologie und Kritik des Reafferenzprinzips hat gezeigt, meine ich, wie wichtig eine präzise kybernetische Sprache für den Physiologen sein kann. Gerade das, was zunächst so abschreckend wirken mag, ihr hoher Abstraktionsgrad, macht erst die Genauigkeit möglich, mit der man die hier geforderten Hypothesen formulieren kann. Und diese Genauigkeit wiederum ist sowohl notwendig wie hinreichend dafür, daß man solche hypothetischen Wirkungsgefüge experimentell und quantitativ prüfen kann.

Literatur

Bischof, N.: Psychophysik der Raumwahrnehmung. Handbuch der Psychologie 1, 307—408 (1966).
— Kramer, E.: Untersuchungen und Überlegungen zur Richtungswahrnehmung bei willkürlichen sakkadischen Augenbewegungen. Psychol. Forsch. 32, 185—218 (1968).
Helmholtz, H. L. F. von: Handbuch der physiologischen Optik, Vol. III (1867).
Holst, E. von: Relations between the central nervous system and the peripheral organs. Brit. J. Anim. Behav. 2, 89—94 (1954).
— Die Beteiligung von Konvergenz und Akkommodation an der wahrgenommenen Größenkonstanz. Naturwissenschaften 15, 444—445 (1955).
— Ist der Einfluß der Akkommodation auf die gesehene Dinggröße ein „reflektorischer" Vorgang? Naturwissenschaften 15, 445—446 (1955).
— Mittelstaedt, H.: Das Reafferenzprinzip (Wechselwirkungen zwischen Zentralnervensystem und Peripherie). Naturwissenschaften 37, 464—476 (1950).
Kimble, D. P. (ed.): Action contingent development of vision in neonatal animals. Experience and Capacity 4, 45—69 (1968).
MacKay, D. M.: The stabilisation of perception during voluntary activity. Proc. 15th int. Congr. Psychol. 284—285 (1957).
— Theoretical models of space perception. Aspects of the Theory of Artificial Intelligence 83—104 (1962).
— Cerebral organization and the conscious control of action. Brain and Conscious Experience 422—445 (1966).
Mittelstaedt, H.: Physiologie des Gleichgewichtssinnes bei fliegenden Libellen. Z. vergl. Physiol. 32, 422—463 (1950).
— Zur Analyse physiologischer Regelungssysteme. „Verhandlungen der Deutschen Zoologischen Gesellschaft in Wilhelmshaven 1951". Zool. Anz. Suppl. Bd. 150 (1951).
— Regelung und Steuerung bei der Orientierung der Lebewesen. Regelungstechnik 2, 226 (1954).
— The analysis of behavior in terms of control systems. Group Processes, Transactions of the fifth conference, October 12, 13, 14 and 15 (1958). The Josiah Macy, Jr. Foundation, New York, N.Y. (1960).
— Basic control patterns of orientational homeostasis. Symp. Soc. exp. Biol. 18, 365—385 (1964).
— Grundprobleme der Analyse von Orientierungsleistungen. Jb. d. Max-Planck-Gesellsch 121—151 (1966).
— Holst, E. v.: Reafferenzprinzip und Optomotorik. Zool. Anz. 151, 253 (1953).

Das vestibuläre System, mit Exkursen über die motorischen Funktionen der Formatio reticularis, des Kleinhirns, der Stammganglien und des motorischen Cortex sowie über die Raumkonstanz der Sehdinge

H. H. KORNHUBER *

Mit 29 Abbildungen

Das vestibuläre System ist ein Trägheits-Navigationssystem, das die Aufgabe hat, die Körperstellung und die Augenstellung gegen Störeinflüsse zu stabilisieren, ähnlich wie man für ein Geschütz auf einem Schiff eine stabilisierte Plattform schafft. Genauer hat das vestibuläre System drei *Funktionen:* erstens die Regelung der Körperstellung, zweitens die Blickstabilisierung und drittens die Lieferung eines Beitrages zur bewußten Raumorientierung.

Die Lokalisation der vestibulären Receptoren im Kopf ist nur für die Blickregelung richtig. Für die Regelung der Körperstellung waren sie einst, als sie bei den Fischen von der Natur erfunden wurden, an der richtigen Stelle, sobald aber der Kopf gegen den Rumpf beweglich wurde, war es nötig, die Stellung des Halses für die vestibuläre Regelung der Körperstellung zu berücksichtigen. Das vestibuläre System gehört zur Proprioceptivität: auf allen Stufen des Zentralnervensystems findet sich eine selektive Zusammenarbeit von Afferenzen aus den Vestibularorganen und der somatischen Tiefensensibilität (vor allem den Gelenkreceptoren): in den Vestibulariskernen [27], in der Formatio reticularis des Hirnstamms [62], im motorischen Cortex [52] und im vestibulären Cortex [72]. Für die bewußte Raumorientierung sind natürlich auch andere Sinne wichtig, besonders das Sehen und der Tastsinn.

Die *relative Bedeutung des Vestibularapparats beim Menschen* ist freilich geringer als beim Kaninchen, bei dem er die Augenstellung völlig beherrscht und das nach einseitigem Labyrinthausfall eine solche bleibende Haltungsänderung erfährt, daß eine Skoliose des Rückgrads entsteht. Beim Menschen merkt man eigentlich erst, wie wichtig für ihn das Vestibularorgan ist, wenn es gestört ist: im akuten Zustand nach einseitigem Vestibularausfall ist die Gleichgewichtsstörung so stark, daß Gehen unmöglich ist, und auch bei chronischem beidseitigem Vestibularausfall bestehen deutliche Symptome, nämlich unscharfes Sehen bei Bewegungen des Kopfes, eine Gleichgewichtsunsicherheit beim Gehen auf unebenem Grund im Dunkeln und eine Orientierungsstörung beim Tauchen.

---

* Prof. Richard Jung zum 60. Geburtstag gewidmet.

Der Mechanismus der mechano-elektrischen Transduktion in den *vestibulären Receptoren* ist noch ungeklärt. Aus den Haarzellen intracellulär abzuleiten, ist schwierig. Man weiß lediglich, daß Biegung der Reizhaare in Richtung zum Kinocilium Erhöhung der Ruheaktivität in der ableitenden Nervenfaser hervorruft, Biegung vom Kinocilium weg Hemmung [82]. Die Bedeutung der zwei verschiedenen Haarzelltypen bei den Säugetieren ist unbekannt, bei den Fischen kommt nur der zylindrische Typ II vor, bei Säugern auch der kelchförmige Typ I (Abb. 1).

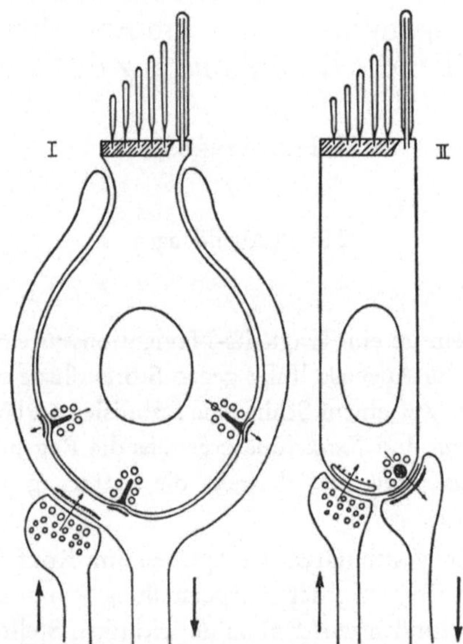

Abb. 1. Die zwei vestibulären Haarzelltypen und ihre afferente und efferente Innervation: links der kelchförmige Typ I, rechts der zylindrische Typ II. Nach Wersäll et al., Ciba Sympos. „Myotatic, kinesthetic and vestibular mechanisms". London, Churchill 1967

Zunächst zum *peripheren Vestibularorgan:* Es besteht bekanntlich aus den Bogengängen und den Statolithenorganen. Die drei senkrecht aufeinander stehenden Bogengänge entsprechen den drei Ebenen des Raumes. Auch die zwei Statolithenorgane sind so gebogen, daß Kräfte in allen drei Raumebenen auftreten. Der adäquate Reiz für die Haarzellreceptoren ist in allen Fällen die Biegung (Scherung) der Sinneshaare [35]. Die Statolithenorgane sind Linearbeschleunigungsmeßfühler, die Bogengangscupulae Winkelbeschleunigungsmeßfühler.

Hinsichtlich der *Statolithenorgane* kann ich mich kurz fassen, weil Mittelstaedt sie implizite behandelt hat (s. S. 161). Hinzuzufügen ist nur, daß das einzig sichere Zeichen des Statolithenausfalls beim Menschen das Verschwinden der statischen Gegendrehung der Augen bei Rotation um die naso-occipitale Achse ist [46]. Beim Kaninchen mit seinen seitlich stehenden Augen tritt die Gegendrehung beim Heben und Senken der Schnauze auf und ist auch im steady state sehr stark (von der Ruhelage aus beidseits 45°). Beim Menschen ist die tonische Gegendrehung gering, sie beträgt maximal 6—8°. Viel stärker ist die Gegendrehung allerdings bei rascher Rotation um die naso-occipitale Achse, doch daran sind wahrscheinlich die Bogengänge beteiligt.

Das *Bogengangsorgan* ist physikalisch ein integrierendes Accelerometer, ein Torsionspendel mit sehr starker Dämpfung. Die Rückkehrzeitkonstante liegt für den horizontalen Bogengang beim Menschen in der Größenordnung 10—15 s, für die vertikalen Bogengänge etwas niedriger. Das wurde zuerst aus der Geschwindigkeit des Augennystagmus geschlossen [46], Abb. 2 zeigt Messungen am Menschen, und Untersuchungen am Bogengangsnerven der Katze [74] haben bestätigt, daß dieser Wert nicht etwa durch Adaptation zentraler Neurone bestimmt ist, sondern der Cupula-Mechanik entspricht. Dies bedeutet, daß nur über einige Sekunden voll integriert werden kann. Das ist kein Nachteil, weil alle diejenigen Regelungen, für die die

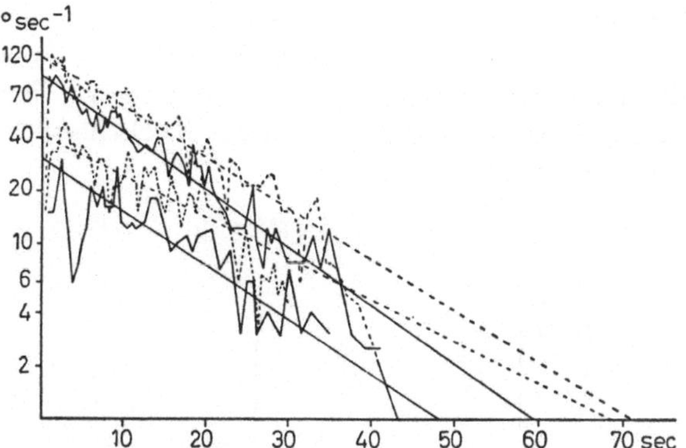

Abb. 2. Die Winkelgeschwindigkeit der langsamen Phasen des horizontalen vestibulären Nystagmus des Menschen nach Stop aus Drehgeschwindigkeiten zwischen 30 und 120° s⁻¹ (Ordinate in logarithmischer Auftragung) fällt in der Zeit exponentiell ab, entsprechend der Rückkehrbewegung der Cupula, die ein stark gedämpftes Torsionspendel ist. Die Zeitkonstante liegt hier in der Größenordnung 15 s. Aus der Doktorarbeit von Gabriele Stark, Freiburg i. Br. 1964

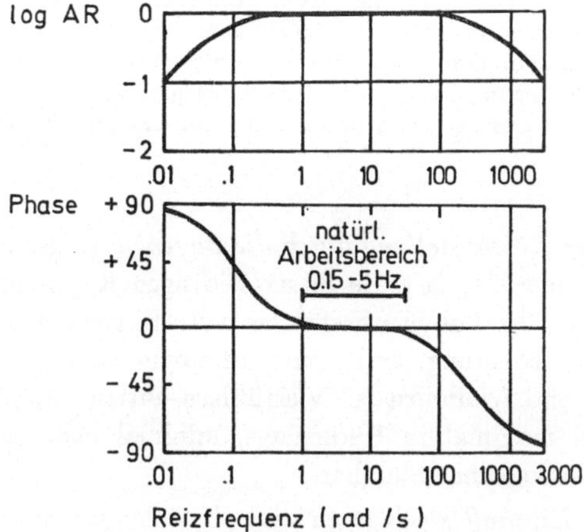

Abb. 3. Frequenzgang der Cupula, berechnet aus physikalischen Daten von Melville Jones und J. H. Milsum, [39]

Bogengangsorgane von Bedeutung sind, insbesondere die Blickregelung bei Kopfbewegungen und die Kippreaktionen der Extremitäten bei raschen Bewegungen funktionieren müssen. Für langsame Bewegungen gibt es andere (visuelle und taktile)
Regelungen. Davon kann man sich durch einen einfachen Versuch überzeugen. Man
bewege den eigenen Zeigefinger in etwa 30 cm Abstand von den Augen sinusförmig
hin und her mit einer Amplitude von etwa 20°. Nur bis etwa 1 Hz kann dann der
Blick durch optokinetische Regelung folgen. Wenn man dagegen den Finger still hält
und den Kopf schüttelt, bleibt der Finger bis 4 Hz gut sichtbar. Aus den physikalischen Daten der Bogengangsorgane wurde berechnet [39], daß ihr Frequenzgang
dem natürlichen Arbeitsbereich von etwa 0,15 bis 5 Hz optimal angepaßt ist (Abb. 3),
und Messungen der Augenbewegungen beim Menschen haben eine gute Übereinstimmung damit ergeben [85].

Die Cupula integriert also kurze Drehbeschleunigungen bis zu etwa 2 Sekunden
Dauer vollständig und arbeitet dabei weitgehend linear, so daß die Geschwindigkeit
der Gegendrehung der Augen proportional der durch die Drehbeschleunigung erreich-
ten Geschwindigkeit der Kopfdrehung ist (Abb. 4).

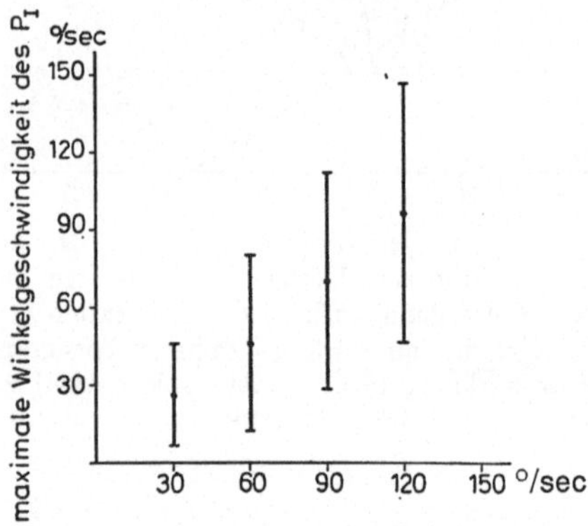

Abb. 4. Lineare Beziehung der maximalen Geschwindigkeit der langsamen Phasen des ersten
postrotatorischen Nystagmus des Menschen (Ordinate mit zweifacher Standardabweichung)
zur Drehgeschwindigkeit vor dem Stop (Abszisse): die vestibuläre Gegendrehung der Augen
kompensiert unter den Versuchsbedingungen (geschlossene Augen) etwa 80% der Kopf- und
Körperdrehungen. Aus der Dissertation von Gabriele Stark, Freiburg i. Br. 1964

Die *Regelung der Körperstellung durch die Bogengänge* geschieht durch die *vestibuläre Kippreaktionen* [24, 26]. Zu dieser wichtigen Regelung gehört jedoch nicht
der tonische symmetrische Labyrinthreflex auf die Extremitäten. Dieser Reflex hat
keine physiologische Bedeutung, er ist ein pathologisches Phänomen, das nach Entfernung von Groß- und Kleinhirn bei Vierfüßlern auftritt. Der Strecktonus der Extremitäten ist dabei maximal in Rückenlage, minimal beim normalen Stand, was
offenbar keinen physiologischen Sinn hat.

Die *Bogengangs-Kippreflexe* dagegen sind physiologisch und wichtig. Man untersucht sie am besten durch rasches Kippen ohne Warnung aus dem Vierbeinstand
(Abb. 5). Während Kranke mit Kleinhirnverlust dabei nicht umfallen, fallen Laby-

rinthlose um, und zwar ist die normale Reaktion von der Intaktheit der Bogengänge abhängig.

Abbildung 6 zeigt nun, daß *Meldungen der Labyrinthe allein für die Regelung der Körperstellung sinnlos* sind. Erst die Labyrinth- und Halsafferenzen zusammen sagen etwas über Körperbewegungen aus, und zwar müssen die Halsafferenzen von den labyrinthären subtrahiert werden, damit die Extremitäten reflexlos bleiben, wenn nur der Kopf allein bewegt wird.

Daraus ergibt sich, daß die *Halsreflexe* auf die Extremitäten das Gegenteil der Labyrinthkippreflexe sein müssen, und das ist tatsächlich der Fall (Abb. 7 und 8). Die Halsreflexe sind die (phylogenetisch jüngeren) Partner der (asymmetrischen) Laby-

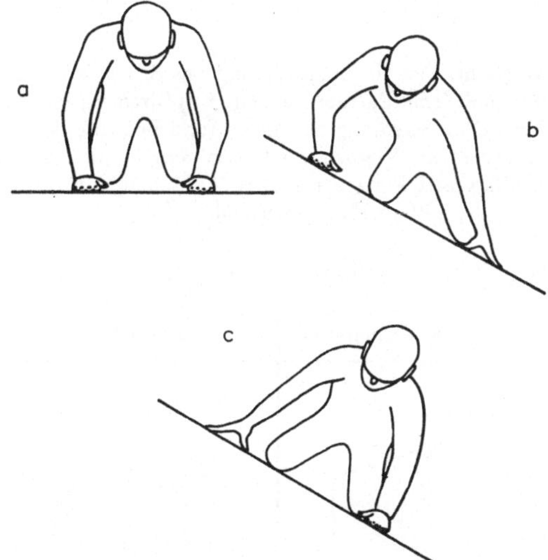

Abb. 5 a—c. Kippversuch. a Ausgangsstellung (Vierbeinstellung). b Bei seitlicher Kippung nach links verhindert beim gesunden Menschen Streckung des linken und Beugung des rechten Armes das Umfallen. c Der beiderseits labyrinthlose Kranke fällt bei rascher Kippung um, wobei der rechte Arm gestreckt wird — infolge eines Muskeldehnungsreflexes, der beim Labyrinthgesunden unterdrückt wird. Nach H. H. Kornhuber, [46]

Abb. 6. Das Zusammenwirken von Labyrinth- und Halsafferenz bei der Regelung der Körperstellung. Bei Kopfdrehung in die Stellung I bleiben die Extremitäten reflexlos, obwohl die Labyrinthe Kippung melden; die Gegenschaltung von Labyrinth- und Halsafferenz verhindert das Umfallen durch Labyrinthreflexe. In Stellung III fällt die Katze, obwohl für die Labyrinthe alles in Ordnung ist: in diesem Fall sind es die Halsreceptoren, die die nötigen Stützreflexe veranlassen. Nur wenn der labyrinthäre Alarm nicht durch Subtraktion von Halsmeldungen annulliert wird (Stellung II) lösen Labyrinthmeldungen Kippreflexe aus. Nach H. H. Kornhuber, [50]

rinth-Kippreflexe. Daß diese Zusammenhänge lange übersehen waren, lag daran, daß Magnus [58], der Entdecker der Halsreflexe, die asymmetrischen Labyrinthkipp-reflexe nicht gefunden hatte und die Untersuchungen von McNally und Tait [57] sowie Rademacker [63] keinen Eingang mehr in die Lehrbücher fanden.

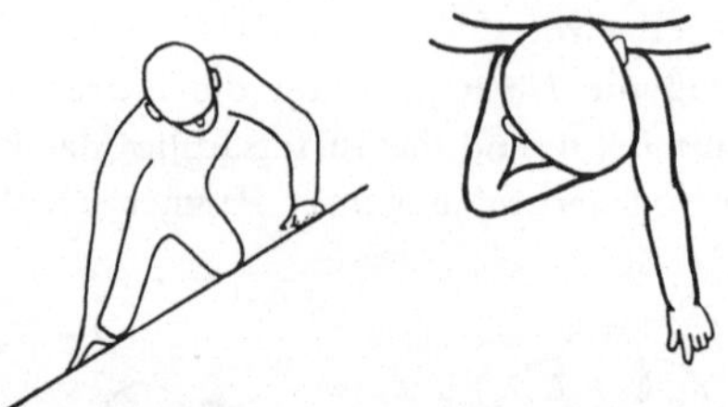

Abb. 7. Die Halsreflexe (rechts, bei einem Kind) sind aus den Labyrinth-Kippreflexen (links) zu verstehen, deren antagonistische Partner sie sind: Kopfdrehung mit Nase nach links macht beim Säugling durch Halsreflex Streckung der linken (und Beugung der rechten) Extremitäten. Kippung des ganzen Körpers im Vierbeinstand nach rechts (mit Nasendrehung nach links) macht durch Labyrinthreflex Streckung der rechten (und Beugung der linken) Extremitäten. Nach H. H. Kornhuber, [50]

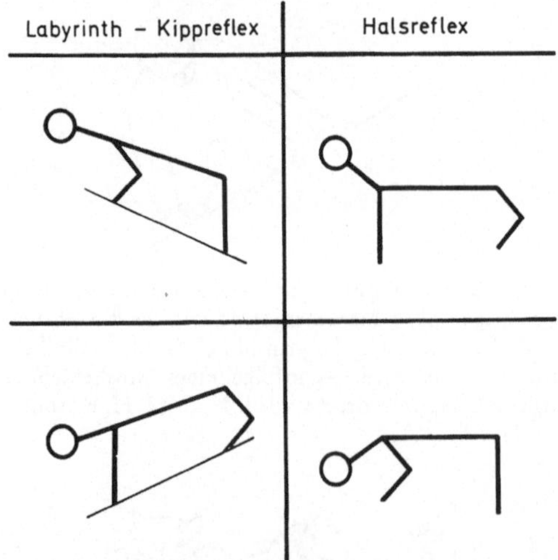

Abb. 8. Labyrinthreflexe bei der Kippung nach vorn und hinten und Halsreflexe bei Hebung und Senkung des Kopfes: die Labyrinthreflexe verhindern das Umfallen bei Kippung, die Halsreflexe aber, die das Gegenteil dieser asymmetrischen Bogengangsreflexe auf die Extremi-täten sind, verhindern das Umfallen durch Labyrinthreflexe bei Bewegung allein des Kopfes

Konvergenz vestibulärer und halsproprioceptiver Afferenzen findet sich an einem großen Teil der Vestibulariskernneurone [27] (Abb. 9). Die für die Halsreflexe wich-tige Afferenz stammt nicht aus den Muskeln, sondern aus den Halsgelenken [56] der drei obersten Cervicalsegmente.

Die Gleichgewichtsstörung, die eine Katze nach intraduraler Durchschneidung der oberen 3 cervicalen Hinterwurzeln zeigt, ist äußerst schwer und ähnelt durchaus derjenigen, die man nach bilateraler Zerstörung der Labyrinthe sieht [46]. Die Afferenz von den Halsgelenkreceptoren ist also von erheblicher Bedeutung für die Regelung der Körperstellung, hingegen ist sie unbedeutend für die Blickregelung [85].

Nun zur *vestibulären Blickregelung* (Abb. 10). Die Notwendigkeit der Augenbewegungen ergibt sich aus dem fovealen Sehen. Das Vestibularorgan hat dabei die Aufgabe, die Augenstellung gegen Kopfbewegung zu stabilisieren, wie schon gesagt, ähnlich einer Plattform auf einem Schiff, durch die eine Kanone oder ein Radargerät

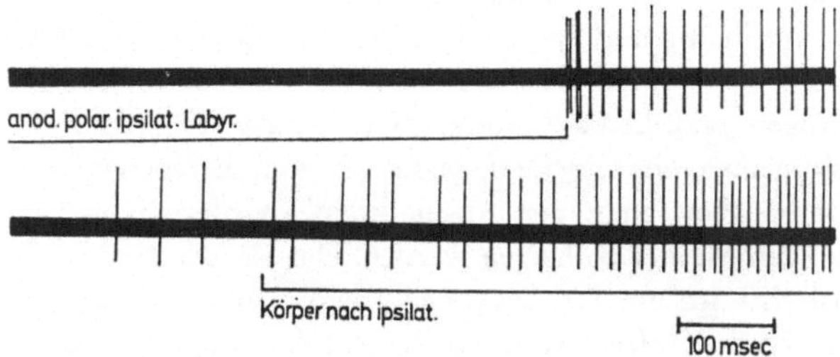

Abb. 9. Konvergenz von vestibulären und halsproprioceptiven Afferenzen auf ein Neuron der Vestibulariskerne der Katze. Hemmung durch anodische Polarisation des ipsilateralen Labyrinths (oben), Aktivierung durch ipsilaterale Körperwendung in den Halsgelenken bei fixiertem Kopf (unten). Experiment von Fredrickson, Schwarz u. Kornhuber. Nach Kornhuber, [46]

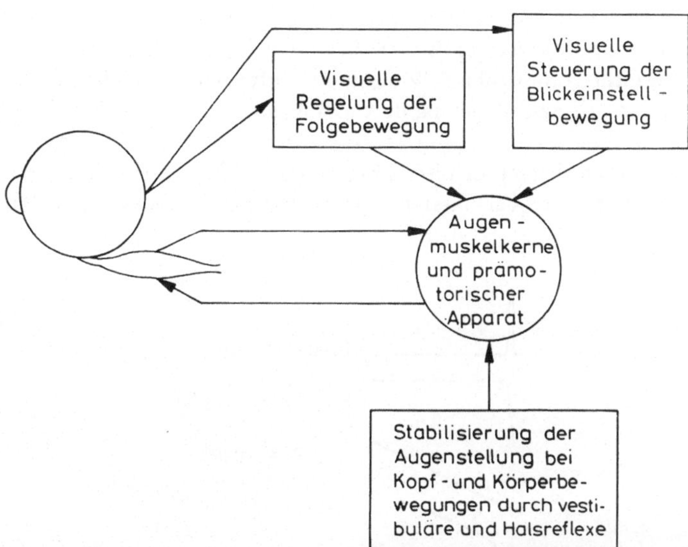

Abb. 10. Schema der Regelung der Augenbewegungen. Der Vestibularapparat stabilisiert die Augenstellung im Raum. Er schafft gleichsam eine gegen die Kopf- und Körperbewegungen stabilisierte Plattform, auf der die visuell geregelten Augenzielbewegungen wirksam werden können: die visuell vorprogrammierte Blickeinstellbewegung, die neue Blickziele in die Fovea centralis bringt, und die kontinuierlich visuell geregelte Blickfolgebewegung, durch die das Auge bewegten Blickzielen folgt

gegen die Schiffsbewegungen stabilisiert wird. Auf dieser Plattform können dann die Zielbewegungen der Augen ausgeführt werden: die visuell vorprogrammierte Blickeinstellbewegung [64] auf neue Sehziele und die kontinuierlich visuell geregelte Blickfolgebewegung [65] auf bewegte Sehziele. Der Bogengangsapparat arbeitet als integrierendes Accelerometer, er mißt also durch Integration der Drehbeschleunigungen die Kopfdrehgeschwindigkeit, um die Augen mit derselben Geschwindigkeit gegenzudrehen.

Die dazu nötigen Vorgänge sind freilich komplexer, als in der landläufigen Vorstellung vom einfachen Drei-Neurone-Reflex zwischen Labyrinth und Augenmuskel gemeint wird. Die *erste Integration* von der Drehbeschleunigung zur Drehgeschwindigkeit findet mechanisch durch die Cupula statt (Abb. 11). Bei einer Drehung des Kopfes läuft also im N. vestibuli ein afferenter Impulsstrom, dessen Höhe der Drehgeschwindigkeit des Kopfes entspricht. Dieses Plateau ist zu übersetzen in eine Rampenbewegung der Augen, und die dazu nötige Muskelkraft verhält sich nicht linear. Man könnte zunächst meinen, die *zweite Integration* vom Erregungsplateau des Nervus vestibuli zur Rampenbewegung der Augen könne wiederum mechanisch durch das Auge selbst bzw. den Muskel vollzogen werden. Das ist jedoch nicht der Fall, weil die Kraft, die erforderlich ist, um das Auge weiterzudrehen, kontinuierlich zunimmt. Dazu kommt ein erhöhter Kraftaufwand am Beginn der Rampe zur Überwindung eines viscösen Widerstandes und zur Beschleunigung des Augapfels [66]. Abb. 12 zeigt, daß die Entladungsrate bestimmter Neurone der Vestibulariskerne während des vestibulären Augennystagmus bei gleichbleibender Beschleunigung nicht einem Plateau entspricht, sondern der für die Rampenbewegung des Auges erforderlichen Muskelkraft; sie steigt nicht linear an, sondern nimmt am Anfang der langsamen Phasen des Nystagmus besonders stark zu. Wenn man dazu bedenkt, daß während der Augendrehung der Nervus opticus durch viscöses Fettgewebe hindurchgezwängt werden muß, wodurch wahrscheinlich nicht voraussehbare Widerstände auftreten, so handelt es sich offenbar um eine Situation, die nach Regelung durch Längenmeßfühler im Muskel verlangt.

In den Vestibulariskernen sollte es also *Afferenz von den Muskelspindeln der Augenmuskeln* geben. Leider ist diese Frage noch nicht systematisch untersucht. Aber ich habe selbst mit Fuchs bei unseren Untersuchungen der Augenmuskelafferenz im

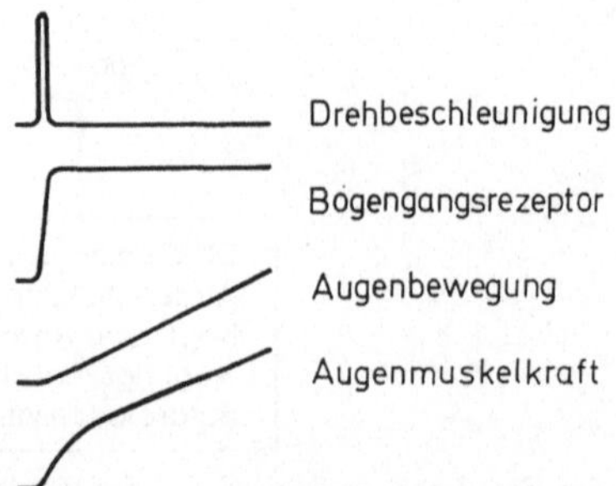

Abb. 11. Schema der ersten und zweiten vestibulären Integration. Durch die erste, mechanische Integration wird ein Drehbeschleunigungsimpuls in ein Erregungsplateau der Bogengangsreceptoren verwandelt, dessen Höhe der Drehgeschwindigkeit des Kopfes entspricht. Dieses Plateau ist in eine Rampenbewegung der Augen zu übersetzen, wobei die dazu nötige Muskelkraft jedoch nicht linear ist.

Kleinhirn [29] unterhalb des Kleinhirns im Bereich der Vestibulariskerne ein großes evoked potential schon bei sehr kleinen Stufendehnungen der Augenmuskeln gesehen. Als Nebenbefund anderer Untersuchungen wurden an einigen Einzelneuronen der Vestibulariskerne Augenmuskeleffekte registriert [81]. Die Vestibulariskerne sind also kein einfaches Relais in einem Dreineuronereflex zwischen Labyrinth und Augenmuskeln. Sie bilden, was die Blickregelung betrifft, wahrscheinlich einen Regler für die Herstellung von Rampenbewegungen, dessen Sollwert aus dem Labyrinth und dessen Feedback aus den Augenmuskeln kommt. Ähnlich dürfte es bei der Regelung der Körperstellung über die Vestibulariskerne sein, nur daß hier vor allem Afferenz von Gelenkreceptoren als Feedback benutzt wird [27].

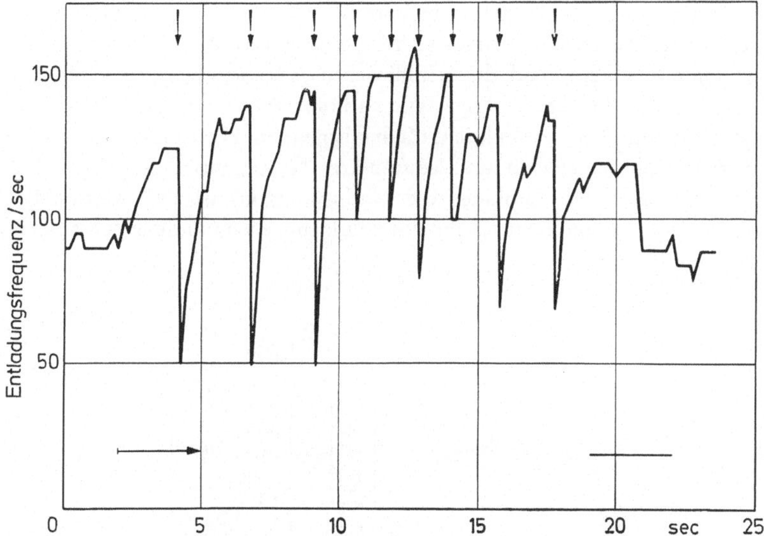

Abb. 12. Modulation der Entladungsrate eines Neurons der Vestibulariskerne während des durch Winkelbeschleunigung des Tieres hervorgerufenen vestibulären Nystagmus (Beginn der Andrehung mit dem horizontalen Pfeil). Die Hüllkurve der neuronalen Aktivierung entspricht dem integrierenden Verhalten der Cupula mit einer Rückkehrzeitkonstante der Größenordnung 10 s; vollständige Integration der Drehbeschleunigung deshalb nur während 2 bis 3 s. Hemmung des Neurons während rascher Phasen des vestibulären Nystagmus (durch vertikale Pfeile markiert). Der nichtlineare Verlauf der Aktivierung während der langsamen Nystagmusphasen mit besonders starker Aktivitätszunahme zu Beginn der langsamen Phasen entspricht dem Verlauf der für diese Augenbewegungen erforderlichen Kraft; dagegen ist der Ortsverlauf während der langsamen Nystagmusphase eine ziemlich lineare Rampe. Nach Duensing und Schaefer, [21]

Soweit zur eigentlich vestibulären Augenbewegung, der langsamen Nystagmusphase also. Nun können die Augen sich natürlich nicht beliebig weit drehen. Die Natur hat deshalb einen Mechanismus zur automatischen Rückstellung der Augen geschaffen, und zwar schon bei Tieren mit Panoramasehen ohne aktive Augenbewegungen (z. B. Kaninchen). Diese Rückstellbewegungen, die *raschen Nystagmusphasen*, gehen nicht von den Vestibulariskernen aus, sondern von den sog. *subcorticalen Blick-*

zentren [46], die den prämotorischen Apparat der Augenmuskelkerne bilden. Sie sorgen für die Bewegungskoordination beider Augen. Unsere Augenbewegungen sind nämlich so organisiert, daß wir nie ein Auge allein bewegen, und zwar auch dann nicht, wenn dies einfacher wäre; alle Augenbewegungen werden automatisch zerlegt in gleichsinnige (Versionen) und gegensinnige (Vergenzen). In den subcorticalen Blickzentren der Brücken- und Mittelhirnhaube sind die Versionen nach den vier Hauptrichtungen getrennt lokalisiert: die horizontalen in der medialen Formatio reticularis der Brückenhaube, die vertikalen in retikulären Kernen des Mittelhirns (Nucleus interstitialis Cajal, Nucleus praecommissuralis). Z. B. Ausschaltung der rechten medialen Formatio reticularis der Brückenhaube macht Ausfall der raschen Phasen des vestibulären Nystagmus nach rechts; statt des vestibulären Nystagmus nach rechts tritt dann bei entsprechendem Drehbeschleunigungsreiz eine tonische Deviation der Augen nach links auf. Zugleich besteht eine Blicklähmung nach rechts; denn in den subcorticalen Blickzentren konvergieren alle blickmotorischen Impulse: die vestibulären, die optokinetischen und die willkürlichen (sakkadischen), die vom Großhirn via Kleinhirn in die Haube des Hirnstammes kommen. Für die enge Verbindung der optokinetischen mit den vestibulären Mechanismen im Hirnstamm gibt es übrigens viele Hinweise: optokinetischer und vestibulärer Nystagmus fallen durch die selben Haubenläsionen aus; der optokinetische Nachnystagmus ist dem vestibulären sehr ähnlich [45]; und die optokinetisch induzierte Eigendrehempfindung (Circularvection) gleicht der vestibulären.

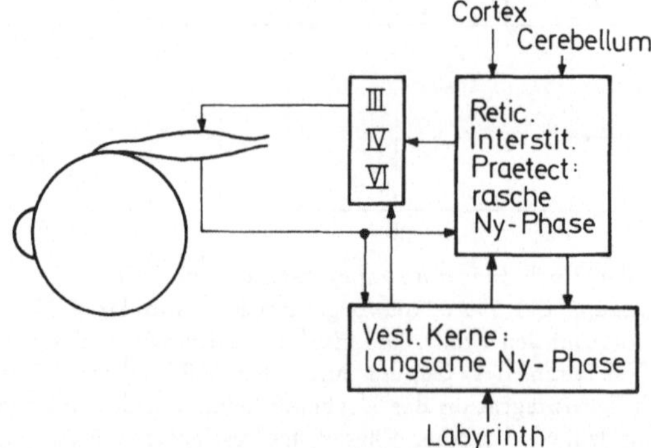

Abb. 13. Schema der neuronalen Systeme für langsame und rasche Phase des vestibulären Nystagmus

An den raschen Nystagmusphasen ist dreierlei bemerkenswert: erstens ihre lange richtungsspezifische Refraktärzeit, zweitens ihre richtungsspezifische Wirkung auf die visuelle Bewegungswahrnehmung und drittens die Steuerbarkeit ihrer Amplitude durch das visuelle System mit Hilfe des Kleinhirns; dies wird uns in die Kleinhirnfunktion überhaupt führen.

Zunächst zur *Refraktärzeit nach raschen Nystagmusphasen:* bei zunehmend starker vestibulärer Reizung strebt die Verteilung der Intervalle der raschen Phasen des vestibulären Nystagmus des Menschen einer Grenzverteilung zu, die links-steil ist, einen für jede Versuchsperson charakteristischen Modalwert in der Gegend von 200 ms und ein Minimalintervall von etwa 80 ms hat. Diese Verteilung ist identisch für den vestibulären und den optokinetischen Nystagmus, dagegen ist sie ein wenig nach höheren Intervallzeiten verschoben beim raschen Betrachten eines Bildes, was natürlich durch den Zeitaufwand für visuelle Informationsverarbeitung bedingt ist (Abb. 14).

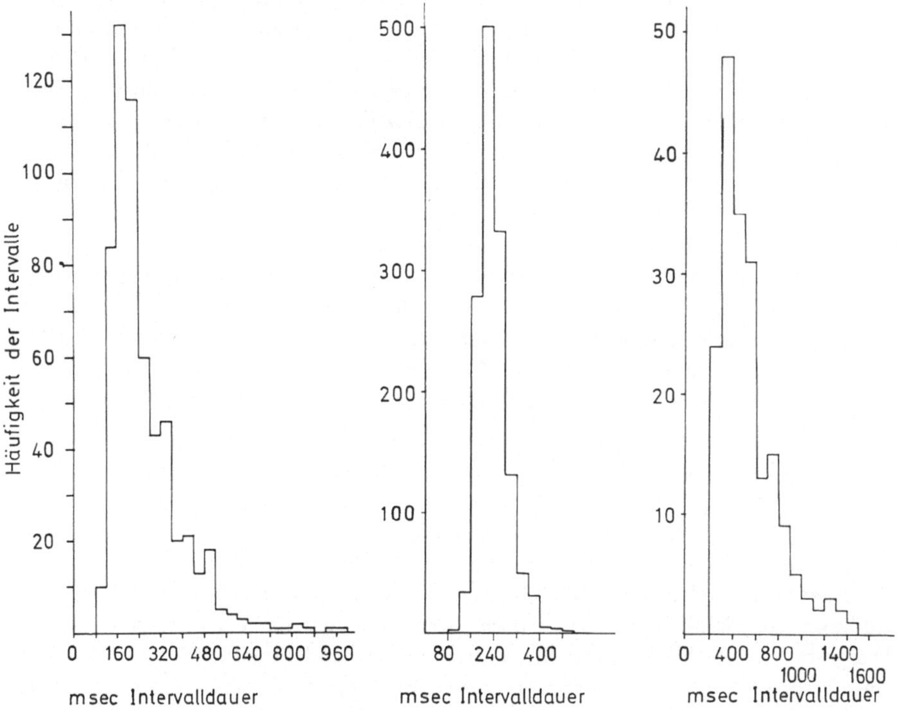

Abb. 14. Intervallverteilung der raschen Phasen des vestibulären (links) und optokinetischen (Mitte) Nystagmus und der sakkadischen Augenbewegungen (rechts) bei Betrachtung eines Bildes von einer Versuchsperson, jeweils unter denjenigen Versuchsbedingungen, die zu den kürzesten Intervallen führen. Nach der Dissertation von Helga Gaefke, Freiburg i. Br. 1968

Es besteht also eine Refraktärzeit beim Menschen in der Größenordnung von 80 ms. Das gleiche Refraktärphänomen findet man, wenn man rasche sakkadische Augenbewegungen durch elektrischen Reiz des frontalen Augenfeldes auslöst [68]. Beim Affen liegt dann die relative Refraktärzeit bei 80 ms, die absolute bei 50 ms. Wenn man die Doppelreizung an den frontalen Augenfeldern beider Großhirnhemisphären vornimmt, so zeigt sich, daß das Refraktärphänomen richtungsspezifisch ist: es besteht nicht für Sakkaden verschiedener Richtung (z. B. rechts und links), wohl aber für Bewegungskomponenten gleicher Richtung, z. B. für vertikale Komponenten nach oben in den Bewegungen nach rechts und links. Auch dies zeigt (wie ja schon die Refraktärzeit nach raschen vestibulären Nystagmusphasen), daß der Ursprung des Refraktärphänomens nicht in der Großhirnrinde liegt, sondern in den subcorticalen Blickzentren des Hirnstamms, in denen die Versionen der Augen nach den vier Hauptrichtungen organisiert sind.

Welchen Zweck hat eine so lange Refraktärzeit, die zwei Größenordnungen höher liegt als die Refraktärzeit einer Nervenzelle? Sie hat offenbar den Sinn, den Blick zwischen den einzelnen Sprüngen, durch die neue Ziele erfaßt werden, still zu halten, damit während einer Zeit von etwa 0,1 s visuelle Information aufgenommen und verarbeitet werden kann, ohne durch Änderungen gestört zu werden.

Nun zu den *Effekten der Augenbewegungen auf die visuelle Wahrnehmung:* während der primären vestibulären Augenbewegungen, also während der blickrichtungsstabilisierenden Gegendrehung der Augen bei Kopfdrehung und dementsprechend auch während der langsamen Phasen des vestibulären Nystagmus besteht normale optische Wahrnehmung. Dies hat zur Folge, daß während vestibulärer Augenbewegungen, die nicht durch die physiologischen Kopfbewegungen, sondern z. B. durch thermische Labyrinthreize hervorgerufen sind, eine Scheinbewegung der Sehdinge in Gegenrichtung der langsamen Nystagmusphasen besteht. Dagegen tritt keine Scheinbewegung auf, die der raschen Nystagmusphase entspräche. Dies ist keineswegs durch die Geschwindigkeit dieser Bewegungen bedingt. „Langsame" Nystagmusphasen können eine Geschwindigkeit von $100° s^{-1}$ haben, und doch findet visuelle Bewegungswahrnehmung statt, hingegen findet keine Bewegungswahrnehmung bei kleinsten Korrektursakkaden statt, die bei 20 ms Dauer nur eine Amplitude von 5 Bogenminuten haben, also eine Durchschnittsgeschwindigkeit von nur $4° s^{-1}$.

Wir kommen damit zum Problem der *Raumkonstanz der Sehdinge.* Darin werden meist zwei Dinge vermischt, die nichts miteinander zu tun haben, nämlich erstens die *Ruhe der Sehdinge bei aktiver Blickbewegung* (und bei raschen Nystagmusphasen) und zweitens die *Addition von Richtungen* im Bild-Fovea-System, Augen-Kopf-System und Kopf-Rumpf-Hand-System bei der egozentrischen Lokalisation. Die Ruhe der Sehdinge bei aktiver Blickbegegung ist ein dynamisches Problem, dagegen die Addition von Winkeln bei der egozentrischen Lokalisation ein statisches Problem. Dieses statische Problem, das ich hier nicht weiter behandeln will, hat die Natur durch einen recht groben Additionsmechanismus gelöst [44]; die feinere Lösung erfolgt dadurch, daß gewöhnlich zunächst die Fovea auf das Bild gerichtet wird und dann innerhalb des motorischen Systems eine Koordination der Handbewegungen in bezug auf die Augen- und Kopfstellung erfolgt.

Zur Erklärung der *Ruhe der Sehdinge bei aktiver Blickbewegung* gibt es bekanntlich die Theorie der Efferenzkopie von Erich von Holst und Mittelstaedt [36], die eine exakte Subtraktion der motorischen Efferenzkopie von der visuellen Bewegungs-Reafferenz annimmt. N. Bischoff [9] meint, es trete dabei eine Umwertung aller Ortwerte im visuellen System auf, die einen unterschiedlichen Zeitgang in verschiedenen Teilen des Sehfeldes habe. Dieser komplizierte Vorgang müßte bei den kleinsten aktiven Augenbewegungen in 20 ms ablaufen. Das ist sehr unwahrscheinlich. Tatsächlich ist experimentell gezeigt worden, daß eine lineare Verrechnung nicht stattfindet [44].

Die Falschlokalisation von Punkt-Lichtblitzen während der aktiven sakkadischen Augenbewegungen, die Bischoff und Kramer [9] als Beweis anführen, tritt in gleicher Weise ohne aktive Augenbewegung bei passiver Verlagerung des visuellen Hintergrundfeldes auf [55]. MacKay hat die zutreffende Erklärung für diese Illusion gegeben, eine Erklärung, die zugleich verständlich macht, warum die Wahrnehmungstäuschung bereits 40 ms vor der Hintergrundsverlagerung beginnt: der Prozeß der visuellen Lokalisation des Punktes im Sehfeld benötigt eben eine Zeit von dieser Größenordnung.

Statt einer quantitativen Subtraktion von Efferenzkopie und Reafferenz findet wahrscheinlich eine Hemmung der visuellen Bewegungswahrnehmung bei der aktiven Blickbewegung statt. Zunächst dachte man an eine generelle Hemmung, die auch die Helligkeitswahrnehmung beträfe. Genauere Untersuchungen [79] ergaben jedoch, daß die Schwellenerhöhung für Helligkeit nur in der Größenordnung einer halben Logeinheit liegt, und kürzlich wurde [55] gezeigt, daß die gleiche Schwellenerhöhung auch ohne aktive Augenbewegung bei passiver Bildverlagerung stattfindet. Dagegen gibt es eine viel stärkere selektive *Hemmung der visuellen Bewegungswahrneh-mung* [8], die etwa 50 ms vor Beginn der aktiven Augenbewegung einsetzt und nach unseren eigenen vorläufigen Experimenten mit W. Becker und H. M. Klein richtungsbestimmt ist. Ein erster Hinweis wurde schon 1955 von Ditchburn [19] mitgeteilt. Donald MacKay, der immer gegen die Subtraktionshypothese der Efferenzkopie-Theorie war, schüttet also, wie mir scheint, das Kind mit dem Bade aus, wenn er glaubt, daß jegliche visuelle Hemmung für die Ruhe der Sehdinge bei aktiver Blickbewegung und rascher Nystagmusphase unnötig sei. Die Hemmung ist für den Fall der raschen Phasen des vestibulären Nystagmus noch genauer zu untersuchen; die bisher einzige Untersuchung [86] bezieht sich nicht auf Bewegungs-, sondern auf Helligkeitswahrnehmung. Aber ich habe keinen Zweifel an einer spezifischen Bewegungswahrnehmungshemmung, weil eine den raschen Nystagmusphasen entsprechende Scheinbewegung fehlt.

An diesem Punkt ist noch auf zwei andere Hemmungen einzugehen, die von aktiven Bewegungen ausgeht, nämlich die *Hemmung vestibulärer Augenbewegungen bei bestimmten aktiven Kopfbewegungen* und die Hemmung vestibulärer Bewegungswahrnehmung bei aktiven Bewegungen.

Wenn wir den Blick auf ein neues Ziel richten, so bewegen wir zunächst gewöhnlich nur die Augen. Die Kopfbewegung setzt meist erst etwas später ein, wenn die Augen das Blickziel schon erreicht haben, und vestibuläre und optokinetische Mechanismen halten den Blick dann auf dem neuen Sehziel fest, während der Kopf sich dreht. Wir können aber, wenn wir wollen, Augen und Kopf auch gleichzeitig aktiv bewegen; in diesem Fall wird die vestibuläre Gegendrehung der Augen während der Kopfbewegung gehemmt; dieser Bewegungsmodus der Augen ist beim Kaninchen, das ein Panorama-Sehfeld hat und deshalb keine gezielten aktiven Augenbewegungen braucht, die Regel: während Spähbewegungen des Kopfes wird die vestibuläre Gegendrehung der Augen gehemmt. Die entsprechende Gegenschaltung der vestibulären und spontanmotorischen Impulse wurde an Reticularisneuronen des Kaninchenhirnstamms bei passiven und aktiven Kopfbewegungen abgeleitet [20].

Damit kommen wir auf eine andere wichtige Hemmung im vestibulären System: die *efferente Hemmung der Bogengangs- und Statolithenreceptoren* des Labyrinths. Beide Haarzelltypen sind efferent innerviert, und der Effekt ist inhibitorisch [54].

In dem meines Wissens bisher einzigen Fall, in dem eine Efferenz zu Haarzell-mechanoreceptoren während aktiver Bewegungen des Tieres direkt abgeleitet wurde [71], kam sie in Form einer kurzen Gruppe von Aktionspotentialen dicht vor und zu Beginn von aktiven Kiemenbewegungen, und zwar zum Seitenlinien-Strömungsreceptor (Abb. 15). Solche Efferenz unterdrückt also die Wahrnehmung derjenigen Strömung, die auf die eigene Kiemenbewegung zurückzuführen ist, und ermöglicht dadurch die

Unterscheidung dieser Strömung von Wasserbewegungen anderen Ursprungs, also die von Erich von Holst und Mittelstaedt [36] geforderte *Unterscheidung von Reafferenz und Exafferenz.* Diese Unterscheidung ist in der Tat ein Grundproblem der ganzen Sinnesphysiologie, im vestibulären System genauso wie im optischen und somatosensiblen.

Abb. 15. Efferenz zum Seitenlinien-Strömungsreceptor (unten) vor aktiver Kiemenbewegung (oben). Nach R. S. Schmidt, [71]

Beim Frosch kommt die efferente inhibitorische Innervation der Vestibularorgane direkt vom Kleinhirn [54]. Elektrische Reizung des Nodulus bei der Katze hemmt den vestibulären Nystagmus, ruft aber selbst keine Augenbewegungen hervor [25]. Das *Vestibulo-Cerebellum,* der im Unterwurm gelegene Lobus flocculo-nodularis, ist ja phylogenetisch der älteste Teil des Kleinhirns. Seine Hemmung richtet sich schon bei der Katze nicht mehr direkt auf das Labyrinth, sondern auf die Vestibulariskerne. Auch von dem phylogenetisch jüngeren Kleinhirnvorderlappen werden Neurone des Deiterskerns monosynaptisch gehemmt [37].

Für das vestibuläre System also wurde die im Nervensystem einzigartige Struktur der Kleinhirnrinde zuerst erfunden; nach Bewährung wurde sie auch in andere motorische Systeme eingebaut. Welche Bedeutung hat sie? *Was ist die Funktion der Kleinhirnrinde?*

Ich will die Antwort für das vestibuläre System vorwegnehmen und den Beweis, der aus der Blickmotorik kommt, später berichten. Aufgabe des vestibulären Systems war es zunächst (z. B. beim Fisch oder Frosch), eine Position des Körpers gegen Störeinflüsse aufrecht zu erhalten. Diese Position mußte aber auch aufgegeben werden können, vor allem, um rasche Ziel- oder Fluchtbewegungen zu machen; dazu wurde die archi-cerebelläre Rinde geschaffen, die das Halten der Position hemmt und rasche vorprogrammierte Bewegungen ermöglicht. Alle jüngeren Teile des Kleinhirns haben dann ihre eigenen Vestibulariskern-Analoga erhalten, die ebenfalls Haltefunktionen ausüben: die Kleinhirnkerne.

Nach der vestibulären Projektion im Kleinhirn noch ein Blick auf die Teilnahme des vestibulären Systems an der bewußten Raumorientierung, auf die *Vestibularisprojektion in der Großhirnrinde* also. Zunächst wurde lange bestritten, daß es sie überhaupt gibt; dann wurde sie im Schläfenlappen in der Nähe der akustischen Rinde vermutet, und als man sie schließlich bei der Katze fand [80], erlaubte ihre Lage zwischen dem akustischen und dem zweiten somatischen Cortex keine Entscheidung über die Situation bei den Primaten, weil sich gerade in dieser Gegend infolge der starken Entwicklung von Assoziationsfeldern die Sylvische Fissur einstülpt, die den Schläfenlappen vom Parietallappen trennt. Als sie schließlich beim Rhesusaffen ge-

funden wurde [28], lag sie nicht im Schläfenlappen, sondern in der Postzentralwindung, genauer in einem speziellen Teil der Area 2, dort wo die Gesichtsprojek-
tionen von S I und S II aneinander grenzen (Abb. 16). In Übereinstimmung mit dem
Rest der Area 2 erhalten manche Neurone des vestibulären Cortex des Affen außer
vestibulärer auch Lagesinn-Afferenz aus der Tiefensensibilität, aber im Gegensatz zu
den Extremitäten-Vertretungen (die unilateral sind) bilateral [72]. Das paßt natürlich
gut zur proprioceptiven vestibulären Funktion, der Orientierung über die Körperstellung zu dienen.

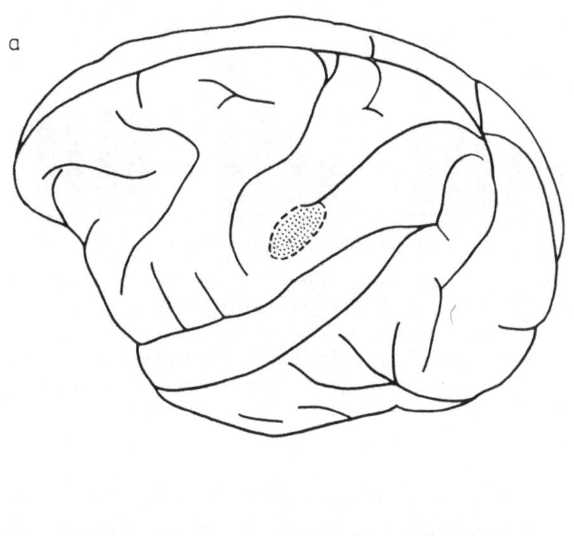

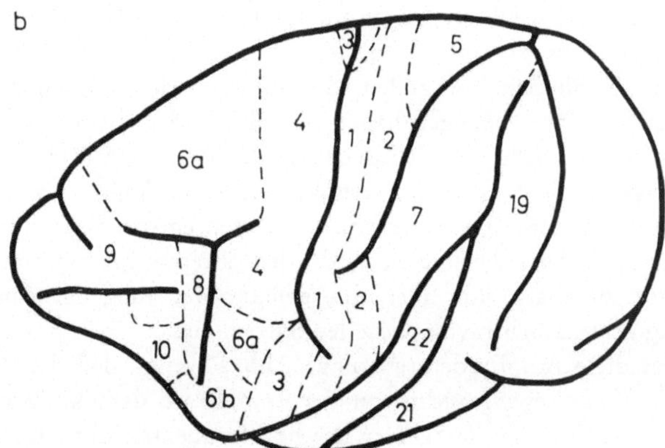

Abb. 16 a. Die corticale Vestibularisprojektion beim Rhesus-Affen liegt in der Postzentral-
region am unteren Ende des Sulcus intraparietalis dort, wo die Kopfprojektionen der I. und
II. somatosensiblen Area aneinandergrenzen. Sie reicht nicht bis zur Zentralfurche, liegt also
nicht in der Area 1, sondern mehr dorsal in einem Feld, das Vogt der Area 2 zugeordnet hat (b).
Area 2 enthält die corticale Repräsentation der Tiefensensibilität. Experiment von Fredrickson und Kornhuber, nach Kornhuber, [46]. Nach einer neuen morphologischen Untersuchung
von Dietrich Schwarz und J. M. Fredrickson unterscheidet sich das vestibuläre Rindenfeld
jedoch cytoarchitektonisch vom typischen Aufbau der Area 2 (pers. Mitt.)

Die corticale Vestibularisprojektion gehört nicht zu den oculomotorischen Feldern, wie Reizversuche zeigen. Da die Area 2 einerseits zum motorischen Cortex, andererseits zu parietalen Assoziationsfeldern projiziert, ist anzunehmen, daß auch der vestibuläre Cortex einerseits corticalen motorischen Regelungen und andererseits der bewußten Orientierung im Raum dient, die im Parietallappen integriert wird. Das vestibuläre System ist also nicht nur ein Automat für unbewußte motorische Regelungen, sondern auch ein Sinnessystem. Als solches bestimmt es, wo oben und unten ist, z. B. in Umkehrbrillen-Versuchen: das visuelle Oben und Unten gibt nach.

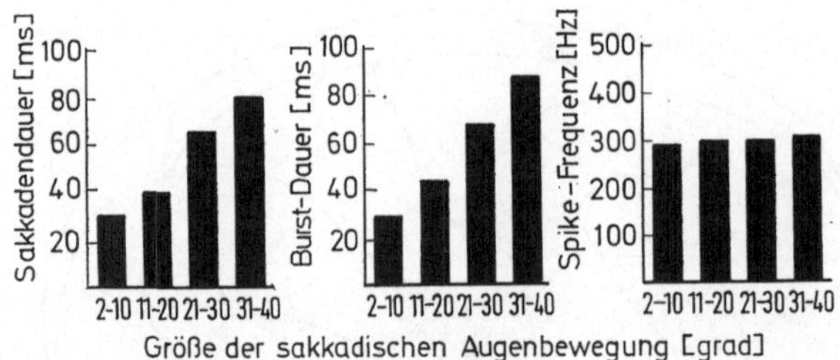

Abb. 17. Verteilungen der Sakkadendauer (links), Dauer der Aktionspotential-Entladungsgruppe bei Sakkaden (Mitte) und Aktionspotential-Entladungsfrequenz während sakkadischer Augenbewegungen verschiedener Größe, abgeleitet von einem typischen Motoneuron des Oculomotoriuskerns des wachen Affen. Sakkadendauer und Dauer der Entladungsgruppe korrelieren linear mit der Sakkaden-Amplitude, dagegen ist die Entladungsfrequenz des oculären Motoneurons während Sakkaden zwischen 2 und 40° praktisch gleich. Nach P. H. Schiller, [70]

Nun zu dem vorher versprochenen Beweis für die postulierte *Funktion der Kleinhirnrinde*. Wir kommen mit ihm wieder auf die raschen Nystagmusphasen und die raschen, sakkadischen Augenbewegungen im allgemeinen zurück. Die rasche Phase des vestibulären Nystagmus ist ein phylogenetisch alter Mechanismus; sie ist schon bei Tieren wie dem Kaninchen vorhanden, die außer raschen Nystagmusphasen keine anderen aktiven Augenbewegungen haben. Das Kaninchen besitzt keine Fovea, sondern nur einen Streifen erhöhter Sehschärfe in der Retina. Auf eine genaue Zieleinstellung der Augen kommt es bei ihm deshalb nicht an. Anders bei Raubvögeln und bei den Primaten mit ihrer Fovea centralis und den entsprechend hoch entwickelten Blickzielbewegungen. Diese benutzen auch den älteren Mechanismus der raschen Nystagmusphase, sie fügen ihm aber eine genaue Steuerung der Amplitude hinzu. Diese Steuerung geht natürlich vom visuellen System aus.

Wie arbeitet diese Amplitudensteuerung? Abb. 17 zeigt, daß die *Amplitude einer sakkadischen Augenbewegung* nicht von der Impulsrate der okulären Motoneurone abhängt, sondern *allein von der Dauer* der hochfrequenten Entladungsgruppe; denn um die Bewegung möglichst rasch zu machen (da während der Bewegung das Sehen beeinträchtigt ist), feuern die okulären Motoneurone bei der sakkadischen Augenbewegung auf jeden Fall mit höchstmöglicher Entladungsrate [30, 70] (die bei den meisten dieser Neurone — infolge Fehlens von Renshaw-Hemmung — einige Hundert Hz beträgt). (Auf mögliche Einwände [67] wird andernorts eingegangen [51]). Für eine fortlaufende visuelle Regelung ist die Sakkade viel zu rasch. Die kürzesten Sakkaden dauern nur 20 ms, und allein von der Retina bis zum visuellen Cortex ist die

Totzeit unter günstigen Bedingungen (Helladaptation) beim Menschen etwa 35 ms. Die Sakkadendauer muß also vorprogrammiert sein; sie ist es in der Tat, wie sich durch visuelle Doppelreize zeigen läßt. Der ganze Ablauf der sakkadischen Augenbewegung, wenn sie einmal begonnen hat, erfolgt automatisiert, er kann willkürlich nicht beeinflußt werden [64]. Die Steuerung der Sakkadenamplitude läuft deshalb darauf hinaus, ein räumliches Datum, nämlich den vor der Augenbewegung vom visuellen System gemessenen erforderlichen Winkel [5], in ein zeitliches Datum, nämlich die Dauer der hochfrequenten Entladungssalve der okulären Motoneurone zu übertragen (Abb. 18). Die dafür erforderliche *Kurzzeituhr* ist die *Kleinhirnrinde* [51].

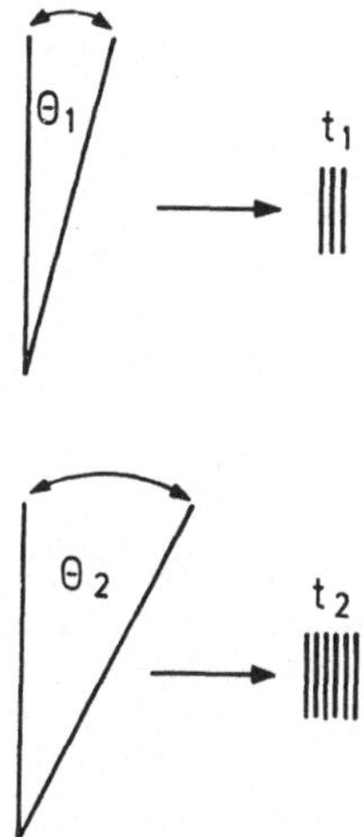

Abb. 18. Die vom visuellen System gemessene Winkelgröße, die für eine Augenbewegung erforderlich ist, wird von der Kleinhirnrinde in eine proportionale zeitliche Dauer einer raschen Folge von Aktionspotentialen übersetzt

Denn bei reinen Kleinhirnrindenatrophien gibt es eine spezifische cerebellare Blickstörung [48], die darin besteht, daß die Sakkaden nicht mehr in der richtigen Größe ausgeführt werden können, obwohl keine visuelle Störung, keine Blicklähmung und kein Nystagmus besteht. Es ist eine reine Blick-Dysmetrie, und zwar gewöhnlich eine Hypometrie (Abb. 19) [48, 50]. Die vestibulären und optokinetischen Augenbewegungen (Blickfolgebewegungen) sind dabei ungestört, und es besteht kein Nystagmus in reinen Kleinhirnrindenfällen. Warum Hypometrie? Dies ist offenbar dadurch bedingt, daß es in der Kleinhirnrinde Parallelfasern unterschiedlichen Kalibers gibt (sie sind nach Faserdurchmessern geordnet) und daß die dünnsten (in der Kleinhirnrinde am nächsten der Oberfläche liegenden [26]) Parallelfasern durch Stoffwechselstörungen (z. B. das Thiamindefizit bei Alkoholismus) am schnellsten zugrunde gehen. Vom Kaliber und der Länge der angewählten Parallelfaser aber hängt die Bewegungsdauer ab: solange das Aktionspotential in der sehr dünnen marklosen Faser läuft, wird eine Purkinjezelle nach der anderen erregt (Abb. 20). Bei einer Faserlänge bis zu 5 mm und Leitungsgeschwindigkeiten bis 0,05 ms^{-1} herab lassen sich Laufzeiten

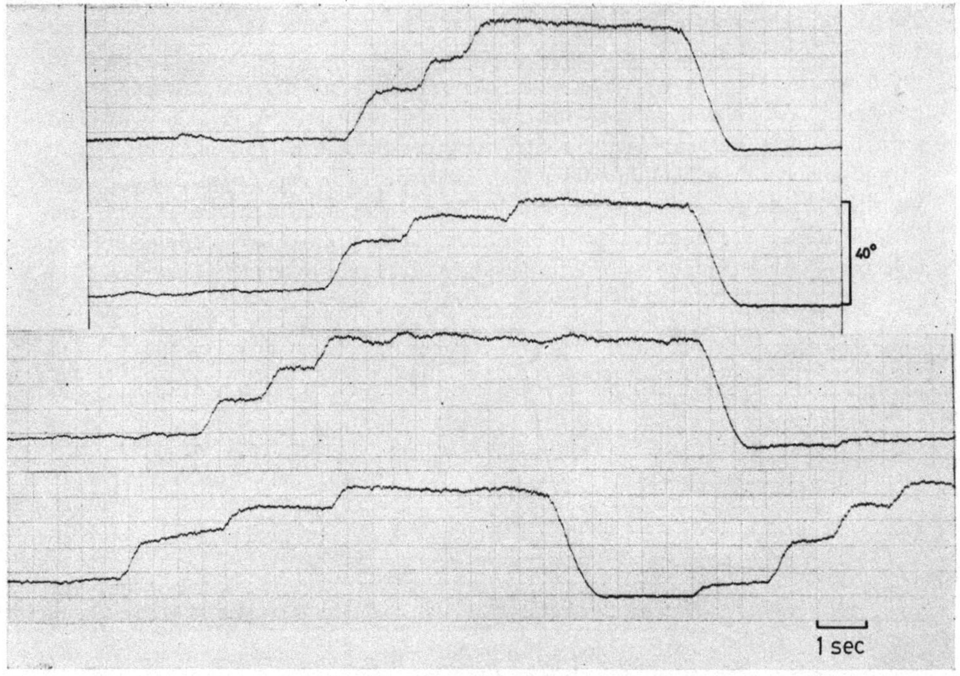

Abb. 19. Cerebellare Blickstörung. Hypometrie der Blickbewegungen nach rechts bei normaler Blickbewegung nach links. Obwohl keine Blickparese und kein Nystagmus besteht, wird statt einer großen Blickbewegung nach rechts eine Annäherung ans Ziel durch 3—4 kleinere Stufen ausgeführt. Ursache: Astrozytom des Kleinhirns. Fall 25/135/67

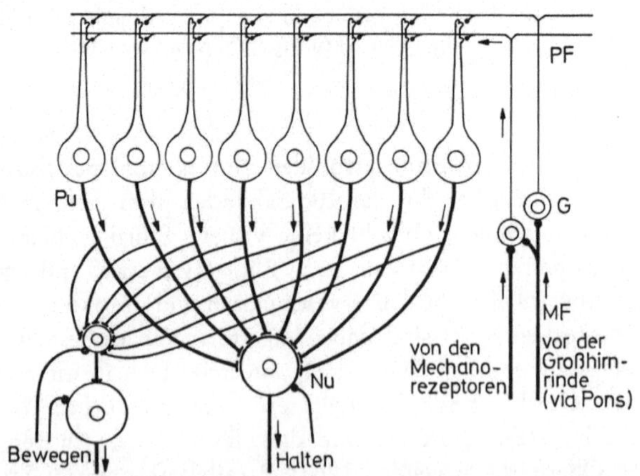

Abb. 20. Schema der Laufzeitschaltung der Kleinhirnrinde und ihrer Konvergenz auf Hauptzellen und Zwischenneurone der Kleinhirnkerne und des Deiterskerns. Die Dauer der Hemmung des Halteneurons (und der Enthemmung des Bewegungsneurons) hängt von Länge und Leitungsgeschwindigkeit der gewählten Parallelfaser ab. Kletterfasern weggelassen. MF = Moosfasern, G = Körnerzellen, PF = Parallelfasern, Pu = Purkinjezellen, Nu = eine Hauptzelle eines Kleinhirnkerns

bis 100 ms herstellen. In dieser Richtung dachte schon Braitenberg [11—13] vor
12 Jahren, wie ich jetzt nachträglich fand; seine Theorie war ohne Widerhall geblieben, weil weitere Konzepte sich mit ihr nicht verbunden hatten: diskontinuierliche
(sakkadische) Tätigkeit der Kleinhirnrinde und Vorprogrammierung rascher Bewegungen vor dem Start mit automatischem (ballistischem) Ablauf. Die Theorienbildung über das Kleinhirn lief bisher auf der Schiene kontinuierlicher Regelung von
Bewegungen, die vom motorischen Cortex begonnen werden [23]. Dies kann jedoch
so nicht sein, vielmehr muß das Kleinhirn vor dem Bewegungsbeginn ins Spiel kommen; dies war der Ausgangspunkt meiner Überlegungen 1967 [49], nachdem die
cerebellare Blickdysmetrie entdeckt war [48]. Die hohen Spikefrequenzen von
Purkinjezellen während rascher Bewegungen (bis 500 Hz) [76] sind natürlich nicht
durch eine, sondern nur durch zahlreiche zugleich aktivierte Parallelfasern zu erklären. Diese hohen Frequenzen passen gut zu der Theorie einer Kurzzeit-Uhr; denn
für feine Graduierung der Zeit bedarf es einer hochfrequenten Uhr. Und noch eine Tatsache paßt gut zu meiner Theorie einer diskontinuierlichen Kleinhirnrindenfunktion:
die vielen Hemmungsmechanismen, die es in der Kleinhirnrinde gibt [22]. Sie wirken
wie das clear-Kommando in einem Computer: das Rechenwerk wird von allen Resten
der vorangegangenen Operation befreit.

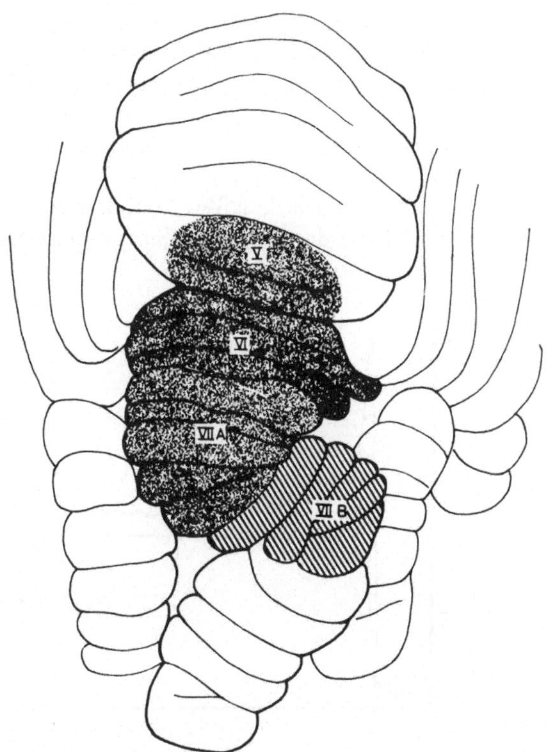

Abb. 21. Projektion der Augenmuskelafferenz in der Kleinhirnrinde der Katze. Die stärkste
Projektion befindet sich im punktierten Gebiet, eine schwächere im gestrichelten Teil. Auf
Grund von evoked potentials in Barbituratnarkose bei adäquater Stufendehnung der Augen-
muskeln. Nach A. F. Fuchs und H. H. Kornhuber, [29]

Das Anwählen der für eine bestimmte Bewegungsamplitude richtigen Körnerzelle
der Kleinhirnrinde durch das Großhirn geschieht für die Handbewegungen über die
Brückenkerne, für sakkadische Augenbewegungen aber über das Tectum. In den tiefe-
ren Schichten des Tectums finden sich beim Affen Neurone, die nur vor sakkadischen
Augenbewegungen einer bestimmten Amplitude aktiv werden, nicht bei größeren und
nicht bei kleineren Sakkaden und nicht bei Blickfolgebewegungen [84]. Diese Tectum-
Neurone leiten offenbar die räumliche Information über die Blickbewegung vom
Cortex zum Kleinhirn, sie führen aber nicht selbst die Umkodierung in die Zeit
durch, denn ihre Entladungsgruppen entsprechen nicht der Sakkadendauer.

Das *für aktive (sakkadische) Augenbewegungen zuständige Feld des Kleinhirns* ist
nicht der vestibuläre Teil im Unterwurm, sondern der mittlere Teil des Wurms um die
Fissura prima, vor allem die Lobuli V b und c, VI und VII A (Abb. 21). Hier fand
sich die afferente Projektion von Augenmuskeln [29], von dieser Gegend erhält man
durch elektrischen Reiz sakkadische Augenbewegungen [31], hierhin projizieren (via
Tectum) die visuellen Felder des Großhirns [75], und durch Läsion an dieser Stelle
entsteht die cerebellare Blickdysmetrie [1].

Wenn die Kleinhirnrinde sozusagen eine Kurzzeit-Uhr ist, die die richtige Dauer
rascher sakkadischer Bewegungen festsetzt, warum braucht diese Uhr *Afferenz von
peripheren Mechanoreceptoren?* Weil die Energie, die nötig ist, um ein Auge oder ein
Glied irgendwohin rasch zu bewegen, von der Ausgangsstellung abhängt. Es kostet
mehr Energie und braucht deshalb bei maximalem Kraftaufwand mehr Zeit, um ein
Auge von der Mittelstellung zur Seite zu bewegen, als umgekehrt. Die Kleinhirnrinde
ist also ein Automat, der räumliche in zeitliche Fakten umsetzt unter Berücksichtigung
des voraussichtlichen Energieaufwandes. Da die Leitungsgeschwindigkeit in den
Parallelfasern sich schwerlich beeinflussen läßt, dürfte die Wirkung der Afferenz von
den Mechanoreceptoren wohl darin bestehen, daß sie Einfluß nehmen auf die Auswahl
der Körnerzellen, die in erster Linie durch das Kommando des Großhirns bestimmt
wird.

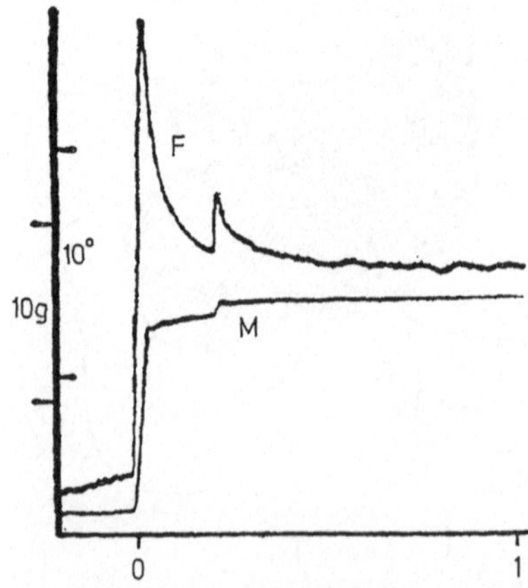

Abb. 22. Kraftverlauf (F) bei sakkadischen Augenbewegungen (M). Beachte das allmähliche
Nachlassen des Kraftaufwandes nach Ende jeder sakkadischen Augenbewegung, das nötig ist,
um ruhige Fixation zu erreichen und ein Weitergleiten des Auges infolge viscöser Vorgänge
zu verhindern, sowie die Oscillation der Kraft bei stabil gehaltener Stellung des Auges.
Zeit in sec. Ableitung von D. A. Robinson, [66]

Eine weitere wichtige Funktion der Afferenz von den Mechanoreceptoren zur Kleinhirnrinde dürfte in der zeitlichen Koordinierung verschiedener ballistischer, rasch aufeinanderfolgender Bewegungen liegen: in solchen Fällen ist es einfacher, die Reafferenz einer Bewegung zum Starten der nächsten Bewegung zu verwenden, als ein von der Bewegungsausführung unabhängiges Zeitprogramm aufzustellen. Aus raschen Folgen rascher Bewegungen bestehen z. B. Sprechen, Schreiben oder Klavierspielen: Bewegungsarten, die bei Kleinhirnrindenläsionen besonders deutlich gestört sind. Der sicherste Test für die Seitenlokalisation einer Kleinhirnläsion ist die Diadochokinese, eine rasche Sequenz von Pro- und Supinationen der Hand.

Eine andere Linie der Theorienbildung über die Kleinhirnrinde geht von der Duplizität der Eingänge (Moosfasern und Kletterfasern) aus [59]. Für die hier vorgetragene Theorie ist der Kletterfaser-Eingang nicht erforderlich, und sie steht nicht unbedingt im Widerspruch zu Theorien, die ihn vielleicht brauchen [14]. Ich glaube aber, daß die hier beschriebene Funktion das Wesentliche trifft. Feststeht, daß bei gewissen raschen Handbewegungen, die mit starken Moosfasereffekten an den beteiligten Purkinjezellen einhergehen, Kletterfaserspikes nicht auftreten [76]. Ich vermute, daß die Kletterfasern die kleinsten raschen Bewegungen ermöglichen, für die die Laufzeit der Parallelfasern zu lang wäre.

Soweit zur Funktion der Kleinhirnrinde. Nun zu den *Kleinhirnkernen*. Was geschieht am Ende einer sakkadischen Augenbewegung? Die neue Position muß präzise gehalten werden. Der dazu notwendige Kraftaufwand hat aber einen komplizierten Verlauf (Abb. 22), weil der bei der Augenbewegung zu überwindende Widerstand teilweise viscös ist [69]. Z. B. muß der Nervus opticus durch Fettgewebe gezwängt werden. Dieser komplexen Situation ist eine Vorprogrammierung offenbar nicht gewachsen. Hier liegt eine *kontinuierliche Regelung* mit Afferenz aus den Längenfühlern der Augenmuskeln auf der Hand. Im Gegensatz zur Kleinhirnrinde, die diskontinuierlich arbeitet und deren Ausfall Dysmetrie, aber keinen Tremor macht, ist bei Läsion einer kontinuierlichen Regelung Oscillation zu erwarten. Diese Oscillation ist der erworbene Pendelnystagmus. Es ist ein Haltetremor der Augen, er verschwindet bei Aufheben der Halteintention mit Lidschluß (Abb. 23). Ich habe mit J. C. Aschoff und B. Conrad [2] jahrelang Kranke mit erworbenem Pendelnystagmus gesammelt und sie mit einer großen Zahl von Fällen der gleichen Grundkrankheit, aber ohne Pendelnystagmus verglichen. Die Korrelation aller Symptome ergibt eindeutig, daß dem Pendelnystagmus Läsionen der Kleinhirnkerne zugrunde liegen, denn die höchste Korrelation besteht mit Kopftremor und Rumpfataxie, eine etwas schwächere auch mit Intentionstremor der Arme und cerebellärer Sprachstörung. Da wir wissen, daß Kleinhirnrindenläsionen keinen Pendelnystagmus (wie auch sonst keinen Tremor) machen, kommt als Ursache nur eine Läsion der Kleinhirnkerne in Betracht. Analog

Abb. 23. Erworbener Pendelnystagmus infolge Läsion der Kleinhirnkerne oder ihrer Verbindungen zum Hirnstamm bei einem Fall von Multipler Sklerose. Dieser Nystagmus ist ein Haltetremor der Augen, der mit Aufhören der Fixationsintention (Augen zu) verschwindet. Aus einer Untersuchung von J. C. Aschoff, B. Conrad und H. H. Kornhuber, [2]

entsteht ein Halte- und Intentionstremor der Hand (Abb. 26) durch Läsion des Nucleus dentatus oder seiner efferenten Bahn, des Bindearms.

Die Kleinhirnkerne haben also eine von der Kleinhirnrinde unabhängige, verschiedene Funktion. Auf der Grundlage dieser Theorie kann man voraussagen, daß die Kleinhirnkerne eine eigene Afferenz haben (also nicht nur Kollateralen von Fasern zur Kleinhirnrinde), wenigstens von den Brückenkernen und vom Tectum; von den peripheren Receptoren könnten Kollateralen ausreichen.

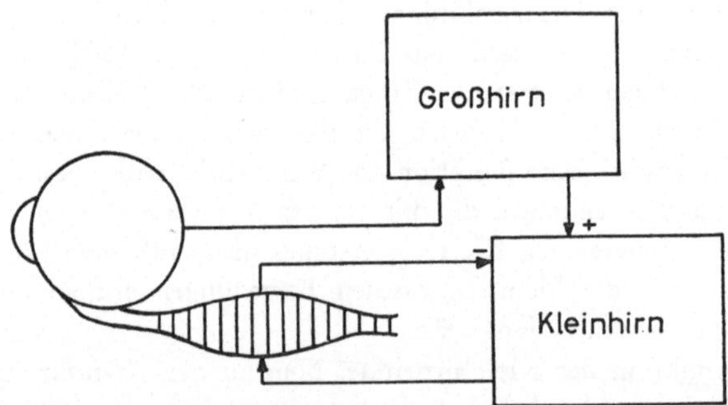

Abb. 24. Schema des Apparates für sakkadische Blickzielbewegungen und für das Halten von Blickstellungen. Der Sollwert kommt normalerweise (bei Blicken auf Sehziele) aus dem visuellen System des Großhirns. Die Uhr für die sakkadische Blickbewegung ist in der Kleinhirnrinde. Der Regler für das Halten von Blickstellungen liegt in den Kleinhirnkernen. Es wird Rückkoppelung aus den Augenmuskelreceptoren verwandt. Zwischenglieder (z. B. die subcorticalen Blickzentren der Hirnstamm-Haube und die Augenmuskelkerne) sind weggelassen

Abb. 24/25 zeigt, wie wir uns das System für die Vorprogrammierung rascher Bewegungen und das Halten willkürlicher Positionen vorstellen können. Die kontinuierliche Regelung für die Haltefunktion der Extremitäten läuft über die Brückenkerne direkt zu den Kleinhirnkernen, und die diskontinuierlich arbeitende Zeitsteuerung der raschen Bewegungen läuft über die Kleinhirnrinde. Um die Sakkade möglich zu machen, muß das Halten gehemmt werden. Dies ist vermutlich der Grund dafür, warum die Kleinhirnkerne (wie die Deiters-Neurone) durch die Purkinje-Zellen der Kleinhirnrinde gehemmt werden [37, 38].

Freilich ist *Aufhebung des Haltens* noch nicht *Bewegung*. In den Kleinhirnkernen gibt es aber große und kleine Neurone; vielleicht sind die kleinen inhibitorische Interneurone, deren Hemmung durch die Kleinhirnrinde zu Disinhibition der großen Neurone und damit zu Bewegung führt (Abb. 20).

Nun noch einmal zurück zum *Vestibulo-Cerebellum*, dem Lobus flocculo-nodularis also. Nichts spricht dafür, daß seine Funktion im Prinzip verschieden ist von der übrigen Kleinhirnrinde, die ja nach seinem Vorbild gebaut wurde. Auch das Archicerebellum also ist eine Uhr für kurze Hemmungen. Aus dieser Idee läßt sich nun leicht eine alte und bisher uninterpretierte Beobachtung erklären, die die *Seekrankheit* betrifft. Die Seekrankheit (oder Bewegungskrankheit allgemein) hängt von der labyrinthären Afferenz ab. Labyrinthlose Tiere werden nicht seekrank. Die wichtigste Ursache für die Seekrankheit sind aktive Kopfbewegungen während passiver Drehbewegungen [41]. Die Empfänglichkeit für Seekrankheit nimmt nun sehr stark ab nach Entfernung des Unterwurms [4], also des Vestibulo-Cerebellums. Warum? Wenn wir annehmen, daß unsere aktiven Kopfbewegungen mit richtungsspezifischen inhibitorischen Vorgängen im vestibulären System verbunden sind, die vom Archicerebellum abhängen, dann muß die Richtung dieser Inhibitionen bei Kopfbewegungen während passiver Drehungen falsch liegen. In dieser Situation verursacht nämlich der Coriolis-Effekt Bogengangsreize, deren Ebene von der Ebene der Kopfbewegung (im Gegensatz zur normalen Situation) verschieden ist. Die Hemmung setzt also an den falschen Afferenzen an, und beide, afferente und falsch gerichtete zentral-inhibitorische Impulse schlagen durch auf das Brechzentrum. Man kann die Seekrankheit deshalb leicht vermeiden, indem man den Kopf still hält und zur Orientierung nur Augenbewegungen benutzt.

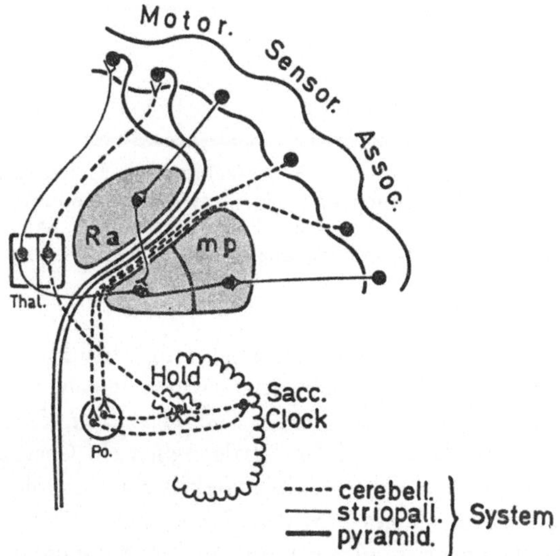

Abb. 25. Vereinfachte schematische Darstellung der Beziehung von Großhirnrinde, Kleinhirnkernen, Kleinhirnrinde, Stammganglien und motorischem Cortex. Die meisten Großhirnfelder, vor allem aber die Assoziationsfelder, sind efferent sowohl mit dem Kleinhirn als auch mit den Stammganglien verbunden. Die Kleinhirnkerne bilden einen Funktionskreis für das Halten, unabhängig von der sakkadischen Uhr der Kleinhirnrinde. Organisation der Rampenbewegung im Strio-Nigro-Pallidum. Für die Augenbewegungen geht die Efferenz der Kleinhirnkerne direkt zum Hirnstamm

Soweit über Kleinhirn und Augenbewegungen. Für die *Hand- und Beinbewegungen* ist die *Kleinhirnfunktion* die gleiche wie für die Augenbewegungen. Sie können die Komponenten der Kleinhirntätigkeit an sich selbst während einer raschen Armbewegung studieren, z. B. durch den Finger-Nasen-Versuch, wenn Sie ihn ballistisch, d. h. so rasch wie nur irgend möglich ausführen. Die Bewegung besteht dann nämlich erstens aus einer raschen, vorprogrammierten Bewegung in die Nähe der Nase (die Dauer dieser Bewegung, während der alle zuständigen Motoneurone rekrutiert sind, wird von der Kleinhirnrinde vorprogrammiert), zweitens einer kurzen Haltebewegung mit Oscillation (sie ist Sache der Kleinhirnkerne, in diesem Falle des Dentatums, und bei diesem Halten nach sakkadischer Bewegung kommt ein pathologischer Haltetremor, sog. Intentionstremor, am deutlichsten heraus, vgl. Abb. 26), und drittens einer langsamen Rampenbewegung zur Nase. Wenn man den Finger-Nasen-Versuch etwas langsamer ausführt, sieht man die drei Komponenten nicht, weil die Handbewegungen dann von vornherein nicht sakkadisch (ballistisch), sondern als kontinuierlich geregelte Rampe ausgeführt wird. Auch bei der Handbewegung macht Läsion der Kleinhirnrinde Dysmetrie und Adiadochokinese (Ausfall der raschen Wechselbewegungen), Läsionen der Kleinhirnkerne (also des Dentatums oder seiner Efferenz, des Bindearms) dagegen Haltetremor.

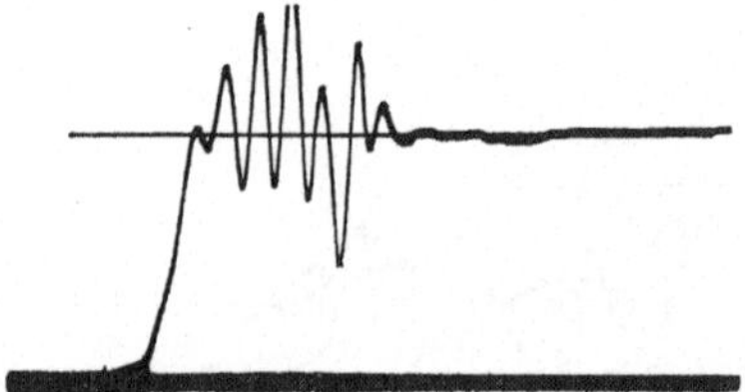

Abb. 26. Der „Intentionstremor" des Armes ist in Wahrheit ein Haltetremor; er zeigt sich am stärksten beim Halten der Endposition nach einer raschen (sakkadischen, ballistischen) Bewegung, hier infolge Bindearmläsion bei einem Fall von Multipler Sklerose. Die Kleinhirnfunktion ist die gleiche bei Augen- und Handbewegungen. Registrierung von Dr. B. Conrad

Die dritte der drei Komponenten des Finger-Nasen-Versuchs, die langsame, kontinuierlich geregelte *Rampe* beliebig langsamer Geschwindigkeit, ist nach meiner Meinung nicht Sache des Kleinhirns, sondern der *Stammganglien*, des *Strio-Nigro-Pallidums*. Die Beweisführung dafür, daß die Basalganglien ein Generator für Rampenbewegungen willkürlicher, beliebiger Geschwindigkeit sind, ist folgendermaßen [51]: Da Striatum [60], Substantia nigra [15] und Corpus subthalamicum [16] die meiste Efferenz zum Pallidum senden, in dem der Ausgang des Systems liegt [42], kann man das Strio-Nigro-Pallidum als funktionelle Einheit betrachten. Der Ausgang geht beim Menschen hauptsächlich via V. o. a. des Thalamus zum motorischen Cortex (während das Dentatum via V. o. p. zum motorischen Cortex projiziert [34]). (Die Ausgänge von Stammganglien und Kleinhirn zu Ruber und Reticularis betrachten wir später. Daß der Ausgang der Stammganglien via Thalamus zum motorischen Cortex beim Menschen der wichtigste ist, ergibt sich u. a. daraus, daß man durch Thalamotomie Rigor und Ruhetremor beseitigen kann). Anatomisch gesehen liegen die Basalganglien also wie das Kleinhirn zwischen dem ganzen Assoziationscortex auf der einen Seite [43] und dem motorischen Cortex auf der anderen Seite, wobei Kleinhirn und Basalganglien parallel geschaltet sind. Die Bewegungsplanung geht nicht vom motorischen Cortex, sondern vom Assoziationscortex (für die Handbewegungen besonders vom parietalen) aus, denn dessen Ausfall macht Apraxie. Der motorische Cortex koordiniert also die Ausgänge von Kleinhirn und Basalganglien. Nun ist der motorische Cortex für die Hand- und Beinbewegungen nötig, aber nicht für die Augenbewegungen. Hierfür gibt es drei Beweise: erstens, im Gegensatz zu Läsionen des motorischen Cortex, die bleibende Lähmungen der Extremitäten (besonders ihrer distalen, taktil exploratisch tätigen Teile) zur Folge haben, entsteht nach Läsion des frontalen Augenfeldes keine anhaltende Blicklähmung. Zweitens, im Gegensatz zu den Neuronen des motorischen Cortex, die vor Beginn von Handbewegungen feuern, feuern die Neurone des frontalen Augenfeldes vor Beginn von Augenbewegungen nicht, sondern erst nach Beginn der Bewegung [10]. Und drittens, das beim Menschen vor Willkürbewegungen gefundene Motorpotential (MP) der kontralateralen Präzentralregion vor Handbewegungen [6, 17] fehlt vor Augenbewegungen [7] (Abb. 27). Vor Augenbewegungen [7] tritt (wie vor Handbewegungen) das bilaterale Bereitschaftspotential der Hirnrinde [53] und die bilaterale prämotorische Positivierung (PMP) [17] auf, die bei Handbewegungen etwa 30 ms vor dem Motorpotential einsetzt und ihr Maximum nicht präzentral, sondern parietal hat. (Die PMP beginnt etwa 80 ms vor der Handbewegung [6, 17], die Kleinhirnkerne des Affen etwa 70 ms vor der Handbewegung [77] und das MP des motorischen Cortex etwa 50 ms vor Bewegungsbeginn [6, 17].) Für die Hand- und Beinbewegungen wird also der motorische Cortex mit seinen Eingängen vom Kleinhirn und den Basalganglien gebraucht, für die Augenbewegungen dagegen nicht, für sie geht der Weg direkt vom visuellen und paravisuellen Cortex über das Kleinhirn und die Kleinhirnkerne zu den subcorticalen Blickzentren und Augenmuskelkernen. Die Kleinhirnfunktion ist nun, wie ich schon gezeigt habe, für Augen- und Handbewegungen gleich. Ein Mehr an Fähigkeiten der Hand- und Beinbewegungen im Vergleich zu den Augenbewegungen kann also nicht am Kleinhirn liegen, sondern muß auf die Stammganglien zurückgeführt werden. Ein solches Mehr an Können gibt es: eben die Fähigkeit, langsame Rampenbewegungen

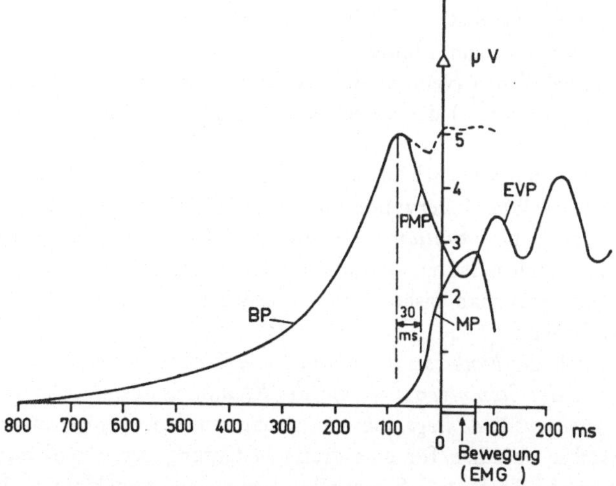

Abb. 27. Schema der menschlichen Hirnpotentiale (bei Ableitung von der Kopfhaut) vor Willkürbewegung der Hand. Zuerst langsam ansteigendes oberflächennegatives Bereitschaftspotential (BP). Etwa 80 ms vor Bewegungsbeginn Auftreten der prämotorischen Positivierung (PMP). Etwa 50 ms vor Bewegungsbeginn Einsetzen des Motorpotentials (MP). Nach Bewegungsbeginn ein reafferentes sensorisches evoked potential (EVP). BP und PMP sind bilateral mit Maximum über dem Parietalhirn, nur das MP ist unilateral, und zwar kontralateral zur bewegten Hand über dem motorischen Cortex. BP und PMP treten auch vor sakkadischen Augenbewegungen auf, nicht aber das MP. Auf Grund von Untersuchungen mit W. Becker, L. Deecke, B. Grözinger, O. Hoehne, K. Iwase und P. Scheid

beliebiger Geschwindigkeit mit Hand, Bein, Kopf und Rumpf auszuführen, wogegen wir mit den Augen willkürlich nur rasche sakkadische Bewegungen machen können. Langsame Folgebewegungen der Augen sind möglich nur mit einem bewegten Sehziel, nicht als Willkürbewegung. Willkürbewegungen beliebiger langsamer Geschwindigkeiten mit den Augen zu machen, ist nicht nur unnötig, sondern würde das Sehen (Aufnahme wie Verarbeitung der visuellen Information) stören; um die Ruhigstellung des Blicks für etwa 0,1 s nach aktiver Augenbewegung zu sichern, wurde, wie schon erwähnt, eine enorm lange Refraktärzeit eingeführt.

Die Idee, daß die *Basalganglien* ein *Rampengenerator* für langsame, glatte Willkürbewegungen beliebiger Geschwindigkeiten sind, paßt gut zu den Befunden bei Läsionen im extrapyramidal-motorischen System: das einzige Defektsymptom, die Akinese, ist offenbar eine Störung der Rampenfunktion; rasche, sakkadische Bewegungen fallen Kranken mit Akinese oft leichter als langsame. Ein Kontrast zwischen Akinese des übrigen Körpers und normalen sakkadischen Augenbewegungen kommt beim Parkinsonsyndrom häufig vor. Auch die „Kinesia paradoxa" [33] mancher Parkinsonkranken kann vielleicht teilweise durch die Intaktheit der raschen ballistischen Bewegungen erklärt werden. Die Rampe ist nicht eine Funktion des motorischen Cortex selbst, denn bei Paresen infolge corticaler Läsionen besteht keine besondere Beeinträchtigung der Rampenfunktion. Freilich sind nicht alle extrapyramidalen Symptome Defektzeichen des Rampengenerators, die meisten sind vielmehr Enthemmungssymptome durch Teilläsionen innerhalb des Rampengenerators. Diese Enthemmungssymptome (Rigor, Tremor, Chorea, Athetose, Dystonie, Ballismus) lassen sich denn auch im Gegensatz zur Akinese durch weitere Läsionen innerhalb des extrapyramidalen Systems (z. B. durch Thalamotonie im V. o. a.) [34] beseitigen, die eigentliche (nicht die durch Rigor bedingte) Akinese dagegen nicht, sie kann nach bilateralen Pallidotomien sogar schlimmer werden. Um sie zu beseitigen, muß man die Funktion der ausgefallenen Neurone des Rampengenerators durch externe Zufuhr des Transmitters (des Dopamins) der ausgefallenen Nigra-Neurone ersetzen. Das gelingt mit L-Dopa sehr effektiv.

Wenn der Bewegungsentwurf im Assoziationscortex gemacht wird und seine Übersetzung in raum-zeitliche Innervationsmuster in Kleinhirn und Stammganglien geschieht, was ist dann die *Funktion des motorischen Cortex* (der ja anatomisch Kleinhirn und Stammganglien nachgeschaltet ist)? Diese Frage muß neu gestellt werden, nachdem manches, was man bisher dem motorischen Cortex zutraute, von anderen Systemen gemacht wird.

Ich glaube, daß die *Funktion des motorischen Cortex in der Feinabstimmung der Bewegungsmuster der Stammganglien und des Kleinhirns auf die mechanischen Eigenschaften der Tastgegenstände liegt,* die vom somatosensiblen System analysiert werden. Folgende Tatsachen sprechen für eine große Bedeutung der somatischen Sensibilität für den motorischen Cortex: 1. Somatische Afferenzen (von Haut, tiefen Geweben, Gelenken und Muskeln) sind im motorischen Cortex der Katze unter allen Sinnesafferenzen bei weitem am stärksten vertreten [52]. 2. Die einzigen sensorisch induzierten motorischen Reaktionen, die nach Extirpation des motorischen Cortex ausfallen, sind taktile: die taktile Stehbereitschaft (tactile placing reaction [3]) und der taktile Greifreflex [18]. 3. Ausfall der somatischen Afferenz zum motorischen Cortex ruft eine schwere Haltungsstörung der Hand hervor (die "Thalamushand"). 4. Bewegungen, die somatosensibler Kontrolle nicht bedürfen (Augenbewegungen), sind vom motorischen Cortex unabhängig. 5. Diejenigen Bewegungen dagegen, die die taktile Analyse am meisten brauchen, sind am stärksten corticalisiert: die Finger-, Lippen- und Zungenbewegungen [61, 83]. 6. Motorischer und somatosensibler Cortex liegen nebeneinander und sind sehr stark durch Fasersysteme verbunden [40]. 7. Die Teile des somatosensorischen und motorischen Cortex (z. B. die Repräsentation einzelner Finger usw.) entsprechen einander in ihrer Größe [61, 83].

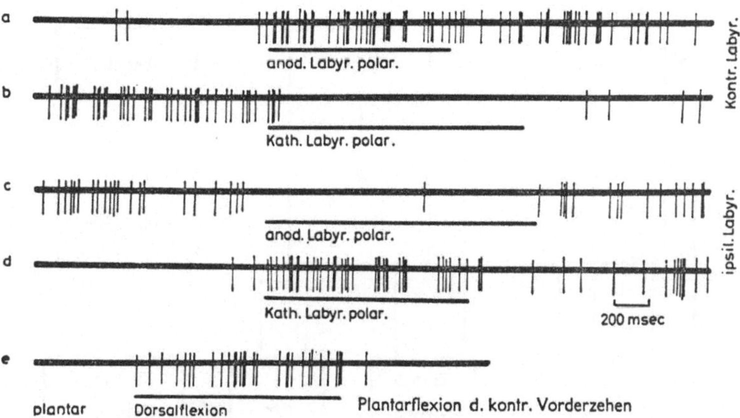

Abb. 28. Konvergenz von somatischer Tiefensensibilität und vestibulären Meldungen an einem Neuron des motorischen Cortex der Katze. a—d reizrichtungsabhängige vestibuläre Antworten auf Labyrinthpolarisation mit Gegenschaltung beider Labyrinthe. e Aktivierung durch Dorsalflexion der kontralateralen Vorderzehen. „Standneuron." Nach H. H. Kornhuber u. J. C. Aschoff, [52]

Übrigens ist die zweithäufigste Sinnesafferenz nach der somatischen an Neuronen des motorischen Cortex die vestibuläre, und zwar konvergieren vestibuläre Meldungen mit solchen aus der somatischen Tiefensensibilität [52] (Abb. 28).

Es bleibt noch, ein Wort über die *motorische Funktion der Formatio reticularis des Hirnstamms* zu sagen, die ja neben dem motorischen Cortex und den Vestibulariskernen Ursprung einer supraspinalen motorischen Bahn zum Rückenmark ist. Wenn von der Formatio reticularis die Rede ist, wird dies oft mit dem sogenannten unspezifischen Aktivierungssystem assoziiert. Tatsächlich ist die Reticularis aber vor allem eine Ansammlung verschiedener motorischer Zentren für die Atmungsregelung, für Phonation, Schlucken, Erbrechen und vor allem für die Stützmotorik und für die Zuwendungsreaktionen des Körpers, des Kopfes und der Augen, eine Ansammlung also von Zentren für die Kontrolle mittelliniennaher Muskelgruppen, deren Regelung nicht so sehr exteroceptiver taktiler als vielmehr proprioceptiver Afferenzen bedarf. Hierfür gibt es eine Reihe von Beweisen: erstens die Auslösung richtungsbestimmter Bewegungen durch elektrische Reizung verschiedener reticulärer Kerne [42], zweitens die Spastizität als stützmotorisches Enthemmungssymptom nach Ausfall suprareticulärer Einflüsse, drittens das Vorwiegen proprioceptiv-somatischer und vestibulärer Afferenzen an den Reticularisneuronen [62] und viertens das weitgehende Erhaltenbleiben bzw. die rasche Restitution der Kopf- und Rumpfmotorik und der proxi-

malen, groben, posturalen Extremitätenmotorik nach suprareticulären Läsionen im
Gegensatz zum Ausfall der distalen, taktil geregelten Feinmotorik der Extremitäten.
Grob vereinfachend könnte man sagen: die Formatio reticularis ist das Analogon des
motorischen Cortex für die Stützmotorik. Umgekehrt wäre dann der motorische
Cortex das Analogon der Formatio reticularis für die Zielmotorik der Extremitäten.
Die Analogie zwischen beiden zeigt sich auch darin, daß beide Afferenzen vom Klein-

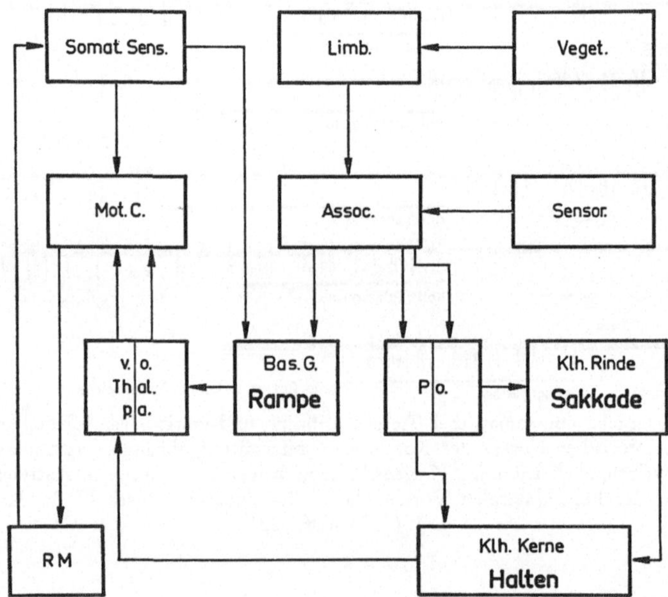

Abb. 29. Übersicht über das motorische System. Der Bewegungsantrieb stammt aus dem limbischen System, das seinerseits Antriebe aus dem zentralen vegetativen System erhält. Der
Bewegungsentwurf wird unter Berücksichtigung sensorischer Meldungen im Assoziationscortex
gebildet. Dieser wählt einerseits die Basalganglien (für Rampenbewegungen) und andererseits
über die Brückenkerne (Po) die Kleinhirnrinde (für sakkadische Bewegungen) und die Kleinhirnkerne (für das Halten von Positionen) an. Von den Basalganglien und den Kleinhirnkernen geht der Impulsstrom via V.o.a. und V.o.p. des Thalamus zum motorischen Cortex,
der die Bewegungsmuster der Stammganglien und des Kleinhirns auf die vom somatosensiblen
System gelieferte Analyse der mechanischen Eigenschaften der Tastdinge abstimmt und ans
Rückenmark abgibt

hirn und von den Stammganglien erhalten. Die Ausgänge des Kleinhirns und der
Stammganglien zu Ruber und Reticularis sollten uns allerdings nicht darüber hinweg-
täuschen, daß der beim Menschen wichtigste Ausgang von beiden via Thalamus zum
motorischen Cortex geht. Phylogenetisch gesehen sind in den reticulären Kernen des
Hirnstamms und in den Vestibulariskernen diejenigen Teile der Motorik geblieben,
die nicht der enorm verfeinerten taktilen Analyse bedurften, die das corticale somato-
sensible System bot.

Literatur

1. Aschoff, J. C., Cohen, B.: Changes in saccadic eye movements produced by cerebellar cortical lesions. Exp. Neurol. **32**, No. 2 (1971).
2. — Conrad, B., Kornhuber, H. H.: Acquired pendular nystagmus in multiple sclerosis. Proc. Bárány Society 1. extraordin. Meeting, Amsterdam 1970, p. 127—132.
3. Bard, P.: Studies in the cortical representation of somatic sensibility. Harvey Lectures **33**, 143—169 (1938).
4. — Woolsey, C. N., Snider, R. S., Mountcastle, V. B., Bromiley, R. B.: Delimitation of central nervous mechanisms involved in motion sickness. Fed. Proc. **6**, 72 (1947).
5. Bechinger, D., Kongehl, G., Kornhuber, H. H.: Visual information transmission in man: anisotropy of directions in the visual field; exponential distribution of stimuli optimal for perception of length; two points sufficient for optimal transmission of length but not of direction. Pflügers Arch. **316**, R 94 (1970).
6. Becker, W., Deecke, L., Grözinger, B., Kornhuber, H. H.: Further investigations on cerebral potentials preceding voluntary movements in man. Pflügers Arch. **312**, R 108 (1969).
7. — — Hoehne, O., Iwase, K., Kornhuber, H. H., Scheid, P.: Bereitschaftspotential, Motorpotential und prämotorische Positivierung der menschlichen Hirnrinde vor Willkürbewegungen. Naturwissenschaften **55**, 550 (1968).
8. Beeler, G. W., Jr.: Visual threshold changes resulting from spontaneous saccadic eye movements. Vision Res. **7**, 769—775 (1967).
9. Bischof, N., Kramer, E.: Untersuchungen und Überlegungen zur Richtungswahrnehmung bei willkürlichen sakkadischen Augenbewegungen. Psychol. Forsch. **32**, 185 (1968).
10. Bizzi, E.: Discharge of frontal eye field neurons during saccadic and following eye movements in unanestetized monkeys. Exp. Brain Res. **6**, 69—80 (1968).
11. Braitenberg, V.: Functional interpretation of cerebellar histology. Nature (Lond.) **190**, 539—540 (1961).
12. — Funktionelle Deutung von Strukturen in der grauen Substanz des Nervensystems. Naturwissenschaften **48**, 489—496 (1961).
13. — Atwood, R. P.: Morphological observations on the cerebellar cortex. J. comp. Neurol. **109**, 1—34 (1958).
14. Brindley, G. S.: The use made by the cerebellum of the information that it receives from sense organs. Int. Brain Res. Org. Bull. **3**, 80 (1964).
15. Carpenter, M. B., McMasters, R. E.: Lesions of the substantia nigra in the rhesus monkey. Efferent fiber degeneration and behavioral observations. Amer. J. Anat. **114**, 293—319 (1964).
16. — Strominger, N. L.: Efferent fibers of the subthalamic nucleus in the monkey. Amer. J. Anat. **121**, 41—71 (1967).
17. Deecke, L., Scheid, P., Kornhuber, H. H.: Distribution of readiness potential, pre-motion positivity, and motor potential of the human cerebral cortex preceding voluntary finger movements. Exp. Brain Res. **7**, 158—168 (1969).
18. Denny-Brown, D.: The general principles of motor integration. In: Handbook of Physiology, Section I: Neurophysiology. Eds.: J. Field, H. W. Magoun and V. E. Hall. Amer. Physiological Society, Washington 1960.
19. Ditchburn, R. W.: Eye-movements in relation to retinal action. Optica acta **1**, 171 (1955).
20. Duensing, F.: Die Erregungskonstellation im Rautenhirn des Kaninchens bei den Labyrinthstellreflexen (Magnus). Naturwiss. **48**, 681 (1961).
21. Duensing, F., Schaefer, K. P.: Die Aktivität einzelner Neurone im Bereich der Vestibulariskerne bei Horizontalbeschleunigung unter besonderer Berücksichtigung des vestibulären Nystagmus. Arch. Psychiatr. u. Zschr. ges Neurol. **198**, 225 (1958).
22. Eccles, J. C.: The coordination of information by the cerebellar cortex. In: S. Locke, Modern Neurology, p. 135—147. Boston: Little, Brown and Co. 1969.
23. — Ito, M., Szentagothai, J.: The cerebellum as a neuronal machine. Berlin-Heidelberg-New York: Springer 1967.
24. Ehrhardt, K. J., Wagner, A.: Labyrinthine and neck reflexes recorded from spinal single motor neurons in the cat. Brain Res. **19**, 87—104 (1970).

25. Fernandez, C., Fredrickson, J. M.: Experimental cerebellar lesions and their effect on vestibular functions. Acta otolaryng. (Stockh.), Suppl. **192**, 52—62 (1964).
26. Fox, C. A., Siegesmund, K. A., Dutta, C. R.: The Purkinje cell dendritic branchlets and their relation with the parallel fibers: Light and electron microscopic observations. In: Morphological and Biochemical Correlates of Neural Activity, 112—141. Eds.: M. M. Cohen and R. S. Snider. New York: Harper & Row 1964.
27. Fredrickson, J. M., Schwarz, D., Kornhuber, H. H.: Convergence and interaction of vestibular and deep somatic afferents upon neurons in the vestibular nuclei of the cat. Acta otolaryng. (Stockh.) **61**, 168 (1965).
28. — Figge, U., Scheid, P., Kornhuber, H. H.: Vestibular nerve projection to the cerebral cortex of the Rhesus monkey. Exp. Brain Res. **2**, 318 (1966).
29. Fuchs, A. F., Kornhuber, H. H.: Extraocular muscle afferents to the cerebellum of the cat. J. Physiol. (Lond.) **200**, 713—722 (1969).
30. — Luschei, E. S.: Firing patterns of abducens neurons of alert monkeys in relationship to horizontal eye movement. J. Neurophysiol. **33**, 282 (1970).
31. Hampson, J., Harrison, C., Woolsey, C.: Cerebro-cerebellar projections and the somatotopic localization of motor function in the cerebellum. Res. Publ. Ass. Nerv. Ment. Dis. **30**, 299—316 (1952).
32. Hassler, R.: Über Kleinhirnprojektionen zum Mittelhirn und Thalamus beim Menschen. Dtsch. Z. Nervenheilk. **163**, 629—671 (1950).
33. — Extrapyramidal-motorische Syndrome und Erkrankungen. In: Handbuch der inneren Medizin, Bd. 5, Teil 3, S. 676—904. Ed.: G. von Bergmann et al. Berlin-Göttingen-Heidelberg: Springer 1953.
34. — Anatomie des Thalamus. In: G. Schaltenbrand and P. Bailey, Introduction to stereotaxis. Stuttgart: Thieme 1959.
35. Holst, E. von: Die Arbeitsweise des Statolithenapparates bei Fischen. Z. vergl. Physiol. **32**, 60 (1950).
36. — Mittelstaedt, H.: Das Reafferenzprinzip (Wechselwirkungen zwischen Zentralnervensystem und Peripherie). Naturwiss. **37**, 464 (1950).
37. Ito, M., Yoshida, M.: The cerebellar-evoked monosynaptic inhibition of Deiters' neurons. Experientia (Basel) **20**, 515—516 (1964).
38. — — Obata, K.: Monosynaptic inhibition of the intracerebellar nuclei induced from the cerebellar cortex. Experientia (Basel) **20**, 575—576 (1964).
39. Jones, G. M., Milsum, J. H.: Spatial and dynamic aspects of visual fixation. IEEE Trans. biomed. Engineering, 1965, S. 54.
40. Jones, E. G., Powell, T. P. S.: Connections of the somatic sensory cortex of the Rhesus monkey. I. Ipsilateral cortical connections. Brain **92**, 477—502 (1969).
41. Johnson, W. H., Mayne, J. W.: Stimulus required to produce motion sickness. Restriction of head movement as a preventive of air sickness. J. Aviat. Med. **24**, 400 (1953).
42. Jung, R., Hassler, R.: The extrapyramidal motor system. In: Handbook of Physiology, Sect. Neurophysiology, vol. 2. Washington, D. C.: Amer. Physiol. Soc. 1960.
43. Kemp, J. M., Powell, T. P. S.: The cortico-striate projection in the monkey. Brain **93**, 525—546 (1970).
44. Klein, H.-M.: Experiments concerning the cancellation theory of visual direction constancy. Naturwiss. **57**, 456 (1970).
45. Kornhuber, H. H.: Optic and vestibular factors in motor coordination. Proc. 22. Internat. Congr. Physiol. Sci. Excerpta Medica Int. Congr. Ser. No. 47, 1, 515 (1962).
46. — Physiologie und Klinik des zentralvestibulären Systems (Blick- und Stützmotorik). In: Berendes, J., R. Link, F. Zöllner: Hals-Nasen-Ohrenheilkunde, ein kurzgefaßtes Handbuch, Gg. Thieme Verlag, Stuttgart, 1966, Bd. III, Teil 3, S. 2150—2351.
47. — Das akute Unterwurmsyndrom beim Menschen. Hungar. Soc. Neurol. 26. Congr. Budapest 1968, S. 59.
48. — Neurologie des Kleinhirns. Zbl. ges. Neurol. Psychiat. **191**, 13 (1968).
49. — In: D. M. MacKay, Neural communications: Experiment and theory. Science **159**, 335—353 (1968).
50. — Physiologie und Klinik des vestibulären Systems. Arch. Ohr.-, Nas.-, Kehlk.-Heilk. **194**, 111 und 150 (1969).

51. Kornhuber, H. H.: Motor functions of cerebellum and basal ganglia: the cerebello-cortical saccadic (ballistic) clock, the cerebello-nuclear hold regulator, and the basal ganglia ramp (voluntary speed smooth movement) generator. Kybernetik 8, 157—162 (1971).

52. — Aschoff, J. C.: Somatisch-vestibuläre Integration an Neuronen des motorischen Cortex. Naturwissenschaften 51, 62—63 (1964).

53. — Deecke, L.: Hirnpotentialänderungen bei Willkürbewegungen und passiven Bewegungen des Menschen: Bereitschaftspotential und reafferente Potentiale. Pflügers Arch. ges. Physiol. 284, 1 (1965).

54. Llinas, R., Precht, W.: The inhibitory vestibular efferent system and its relation to the cerebellum in the frog. Exp. Brain Res. 9, 16—29 (1969).

55. MacKay, D. M.: Mislocation of test flashes during saccadic image displacements. Nature 227, 731 (1970).

56. McCouch, G. P., Deering, I. D., Ling, T. H.: Location of receptors for tonic neck reflexes. J. Neurophysiol. 14, 190 (1951).

57. McNally, W. J., Tait, J.: Ablation experiments on the labyrinth of the frog. Amer. J. Physiol. 175, 155 (1925).

58. Magnus, R.: Körperstellung. Berlin, Springer, 1924.

59. Marr, D.: Theory of cerebellar cortex. J. Physiol. (London) 202, 437—470 (1969).

60. Nauta, W. J. H., Mehler, W. R.: Projections of the lentiform nucleus in the monkey. Brain Res. 1, 3—42 (1966).

61. Penfield, W. G., Rasmussen, T. B.: The cerebral cortex of man. McMillan, New York, 1950.

62. Potthoff, P. C., Richter, H. P., Burandt, H. R.: Multisensorische Konvergenzen an Hirnstammneuronen der Katze. Arch. Psych. Z. ges. Neur. 210, 36—60 (1967).

63. Rademaker, G. G. J.: Das Stehen. Statische Reaktionen, Gleichgewichtsreaktionen und Muskeltonus unter besonderer Berücksichtigung ihres Verhaltens bei kleinhirnlosen Tieren. Berlin: Springer 1931.

64. Robinson, D. A.: The mechanics of human saccadic eye movement. J. Physiol. (Lond.) 174, 245 (1964).

65. — The mechanics of human smooth pursuit eye movement. J. Physiol. (Lond.) 180, 569 (1965).

66. — Eye movement control in primates. Science 161, 1219—1224 (1968).

67. — Oculomotor unit behavior in the monkey. J. Neurophysiol. 33, 393 (1970).

68. — Fuchs, A. F.: Eye movements evoked by stimulation of frontal eye fields. J. Neurophysiol. 32, 637—648 (1969).

69. — O'Meara, D. M., Scott, A. B., Collins, C. C.: Mechanical components of human eye movements. J. appl. Physiol. 26, 548—553 (1969).

70. Schiller, P. H.: The discharge characteristics of single units in the oculomotor and abducens nuclei of the unanestized monkey. Exp. Brain Res. 10, 347—362 (1970).

71. Schmidt, R. S.: Amphibian acoustico-lateralis efferents. J. cell. comp. Physiol. 65, 155—162 (1965).

72. Schwarz, D. W. F., Fredrickson, J. M.: Rhesus monkey vestibular cortex: a bimodal primary projection field. Science 172, 280 (1971).

73. Segundo, J. P., Machne, X.: Unitary response to afferent volleys in lenticular nucleus and claustrum. J. Neurophysiol. 19, 325—339 (1956).

74. Shimazu, H., Precht, W.: Tonic and kinetic responses of cat's vestibular neurons to horizontal angular acceleration. J. Neurophysiol. 28, 991 (1965).

75. Snider, R. S., Eldred, E.: Cerebro-cerebellar relationship in the monkey. J. Neurophysiol. 15, 27—40 (1952).

76. Thach, W. T.: Discharge of Purkinje and cerebellar nuclear neurons during rapidly alternating arm movements in the monkey. J. Neurophysiol. 31, 785—797 (1968).

77. — Discharge of cerebellar neurons related to two maintained postures and two prompt movements. I. Nuclear cell output. J. Neurophysiol. 23, 527—536 (1970 a).

78. — Discharge of cerebellar neurons related to two maintained postures and two prompt movements. II. Purkinje cell output and input. J. Neurophysiol. 23, 537—547 (1970 b).

79. Volkmann, F. C.: Vision during voluntary saccadic eye movements. J. Opt. Soc. Amer. 52, 571—578 (1962).

80. Walzl, E. M. Mountcastle, V. B.: Projection of vestibular nerve to cerebral cortex of the cat. Amer. J. Physiol. **159**, 595 (1949).
81. Weber, G., Steiner, F. A.: Labyrinthär erregbare Neurone in Hirnstamm und Kleinhirn der Katze. Helv. physiol. pharmacol. Acta **23**, 61 (1965).
82. Wersäll, J., Flock, A.: Functional anatomy of the vestibular and lateral line organ. Contr. to sensory Physiology, Bd. I, S. 39. London-New York: Academic Press 1965.
83. Woolsey, C. N.: Patterns of localization in sensory and motor areas of the cerebral cortex. In: The biology of mental health and disease. New York: Hoeber 1952.
84. Wurtz, R. H., Goldberg, M. E.: Superior colliculus cell responses related to eye movements in awake monkeys. Science **171**, 82 (1971).
85. Young, L. R., Meiri, I. L., Li, Y. T.: Control engeneering approaches to human dynamic space orientation. 2. Sympos. on the role of the vestibular organs in space exploration. National aeronautics and space administration, Washington D. C. 1960, 217.
86. Zuber, B. L., Stark, L.: Saccadic supression: elevation of visual threshold associated with saccadic eye movements. Exp. Neurol. **16**, 65 (1966).

Namenverzeichnis

Kursive Seitenzahlen beziehen sich auf die Literatur

Adair, G. S. 58, *76*
Adey, W. R. 90, *107*
Aitken, J. T., Bridger, J. E.
  110, *133*
Ajmone Marsan, G. 90, *107*
Albe-Fessard, D. 90, *107*
Alekseev, M. D., Dobronra-
  vova, I. S. 106, *107*
Alpers, H. J. 89, *107*
Andén, N. E., Dahlström, A.,
  Fuxe, K., Larsson, K.
  144, *158*
— — — — Olson, L.,
  Ungerstedt, U. 143 f., *158*
Anitchkov, A. D. 96, *107*
Anokhin, P. K. 97, *107*
Antoni, H., Engstfeld, G.,
  Fleckenstein, A. 30, *48*
Aprison, M. H., Shank, R. P.,
  Davidoff, R. A. 138, *158*
— Werman, R. 138, *158*
— s. Davidoff, R. A. 136,
  159
— s. Graham, L. T. 136,
  159
— s. Werman, R. 117, 134,
  138, *160*
Arias 86
Arnold, G., Kosche, F.,
  Miessner, A., Neitzert, A.,
  Lochner, W. 4, 10, 11, 83
Arnoldt, R. I., de Meio, R. H.
  83, *87*
Aschoff, J. C., Cohen, B. [1]
  192, *201*
— Conrad, B., Kornhuber,
  H. H. [2] 193, *201*
— s. Kornhuber, H. H. [52]
  199, *203*
Aslanov, A. S., s. Livanov,
  M. N. 90, 106, *108*
Atwood, R. P., s. Braiten-
  berg, V. [13] 191, *201*
Axelrod, J., Tomchick, R.
  83, *87*

Bajusz, E. 42, 44, *48*
Balazs, T., s. Rona, G. 32, *51*
Bard, P. [3] 198, *201*
— Woolsey, C. N., Snider,
  R. S., Mountcastle, V. B.,
  Bromiley, R. B. [4]
  195, *201*
Bargmann, W. 150, *158*
Barlow, I. S., s. Brazier,
  M. A. B. 101, *107*
Barnikol, W. K. R., Thews,
  G. 58, *76*
Bartholini, G., s. Pletscher, A.
  144, *160*
Bauereisen, E. 4, 7, *11*
— Hauck, G., Jacob, R.,
  Peiper, U. 8, 9, *11*
— Jacob, R., Kleinheister-
  kamp, U., Peiper, U.,
  Weigand, K. H. 8, 9, *11*
— s. Jacob, R. 2, *11*
— s. Kissling, G. 6, *12*
— s. Wende, W. 6, *12*
Baumgartner, A., s. Jung,
  R.-U. 101, *108*
Baumgartner, G. 101, *107*
Bechinger, D., Kongehl, G.,
  Kornhuber, H. H. [5]
  189, *201*
Bechtereva, N. P. 101, *107*
— Bondartchuk, A. N. 91,
  106, *107*
— — Smirnov, V. M. 91,
  107
— — — Trohatchev, A. I.
  90, *107*
— Gretchin, V. B. 97, *107*
Bechterew, W. M. 89, *107*
Becker, W. 185, 197
— Deecke, L., Grözinger, B.,
  Kornhuber, H. H. [6]
  197, *201*
— — Hoehne, O., Iwase, K.,
  Kornhuber, H. H., Scheid,
  P. [7] 197, *201*

Beeler, G. W., s. Reuter, H.
  25, *51*
Beeler, G. W., Jr. [8] 185,
  201
Beliaev, V. V. 99, *107*
Benetato, Gr. 144, 149, *158*
— Uluita, M., Bubuianu, E.,
  Danieliuc, E., Bonciocat,
  C. 144, *158*
Benson, E. S. 16
Bertler, A. 140 f., *158*
Bickford, R. G., Dodge,
  H. W., Jacobsen, C. W.,
  Petersen, M. C. 90, *107*
— s. Sem-Jacobsen, C. W.
  90, *108*
Binet 92
Bischof, N. 164, 171, *184*
— Kramer, E. [9] 171,
  184, *201*
Bizzi, E. [10] 197, *201*
Bodian, D. 110, 118, *133*
Bohr, C. 56, 65, *76*
Bonciocat, C., s. Benetato,
  Gr. 144, *158*
Bondartchuk, A. N.,
  s. Bechtereva, N. P.
  91, 106, *107*
Braitenberg, V. [11, 12]
  191, *201*
— Atwood, R. P. [13]
  191, *201*
Braunwald, E., Sonnenblick,
  E. H., Ross, J., Glick, G.,
  Epstein, St. E. 10, *11*
Brazier, M. A. B., Barlow,
  I. S. 101, *107*
Bridger, J. E., s. Aitken, J. T.
  110, *133*
Brindley, G. S. [14] 193,
  201
Briscoe, W. A., s. Comroe,
  J. H. 64, *77*

Brody, K. R., s. Spencer,
R. P. 83, *87*
Bromiley, R. B., s. Bard, P.
[4] *201*
Brookhart, J. M., Kubota, K.
118, 122, *133*
Brooks, B. A., s. Klee, M. R.
122, 123, *133*
Brown, S., s. Scharrer, E.
150, 152, *160*
Bubenik, J. 135, 154, *158*
Bubuianu, E., s. Benetato, Gr.
144, *158*
Bundzen, P. V. 103
— Menitsky, D. N. 106,
107
Burandt, H. R., s. Potthoff,
P. C. [62] 173, 198, *203*
Burke, R. E. 118, 120 f.,
124, *133*
— s. Rall, W. 118, 121 f.,
126, *134*
Busch, E., s. Haas, H. 22, *50*
Butscher, R. W., Sutherland,
E. W. 155, *158*
Byon, K., s. Fleckenstein, A.
49
Byon, Y. K., Fleckenstein, A.
18 f., 28 f., *48, 49*

Caesar, J. 90
Callan, D. A., s. Purpura,
D. P. 137, *160*
Camus, J., Roussy, G. 150,
158
Carlsen, E., s. Comroe, J. H.
64, *77*
Carlsson, A. 144, *158*
— Falck, B., Hillarp, N. A.
138, *158*
— — — Thieme, G. 138,
158
Carpenter, M. B., McMasters,
R. E. [15] 196, *201*
— Strominger, N. L. [16]
196, *201*
Chance, B. 59, 76, *77*
Chappel, C. I., s. Rona, G.
32, 43 f., *51*
Cleland, K. W., s. Slater,
E. C. 46, *51*
Cohen, B., s. Aschoff, J. C.
[1] *201*
Collins, C. C., s. Robinson,
D. A. [69] 193, *203*

Comroe, J. H., Forster, R. E.,
Dubois, A. B., Briscoe,
W. A., Carlsen, E. 64, *77*
Conrad, B. 196
— s. Aschoff, J. C. [2] *201*
Conradi, S. 110, 120, 124,
133
Coombs, J. S., Eccles, J. C.,
Fatt, P. 118, 120, 126,
128, *133*, 135, *158*
Covell, J. W., s. Sonnenblick,
E. H. 4, *12*
Cragg, B. G. 109, *133*
Creutzfeldt, O. D. 101, *107*
— Lux, H. D. 118, 122, *133*
Crow, H. J., s. Walter, W. G.
90, *108*
Curtis, D. R. 124, *133*
— Eccles, R. M. 135, *158*
— Hösli, L., Johnston,
G. A. R. 138, *158*
— — — Johnston, J. H.
124, *133*
— Johnston, G. A. R. 136,
138, *158*
— Watkins, J. C. 138, *158*
159

Dahlström, A., s. Andén,
N. E. 143 f., *158*
Danieliuc, E., s. Benetato, Gr.
144, *158*
Davidoff, R. A., Graham,
L. T., Shank, R. P.,
Werman, R., Aprison,
M. H. 136, *159*
— s. Aprison, M. H. 138,
158
— s. Werman, R. 138, *160*
Davies, A. M., s. Rosenmann,
E. 32, *51*
Deecke, L. 197
— Scheid, P., Kornhuber,
H. H. [17] 197, *201*
— s. Becker, W. [6] *201*
— s. Kornhuber, H. H. [53]
203
Deering, I. D., s. McCouch,
G. P. [56] *203*
Denny-Brown, D. [18]
198, *201*
Diczfalusy, E., Frankson, C.,
Lisboa, B. P., Martinsen,
B. 83, *87*
Ditchburn, R. W. [19] 185,
201

Dobronravova, I. S., s. Alek-
seev, M. D. 106, *107*
Dodge, H. W., s. Bickford,
R. G. 90, *107*
— s. Sem-Jacobsen, C. W.
90, *108*
Döring, H. J., Eschenbruch,
E. 45, 48, *49*
— Leder, O., Jaedicke, W.,
Reindell, A., Fleckenstein,
A. 32 f., *49*
— s. Fleckenstein, A. 17,
21, 27, 30 f., 35, 37, 39, *49*
— s. Kammermeier, H. *50*
Dubois, A. B., s. Comroe, J. H.
64, *77*
Duensing, F. [20] 185, *201*
— Schaefer, K. P. [21] 181,
201
Durup, G., Fessard, A. 89,
107
Dutta, C. R., s. Fox, C. A.
[26] *202*
Dutton, G. J., Ko, V. 81,
83, *87*
Düx, A., s. Flohr, H. 71 f.,
77

Ebashi, S., Endo, M. 15, *49*
— Kodama, A. 18, *49*
— Lipmann, F. 18, *49*
Eccles, J. C. 111, 112, 116,
133, [22] 191, *201*
— Fatt, P., Koketsu, K.
112, 117, *133*
— Ito, M., Szentagothai, J.
[23] 191, *201*
— s. Coombs, J. S. 118,
120, 126, 128, *133*, 135,
158
Eccles, R. M. s. Curtis, D. R.
135, *158*
Edalji Kumar, A., s. Monroe,
R. G. 5, *12*
Egan, J. D., s. Sullivan, J. F.
21, *52*
Ehrhardt, K. J., Wagner, A.
[24] 176, *201*
Einwächter s. Haas, H. 25
Eldred, E., s. Snider, R. S.
[75] 192, *203*
Elliot, K. A. C., s. Jasper,
H. H. 136 f., *159*
Endo, M., s. Ebashi, S. 15,
18, *49*
Engstfeld, G., s. Antoni, H.
30, *48*

Epstein, St. E., s. Braunwald,
E. 10 f., *11*
Eschenbruch, E., s. Döring,
H. J. 45, 48, *49*
Evans, C. R., s. Creutzfeldt,
O. *107*

Falck, B. 138, *159*
— Hillarp, N. A., Thieme,
G., Torp, A. 138, *159*
— s. Carlsson, A. 138, *158*
Fanburg, B., Finkel, R. M.,
Martonosi, A. 17, *49*
Fatt, P., s. Coombs, J. S.
118, 120, 126, 128, *133*,
135, *158*
— s. Eccles, J. C. 112, 117,
133
Felix, A. M., s. Gillessen, D.
157, *159*
Felix, R., s. Flohr, H. 71 f.,
77
Fenn, O. W., s. Rahn, H.
65 f., 73, *77*
Fernandez, C., Fredrickson,
J. M. [25] 186, *202*
Fessard, A., s. Durup, G.
89, *107*
Fick, A. 6 f., 53, *77*
Figge, U., s. Fredrickson,
J. M. [28] *202*
Filias, N., s. Hösli, L.
138 f., *159*
Finkel, R. M., s. Fanburg, B.
17, *49*
Fleckenstein, A. 17 f., 23,
27, 35, 37, 39, *49*
— Döring, H. J., Kammer-
meier, H. 21, 27, 30 f.,
49
— — Leder, O. 31, 37, *49*
— Grün, G., Tritthart, H.,
Byon, K. 29, *49*
— Kammermeier, H.,
Döring, H. J., Freund,
H. J. 17, 21, 27, 30, *49*
— Schwoerer, W. 16 f., *49*
— — Janke, J. 16, *50*
— Tritthart, H., Flecken-
stein, B., Herbst, A.,
Grün, G. 23, *50*
— s. Antoni, H. 30, *48*
— s. Byon, Y. K. 18 f., 28,
48, 49
— s. Döring, H. J. 32 f., *49*
— s. Grün, G. 29, *50*

Fleckenstein, A., s. Jaedicke,
W. 39, *50*
— s. Janke, J. 39 ff., 46 f.,
50
— s. Kaufmann, R. 20, 23,
50, 51
— s. Schildberg, F. W. 17,
51
Fleckenstein, B. (jun.) 24,
26, *50*
— s. Fleckenstein, A. 23, *50*
Flock, A., s. Wersäll, J. [82]
174, *204*
Flohr, H., Felix, R., Würdin-
ger, H., Düx, A. 71 f., *77*
Foerster, O., Gagel, O. 89,
107
Forster, R. E., s. Comroe,
J. H. 64, *77*
Fourtes 112
Fox, C. A., Siegesmund,
K. A., Dutta, C. R. [26]
176, 189, *202*
Frank, K., s. Nelson, P. G.
112, 115, 118, *133*
— s. Rall, W. 118, 121 f.,
126, *134*
Frank, K., s. Smith, T. G.
118 ff., 128, *134*
Frank, O. 7 f., *10*
Frankson, C., s. Diczfalusy,
E. 83, *87*
Franzini-Armstrong, C.,
s. Porter, K. R. 14, *51*
Frech, W.-E., Schultehinrichs,
D., Vogel, H. R., Thews,
G. *77*
Fredrickson, J. M., Figge, U.,
Scheid, P., Kornhuber,
H. H. [27] 187, *202*
— Schwarz, D. W. F., Korn-
huber, H. H. 173, 178 f.,
181, 187, *202*
— s. Fernandez, C. [25] *202*
— s. Schwarz, D. W. F. [72]
173, 187, *203*
Freund, H. J., s. Fleckenstein,
A. 17, 21, 27, 30, *49*
Fuchs, A. F. 180
— Kornhuber, H. H. [29]
181, 191 f., *202*
— Luschei, E. S. [30] 188,
202
— s. Robinson, D. A. [68]
183, *203*
Fukuoka, I., s. Mochizuki, M.
57, *77*

Furchtgott, R. F., s. Grossmann, A. 30, *50*
Fuxe, K. 141 f., *159*
— s. Andén, N. E. 143 f.,
158

Gagel, O., s. Foerster, O.
89, *107*
Gamble, W. J., s. Monroe,
R. G. 5, *12*
Gangloff, H., s. Monnier, M.
150, *159*
Ganong, W. F. 151 f., *159*
Gastaut, A., et al. 89, *107*
Gaudry, R., s. Rona, G. 32,
51
Gaupp, R., s. Scharrer, E.
150, *160*
Gavrilova, N. A., s. Livanov,
M. N. 90, 106, *108*
Gazenfield, E., s. Rosenmann,
E. 32, *51*
Genkin, A. A. 90, *107*
— Trohatchev, A. I. 90, *107*
George, R. P., s. Sullivan,
J. F. 21, *52*
Gergely, J., s. Seidel, J. C.
17, *51*
Gershuni, G. V., Korotkin,
I. I. 89, *107*
Gersmeyer, C., Holland,
W. C. 30, *50*
Gertz, K. H., Loeschcke,
H. H. 57, *77*
Gey, K. F., Pletscher, A.
144, *159*
— s. Pletscher, A. 144, *160*
Gibson, Q. H. 59, *77*
Gillessen, D., Felix, A. M.,
Lergier, W., Studer, R. O.
157, *159*
Girado, M., s. Purpura, D. P.
137, *160*
Glick, G., s. Braunwald, E.
10, *11*
Goldberg, M. E., s. Wurtz,
R. H. [84] 192, *204*
Graham, L. T., Shank, R. P.,
Werman, R., Aprison,
M. H. 136, *159*
— s. Davidoff, R. A. *159*
Grebe, S., s. Nolte, D. 70, *77*
Grechmann, R., s. Thomas,
L. J. 30, *52*
Gretchin, V. B., Smirnov,
V. M. 92, *107*

Gretchin, V. B., s. Bechtereva, N. P. 97, *107*
Grindel, O. M. 99, *107*
Grözinger, B., s. Becker, W. [6] 197, *201*
Grossmann, A., Furchtgott, R. F. 30, *50*
Grote, J. 57, *77*
— Thews, G. 57, *77*
Grün, G., Fleckenstein, A. 29, *50*
— s. Fleckenstein, A. 23, 29, 49, *50*
Grundfest, H. 137, *159*
— s. Purpura, D. P. 137, *160*
Guillemin, R. 152, 157, *159*
— s. Schally, A. V. 152, *160*

Haas, H., Busch, E. 22, *50*
— Härtfelder, G. 22, *50*
Haas, H., Kern, Einwächter 25
Hampson, J., Harrison, C., Woolsey, C. [31] 192, *202*
Hanforth, C. P. 32, *50*
Hänninen 81
Harding, P., s. Fleckenstein, A., Grün, G., Tritthart, H., Byon, K. *49*
Harri 83
Harris, G. W. 151 ff., *159*
Harrison, C., s. Hampson, J. [31] *202*
Härtfelder, G., s. Haas, H. 22, *50*
Hartiala, K. (J. W.) 79, 83, *87*
— Lehtinen, A., Nurmikko, V. 83, *87*
— Terho, T. 83, *87*
Hartridge, H., Roughton, F. J. W. 59, *77*
Harvey, E. N., s. Loomis, A. L. 89, *108*
Hasselbach, W. 6, *11*
— Makinose, M. 18, *50*
— Weber, H. H. 18, *50*
Hassler, R. [32—34] 196, 189, *202*
— s. Jung, R. [42] *202*
Hatt, A. M., s. Monnier, M. 148 ff., 151, *160*
Hauck, G., s. Bauereisen, E. 8, 9, *11*
— s. Jacob, R. 2, *11*

Heath, R. G., Peacock, S. M., Jr., Monroe, R. R., Miller, W. H., Jr. 90, *107*
Hebb, C. 137, *159*
Heine, J. D., s. Shaw, R. K. 138, *160*
Helmholtz, H. L. F. von 170, *171*
Henrich, H., s. Wende, W. 6, *12*
Henry, R., Thevenet, M. 83, *87*
Herbst, A., s. Fleckenstein, A. 23, *50*
Herrell, W. E. 21, *50*
Herz, R., s. Weber, A. 17, *52*
Hess, W. R. 141
Hill, A. V. 6 f., 8, 10, 57, *77*
Hillarp, N. A., s. Carlsson, A. 138, *158*
— s. Falck, B. *159*
Hobart, G. V., s. Loomis, A. L. 89, *108*
Hoehne, O., s. Becker, W. [7] 197, *201*
Holland, W. C., Sekul, A. 30, *50*
— s. Gersmeyer, G. 30, *50*
— s. Lüllmann, H. 30, *51*
— s. Sekul, A. *51*
Holman, C. B., s. Sem-Jacobsen, C. W. 90, *108*
Holst, E. von [35] 161, 163, 170 f., *171, 202*
— Mittelstaedt, H. [36] *171*, 184, 186, *202*
— s. Mittelstaedt, H. *171*
Hong, Sa. A., s. Lee, K. S. 30, *51*
Hösli, L. 141, *159*
— Tebēcis, A. K. 137 f., *159*
— — Filias, N. 138 f., *159*
— s. Curtis, D. R. 124, 133, 138, *158 f.*
Howard, A. B., Knowles, F. G. W. 150, 152, *159*
Hubbard, J. I., Llinás, R., Quastel, D. M. J. *133*
Huxley, A. F., Taylor, R. E. 14, *50*

Isselbacher 81
Ito, M., Yoshida, M. [37] 186, 194, *202*
— — Obata, K. [38] 194, *202*

Ito, M., s. Eccles, J. C. [23] *201*
Iverson, L. L. 139 f., *159*
Iwase, K., s. Becker, W. [7] 197, *201*

Jacob, R. 2
— Bauereisen, E., Hauck, G., Peiper, U. 2, *11*
— Kissling, G., Segarra-Domenech, J. 6, 7, 8, 10, *11*
— Weigand, K. H. 3 f., 7 f., *11*
— s. Bauereisen, E. 8, 9, *11*
— s. Kissling, G. 6, *12*
Jacobsen, C. W., s. Bickford, R. G. 90, *107*
— s. a. Sem-Jacobsen
Jaedicke, W., Janke, J., Fleckenstein, A. 39, *50*
— s. Döring, H. J. 32 f., *49*
— s. Janke, J. 39 ff., 46 f., *50*
Jagenau, A. H. M., s. Schaper, W. K. A. 9, *12*
Janke, J., Fleckenstein, A., Jaedicke, W. 39 ff., 46 f., *50*
— Jaedicke, W., Fleckenstein, A. 39, *50*
— s. Fleckenstein, A. 16, *50*
— s. Jaedicke, W. 39, *50*
Jasper, H. H. 90, *107*
— Khan, R. T., Elliot, K. A. C. 136 f., *159*
— Shagass, G. 89, *108*
John, E. R. 90, *108*
Johnson, W. H., Mayne, J. W. [41] 195, *202*
Johnston, G. A. R. 136, 138, *159*
— s. Curtis, D. R. 124, 133, 136, 138, *158*
Johnston, I. H., s. Curtis, D. R. 124, *133*
Jolley, W. B., s. Thomas, L. J. 30, *52*
Jones, E. G., Powell, T. P. S. [40] 198, *202*
Jones, G. M., Milsum, J. H. [39] 176, *202*
Jones, M. 175
Jouvet, M. 144, 146, *159*
Judge, R. D., s. Siegel, J. H. 9, 10, *12*
Jung, R., Baumgartner, A. 101, *108*

Jung, R., Hassler, R. [32] 173, 196, *202*

Jus, F., Jus, K. 89, *108*

Jus, K., s. Jus, F. 89, *108*

Kahn, D. S., s. Rona, G. 32, 43 f., *51*

Kambarova, D. K. 96, 101, *108*

Kammermeier, H. 36, *50*

— Döring, H. J. *50*

— s. Fleckenstein, A. 17, *49*

Kang, D. H., s. Lee, K. S. 30, *51*

Karitzky 36

Katz, A. M. *11*, 18, *50*

Katz, B. *133*

Kaufmann, R., Fleckenstein, A. 20, *50*

— Tritthart, H., Rost, B., Fleckenstein, A. 23, *51*

Keidel, W. D. 5, 8, *11*, *133*

Kemp, J. M., Powell, T. P. S. [43] 196, *202*

Kent, P. W., Pasternak, C. A. 83, *87*

Kern s. Haas, H. 25

Khan, R. T., s. Jasper, H. H. 136 f., *159*

Kilz, U., Schaefer, J., van Zwieten, P. 6, *12*

Kimble, D. P. 168, *171*

Kissling, G., Jacob, R., Peiper, U., Bauereisen, E. 6, *12*

— s. Jacob, R. 6 ff., 10, *11*

Klaus, W., Lee, K. S. 30, *51*

Klee, M. R. 109, *133*

— Offenloch, K. 118, *133*

— Wagner, A. 122 f., 125, *133*

— — Brooks, B. A. 122 f., *133*

Klee, M. R., s. Wagner, A. 131, *134*

Klein, H.-M. [44] 184, 185, *202*

Kleinhesterkamp, U., s. Bauereisen, E. 8 f., *11*

Klug, A., Kreuzer, F., Roughton, F. J. W. 59, *77*

Knott, I. R. 89, *108*

Knowles, F. G. W., s. Howard, A. B. 150, 152, *159*

Ko, V., s. Dutton, G. J. *87*

Kodoma, A., s. Ebashi, S. 18, *49*

Kohlhardt, M. 25 f., *51*

Koketsu, K., s. Eccles, J. C. 112, 117, *133*

Kolmogorov, A. I. 91, *108*

Kongehl, G., s. Bechinger, D. [5] *201*

Kornhuber, H. H. [45—51] 174 f., 177 f., 179, 182, 187, 188, 189, 191, *202*, *203*

— Aschoff, J. C. [52] 173, 198 f., *203*

— Deecke, L. [17, 53] 197, *203*

— s. Aschoff, J. C. 193, 199, *203*

— s. Bechinger, D. [5] *201*

— s. Becker, W. [67] *201*

— s. Deecke, L. *201*

— s. Fredrickson, J. M. [27, 28] 178, 187, *202*

— s. Fuchs, A. F. [29] 191, *202*

Korotkin, I. I., s. Gershuni, G. V. 89, *107*

Korsakov, S. S. 89

Kosche, F., s. Arnold, G. 4, 10 f., *11*

Kramer, E., s. Bischof, N. [9] 171, 184, *201*

Kratin, Yu. J. 89, *108*

Kreuzer, F., s. Klug, A. 59, 77

Krnjevic, K., Schwartz, S. 136 f., *159*

Kroneberg 22

Kubota, K., s. Brookhart, J. M. 118, 122, *133*

Kuznetsova, G. D., s. Maiortchik, V. E. 89, *108*

La Farge, C. D., s. Monroe, R. G. 5, *12*

Langer, G. A., s. Sanborn, W. G. 26, *51*

Lansing, R. W. 89, *108*

Laplace 56

Larsen, J. A. 83, 87

Larsson, K., s. Andén, N. E. 143 f., *158*

Laufer, A., s. Rosenmann, E. 32, *51*

Leder, O., s. Döring, H. J. 32 f., *49*

— s. Fleckenstein A. 31, 35, 37, *49*

Lee, K. S., Hong, Sa A., Kang, D. H. 30, *51*

— s. Klaus, W. 30, *51*

Lehtinen, A., s. Hartiala, K. 83, 87

Lergier, W., s. Gillessen, D. 157, *159*

Lewi, P., s. Schaper, W. K. A. 9, *12*

Lewis, C. C. D., s. Shute, P. R. 147, *160*

Li, Ch. H. 155 f., *159*

Li, Y. T., s. Young, L. R. [85] 176, 179, *204*

Limbourg, P., s. Wende, W. 6, *12*

Lindner, E. 22, *51*

Ling, T. H., s. McCouch, G. P. [56] *203*

Lipcomb, H. S., s. Schally, A. V. 152, *160*

Lipmann, F., s. Ebaschi, S. 18, *49*

Lisboa, B. P., s. Diczfalusy, E. 83, *87*

Livanov, M. N. 90, 101, *108*

Llinás, R., Precht, W. [54] 185 f., *203*

— s. Hubbart, J. I. *133*

— s. Terzuolo, C. A. 118, *134*

Lochner, W., s. Arnold, G. 4, 10, *11*

Loeschke, H. H., s. Gertz, K. H. 57, 77

Loewi, O. 30, *51*

Loomis, A. L., Harvey, E. N., Hobart, G. V. 89, *108*

Lozarte, J. A., s. Sem-Jacobsen, C. W. 90, *108*

Lübbers, D. W., s. Niesel, W. 57, 60, 77

Lüllmann, H., Holland, W. C. 30, *51*

Luria, A. R. 94, *108*

Luschei, E. S., s. Fuchs, A. F. [30] *202*

Lutters, B. M., s. Spencer, R. P. 83, *87*

Lutz, J. 2, *12*

Lux, H. D. 114 f., *133*

— s. Creutzfeldt, O. D. 118, 122, *133*

— s. Nelson, P. G. *134*

Maas, A. H. J., s. Visser, B. F. *78*

Machne, X., s. Segundo, J. P.
[73] 203
MacKay, D. M. [55] 169,
171, 184 f., 203
— s. Kornhuber, H. H. 202
Magnus, R. [58] 178, 203
Maier, R., s. Staehelin, M.
155 f., 160
Maiortchik, V. E., Rusinov,
B. S., Kuznetsova, G. D.
89, 108
— Spirin, B. T. 89, 108
Makinose, M., s. Hasselbach,
W. 18, 50
Manasek, F. J., s. Monroe,
R. G. 5, 12
Mangili, G., Motta, M.,
Martini, L. 155, 159
Marenzi, A.-D. 83, 87
Marr, D. [59] 193, 203
Martini, L., s. Mangili, G.
155, 159
Martinsen, B., s. Diczfalusy,
E. 83, 87
Matonosi, A., s. Fanburg, B.
17, 49
Matveev. Yu. K. 101
Mayne, J. W., s. Johnson,
W. H. [41] 202
McCouch, G. P., Deering,
I. D., Ling, T. H. [56]
178, 203
McDermott, P. M., s. Sulli-
van, J. F. 21, 52
McMasters, R. E., s. Carpen-
ter, M. B. [15] 201
McNally, W. J., Tait, J. [57]
178, 203
Mehler, W. R., s. Nauta,
W. J. H. [60] 203
de Meio, R. H., s. Arnold,
R. I. 83, 87
Meiri, I. L., s. Young, L. R.
[85] 176, 179, 204
Menitsky, D. N., s. Bundzen,
P. V. 106, 107
Miessner, E., s. Arnold, G.
4, 19 f.
Miller, W. H., Jr., s. Heath,
R. G. 90, 107
Milner, P., s. Olds, J. 92,
108
Milsum, J. H., s. Jones, G. M.
[39] 175, 202
Mines, G. R. 15, 51
Mittelstaedt, H. 161, 168,
170, 171, 174

Mittelstaedt, H., Holst, E.
von 171
— s. Holst, E. von [36]
161 ff., 171, 184, 202
Mochizuki, M. 57, 77
Moll, W. 57, 59, 77
Mommaerts, W. F. H. M.
17, 51
Monnier, M. 135
— Gangloff, H. 150, 159
— Hatt, A. M. 148, 149 f.,
160
— Sauen, R., Hatt, A. M.
149, 160
— s. Polc, P. 145 f., 160
Monroe, R. G., Gamble, W. J.,
La Farge, C. D., Edalji
Kumar, A., Manasek, F. J.
5, 12
Monroe, R. R., s. Heath,
R. G. 90, 107
Motta, M., s. Mangili, G.
155, 159
Mountcastle, V. B., s. Bard,
P. [4] 201
— s. Walzl, E. M. [80]
186, 204
Müller, P. 15, 51
Mulholland, T. B., s. Creutz-
feldt, O. 107

Nauta, W. J. H., Mehler,
W. R. [60] 196, 203
Neitzert, A., s. Arnold, G.
4, 10, 11
Nelson, D. A. 16
Nelson, P. G. 112
— Frank, K. 115, 118, 133
— Lux, H. D. 115, 134
— s. Rall, W. 118, 121 f.,
126, 134
Nicolson, P., Roughton,
F. J. W. 57, 77
Nienstedt 83 f.
Niesel, W., Thews, G.,
Lübbers, D. W. 57, 60, 77
— s. Thews, G. 57, 78
Nolte, D., Grebe, S.,
Schraub, H. 70, 77
Novikova, L. A., Sokolov,
E. N. 89, 108
Nurmikko, V., s. Hartiala, K.
83, 87

Obata, K., s. Ito, M. [38]
202

Offenloch, K., s. Klee, M. R.
118, 133
Ohkubo, T. 81
— s. Shiray, Y. 83, 87
Olds, J., Milner, P. 92, 108
Olson, L., s. Andén, N. E.
143 f., 158
O'Meara, D. M., s. Robinson,
D. A. [69] 193, 203

Pasternak, C. A., s. Kent,
P. W. 83, 87
Pavlov 89, 90
Peacock, S. M., Jr., s. Heath,
R. G. 90, 107
Peiper, U., s. Bauereisen, E.
8, 9, 11
— s. Jacob, R. 2, 11
— s. Kissling, G. 6, 12
Penfield, W. G. 89, 108
— Rasmussen, T. B. [61]
198, 203
Petersen, M. C., s. Bickford,
R. G. 90, 107
— s. Sem-Jacobsen, C. W.
90, 108
Piiper, J. 77
Pletscher, A., Bartholini, G.,
Tissot, R. 144, 160
— Gey, K. F. 144, 160
— s. Gey, K. F. 144, 159
Polc, P., Monnier, M. 145 f.,
160
Porter, K. R., Bónnevielle,
M. A. 55, 77
— Franzini-Armstrong, C.
14, 51
Potthoff, P. C., Richter,
H. P., Burandt, H. R.
[62] 173, 198, 203
Powell, T. P. S., s. Jones,
E. G. [40] 202
— s. Kemp, J. M. [43] 202
Precht, W., s. Llinás, P. [54]
203
— s. Shimazu, H. [74] 175,
203
Pribram 89
Purpura, D. P., Girado, M.,
Smith, T. G., Callan, D. A.,
Grundfest, H. 137, 160

Quastel, D. M. J., s. Hubbard,
J. I. 133

Raab, W. 32, 51
Rademaker, G. G. [63] 178,
203

Raeva 90
Rahn, H., Fenn, O. W. 65, 66, 73, 77
Rall, W. 112, 118, 128, *134*
— Burke, R. E., Smith, T. G., Nelson, P. G., Frank, K. 118, 121 f., 126, *134*
Ramón y Cajal, S. 111
Rasmussen, T. B., s. Penfield, W. G. [61] *203*
Reichlin, S. 157, *160*
Reindell, A., Jr., s. Döring, H. J. 32 f., *49*
Reuter, H. 26, 30, *51*
— Beeler, G. W. 25, *51*
Richter, H. P., s. Potthoff, P. C. [62] 173, 198, *203*
Robinson, D. A. [64—67] 180, 188, 189, 192, *203*
— Fuchs, A. F. [68] 183, *203*
— O'Meara, D. M., Scott, A. B., Collins, C. C. [69] 193, *203*
Rona, G., Chappel, C. I., Balazs, T., Gaudry, R. 32, *51*
— Kahn, D. S. 32, *51*
— — Chappel, C. I. 32, 43 f., *51*
Rorschach, H. 92
Rosenblum, I., Wohl, A., Stein, A. 32, *51*
Rosenfeld, L. 83, *87*
Rosenmann, E., Gazenfield, E., Lauter, A., Davies, A. M. 32, *51*
Ross, J., s. Braunwald, E. 10, *11*
— s. Sonnenblick, E. H. 4, *12*
Rost, B., s. Kaufmann, R. 23, *51*
Roughton, F. J. W. 57, *77*
— s. Hartridge, H. *77*
— s. Klug, A. 59, *77*
— s. Nicolson, P. *77*
Roussy, G. 150
— s. Camus, J. 150, *158*
Rusinov, B. S., s. Maiortchik, V. E. 89, *108*

Sanborn, W. G., Lange, G. A. 26, *51*
Sauer, R., s. Monnier, M. 149, *160*
Schaefer, J., s. Kilz, U. 6, *12*

Schaefer, K. P., s. Duensing, F. [21] 181, *201*
Schally, A. V., Guillemin, R. 152, *160*
— Lipcomb, H. S., Guillemin, P. 152, *160*
Schaper, W. K. A., Lewi, P., Jagenau, A. H. M. 9, *12*
— s. Rona, G. *51*
Scharrer, E., Brown, S. 150, 152, *160*
— Gaupp, R. 150, *160*
Scheid, P., s. Becker, W. [7] 197, *201*
— s. Deecke, L. [17] *201*
— s. Fredrickson, J. M. [28] *202*
Schildberg, F. W., Fleckenstein, A. 17, *51*
Schiller, P. H. [70] 188, *203*
Schmidt, R. S. [71] 185 f., *203*
Schmidt, W., Schnabel, K. H. 73, *77*
— — Thews, G. 68, 70, 74, *77*
— Thews, G., Schnabel, K. H. *78*
— s. Thews, G. 73, *78*
Schnabel, K. H., s. Schmidt, W. 68, 70, 73, 74, 77, *78*
— s. Thews, G. *78*
Scholander, P. F. 59, *78*
Schraub, H., s. Nolte, D. 70, *77*
Schultehinrichs, D., Vogel, H. R., Thews, G., 60 f., 63, *78*
— s. Frech, W.-E. *77*
Schulz, H. 54
Schwartz, A., s. Stanton, H. C. 32, 47, *52*
Schwartz, S., s. Krnjevic, K. 136 f., *159*
Schwarz, D. W. F., Fredrickson, J. M. [72] 173, 187, *203*
— Fredrickson, J. M. [27] 179, *202*
Schwoerer, W., s. Fleckenstein, A. 16 f., *49, 50*
Schwyzer, R. 155 f., *160*
Scott, A. B., s. Robinson, D. A. [69] 193, *203*
Sechenov 89
Segerra-Domenech, J., s. Jacob, R. 6 ff., 10, *11*

Segundo, J. P., Machne, X. [73] *203*
Seidel, J. C., Gergeley, J. 17, *51*
Sekul, A., Holland, W. C. 30, *51*
— s. Holland, W. C. 30, *50*
Selye, H. 42, 44, 51, 141, *152*
Sem-Jacobsen, C. W. 92, *108*
— Bickford, R. G., Dodge, H. W., Petersen, M. C. 90, *108*
— Petersen, M. C., Dodge, H. W., Lozarte, J. A., Holman, C. B. 90, *108*
Shagass, G., s. Jasper, H. H. 89, *108*
Shank, R. P., s. Aprison, M. H. 138, *158*
— s. Davidoff, R. A. 136, *159*
— s. Graham, L. T. 136, *159*
Shaw, R. K., Heine, J. D. 138, *160*
Shimazu, H., Precht, W. [74] 175, *203*
Shiray, Y., Ohkubo, T. 81, 83, *87*
Shute, P. R., Lewis, C. C. D. 147, *160*
Siegel, J. H., Sonnenblick, E. H. 9, *12*
— — Judge, R. D., Wilson, W. S. 9, 10, *12*
Siegesmund, K. A., s. Fox, C. A. [26] *202*
Slater, E. C., Cleland, K. W. 46, *51*
Smirnov, V. M. 92, 94, 105, *108*
— Speransky 93
— s. Bechtereva, N. P. 91, *107*
— s. Gretchin, V. B. *107*
Smith, T. G., Wuerker, R. B., Frank, K. 118 ff., 128, *134*
— s. Purpura, D. P. 137, *160*
— s. Rall, W. 118, 121 f., 126, *134*
Snider, R. S., Eldred, E. [75] 192, *203*
— s. Bard, P. [4] *201*

Sokolov, E. N.   90, *108*
— s. Novikova, L. A.   89,
     108
Sonnenblick, E. H.   7, *12*
— Ross, J., Covell, J. W.,
     Spotnitz, H. M., Spiro,
     D.   4, *12*
— s. Braunald, E.   10, *11*
— s. Siegel, J. H.   9, 10, *12*
— s. Spotnicz, E. M.   4 f., *12*
Spencer, R. P., Brody, K. R.,
     Lutters, B. M.   83, *87*
Speransky, s. Smirnov, V. M.
     93
Spirin, B. T., s. Maiortchik,
     V. E.   89, *108*
Spiro, D., s. Sonnenblick,
     E. H.   4, *12*
— s. Spotnitz, H. M.   4 f.,
     12
Spotnitz, H. M., Sonnenblick,
     E. H., Spiro, D.   4 f., *12*
— Sonnenblick, E. H.   4, *12*
Staehelin, M., Maier, R.
     155 f., *160*
Stanton, H. C., Schwartz, A.
     32, 47, *52*
Stark, G.   175 f.
Stark, L., s. Zuber, B. L. [86]
     185, *204*
Stein, A., s. Rosenblum, I.
     32, *51*
Steiner, F. A., s. Weber, G.
     [81]   181, *204*
Stevens, Ch. F.   91 f., 108,
     133
Storey   81
Strominger, N. L., c. Car-
     penter, M. B. [16]   *201*
Studer, R. O., s. Gillessen, D.
     157, *159*
Sullivan, J. F., Egan, J. D.,
     George, R. P., McDer-
     mott, P. M.   21, *52*
Sutherland, E. W., s. But-
     scher, R. W.   155, *158*
Szentagothai, J., s. Eccles,
     J. C. [23]   *201*

Tait, J., s. McNally, W. J.
     [57]   178, *203*
Tapley   83
Taylor, R. E., s. Huxley,
     A. F.   14, *50*
Tchernysheva, V. A.   96, *108*
Tebècis, A. K.   137, 141, *160*

Tebēcis, A. K., s. Hösli, L.
     137 f., *159*
Terho, T., s. Hartiala, K.
     83, *87*
Terzuolo, C. A., Llinás, R.
     118, *134*
Thach, W. T. [76—78]   191,
     193, 197, *203*
Thevenet, M., s. Henry, R.
     83, *87*
Thews, G.   54, 56, 60, 65,
     67 f., 75, *78*
— Niesel, W.   57, *78*
— Schmidt, W., Schnabel,
     K. H.   73, *78*
— Vogel, H. R.   63, 73, 75,
     78
— s. Barnikol, W. K. R.
     58, *76*
— s. Frech, W. E.   61, 77
— s. Grote, J.   57, 77
— s. Niesel, W.   77
— s. Schmidt, W.   68 ff., 74,
     77, *78*
— s. Schultehinrichs, D.
     60 f., 63, *78*
— s. Vogel, H. R.   *78*
Thieme, G., s. Carlsson, A.
     138, *158*
— s. Falck, B.   *159*
Thomas, L. J., Jolley, W. B.,
     Grechman, R.   30, *52*
Tissot, R., s. Pletscher, A.
     144, *160*
Tomchick, R., s. Axelrod, J.
     83, *87*
Torp, A., s. Falck, B.   *159*
Tritthart, H., s. Fleckenstein,
     H.   23 f., 29, *49, 50*
— s. Kaufmann, R.   23, *51*
Trohatchev, A. I., s. Bech-
     tereva, N. P.   *107*
— s. Genkin, A. A.   90, *107*

Uchizono, K.   110, *134*
Uluito, M., s. Benetato, Gr.
     144, *158*
Ungerstedt, U., s. Andén,
     N. E.   143 f., *158*

Vavilov, S. I.   99, *108*
Visser, B. F., Maas, A. H. J.
     78
Vogel, H. R.   68, *78*

Vogel, H. R., Thews, G.   63,
     73, *78*
— s. Frech, W. E.   77
— s. Schultehinrichs, D.
     60 f., 63, *78*
— s. Thews, G.   63, 73, 75,
     78
Volkmann, F. C. [79]   185,
     203

Wagner, A.   122 f., *125*
— Klee, M. R.   131, *134*
— s. Ehrhardt, K. J. [24]
     201
— s. Klee, M. R.   122 f.,
     125, *133*
Wakeman   80, 83
Walter, W. G., Crow, H. J.
     90, *108*
Walzl, E. M., Mountcastle,
     V. B. [80]   186, *204*
Watkins, J. C., s. Curtis,
     D. R.   136, 138, *158*
Wattenberg   83
Weber, A., Herz, R.   17, *52*
— Winicur, S.   17, *52*
Weber, G., Steiner, F. A. [81]
     181, *204*
Weber, H. H., s. Hasselbach,
     W.   18, *50*
Weigand, K. H., s. Bauerei-
     sen, E.   8, 9, *11*
— s. Jacob, R.   3, 4, 7, 8, *11*
Wende, W., Henrich, H.,
     Limbourg, P., Bauereisen,
     E.   6, *12*
Werman, R., Aprison, M. H.
     117, 134, 138, *160*
— Davidoff, R. A., Aprison,
     M. H.   138, *160*
— s. Aprison, M. H.   138,
     158
— s. Davidoff, R. A.   136,
     159
— s. Graham, L. T.   136,
     159
Wersäll, J., Flock, A. [82]
     174, *204*
West, I. B.   *78*
Wetterer, E.   2
Wilson, W. S., s. Siegel, J. H.
     9, 10, *12*

Winicur, S., s. Weber, A.
17, *52*
Wohl, A., s. Rosenblum, I.
32, *51*
Wolf, P. *135*
Woolsey, C. N. [83] 198,
204
— s. Bard, P. [4] *201*
— s. Hampson, J. [31] *202*

Würdinger, H., s. Flohr, H.
71, 72, *77*
Wuerker, R. B., s. Smith,
T. G. 118 ff., 128, *134*
Wurtz, R. H., Goldberg,
M. E. [84] 192, *204*

Yoshida, M., s. Ito, M.
[37, 38] *202*

Young, L. R., Meiri, I. L.,
Li, Y. T. [85] 176, 179,
204

Zini 81
Zuber, B. L., Stark, L. [86]
185, *204*
van Zwieten, P., s. Kilz, U.
6, *12*

Sachverzeichnis

α = (alpha), Bunsenscher Löslichkeits-
koeffizient 56
Acceleransreizung 6
Acetylation 83 ff.
Acetylcholin 117 f., 138, 147, 157
ACO = nucleus amygdaloideus corticalis
142
ACTH = Adreno-corticotropes Hormon
141, 149, 151, 153 ff.
ACTH-Effekte 156
ACTH-Komplex, melanophoretische
Komponente 155
—, steroidogenetische Komponente 155
ACTH-Molekül, corticotrope Wirkung
155 f.
—, immunologische Spezifität 155 f.
—, melanophoretische Wirkung 155 f.
Actin 18
Actomyosin-Präparate 17
Adaptationsreaktion 141, 152
Addition von Richtungen (Bild-Fovea-
System) 184
Adenohypophyse (HHL) 154
Adenylcyclase 156
Adrenalin 138, 148
adrenocorticotropes Hormon (ACTH) 152
Afferenz von peripheren Mechanoreceptoren
192
Afferenzen, chemoceptive 148
—, nociceptive 148
—, spezifische 148
—, — viscerale 148
—, unspezifische 148
—, — viscerale 148
—, viscerale 148
AH (= Adenohypophyse) 154
Akinese, Akinesie 143, 198
Aktin-Myosin-Interaktionsorte 5, 11
Aktionspotential 16 ff., 23 ff., 109 f., 114 ff.,
140
—, Ca^{++}-Influx 23 ff.
—, K$^+$-Ausstrom 23 ff.
—, Na$^+$-Einstrom 23 ff.
aktivierendes biogenes Amin 148
Aktivierung, hypothalamisch-hypophyseale
157
Aktivierungssysteme, hippocampale 148

Aktivierungssysteme, retikuläre 148
Aktivitätsbereitschaft 135
Aldosteron 154
Alles-oder-Nichts-Potential s. A-Spike 117
Alpha-methyl-m-tyrosin 139
Alpha-Receptoren 140
Alpha-Receptoren-Blocker 140
Aludrin s. Isoproterenol 23
Alveolarepithel 53 ff.
Alveole, Einmischkurven 74 f.
—, Kontaktzeit 61
—, Ventilation V$_a$ 64
alveolo-capilläre Membran 54, 61, 68
AM = nucleus amygdaloideus medialis 142
Amine-Körnchen 138
Aminosäure, excitatorische 135 f.
—, hemmende 135 f.
Aminosäuren 135 ff., 157
3'-5'-AMP = Adenosinmonophosphat 156
Amygdala 92 f., 97, 147
Analgesie 148
Angina pectoris 29
Anoxie, Myokard 33
Anpassung, homeometrische 4
Anspannungszeit 2
anomale Gleichrichtung 115
Antiarrhythmica 21
antidrome Erregung 112, 117, 127 ff.
Aortendruck, hoher 10
—, niedriger 10
Aortendruckerhöhung 4
Apraxie 196
Aquaeductus Sylvii 150
ARC = nucleus arcualus 142
Area praemammillaris 152
Area preoptica 152
Arterialisierung, Diffusion 53 ff., 64 ff.
—, Perfusion 53 ff., 64 ff.
—, Ventilation 53 ff., 64 ff.
Arterialisierungseffekt 56
Arterialisierungsprozeß, Lunge 64 ff.
ASA = acetylsalicyclic acid 149
Ascorbinsäure 156
Asparaginsäure 135 f.
A-Spike, Axonhügel 117, 126
A-Streifen s. Herzmuskel 5
Atemgase 53 ff.

Atmung, Sekretionstheorie 53
Atmungsintensität des Myokards 27
ATP = Adenosintriphosphat 17 f., 27,
     31 ff., 36, 46, 156
ATPase s. a. Myofibrillen-ATPase 11, 13
ATPase-Aktivierung 18
ATP-Spaltung 16
ATP-Utilisation im contractilen System 30
Aufmerksamkeit 147
Augenbewegungen, primäre vestibuläre 184
Ausschalt-Hypothese 163, 167, 169 f.
Austreibungszeit 2 f.
Automatie 3
Axon 150
Axonendigung 136, 138
Axonhügel, A-Spike 117, 126
Axoplasma 140

Barbiturat-Verbindungen 20 f.
Basis pedunculi cerebri 143
Bay a 1040 22 ff.
Beta-Alanin 136 ff.
Beta-Hydroxyglutaminsäure 136
Beta-Receptoren 140
Beta-Receptoren-Blocker 3, 20 ff., 140
—, Dichlorisoproterenol 20 f.
—, H 13/57 (Fa. Hässle) 21
—, Kö 592 21
—, Pronethalol 20 f.
—, Propanolol 21
Beta-sympathicomimetische Amine 30 f.
Beta-Sympatholytica 21
—, LB 46 21
—, MJ 1999 21
Bewegungswahrnehmungshemmung,
     spezifische 185
Bicarbonat-Chlorionen-Austausch
     (Hamburger-shift) 62 f.
Bier, Kobaltchlorid-Zusatz 21
bilaterale Bereitschaftspotentiale 197
— prämotorische Positivierung 197
Bild-Fovea-System 184
Bindearm 194
Binet's test 92, 94
biogene Amine 135, 157
Biotransformation 79
BL = bzw. ABL = nucleus amygdaloideus
     basolateralis 142
Blick-Dysmetrie 189
Blickeinstellbewegung 180
Blickfolgebewegung 180
Blickregelung 173, 181
Blickstörung, spezifische cerebellare 189
Blickzentren, subcorticale 181 f.
Blut-Hirn-Schranke 144
Blut-Luft-shunt 76
Bogengänge 174

Bogengangsapparat 180
Bogengangscupulae 174
Bogengangs-Kippreflexe 177
Bogengangsorgan 175 f.
Bogengangs- und Statolithenreceptoren,
     efferente Hemmung 185
brain 90 ff.
brain area, inhibitory 106
— —, „negative" 106
— —, positive 106
brain disorders 89 ff.
Brustdrüsen 154
B-Spike (Soma-Dendriten-Spike) 117
bulbäre retikuläre Neurone 138
Bunsenscher Löslichkeitskoeffizient
     α (= alpha) 56

CA = comissura anterior 142, 154
Ca^{45} 38 ff.
Ca^{++}-Antagonisten 20 ff., 27 ff., 31 ff., 42 f.
—, K^+-Ionen 42 f.
—, Mg^{++}-Ionen 42 f.
—, nicht-spezifische 21 f.
—, spezifische 21 f.
$CaCl_2$ 20 ff.
Ca^{++}-Entzug 15
Ca^{++}-Influx 23 ff., 30
Ca^{++}-Ionen 11, 13, 112, 131
Ca^{++}-Kanäle 22
Ca^{++}-Mangel 16
Ca^{++}-Permeabilität 13
Ca^{++}-Speicher, intracelluläre 15
Ca^{++}-Ströme, transmembranäre 23 ff.
Ca^{++}-Synergisten 20 ff.
—, Beta-sympathicomimetische 30
Ca^{++}-Transport-ATPase 18
Ca^{++}-Überschuß 16
CAI = capsula interna 142
CAIR = capsula interna, pars lenticularis
     142
Capsula interna = CAI 141 ff.
Carboanhydrase 62
Catecholamine 117 f., 157
catecholaminergische Nervenendigungen 142
Catecholamin-Stoffwechsel 144
caudate nucleus s. a. Nucleus 92 ff., 97,
     104 ff., 141 ff.
cerebelläre Blickstörung 190
— Sprachstörung 193
cerebraler Cortex 136 f.
cerebral steady potentials, negative steady
     potential shift, positive steady potential
     shift 94
CF = columna fornicis 142
CHO = CO = Chiasma opticum 142, 154
Cholesterol, freies 156
Cholesterolester 156

cholinergische Bahnen 147
Circulus vitiosus 5
Claustrum 141, 143
clear-Kommando 191
CM = Corpus mamillare 154
CNV = contingent negative variation 90 f.
CO = CHO = chiasma opticum 142, 154
CO_2-Abgabe des Erythrocyten 62 ff.
CO_2-Transport 53
Cocain 140
$CoCl_2$ 20 f.
coe = Locus coeruleus 145
Colliculus 143
Coronartherapeutica 20
Corpora mammillaria 142
Corpus geniculatum mediale 137, 141
Corpus trapezoides = ct 145
Cortex 137, 140, 148
— cerebri 154
— olfact. 147
cortical evoked potentials 137
Corticosteroide 44 f.
corticotrope Wirkung, ACTH-Molekül 155 f.
Cortisol 153, 155
— -Sekretion 155
CRF = Corticotropin Releasing Factor
    152 ff., 157
CSDV = commissura supraoptica dorsalis,
    pars ventralis 142
ct = Corpus trapezoides 145
Cupula-Mechanik 175
Cyanid 36
Cysteinsäure 136

D = Diffusionskoeffizient (effekt. D') 56 f.,
    62
D 600 22 f., 33, 37 f.
DAZ = Druckanstiegszeit s. Anspannungszeit
    3
DC (= Direct current = Gleichspannungs-)
    potential 90
D_L = O_2-Diffusionskapazität 65, 67 f.
D_L/Q s. O_2-Diffusionskapazitäts-Perfusions-
    Verhältnis 67 ff., 76
Decarboxylase 144
Dehnungskurve, enddiastolische, des Herzens
    7
Delta-Aktivitäten 148 f.
Delta-Aminovaleriansäure 136
Dendriten 118
Depolarisation, punktförmige 15
Deseril (Sandoz) 99 f.
Desynchronisation 146
Diabetes insipidus 150
Diadochokinese 193
Dichlorisoproterenol 20 f.
Diencephalon 144

Diffusion 53 ff., 64 ff.
—, von HbO_2 59
—, von O_2 57
Diffusionskapazität 54, 65
Diffusionskoeffizient, effektiver (D') 56 f., 62
—, Kroghscher (K) 56 f.
Diffusionsleitfähigkeit 56 f., 62
Diffusionswiderstand 53 ff.
Dihydrotachysterol (AT 10) 44 f.
Dihydroxyphenylalanin (Dopa) 144
2,4-Dinitrophenol 36
diskontinuierliche Kleinhirnrindenfunktion
    191
Distribution 64 ff.
DM = nucleus dorsomedialis 154
DOPA = Dihydroxyphenylalanin 138 ff.,
    144
Dopamin 118, 138 ff., 142 ff., 197
Dopaminoxydase 144
Drehbeschleunigungen 176
Druckanstiegsgeschwindigkeit, isovolu-
    metrische, Herz (E. H. Sonnenblick) 7, 9 f.
Druck-Volumen-Arbeit 3
Druck-Volumen-Beziehung (O. Frank) 7, 8
—, endsystolische = U-Kurven 4
Druck-Volumen-Zeitdiagramm 3
Dysmetrie 193

E_{Cl} s. Gleichgewichtspotential 112, 131
E_K s. Gleichgewichtspotential 112
E_{Na} s. Gleichgewichtspotential 112
EEG = Electroencephalogramm 90 ff., 145 f.
EEG-Weckreaktion 146, 148 f.
efferente Hemmung der Bogengangs- und
    Statolithenreceptoren 185
Efferenzen, retikuläre 148
Efferenzkopie 165, 167, 184
Einmischkurven, alveoläre 74 f.
Einregelhypothese 168 ff.
electrodes, chronically implanted 90, 106
elektro-mechanische Entkoppelung 20, 30
— Koppelung 20, 23 ff., 30
— —, Inhibitoren der 21
— Überkoppelung 47
elektrotonische Länge 115
EM = eminentia mediana 142
Eminentia mediana = EM 141 f., 151, 153 f.
— — (pars post.) 142
emotiogenic tests 92
emotional-mental disturbance 106
emotional responses 92 ff.
emotions, physiology of 92 ff.
endoplasmatisches Reticulum 150 f.
Endplattenpotential 120
Entspannungszeit 3
EPSP = excitatorisches post-synaptisches
    Potential 112, 115

ergotropes dynamogenes Areal 141
Erregung, antidrome 112, 117, 127 ff.
—, orthodrome 112
error detector 97, 104 ff.
Erschlaffungsgrana (Skeletmuskulatur) 18
Erythrocyt, CO_2-Abgabe 62 ff.
—, Diffusionskoeffizient, effektiver 62 ff.
—, Ersatzquader 57
—, O_2-Aufnahme 56
ESCoG (Electrosubcorticogram) 101
evoked potentials, reticulocorticale 148 f.
Exafferenz 162, 163, 165, 168, 170
Extra-Calcium 26 f.
Extracellulärraum 14

f = fasciculus longit. med. 145
Fasciculus longit. med. = f 145
Feedback 153, 167
feedback-Kontrolle 155, 157
feed-back-Mechanismen 158
—, neuro-humorale 157
Feedforward 166
Feinabstimmung der Bewegungsmuster 198
Ficksche Gesetze 56
9-α-Fluorcortisolacetat 44 f.
FM = bzw. FMTG = Fasciculus mammillo-
    tegmentalis 142
FMP = Fasciculus medialis prosencephali
    142
FMT = Fasciculus mammillo-thalamicus 142
Follikel-stimulierendes Hormon (FSH) 152
Formatio reticularis = FR 141, 145, 155,
    173, 182, 200
— — mesencephali 148
foveales Sehen 179
FR = Fasciculus retroflexus (Abb. 6 d, S. 142)
    142
FR = Formatio reticularis 142, 145
Frank-Starling-Funktion 4
Frank-Starling-Mechanismus 3, 4 ff., 9
Frequenzinotropie 6, 10
Frosch-Myokard 13
FSH = Follikel-stimulierendes Hormon 151,
    153 f.
FSH-RF = (Follikel-stimulierendes Hormon
    Releasing Factor) 152, 154
F-Typ-Synapsen 110, 120
Füllungsdruck, Herz 5
Füllungszeit 3

G = nucleus gelatinosus 142
GABA = gamma-amino-butyric-acid
    (Gamma-Amino-Buttersäure) 135—139
—, intracisternale Injektion 138
—, Moderator der neuronalen Aktivität 138
—, topische oder intraventriculäre Ver-
    abreichung von — 137

GABOB (gamma-amino-beta-hydroxy-
    buttersäure) 136 f.
gamma-amino-beta-hydroxy-n-buttersäure
    (GABOB) 136 f.
gammalon 103
Gartenschlaucheffekt, coronarer 4
Gedächtnis 137, 147
Gegendrehung, statische 174
Gesamtafferenz 165
GH = Growth Hormone 154
Gleichgewichtspotential E 112
—, E_{Cl} des Chlors 112, 131
—, E_K des Kaliums 112
—, E_{Na} des Natriums 112
Gleichgewichtspotentiale der post-synap-
    tischen Potentiale 112, 114 ff.
Gleichgewichtsstörung 173
Gleichrichtung, anomale 115
Gleitmechanismus der contractilen Proteine 5
Globus pallidus = GPA 92 ff., 141, 143
Glucuronide, Biosynthese von —n im Ver-
    dauungskanal 81 ff.
Glucuronidkonjugation 83 ff.
Glucuronsäurekonjugation 80
Glutamat 136
Glutaminsäure 117, 135 f., 138
—, intercisternale Injektion 138
Glycin 117, 135 ff., 139
Golgi-Apparat 151
Gomorifärbung 150
GPA = globus pallidus 142
Granula 150
—, neurosekretorische 152
Grenzmembran, äußere 13
GRF = Growth Hormone Releasing Factor
    152, 154
Growth Hormone Realeasing Factor (GRF)
    152, 154

H 13/57 (Fa. Hässle) 21
H_1 = Area H_1 (Forel) 142
H_2 = Area H_2 (Forel) 142
HA = nucleus anterior hypothalami 142
Haarzellreceptoren 174
Halbwertszeit des EPSPs 128
Haldane-Effekt 62
Halsgelenkreceptoren 179
Halsreflexe 177
Hamburger-shift, Bicarbonat-Chlorionen-
    Austausch 62 f.
HD = nucleus dorsomedialis hypothalami
    142
Hemmung der visuellen Bewegungswahr-
    nehmung 185
—, efferente, der Bogengangs- und Statolithen-
    receptoren 185
—, postsynaptische 138

Herz, Aktivität, mechanische 23
—, Aortendruckerhöhung 4
—, Aortendruck, hoher 10
—, —, niedriger 10
—, Automatie 3, 23
—, Dehnungskurve, enddiastolische 7
—, Druckanstiegsgeschwindigkeit, iso-
    volumetrische 7, 9
—, Druck-Volumen-Arbeit 3
—, Druck-Volumen-Beziehung 7
—, Erregungsleitung 3
—, gespreizter Druck 2
—, Frank-Starling-Mechanismus 3, 4 ff., 9
—, Frequenzinotropie 6, 10
—, HMV = Herzminutenvolumen 4
—, homeometrische Anpassung 4
—, inotroper Zustand 1
—, Inotropie s. Inotropie 5 f.
—, Kontraktilität 1, 6, 10, 15, 18, 20 f., 23
—, —, Ca^{++}-antagonistische Inhibition 20 ff.
—, Kontraktionsrückstand 7
—, maximale Kraftentfaltung (P$_0$) 8, 9, 11
—, maximale Verkürzungsgeschwindigkeit
    (Vmax) 8, 9
—, postextrasystolische Potenzierung 6
—, Restvolumen 10
—, Rückstrom, venöser 4
—, Sarkomerenlänge 3 ff., 11
—, —, kritische 4
—, Schlag-zu-Schlag-Anpassung 4
—, Spontanfrequenz 6
—, U-Kurven = endsystolische Druck-
    volumenbeziehungen 4, 6
—, Unterstützungsmaxima 7
Herzglykoside 30
Herzmuskel, Aktin-Myosin-Interaktionsorte
    5, 11
—, Aktionspotential, Ca^{++}-Influx 23 ff.
—, —, K$^+$-Ausstrom 23 ff.
—, —, Na$^+$-Einstrom 23 ff.
—, A-Streifen 5
—, contractile Proteine 6, 11
—, I-Streifen 5
— s. a. Myokard, Warmblütermyokard
—, Sauerstoffverbrauch 18
—, Z-Z-Abstand 4 f.
Herzcyclus 2
HHL = Hypophysen-Hinterlappen 150
Hippocampus 92 f., 97, 146, 148
Hirnstamm 137
Hirnstamm-Neurone 143
Histamin 138, 148 f., 151
HMV = Herzminutenvolumen 4
Homovanillinsäure 143 f.
HP = nucleus hypothalamicus posterior 142
5-HT-Neurone = 5-Hydroxy-tryptamin-
    (= Serotonin-)Neurone 138, 144

5-HTP = 5-Hydroxy-tryptophan 138
HVL = Hypophysenvorderlappen = Adeno-
    hypophyse 151, 154, 155 ff.
HVM = nucleus ventro-medialis hypothalami
    142
Hydrocortison 154
Hydrolyse 83 ff.
Hydroxylation 83 ff.
Hydroxylierung 156
Hyperkinesis 106
hyperkinetisches Syndrom 29
Hyperlipidämie 32
Hypometrie 189 f.
Hypophyse 152 f.
Hypophysenhinterlappen = HHL 150 f.,
    153
Hypophysen-Porta-Gefäße 153
Hypophysen-Vorderlappen = HVL 151,
    153 ff.
Hypophysen-Vorderlappen-Hormon 151,
    153
Hypophysenvorderlappen-Sekretionen 152
hypothalamische Hormone 157
— Neurosekretion 150
— releasing factors (Hypothal. RF) 153 ff.,
    141, 150 ff.
— Thyreotropin-RF 157
hypothalamischer Luteotropin-RF 157
Hypothalamus 140 ff., 147, 150 ff., 157
— anterius 140
—, Area für Nahrungsaufnahme 157
— intermedius 140
—, Körpertemperatur-Area 157
—, neuro-sekretorische Funktionen 150
—, Thyreotropes-Hormon-Area 157
— ventro-posterior 140 f.
Hypothalamus-Areale, neuro-sekretorische
    152
Hypothalamus-Receptoren 155
hypothalamische releasing factors 149 f., 154,
    157

immunologische Spezifität, ACTH-Molekül
    155 f.
INF = Infundibulum 154
Inhalations-Szintigramm 70 f.
Inhomogenitäten, funktionelle, in der Lunge
    68, 70 f., 73 f., 75
Innenvolumina s. Ventrikel
Inotropie 5 f.
—, adrenerge 6
—, Frequenz- 6
—, negative 6
—, positive 6
Insuffizienz, contractile 27
Integrationsfähigkeit der Nervenzelle 117
integrierendes Accelerometer 175, 180

Intentionstremor 193
Interaktion von post-synaptischen Potentialen
    109, 120 ff.
Iproveratril s. a. Verapamil 22 ff., 22
IPSP = inhibitorisches postsynaptisches
    Potential 115
Isoproterenol (Aludrin) 23, 33, 35 ff.
Isoptin s. a. Verapamil 22 ff.
I-Streifen s. Herzmuskel 5

K = Kroghscher Diffusionskoeffizient
    56 f., 62
K^+-Ionen 42
K^+-Ausstrom 23 ff.
Kaninchen 146
Katapherometer 74
Katheterspitzenmanometer (Wetterer) 2
Kerne s. Nucleus
—, paraventrikuläre 157
—, supraoptische 157
Kinocilium 174
Kleinhirnkerne 193
Kleinhirnrinde, Funktion 188
Kleinhirnrindenfunktion, diskontinuierliche
    191
Kobaltchlorid 21
Kö 592 21
Körnerzelle 192
Kommandos 163 ff.
kompensatorischer Reflex 163
Kontaktstellen 15
Kontaktzeit, alveoläre 61
Kontraktilität, Herzmuskel 1, 6, 10, 15, 18,
    20 f., 23
Kontraktion 13
— isolierter Myofibrillen 17
Kontraktionskraft 16 f.
—, Maximum der — 17
Kontraktionsanpassung 1, 3, 5
—, Mechanismen 3 ff.
Kontraktionsbewertung 2
Kontraktionsrückstand 7
Koordinationshypothese 59
Kopftremor 193
Kopiehypothese 168 f.
Koppelungsprozesse, elektromechanische 13
Kraftentfaltung, maximale des Herzens (P_0)
    8, 9
Kraft-Geschwindigkeits-Relation (A. V. Hill)
    6, 8 f.
Krampfbereitschaft 138
Kreatinphosphat 17, 27, 31 ff., 36 f.
Kreis (Feedback) 167 f.
Kreislauf 155
Kroghscher Diffusionskoeffizient (K) 56 f.
Kurzzeituhr 189, 192
kybernetisch 164

Labyrinthkippreflexe 177 f.
Labyrinthreflex, tonischer, symmetrischer 176
Länge, elektrotonische 115
Längenspannungsbeziehung (A. Fick) 6
Längskonstante 114, 118
Lamellenverfahren 60 f., 63
langsame Nystagmusphase 181
Laplace-Operator ∇^2 56
L-Asparaginsäure 135 f.
L-Aspartat 136
L-Aspartat-Aminotransferase 136
Laufzeitschaltung der Kleinhirnrinde 190
LB 46 21
L-Dopa 144
Lemniscus medialis = lm 145
Lernen 137, 147
L-Glutamat 136 f.
L-Glutamat-Decarboxylase 136
L-Glutamin 135 f.
L-Glutaminsäure 136 f.
LH = Luteinisierungshormon 151, 153 f.
limbischer Cortex 140
— frontaler Paläocortex 144
limbisches System 155
limbisches Vorderhirn 143 f.
Linearbeschleunigungsmeßfühler 174
lm = lemniscus medialis 145
Lobus flocculo-nodularis 186, 194
Locus coeruleus = coe 145, 143, 146
Löslichkeitskoeffizient, Bunsenscher α 56
Lokalanästhetica 21
Longitudinal-System, endoplasmatisches 15
LRF = Luteotropin RF 152, 154
LTH = Luteotropes Hormon (Prolactin) 154
Lunge, Arterialisierungsprozeß 64 ff.
—, —, Distribution 64
—, —, Ventilation V_A/Q 65 f., 68 ff., 73, 76
—, CO_2-Abgabe, des Erythrocyten 62 ff.
—, Diffusion 53 ff., 64 ff.
—, funktionelle Inhomogenitäten 68, 70 f.,
    73 f., 75
—, O_2-Diffusionskoeffizient, Kroghscher (K)
    57, 62, 65
—, O_2-Leitfähigkeit (K) 57, 62, 65
—, Perfusion 53 ff., 64 ff.
—, Respiratorischer Quotient (R) 66
—, Ventilation 53 ff., 64 ff.
Luteinisierungs-Hormon (LH) 152
luteotropes Hormon (Prolactin) 141, 151, 152

MAO = Monoaminoxydase 140, 144
MAO-Blocker 140
Masche (d. Informationsflusses) s. a. Feed-
    forward 166, 168
Massenspektrograph 74
mechano-elektrische Transduktion 174
medial forebrain bundle 142 ff.

mediale Formatio reticularis der Brücken-
   haube 182
Medulla 140
— oblongata 137 f., 142, 144
melanophoretische Komponente, ACTH-
   Komplex 155
— Wirkung, ACTH-Molekül 155 f.
Melanocyt 156
Meldung 165
Membran, alveolo-capilläre 54, 61, 68, 73
Membranerregung s. a. Erregung 13
Membrankapazität 114
Membranwiderstand 114
Membranzeitkonstante 114, 117 f.
memory, long-term 97
—, short-term 97, 103
— test, operative 95
mental activity 104 ff.
— processes 89 ff.
mEPSP = Miniatur-EPSP 118 ff.
Mesencephalon 144, 154 f.
mesodiencephale Zentren 151
Mesorhombencephalon 145
metabolisch 135
Metathalamus 147
Methylisierung 83 ff.
Mg^{++}-Ionen 42
miniature-EPSP (mEPSP) 118 ff.
Mitochondrien 140
Mittelhirn 140 ff., 155
Mittelhirn-Raphesystem 144
mittelliniennahe Muskelgruppen 199
MJ 1999 = beta-sympathicolytische Substanz
   21
MML = nucleus mammillaris medialis, pars
   lateralis 142
MMM = Nucleus mammillaris medialis, pars
   medialis 142
Modulatoren 135
—, metabolische 135
Monoamine, biogene 138
monoaminergische Systeme 144
Monoamino-oxydase (MAO) 140, 144
Motoneuron 110, 137 f.
Motoneurone, spinale 137 f.
motorischer Cortex 151, 173
— —, Funktion 198
motorische Funktion der Formatio reticularis
   des Hirnstamms 199
Motorpotential 197
motor tests 102
MPL = Nucleus mammillaris praelateralis
   142
MSH = Melanocytenstimulierendes Hormon
   = Melanotropin 151
mt = Nucleus mot. nervi V 145
Muskeldehnungsreflexe 177

Muskelspindeln der Augenmuskeln 180
Muskulatur, glatte 29
Myofibrillen 14
Myofibrillen-ATPase 13
Myofibrillen-Verkürzung 13
Myokard, Anorexie 33
—, Atmungsintensität 27
—, ATP-Defizit 45
—, ATP-Synthese 47
—, ATP-Verbrauch 47
—, Ca^{45} 38 ff.
—, Ca^{++}-Mangelinsuffizienz 17
—, Ca^{++}-Überladung 45, 47
—, contractile Insuffizienz 27
—, — — bei Ca^{++}-Mangel 17
—, intracellulare Ca^{++}-Fixation 47
—, Kreatinphosphat-Defizit 45
—, Nekrose 34 ff.
—, —, 9-α-Fluor-cortisolacetat 44 ff.
—, —, AT 10 44 ff.
—,—, Corticosteroide 44 ff.
—, —, Dihydrotachysterol 44 ff.
—, —, experimentelle 31 ff.
—, —, K^{+}-Ionen 44 ff.
—, —, Mg^{++}-Ionen 44 ff.
—, —, NaH$_2$PO$_4$ 44 ff.
—, Radiocalcium 38 ff.
—, Radiocalcium-Nettoaufnahme 40 ff.
—, Ratte 33 ff.
—, Sauerstoffverbrauch 18 ff.
—, —, embryonales Hühnchen 23
—, —, Kaninchen 17 ff.
—, —, Meerschweinchen 23
—, Utilisations-Insuffizienz 17
—, Voltage-Clamp-Versuche 25
Myosin 18

NA = Noradrenalin 138 ff., 143 f., 157
NA-ATP(Noradrenalin-Adenosin-
   triphosphat)-Komplex 139 f.
Na^{+}-Einstrom 23 ff.
Na^{+}-Ionen 139
NA-Neurone s. Neurone, noradrenergische
   141
Natrium-Kalium-Pumpe 112
Nebennierenrinde = NNR 153 ff.
Nebennierenrinde-Steroide 155
Neocortex 142 ff., 146 f., 155
Nernstsche Gleichung 112
Nethalide 3
Neurit, elektrotonische Länge 115
neuro-effektorische Verbindungsstelle, s. a.
   Synapse 135
Neurohormone 151 f.
neurohumorale Regulationen 135 ff., 138,
   150
— Regulatoren, dämpfende 135

neurohumorale Regulatoren, zentral-
aktivierende 135
Neuro-hypophyse = NH = HHL 154
Neurokrinie 150
Neuron 135 ff.
—, bulbäres retikuläres 139
—, corticales 136
—, Integrationsfähigkeit 117
—, spinales 136
—, Synapsenzahl 109 f.
neuronal assembly activity 103 ff.
Neurone, Anzahl 109
—, catecholaminergische 138
—, dopaminergische 141 f.
—, noradrenergische 138, 141
—, serotonergische 138, 144
Neuronenmodelle 118
Neurosekrete, Synthese und Freisetzung 152
Neurosekretion, hypothalamische 150
neurosekretorische Granula 152
nf = nucleus nervi VII 145
NGC = nucleus reticularis gigantocellularis
145
NH = Neurohypophyse = HHL (Hypophysenhinterlappen) 154
NiCl$_2$ 20 f.
nigro-neostriäres System 142
nigrostriäres System 142 f.
N-Methylasparaginsäure 136
N-Methyl-beta-alanin 136
N-Methyl-Transferase 144
NM = Nucleus praemammillaris 154
NNR = Nebennierenrinde 153 ff.
Noradrenalin = NA 138 ff., 143 f., 157
NPC = nucleus reticul. pontis caudalis 145
nrm = Nucleus raphes magnus 145 f.
nuclei (et fibrae) pontis = po 145
— paraventriculares 142, 150, 152
Nucleus accumbens 142
— amygdalae 147
— caudatus 92 ff., 97, 104 ff., 141 ff.
— cuneatus 136
— cuneiformis 147
— Deiters 137
— dentatus 143, 194
— dorsalis medianus (mesencephali) 144
— interstitialis Cajal 182
— motorius nervi V = mt 145
— nervi VII = nf 145
— paraventricularis 150, 152
— paraventricularis anterior ventralis 141
— praecommissuralis 182
— raphes dorsalis 144
— — magnus = nrm 145 f.
— reticularis giganto-cellularis = NGC 145
— — pontis caudalis = NPC 145
— ruber 143

Nucleus supraopticus 150, 152, 157
— ventro-medialis 152
Nystagmus, rasche Phase 181 f.
—, richtungsspezifisches Refraktärphänomen
183

O$_2$-Aufnahme 56
O$_2$-Bindung, Lamellenverfahren 60 f., 63
—, Koordinationshypothese 59
—, rapid flow-Methode 59
—, stopped flow-Methode 59 f.
—, Zwischenbindungshypothese 58
—, Zwischensubstanz Z 58
O$_2$-Bindungskurve, S-Form 57 ff.
O$_2$-Diffusionskapazität D_L 65, 67 f.
O$_2$-Diffusionskapazitäts-Perfusions-Verhält-
nis D_L/Q 67 ff., 76
O$_2$-Konzentration [O$_2$] 56
O$_2$-Leitfähigkeit 65
O$_2$-Transport 53
—, in Hämoglobinlösungen 59
O$_2$-Verbrauch 18
Ocytocin 151
Oestrogene 154
oi = oliva inferior 145
oliva inferior = oi 145
oliva superior = os 143, 145
O-Methyl-Transferase 144
operative memory test 95
optokinetische Regelung 176
organetisch 164
orthodrome Erregung 112
Orthophosphat 17, 31 f.
Oscillation 196
os = oliva superior 145
Ovar 154
Ovulation 141
Oxydation 83 ff.
oxygen wasting effect 32

Paläocortex 142, 147, 155
—, limbischer frontaler 144
Pallidum 143, 147
Papillarmuskel 15 ff.
Papillarmuskeln, Ca^{++}-freie 18
Parallelfasern 189 f.
paraventrikuläre Kerne 157
Parkinsonismus 143 f.
Parkinson-Syndrom 143
Pedunculi cerebri 92
Pendelnystagmus 193
Perfusion = Q 53 ff., 64 ff.
Perfusionsdruck, coronarer 10
Perfusions-Szintigramm 70 f.
Perikaryon 138, 150
Phenoxybenzamin 140
Phenylalanin 144
Phenylalaninhydroxylase 144

Phosphorylierung, oxydative 46
Platinelektrode 74
P_0 = maximale Kraftentfaltung (des Herzens)
    8, 9, 11
po = Nuclei et fibrae pontis 145
POL = Nucleus praeopticus lateralis 142
Polypeptide, hypothalamische 157
POM = Nucleus praeopticus medialis 142
Pons 140, 142
POPV = bzw. POP = Nucleus praeopticus
    periventricularis 142
postsynaptische Hemmung 138
— Potentiale 110, 114 ff.
— —, Interaktion 109, 120 ff.
— —, Gleichgewichtspotentiale 112, 114 ff.,
    131
Postzentralwindung 187
Potentiale, polysynaptische 112, 122 ff.
—, post-synaptische 110, 114 ff.
Potenzierung, postextrasystolische 6
prämotorischer Apparat der Augenmuskel-
    kerne 182
präoptisches Areal 144, 147
Prenylamin s. a. Segontin 20, 22, 33, 37 ff.
Preoptic area 142
Progesteron 154
Projektionen, adrenergische 144
—, diffus aktivierende des Retikularsystems
    147
—, dorsale 147
—, hypothalamo-rhinencephalische 147
—, serotonergische 144
—, ventrale 147
Pronethalol 20 f.
Propanolol 21
proprioceptive vestibuläre Funktion 187
Proprioceptivität 173
Proprioceptoren 169
Proprioceptoren-Hypothese 164, 170
Protein 150 f.
Proteine, contractile, des Herzmuskels 6, 11
Protein-Hormone, hypothalamische 157
psychological tests 91, 97 ff.
Purkinje-Zellen 137
Putamen 141 ff.
PV = Nucleus praemammillaris ventralis
    142, 154
PVM = Nucleus paraventricularis, pars
    magnocellularis 142
PVP = Nucleus paraventricularis, pars
    parvocellularis 142
py = Tractus pyramidalis 145

Q s. Perfusion 53 ff., 64 ff.

r = Raphe 145
Radiocalcium 38 ff.

Rahmenkonzept der Wahrnehmung
    (D. M. MacKay) 169
Rahn-Fenn-Diagramm 66, 68, 73
Rampenbewegung 180 f.
Rampengenerator 198
Raphe = r 145
Raphe-Kerne 144, 146
Raphesystem 138
—, serotonergisches meso-rhombencephalisches
    144
rapid flow-Methode 59
Raumkonstanz der Sehdinge 184
RC = Area retrochiasmatica (retrochiasmatic
    area) 142
RE = Nucleus reuniens 142
Reafferenz 161, 162 f., 165, 168, 270
Reafferenzprinzip 161, 163 f., 167 f., 170
Receptoren, adrenergische 140
—, hypothalamische 153
Reduktion 83 ff.
Reflex-Aktivierung 148
Refraktärphänomen, richtungsspezifisches,
    beim Nystagmus 183
Regelkreis 167
Regulationen, neurale 135
—, neurohumorale 135
Regulatoren, metabolische 135
Relativverschiebung 162
releasing factors 152
Renshaw-Zellen 117, 138
Reserpin 139, 141, 143
Respiratorischer Quotient (= R bzw. RQ) 66
Restvolumen, Herz 10
Reticularsystem 146
—, aktivierendes 136
—, aufsteigendes cholinerges 147
Reticulum, endoplasmatisches 15
RF = releasing factor 152
RH = Nucleus rhomboideus 142
rhinencephalischer Cortex, Rhinencephalon
    144, 147
Rigidität 143
Rorschach's test 92
Rückenmark 137, 155
—, dorsale graue Substanz 136
—, dorsale Bündel 136
—, — Wurzeln 136
—, ventrale graue Substanz 138
Rückkoppelung 4
Rückstrom, venöser 4
Ruhe der Sehdinge 184
Ruhemembranpotential 112
Rumpfataxie 193

Sakkade 188
—, Amplitudensteuerung 189

sakkadische Augenbewegungen 183, 188,
   192 f., 198
— Blickbewegung 194
Salicylsäure (ASA = Acetylsalicylic acid)
   148 f., 151
Sarcolemm 16
Sarkomerenlänge, Herz 3 ff.
—, —, kritische 4
Sauerstoff-Hämoglobin-Reaktion 57
Sauerstoffverbrauch 18
—, Extra- 18
Schafhirn 157
Scheinbewegung der Sehdinge 184
Schlaf, langsame Wellen 146
—, paradoxer 146
Schlaffähigkeit 144
Schlafmechanismus, thalamischer 144
Schlag-zu-Schlag-Anpassung (Herz) 4
Seekrankheit 194
Segontin (Prenylamin) 20, 22
Seitenlinien-Strömungsreceptor 185 f.
Sekretion, adeno-hypophysäre 154
SEP = slow electric processes 93 ff.
Serotonin (5-HT) s. a. Neurone, serotonin-
   ergische 118, 138, 144, 146
SGP = Substantia grisea periventricularis
   142
Skeletmuskel, A-Bande 14
—, Filamente 14
—, H-Bande 14
—, I-Bande 14
—, Mitochondrium 14
—, Sarcomere 14
—, Triade 14
—, T-System 14
—, Z-Linie 14
Skeletmuskulatur 13
Skoliose 173
slow electric processes (SEP) 93 ff.
SO = Nucleus supraopticus 142
Soma-Dendriten-Spike (B-Spike) 117
somatotropes Hormon (STH) 151 f., 154
Spannungsentwicklung des Myokards bei
   Ca^{++}-Überschuß 15
—, isometrische 18
—, maximale, des Herzens (P_0) 11
spinale Motoneurone s. a. Motoneurone
   137 f.
SPO = Nucleus supraopticus 154
Spontanfrequenz (Herz) 6
statische Gegendrehung 174
Statolithenausfall 174
Statolithenorgane 174
Steroid 156
Steroid-Feedback 155
steroido-genetische Komponente des ACTH-
   Komplex 155

STH = somatotropes Hormon 151 f., 154
Störgröße 164
Störgrößenaufschaltung 4
Störung (= Störgröße) 165
Stoffwechsel-Inhibitoren 36
stopped flow-Methode 59 f.
STR = Nucleus triangularis septi 142
Stress 155
Stressfaktoren 141, 152
Stria terminalis 147
Striatum 142 f., 147
Strömungskontinuität 4
Strychnin 138 f.
Strychninkrampf 122, 131 f.
Stützmotorik 200
Substantia nigra 141 ff.
Substanzen, adrenerge 6
Subthalamus 147
Sulfatkonjugation 83 ff.
SUM = Area supramammillaris 142
Superpräcipitation 18
SUT = Nucleus subthalamicus 142
sympathico-adrenergisches System 141
Sympathicus 148
Synapse 109 ff., 118, 135
—, adrenergic 96
—, cholinergic 96
—, dendritische 118
—, F-Typ 110, 120
—, Lokalisation 109 ff.
—, Morphologie 109 ff.
—, M-Typ 110, 124
—, serotoninergic 96
—, T-Typ 109, 110
—, Überträgerstoffe 110, 114, 117
synaptic transmission 96
synaptische Überträgerfunktion 135

Tätigkeits-Stoffwechsel, oxydativer 16
taktile Greifreflexe 198
— Stehbereitschaft 198
Taurin 136
Tectum 147
Tegmentum 140 f., 147
Testikel 154
Testosteron 154
thalamic nuclei s. a. Nuclei 92 ff., 97
Thalamus 136, 141, 143 f., 147 f.
Thalamushand 198
Thermolyse 144
Theta-Synchronisation 146
Thyreoidea 154, 157
Thyreoidea-stimulierendes Hormon = TSH
   = Thyreotropin 151 ff., 157
Thyreotropin-Releasing-Factor = TRF 152,
   154, 157
Thyroxin 154, 157

TO = Tractus opticus 142
tonischer symmetrischer Labyrinthreflex 176
Totraumventilation 65, 76
Tractus pyramidalis = py 145
— supraoptico-hypophysialis 151
— tubero-infundibularis 141
Trägheits-Navigationssystem 173
Transduktion, mechano-elektrische 174
Transmitter 117 f.
Transportgleichung s. a. O_2-Transport 57 ff.
TRD = Tractus diagonalis 142
Tremor 143
TRF = Thyreotropin Releasing Factor 152, 154, 157
Tropomyosin 18
Troponin 18
Troponin-Tropomyosin-Komplex 18
TSH = Thyreoidea-stimulierendes Hormon = Thyreotropin 151 ff., 157
tubuläres System, longitudinales 14 ff.
Tubulus, transversaler 13, 15
Tyrosin 139 f., 144
Tyrosin-hydroxylase 144
Tuberculum olfactorium 142

U-Kurven s. a. Unterstützungsmaxima 6 f.
— = endsystolische Druckvolumen- beziehungen 4
Überkoppelung, elektromechanische 47
Überträger, inhibitorische 138
—, synaptisch hemmende 138
Überträgereigenschaften 138
Überträgerstoffe 110, 114, 117
Übertragungsverhalten 164
Ultrarotabsorptionsschreiber 74
Unterscheidungsproblem 163
Unterstützungsmaxima, Kurve der 7

V_A/Q s. Ventilation-Perfusions-Verhältnis 64 f.
V_A s. alveoläre Ventilation 64
Vagusreizung 6
Vasopressin 151, 153, 157
vegetative Funktionen 135
Ventilation 53 ff., 64 ff.
Ventilationsgröße 65 f., 68 ff., 73, 76
Ventrikel 150
—, Innenvolumina 2
—, —, Indicatorauswaschverfahren 2
Verapamil (Iproveratril, Isoptin) 20, 22 ff., 31 ff., 35 ff.
Verdauungskanal, Acetylisierung 83 ff.
—, Biosynthese von Glucuroniden im — 81 ff.

Verdauungskanal, Glucuronidkonjugation 83 ff.
—, Hydrolyse 83 ff.
—, Hydroxylation 83 ff.
—, Methylisierung 83 ff.
—, Oxydation 83 ff.
—, Reduktion 83 ff.
—, Sulfatkonjugation 83 ff.
Vergenzen 182
Vergessen 137
Verhalten, somato-viscerales 157
Verkürzungsgeschwindigkeit, maximale, des Herzens (V_{max}) 8, 9
Versionen 182
Vesikel 140
vestibuläre Augenbewegungen 185
— Blickregelung 179
— Kippreaktionen 176
vestibuläres System 173, 188
vestibulärer Cortex 173
Vestibulariskerne 173, 180
Vestibulariskern-Analoga 186
Vestibulariskernneurone 178
Vestibularisprojektion in der Großhirnrinde 186
Vestibulo-Cerebellum 186, 194
visuelle Lokalisation 185
VM = Nucleus ventromedialis hypothalami 154
V_{max} = maximale Verkürzungsgeschwindig- keit (der Herzmuskelfasern) 8, 9
VNS = Vegetatives Nervensystem 135
Voltage-Clamp-Versuche (Myokard) 25

Wachstum 154
Wahrnehmung 169
Warmblütermyokard 13
Weckeffekt 149
Weckreaktion 146 f.
Winkelbeschleunigungsmeßfühler 174

Z = Zwischensubstanz s. O_2-Bindung 58
Z-Z-Abstand 4 f.
Zellstoffwechsel, Regulation des 138
Zentralnervensystem s. ZNS 136, 138
Zentren, mesodiencephale 151
ZI = Zona incerta 142
ZNS = Zentralnervensystem 136, 138
Z-Streifen 13, 15
Zustand, inotroper 3
Zwischenbindungshypothese (Adair) 58
Zwischenneuron 138
—, excitatorisches spinales 136
Zwischensubstanz = Z 58